HEIZUNG/LÜFTUNG/ ELEKTRIZITÄT

Energietechnik im Gebäude

BAU & ENERGIE

Christoph Schmid

Mitarbeit:
Thomas Baumgartner
Christof Bucher
Jürg Nipkow
Christian Vogt
Jobst Willers

6. Auflage

vdf Hochschulverlag AG
an der ETH Zürich

Mit Unterstützung von

Website zum Buch:
https://enbau-online.ch

Die Autoren:

Christoph H. Schmid, dipl. Masch.-Ing. ETH/SIA
Büro für Energietechnik, Winterthur, ehemals Dozent für Thermodynamik und Gebäudetechnik
Kapitel: 1, 2, 3, 4, 11
Koordination und Schlussredaktion

Thomas Baumgartner, dipl. HLK-Ing. HTL/SIA
Th. Baumgartner & Partner AG, Dübendorf
Kapitel: 5, 6

Christof Bucher, Dr. sc. ETH Zürich
Professur für PV-Systeme, Berner Fachhochschule
Kapitel: 8.5

Jürg Nipkow, dipl. El-Ing. ETH/SIA
Schweizerische Agentur für Energieeffizienz, S.A.F.E.
Kapitel: 7, 8

Christian Vogt, dipl. Ing. HTL
Vogt & Partner Lichtgestaltende Ingenieure, Winterthur; Kapitel: 9

Jobst Willers, dipl. Ing. HTL/SIA
Jobst Willers Engineering AG, Rheinfelden
Kapitel: 1.3.3, 10

Im Weiteren sei Pius Hüsser und allen Fachleuten, welche durch ihre Anregungen zum Gelingen dieses Werkes beigetragen haben, herzlich gedankt.

Bibliografische Information der Deutschen Nationalbibliothek
Die Deutsche Nationalbibliothek verzeichnet diese Publikation in der Deutschen Nationalbibliografie; detiallierte bibliografische Daten sind im Internet über http://dnb.dnb.de abrufbar.

ISBN 978-3-7281-4020-3

verlag@vdf.ethz.ch
www.vdf.ethz.ch

1. Auflage 1993
2., überarbeitete und erweiterte Auflage 2000
3., durchgesehene und aktualisierte Auflage 2005
4., vollständig überarbeitete und aktualisierte Auflage 2013
5., überarbeitete und aktualisierte Auflage 2016
6., überarbeitete und aktualisierte Auflage 2020

Inhaltsverzeichnis

1 Grundlagen
1.1 Nachhaltigkeit 7
1.2 Behaglichkeit 12
1.3 Planungsvorgehen 16
1.4 Energiehaushalt 23
1.5 Heizleistungsbedarf 24

2 Wärmeerzeugung
2.1 Bemessungsfragen 29
2.2 Gas- und Ölfeuerung 32
2.3 Holzfeuerung 37
2.4 Wärmepumpen 41
2.5 Aktive Solarsysteme 49
2.6 Wärme-Kraft-Kopplung 54
2.7 Heizzentrale 56
2.8 Systemvergleich 64

3 Wärmeverteilung
3.1 Pumpe und Netz 65
3.2 Hydraulische Schaltungen 71
3.3 Verteilsysteme 77

4 Wärmeabgabe
4.1 Heizkörper 83
4.2 Fussbodenheizung 87
4.3 Wahl Wärmeabgabesystem 90

5 Lüftung
5.1 Luftbedarf 91
5.2 Lüftungssysteme 93
5.3 Luftführung im Raum 98
5.4 Komponenten 100
5.5 Wohnungslüftung 109

6 Kälte- und Klimatechnik
6.1 Klimakältebedarf 113
6.2 Kälteerzeugung 115
6.3 Kälteabgabe 119
6.4 Kühlanlagen 121

7 Warmwasserversorgung
7.1 Übersicht 125
7.2 Wassererwärmung und Warmwasserspeicherung 127
7.3 Warmwasserverteilung 128
7.4 Planung 131

8 Elektrische Energie
8.1 Begriffe beim Wechselstrom 133
8.2 Elektroinstallation 135
8.3 Bedarfsanalyse und Verbrauchskontrolle 137
8.4 Geräte 139
8.5 Fotovoltaik 144

9 Lichttechnik
9.1 Lichttechnische Grundlagen 151
9.2 Lichterzeugung 156
9.3 Leuchten 163
9.4 Lichtberechnung 166

10 Gebäudeautomation
10.1 Aufgaben der Gebäudeautomation ... 169
10.2 Grundlagen Messen, Steuern, Regeln 172
10.3 Regelkonzepte 177
10.4 Leittechnik 180

11 Anhang
11.1 Literatur 183
11.2 Formelzeichen und Abkürzungen 187
11.3 Symbole für Installationen [SIA 410, EN 1861, EN 12792] 189
11.4 Temperaturhäufigkeitsdiagramme 191
11.5 p,h-Diagramme von Kältemitteln 193
11.6 h,x-Diagramm für feuchte Luft 196
11.7 Leuchtenbetriebswirkungsgrad und Raumwirkungsgrad 198
11.8 Grössen und Einheiten 200
11.9 Stichwortverzeichnis 202

Vorwort

Mit dem Lehrmittel «Heizung, Lüftung, Elektrizität» soll dem Leser eine Übersicht über die Energietechnik im Gebäude und die Eigenschaften der wichtigsten Systeme vermittelt werden. Es werden auch Hinweise zur Dimensionierung gegeben. Die vorliegende Schrift soll einerseits als Grundlage für das Studium der Gebäudetechnik, andererseits dem Praktiker zum Nachschlagen dienen.

Eine gute Planung erfordert das Erkennen von verschiedenartigen Zusammenhängen in technischer, betrieblicher, ökonomischer und ökologischer Hinsicht. Es sind daher zu entwickeln:

- die Neugier und das Verständnis für die Vorgänge, die sich im Gebäude sowie in den technischen Anlagen abspielen;
- die Fähigkeit zur Mitarbeit im Planungsteam bei der Wahl eines gebäude- und benutzerangepassten Gebäudetechniksystems.

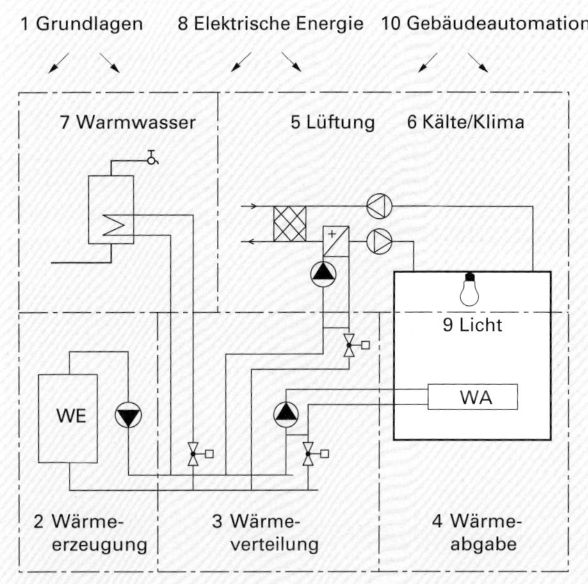

Kapitelübersicht zur Energietechnik im Gebäude

Vorausgesetzt werden einige physikalische Grundkenntnisse. Soweit die physikalischen Vorgänge in diesem Lehrmittel nicht dargestellt werden können, wird auf geeignete Grundlagenwerke verwiesen. Formeln werden ausschließlich als Grössengleichungen geschrieben. Wer sich nicht sicher fühlt im Umgang mit physikalischen Grössen und Einheiten, findet im Anhang 11.8 eine Einführung. Formeln können aber auch einfach überlesen werden, der Text ist auch dann informativ.

Der Gegenstand des Buchs lässt sich anhand des Bilds veranschaulichen. Einige Themen von grundsätzlicher Bedeutung werden vertieft behandelt. Wenn gewisse Grundlagen vorhanden sind, werden viele in der Praxis auftauchende Fragen verständlich. Vollständigkeit ist nicht der Hauptzweck. Dazu steht umfangreiche Literatur zur Verfügung wie beispielsweise [Rec1]. Um das Vorliegende im konkreten Fall zu ergänzen, finden sich im Text Hinweise auf Quellen und weiterführende Literatur. Diese Literaturhinweise (Anhang 11.1) sind in eckige Klammern [ ] gesetzt.

In den letzten Jahren sind die Veränderung des Klimas und die begrenzte Verfügbarkeit der Rohstoffe sehr bewusst geworden. Dies hat national und international eine Flut von Normen und Vorschriften ausgelöst, welche leider nicht selten Verwirrung statt Klarheit gestiftet haben. Den technischen und gesellschaftlichen Entwicklungen wird in der Neuauflage dieses Buchs durch eine merkliche Gewichtsverlagerung in Richtung von Planungsmethoden wie BIM und Energien wie Solarstrom Rechnung getragen. Das vorliegende Buch versucht die Zusammenhänge in diesem Spannungsfeld herauszuarbeiten.

Die Autoren

1 GRUNDLAGEN

1.1 Nachhaltigkeit

1.1.1 Grundsätzliche Punkte

Der Grundsatz der Nachhaltigkeit stammt ursprünglich aus der Forstwirtschaft und besagt, dass nicht mehr Holz gefällt werden darf, als auch wieder nachwächst. Er wird heute etwas weiter gefasst. Die drei Säulen einer nachhaltigen Entwicklung sind:

- Ökologie (Umwelt),
- Ökonomie (Wirtschaft) und
- Soziales (Gesellschaft).

Keine dieser drei Säulen darf zugunsten einer andern geschwächt werden, sonst besteht Einsturzgefahr. Die Gebäudetechnik berührt dieses Thema in vielerlei Hinsicht. Wesentliche Anliegen sind die Verbesserung von technischen Einrichtungen und das Bauen von guten Anlagen. Das ist das Thema dieses Buches.

Allerdings ist es nicht damit getan, Energie effizient bereitzustellen und zu nutzen. Zunehmend wichtig werden Genügsamkeit und eine Stabilisierung der Bevölkerungszahl. Das «nachhaltige Wirtschaftswachstum» erweist sich weitgehend als Illusion. Doch das ist nicht Thema dieses Buches.

Begriffe

Primärenergie ist die Energie in ihrer Rohform, bevor sie transportiert oder umgeformt wird: Rohöl, Erdgas, Kohle und Uran in geologischen Lagerstätten, Holz im Wald, die potenzielle Energie des Wassers, die Solarstrahlung sowie die kinetische Energie des Windes. Man unterscheidet:

- nicht erneuerbare Primärenergie, diese beruht auf endlichen Vorräten, und
- erneuerbare Primärenergie, diese kann immer wieder genutzt werden, ist aber oft ebenfalls erschöpflich.

Endenergie ist die dem Verbraucher von der letzten Stufe des Handels gelieferte Energie in Form der Energieträger Heizöl, Gas, Holz, Fernwärme und Elektrizität. Bei Brennstoffen bezieht sie sich auf den Brennwert. Wird vom Verbraucher selbst produzierte Energie an den Handel zurückgeliefert, ergibt sich die *netto gelieferte Energie*.

Vorsicht: Im Handel wird mitunter die Endenergie auf den Heizwert bezogen.

Treibhausgase sind neben dem Kohlendioxid CO_2 vor allem Methan, Stickoxide und Fluorkohlenwasserstoffe. Diese Gase sind unterschiedlich klimawirksam. Um die Angaben zu vereinheitlichen, werden sie in äquivalente Mengen von CO_2 umgerechnet. Bei Holz besteht eine ausgeglichene CO_2-Bilanz, sofern es nachhaltig genutzt wird. Es wird beim Wachstum gleich viel CO_2 gebunden, wie bei der Verbrennung oder der natürlichen Verrottung freigesetzt wird. Treibhausgase sind nebst der Primärenergie die hauptsächliche Beurteilungsgrösse im Konzept der 2000-Watt-Gesellschaft.

Energieverbrauch weltweit

Einige heute noch billige Primärenergien gehen früher oder später zur Neige (Bild 1.1). Der Übergang zu teureren Nachfolgeenergien zwingt längerfristig zur Senkung des Primärenergieverbrauchs. Bei der Umwandlung der Primärenergie in Nutzenergie geht heute weit mehr als die Hälfte verloren. Dabei entstehen Umweltbelastungen (Bild 1.2). Bei der Umwandlung sämtlicher Primärenergien in Nutzenergie werden heute auch fossile Brennstoffe eingesetzt.

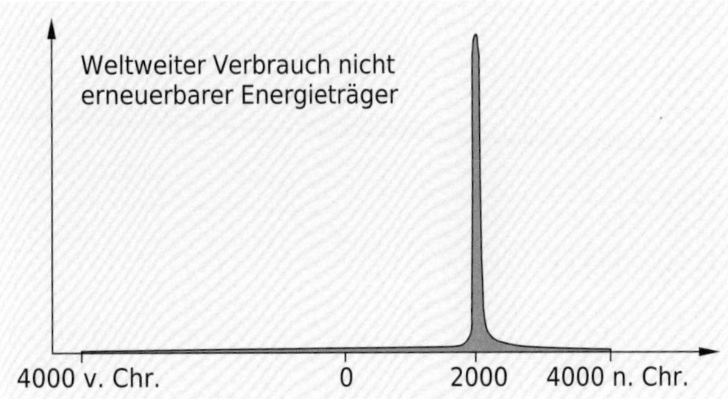

Bild 1.1 Der Verbrauch der Ressourcen

	Fossile Brennstoffe	Uran	Sonne Wasser Wind	Bio-masse
Erschöpfbarkeit	XXXX	XXXX	0	0[1)]
Toxische Luftschadstoffe	XXXX	X	X	XXXX
Treibhausgase	XXXX	X	X	X
Radioaktivität	X	XXXX	X	X

0 = nicht, X = gering, XXXX = stark
1) bei nachhaltiger Nutzung (Ernte = Nachwuchs)

Bild 1.2 Umwelteinflüsse der Primärenergien unmittelbar und mittelbar

Energieverbrauch im Gebäude

Der Betriebs-Energieverbrauch im Gebäude sinkt dank baulicher und technischer Massnahmen. Die während des Lebenszyklus der Gebäude umgesetzte Primärenergie ist ein massgeblicher ökologischer Einflussfaktor (Bild 1.3). Zum Vergleich: Ein Mensch nimmt im Verlauf seines Lebens etwa 150 GJ in Form von Nahrung auf.

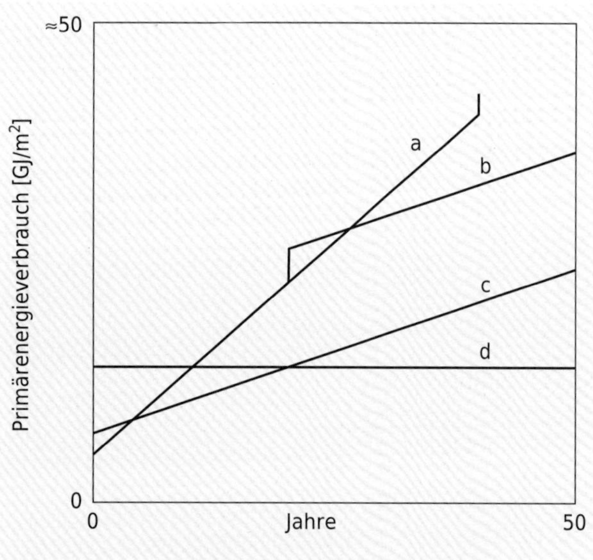

Bild 1.3 Primärenergieverbrauch bezüglich der Energiebezugsfläche und Gebäude-Lebenszyklus

Wahl der Bilanzgrenze

Ein System wird anhand einer Bilanz beurteilt. Wird beispielsweise ein Gebäude isoliert betrachtet, fällt das Resultat ganz anders aus als beim System Gebäude-Transportweg (Bild 1.4). Die tägliche Autofahrt verbraucht jährlich 2000 Liter Brennstoff. Das ist weit mehr, als das ganze Niedrigenergiehaus benötigt.

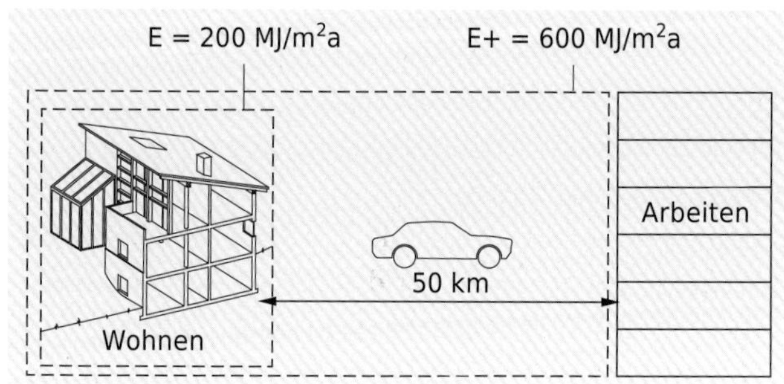

Bild 1.4 Problematik des Niedrigenergiehauses im Grünen

Nutzerverhalten

Bei gleichen Gebäuden und gleicher Nutzung werden Unterschiede im Energieverbrauch bis zu einem Faktor drei festgestellt. Hohe Verbräuche sind beispielsweise zurückzuführen auf:

- hohe Raumtemperatur im Winter und tiefe im Sommer,
- Gedankenlosigkeit (ganztags offene Fenster),
- Unkenntnis der technischen Installationen (Thermostate auf dem Maximum),
- Bequemlichkeit (Apparate in Betrieb bei Nichtgebrauch) und
- mangelhafte Wartung.

Gebäude-/Gebäudetechnikkonzept

Energiekonzept: Die Bauherrschaft wählt das Energiekonzept des Gebäudes und beeinflusst damit direkt den Verbrauch. Ansätze zur Relativierung übertriebener Ansprüche sind in den Normen bereits vorhanden, z.B. sind Raumtemperaturabweichungen bei extremen Wetterverhältnissen zulässig.

Bedienungskonzept: Je nach Bedienungskonzept wird ein energiebewusstes Nutzerverhalten gefördert oder erschwert.
Komplexität: Um gute Energienutzung und Komfort zu erreichen, werden immer komplexere Anlagen gebaut. Dabei steigt der Aufwand für Inbetriebnahme und Betriebsoptimierung. Die schwierige Durchschaubarkeit komplexer Systeme führt oft dazu, dass das Ziel (Betriebsoptimum) verfehlt wird. Nicht selten erweisen sich technische «Verbesserungen» als nutzlos oder gar kontraproduktiv. Es sollten nur wirklich benötigte Funktionen eingebaut werden. Vermiedene Geräte müssen nicht produziert, installiert, bedient, gewartet, unterhalten und entsorgt werden. Auch die ökologischen Überlegungen sprechen im Zweifelsfall für das einfachere Konzept.
Zugänglichkeit: Gebäudetechnische Installationen haben eine viel kürzere Nutzungsdauer als Böden und Wände. Aus einem manchmal fragwürdigen Schönheitsempfinden heraus wird die Technik unter die Oberfläche verbannt. Zwischen den Wandschlitzen bleiben oft nur noch kümmerliche Mauerreste übrig. Reparatur und Ersatz sind dann sehr aufwendig. Eine klare Trennung von Baukonstruktion und Gebäudetechnik-Elementen ist deshalb anzustreben durch offene Leitungsführung und Installationsschächte. Damit erhöht sich auch die Flexibilität bei künftigen Nutzungsänderungen und verbessert sich die Rückbaubarkeit.

1.1.2 Umweltbelastung

Endenergie und Umweltbelastung

Die Endenergie bezieht sich bei Brennstoffen immer auf den Brennwert H_s.
Der *Primärenergiefaktor* ist das Verhältnis von Primärenergie zur Endenergie. Er berücksichtigt auch die Gewinnung, Umwandlung, Lagerung und Verteilung bis zum Gebäude.
Der *Treibhausgasemissionskoeffizient* ist die äquivalente CO_2-Menge, die pro Einheit der Endenergie emittiert wird. Er enthält nebst den erwähnten vorgelagerten Prozessen vor allem auch die Emission bei der Verbrennung. Bild 1.5 stellt den gegenwärtigen Stand der Technik und der Analyse dar.

	PEF	THK kg/kWh
Heizöl EL	1,23	0,301
Erdgas	1,06	0,228
Biogas	0,30	0,130
Holz:		
- Pellets	0,16	0,027
- Schnitzel	0,06	0,011
- Stückholz	0,12	0,027
Fernwärme aus:		
- Kehrichtverbrennung	0,05	0,003
- Blockheizkraftwerk Gas	0,60	0,127
- Heizzentrale Holz	0,14	0,050
Elektrizität aus:		
- Atomkraftwerk	4,21	0,023
- Gaskombikraftwerk (GuD)	2,22	0,466
- Braunkohlekraftwerk	3,94	1,360
- Kehrichtverbrennung	0,02	0,007
- Blockheizkraftwerk Gas	2,94	0,670
- Fotovoltaik	0,33	0,096
- Windkraftwerk	0,09	0,026
- Wasserkraftwerk	0,03	0,012
- CH-Verbrauchermix	2,52	0,102
- Elektromix Europa (ENTSO-E)	2,89	0,524

Bild 1.5 Primärenergiefaktor nicht erneuerbar von Endenergieträgern (in kWh Primärenergie pro kWh Endenergie) und Treibhausgasemissionskoeffizient (in kg CO_2 pro kWh Endenergie), Auszug [KBOB 2009/1]

Ozonschicht

Die früher als Kältemittel und Treibmittel eingesetzten Fluorchlorkohlenwasserstoffe sind nicht toxisch. Sie greifen aber in der Stratosphäre die Ozonschicht an, welche für die ganze Biologie von grosser Bedeutung ist. Wegen ihres Ozonabbaupotenzials und ihres Treibhauspotenzials sind einige früher sehr gebräuchliche Kältemittel verboten: R11, R12, R22, R502. In dieser Hinsicht umweltfreundlichere, chlorfreie Kältemittel sind eingeführt.

Emissionen bei der Verbrennung

Viele Emissionen bei der Verbrennung sind durch die technische Entwicklung (auf die Energieeinheit bezogen) geringer geworden (Bild 1.6). Diese Emissionen treten bei unvollständiger Verbrennung auf und sind Emissionsgrenzwerten unterworfen [LRV]:

- Kohlenmonoxid CO,
- Kohlenwasserstoffe HC,
- Stickoxide NO_x,
- Ammoniak NH_3,
- Feststoffe, Feinstaub, Russ.

Die folgenden Emissionen, hängen jedoch nur von der Brennstoffzusammensetzung ab:

- Kohlendioxid CO_2 und
- Schwefeldioxid SO_2.

Kohlenmonoxid CO beeinträchtigt in höherer Konzentration die Sauerstoffaufnahme des Bluts, kann aber bezüglich der Toxizität in der Umwelt vernachlässigt werden, da es zu CO_2 aufoxidiert.
Die Stickoxide entstehen bei der Verbrennung aus dem Stickstoff der Luft und des Brennstoffs zusammen mit dem Sauerstoff bei hoher Temperatur (besonders über 1300 °C). Zunächst entsteht vor allem Stickstoffmonoxid NO, welches später in der Atmosphäre zum gefährlicheren Stickstoffdioxid NO_2 aufoxidiert. Die Immissionsgrenzwerte von Stickstoffdioxid werden am häufigsten überschritten. NO_2 ruft Reizungen und Erkrankungen der Atemorgane hervor. Sonnenlicht bildet Ozon aus NO_2 und Kohlenwasserstoffen. Ozon greift ebenfalls die Atemorgane an und schädigt Pflanzen.

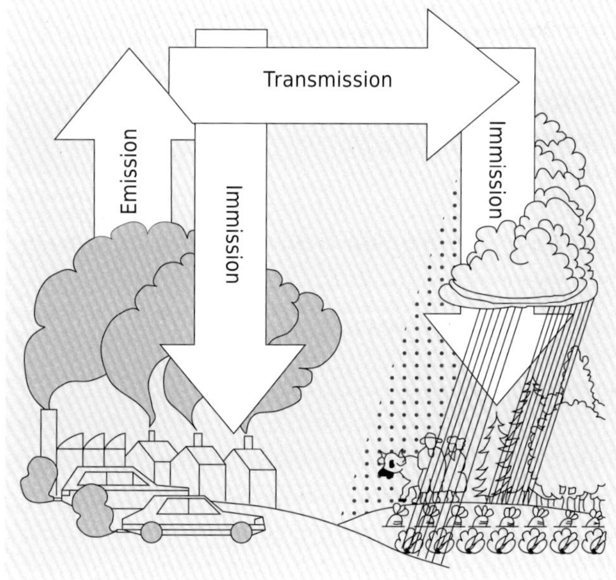

Bild 1.6 Emission, Transmission, Immission

Instationäre Betriebsphasen

Verbrennungssysteme weisen während des Anfahrens und des Ausbrandes höhere Emissionen auf als im stationären Betrieb. Zwecks Verminderung der Emission und Erhöhung der Lebensdauer sind deshalb minimale Laufzeiten erforderlich. Auch bei *Wärmepumpen* sind wegen der Rückwirkung auf das Stromnetz und des Verschleisses lange Einschaltzeiten anzustreben.

1.1.3 Vergleich von Umweltbelastungen

Beispiel:

Wie gross sind Primärenergieverbrauch E_P und Treibhausgasemission m_{CO2} für einen Gaskessel und eine Luft-Wärmepumpe, um 1 kWh Nutzwärme zu erzeugen? Grundlagen sind die Bilder 1.5 für die Umweltbelastung und 2.53 für die Nutzungsgrade.

Gaskessel mit Erdgas:
$E_P = 1{,}06/0{,}90 = 1{,}18$ kWh; $m_{CO2} = 0{,}228/0{,}90 = 0{,}25$ kg

Luft-Wärmepumpe (JAZ 3,0):

Elektrizität aus:	E_P [kWh]	m_{CO2} [kg]
CH-Verbrauchermix	0,84 (+)	0,03 (++)
ENTSO-E-Mix	0,96 (+)	0,17 (+)
Gaskombikraftwerk	0,74 (++)	0,16 (+)
Kohlekraftwerk	1,31 (-)	0,45 (--)

(+) besser als Kessel, (–) schlechter als Kessel

Folgerung:
Die Wärmepumpe ist sehr sinnvoll, wenn sie mit vorwiegend erneuerbarem Strom betrieben wird. Sie ist klimaschädlich, wenn sie mit Kohlestrom läuft. In den anderen Fällen hat sie einen mässigen klimatischen Vorteil gegenüber dem Kessel.

Methodische Schwierigkeiten

Dieses Beispiel verdeutlicht die Problematik, «objektive» Vergleiche anzustellen. Grundsätzliche methodische Schwierigkeiten ergeben sich, wenn beispielsweise Luftschadstoffe und radioaktive Abfälle gegeneinander abgewogen werden müssen. Ansätze, solche Schwierigkeiten zu überwinden, sind beispielsweise:

- das Verfahren der Eco-Indicator-Points des niederländischen Umweltministeriums,
- die Methode der Umweltbelastungspunkte (UBP) des Bundesamts für Umwelt (BAFU),
- die Methode der externen Kosten, welche in eine Wirtschaftlichkeitsrechnung einbezogen werden können (BFE).

Grundsätzlich bleibt die Aussagekraft solcher Methoden immer recht eingeschränkt. Zweifelsfrei ist jedoch: *Minderverbrauch führt zur Umweltentlastung.*

1.1.4 Graue Energie

Die im Gebäude verwendeten Stoffe sind unter Einsatz von Energie verarbeitet worden. Diese Energie ihrerseits ist aus Primärenergie erzeugt worden. Der Primärenergieinhalt der Stoffe, auch als graue Energie bezeichnet, hängt ab von den zugrunde liegenden Produktionsprozessen und von der Wahl der Bilanzgrenzen. Nach [SIA 2032] werden für die Ermittlung der grauen Energie nur die nicht erneuerbaren Primärenergie-Ressourcen berücksichtigt.

Graue Energie im Gebäude

In üblichen Neubauten beträgt die graue Energie für Baumaterial und Technik insgesamt 2000 bis 6000 MJ/m^2 Energiebezugsfläche. Das ist eine ähnliche Grössenordnung wie die Betriebs-Primärenergie für Heizung, Lüftung, Klimatisierung, Beleuchtung und Betriebseinrichtungen während der Nutzungsdauer eines Gebäudes. Gebäudeform und -grösse sind die wichtigsten Einflussgrössen auf die graue Energie. Die Materialisierung hat in der Regel einen deutlich geringeren Einfluss.

Graue Energie in der Gebäudetechnik

In üblichen Wohnbauten beträgt die graue Energie der gebäudetechnischen Installationen 400 bis 1000 MJ/m^2 Energiebezugsfläche. Es zeigt sich, dass Effizienzverbesserungen an der Gebäudetechnik vergleichsweise rasch energetisch amortisiert sind.

1.1.5 Wertigkeit der Energie

Nicht alle Energien haben dieselbe hohe thermodynamische Wertigkeit wie mechanische oder elektrische Energie. Energie kann unterteilt werden in *Exergie* und *Anergie.* Exergie ist der in mechanische Arbeit umwandelbare Teil. Anergie ist der nicht umwandelbare Teil.

$$\text{Energie} = \text{Exergie} + \text{Anergie} \qquad (1.1)$$

Die Exergie einer Wärmeenergie Q beträgt

$$E_Q = \eta_C \cdot Q = \left(1 - \frac{T_{amb}}{T}\right) \cdot Q \qquad (1.2)$$

η_C Carnot-Wirkungsgrad
T_{amb} Umgebungstemperatur in K
T Temperatur des wärmeabgebenden Mediums in K

Beispiel:

Exergie einer Wärmeenergie Q = 100 kJ bei einer Umgebungstemperatur von 0 °C (Bild 1.7).

Q [kJ]	ϑ [°C]	E_Q [kJ]	
100	0	0	Umgebungstemperatur
100	80	23	Nutzungstemperatur
100	1400	84	Verbrennungstemperatur

Bild 1.7 Exergie einer Wärmeenergie auf verschiedenen Temperaturniveaus

Die Exergie ist um so grösser, je höher die Temperatur ist. Wärme ist also um so wertvoller, je höher die Temperatur ist, bei der sie zur Verfügung steht. Die riesige Wärmeenergie bei Umgebungstemperatur besteht nur aus Anergie. Mittels Wärmepumpen kann diese Energie auf ein nutzbares Temperaturniveau gebracht werden, allerdings nur unter Einsatz höherwertiger Energie. Mit Verbrennungswärme kann man nicht nur Räume heizen, sondern auch mechanische (und elektrische) Energie gewinnen (Wärme-Kraft-Kopplung). Wie das Beispiel zeigt, ist es grundsätzlich möglich, chemische Energie zu über 80 % in mechanische Energie umzuwandeln. Mit heute üblichen Verbrennungsmotoren lassen sich jedoch nur 30 bis 40 % erreichen. Der Grund ist das thermodynamisch überflüssige, aber aus Werkstoff- und Schmierungsgründen notwendige Kühlen der Zylinder. Elektrische und mechanische Energien lassen sich mit Wirkungsgraden von theoretisch beliebig nahe bei eins ineinander in beide Richtungen umwandeln. Elektrische Energie ist reine Exergie.

1.2.1 Thermische Behaglichkeit

Die Behaglichkeit des Menschen wird beeinflusst von seiner körperlichen und psychischen Verfassung, seiner Tätigkeit, seiner Bekleidung sowie von Luftqualität, Licht, Lärm und elektrischen Phänomenen. Weiter hängt die Behaglichkeit von thermischen Umgebungsbedingungen ab, nämlich: den Temperaturen der Luft und der Umschliessungsflächen, den Luftgeschwindigkeiten sowie der Luftfeuchtigkeit. Es werden hier die thermischen Aspekte näher beleuchtet (weitere Aspekte in [Zür]). Nach [EN ISO 7730] ist die thermische Behaglichkeit gleichzeitig in drei Bereichen zu erzielen:

- allgemeine Raumbedingungen, beurteilt mittels PMV-Index
- Strahlungsasymmetrie
- Luftzug

Die Problematik ist komplex. Eine messtechnische Nachprüfung der Behaglichkeit ist deshalb mit grossem Aufwand verbunden. Da nicht jeder Mensch gleich empfindet, ist die thermische Behaglichkeit eine statistische Angelegenheit. Die Berechnungsformeln wurden von P. O. Fanger empirisch ermittelt. Als optimal gilt der Raumzustand, der von den meisten Benützern als neutral, d.h. weder zu kalt noch zu warm, empfunden wird.

Wärmeabgabe des Menschen

Die Wärmeabgabe des Menschen hängt von der Tätigkeit ab (Bild 1.8). Als Einheit wird das «met» eingeführt (von englisch «metabolism»). 1 met entspricht der Wärmeproduktion von 58 W/m^2 Körperoberfläche.

Tätigkeit	W/m^2	met	W*
schlafen	46	0,8	83
ruhig sitzend	58	1,0	104
leichte Arbeit im Sitzen	70	1,2	126
stehend	81	1,4	146
mittelschwere Tätigkeit	93	1,6	167
gehen, 5 km/h	174	3,0	313
* gültig für eine Person von 1,8 m^2 Körperoberfläche (z.B. Grösse 1,7 m, Gewicht 69 kg)			

Bild 1.8 Wärmeabgabe bei verschiedener Tätigkeit

Thermischer Widerstand der Bekleidung

Als Einheit wird das «clo» (von englisch «clothing») verwendet. 1 clo entspricht einem Wärmedurchlasswiderstand von 0,155 m²K/W (Bild 1.9).

Bekleidung	clo	m²K/W
nackt	0,0	0
kurze Hosen, T-Shirt	0,3	0,045
Hosen, Kurzarmhemd (Sommer)	0,5	0,08
Hosen, Hemd, Pullover (Winter)	1,0	0,155

Bild 1.9 Wärmedämmwerte von verschiedenen Bekleidungen

Beurteilungsgrössen des thermischen Komforts

PMV-Index (Predicted Mean Vote): voraussehbare mittlere Beurteilung. Der PMV-Index ist die mittlere Beurteilung des Raumklimas, wie sie durch eine grosse Anzahl von Personen vorgenommen würde.

PPD-Index (Predicted Percentage of Dissatisfied): voraussichtlicher Anteil unzufriedener Personen. Der PPD-Index ist der Anteil jener Personen, die ein gegebenes Raumklima als nicht akzeptabel bezeichnen. Die Bilder 1.10 und 1.11 zeigen den Zusammenhang zwischen der mittleren Beurteilung und dem Anteil der Unzufriedenen.

Skala	PMV-Index	PPD-Index %
heiss	+3	99
warm	+2	75
leicht warm	+1	25
neutral	0	5
leicht kühl	−1	25
kühl	−2	75
kalt	−3	99

Bild 1.10 Beurteilungsskala der thermischen Komfortgrössen

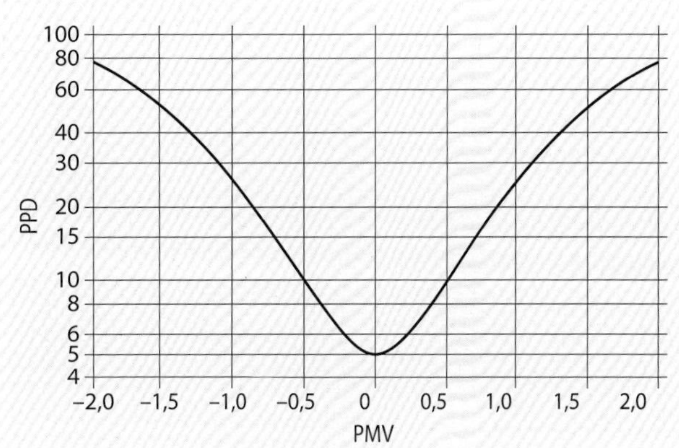

Bild 1.11 PPD-Werte in Abhängigkeit der PMV-Werte

Komfortanforderungen

Die Komfortanforderungen sind im Bild 1.12 zusammengestellt. Ein Raumzustand gilt als komfortabel, wenn er von 90 % der Bewohner als akzeptabel bezeichnet wird. Die mittlere Luftgeschwindigkeit, welche noch als angenehm empfunden wird, nimmt mit steigender Lufttemperatur zu. Die angegebenen Werte gelten für einen geringen *Turbulenzgrad* (Mass für Abweichungen der momentanen von der mittleren Geschwindigkeit). Bei hohem Turbulenzgrad ist die akzeptable mittlere Luftgeschwindigkeit geringer.

Jahreszeit	Winter	Sommer
Bekleidung	1 clo	0,5 clo
PMV-Index	−0,5 ... +0,5	−0,5 ... +0,5
PPD-Index	< 10 %	< 10 %
Luftgeschwindigkeit	< 0,16 m/s	< 0,19 m/s
Strahlungsasymmetrie	kalte Wand: < 10 K	warme Wand: < 23 K
	warme Decke: < 5 K	kalte Decke: < 14 K

Bild 1.12 Komfortanforderungen für leichte Tätigkeit im Sitzen nach [EN ISO 7730]

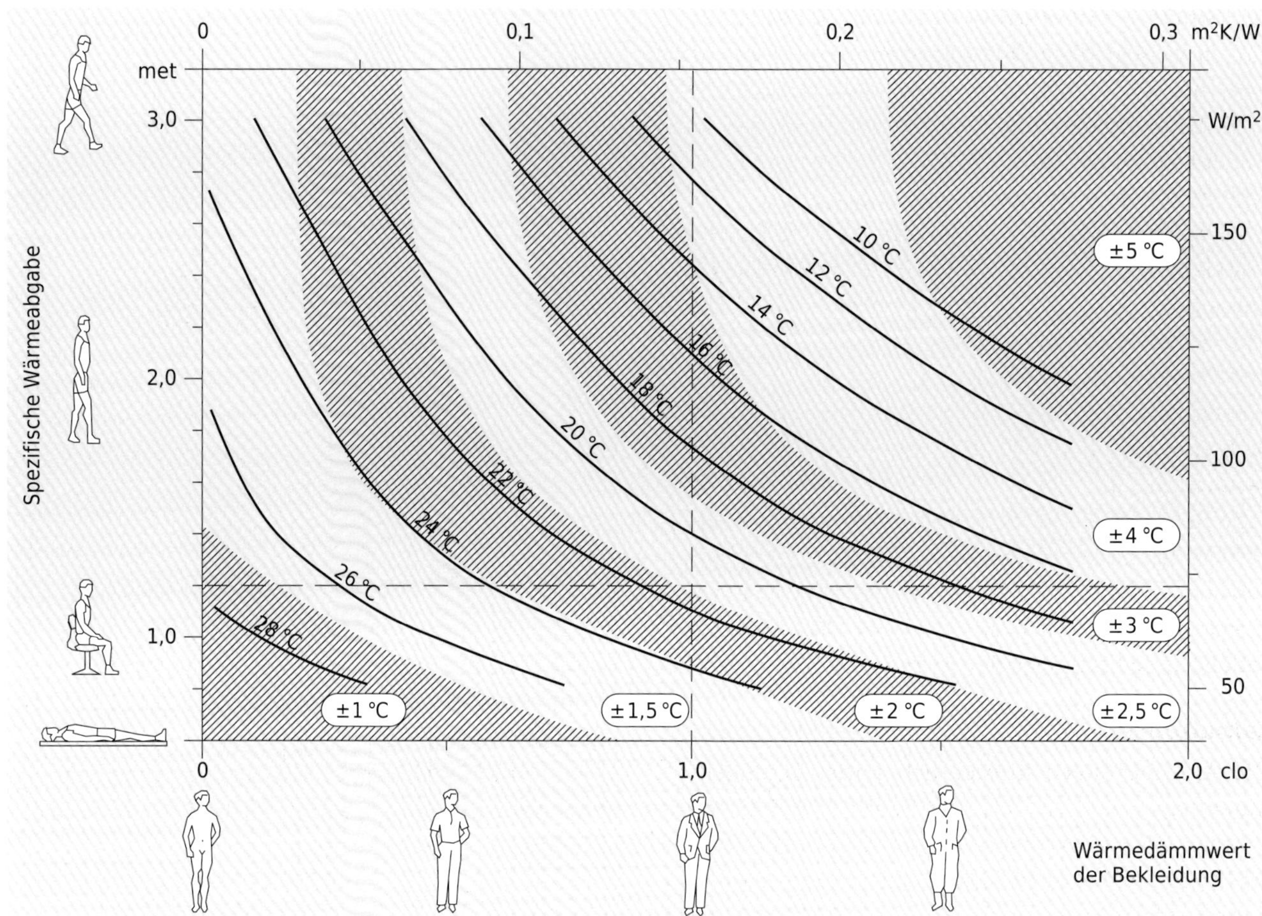

Bild 1.13 Optimale Raumtemperatur in Abhängigkeit von Tätigkeit und Bekleidung nach [EN ISO 7730], die ausgezogenen Kurven gelten für PMV = 0 bzw. PPD = 5 %, die angegebenen Toleranzbereiche für PMV = ±0,5 bzw. PPD < 10 % (Kategorie B)

Die optimalen Raumtemperaturen sind in Bild 1.13 dargestellt. Zusätzlich sind helle und schraffierte Bereiche angegeben mit Temperaturtoleranzen, innerhalb welcher 90 % der Personen zufrieden sind. Das Diagramm gilt für eine relative Feuchte von etwa 30 bis 70 %.

Beispiel:

Bei leichter, sitzend ausgeführter Büroarbeit (Wärmeabgabe 1,2 met) mit Büroanzug (1,0 clo) liegt die optimale Raumtemperatur bei 21,5 °C mit einem Toleranzbereich von ±2,5 K.

1.2.2 Oberflächentemperaturen

Bedeutung der Oberflächentemperaturen

Der Wärmeabfluss unseres Körpers erfolgt durch Konvektion, Strahlung und Wärmeleitung. Unser Temperaturempfinden hat deshalb nicht nur mit der Raumlufttemperatur, sondern auch mit den inneren Oberflächentemperaturen des Raums zu tun. Die *empfundene Temperatur* wird auch als *Raumtemperatur* oder *operative Temperatur* bezeichnet. Sie ist das arithmetische Mittel der Raumlufttemperatur und der mittleren Oberflächentemperatur (auch Strahlungstemperatur). Die Oberflächentemperaturen werden, vom Beobachter aus gesehen, über den ganzen Raumwinkel gemittelt.

Eine *Strahlungsasymmetrie* (d.h. in verschiedenen Richtungen verschiedene Oberflächentemperaturen) beinflusst unser Wohlbefinden. Die Strahlungsasymmetrie ist die Differenz der mittleren Oberflächentemperaturen zweier Halbräume. In einem Wohnraum mit Kachelofen fühlt man sich, trotz ausgeprägter Strahlungsasymmetrie, ausgesprochen wohl. Es besteht die Möglichkeit, in eine als behaglicher empfundene Zone auszuweichen. In Büros hingegen besteht keine Fluchtmöglichkeit, es ist eine weitgehende Symmetrie zu fordern.
Im Winter bewirkt die tiefe Oberflächentemperatur von Fenstern und Aussenwänden nebst der kalten Strahlung auch eine kalte Luftströmung. Beide Vorgänge können darunterliegende Heizflächen nötig machen, um behagliche Bedingungen in Fensternähe zu erreichen. Heizkörper sind in dieser Hinsicht wirksamer als Fussbodenheizungen. Wenn aber beispielsweise in einem Büro die Heizkörper wegen Abwärme gar keine Wärme abgeben, entfällt diese Kompensationswirkung.

Kaltluftabfall

Die Anforderungen hinsichtlich Luftströmungen im Aufenthaltsbereich erweisen sich, ohne spezielle Massnahmen, als wesentlich kritischer für den Komfort als die Strahlungsasymmetrie. Deshalb genügt es hier, den Kaltluftabfall genauer zu untersuchen (Bild 1.14). In der Grenzschicht an der Fensteroberfläche (oder an einer kalten Wand) entsteht eine nach unten gerichtete Kaltluftströmung infolge freier Konvektion. Die Kaltluftströmung wird von der internen Wärmelast verstärkt und von der Sonnenstrahlung auf Fenster abgeschwächt. Die Strömung wird am Boden gegen das Rauminnere umgelenkt und kann nahe dem Fenster zu unangenehmem Luftzug im Fussbereich führen. In Räumen mit Eckverglasung wird das Problem noch massiv verschärft, da sich die zwei abfallenden Luftströme vereinen (Bild 1.15). Dabei ist zu unterscheiden zwischen dem Glas-U-Wert U_g und dem Fenster-U-Wert U_w. Letzterer umfasst neben dem Glas auch den Glasrandverbund und den Fensterrahmen und ist deshalb grösser als der Glas-U-Wert [Zür, EnFK].
Mögliche Massnahmen gegen die kalte Strömung bei hohen Fenstern sind:

- kleineren U-Wert des Glases wählen
- Fensterhöhe reduzieren
- durch Fensterunterteilung mit Strömungsabweiser die Fallhöhe reduzieren
- Heizkörper unter dem Fenster (bei viel Abwärme nicht wirksam)
- Zulufteinführung von unten entlang des Fensters
- in Wohnräumen nachts einen «dichten», bis zum Boden reichenden Vorhang vor das Fenster ziehen.

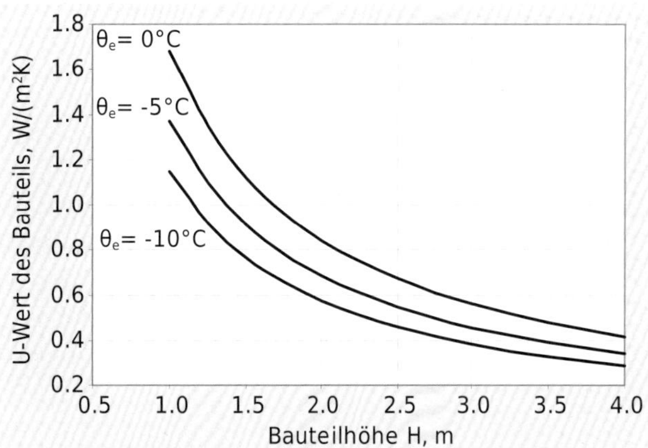

Bild 1.14 Maximaler U-Wert des Fensters (oder der Aussenwand), um Komfortprobleme durch Kaltluftabfall zu vermeiden, für einen einseitig verglasten Raum mit interner Wärmelast, ohne Sonneneinstrahlung, Raumtemperatur 21 °C [SIA 180]

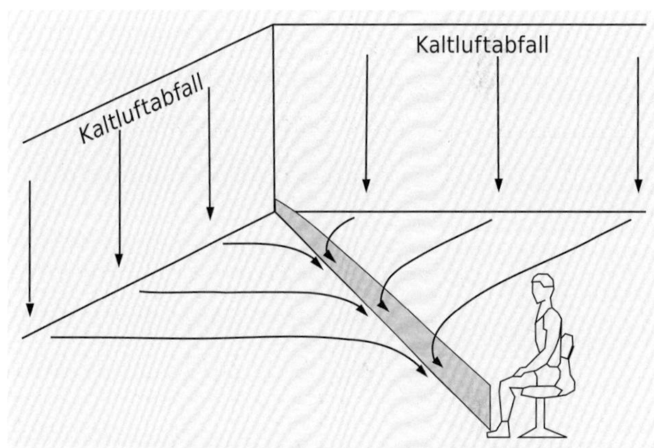

Bild 1.15 Strömungsverlauf in Raum mit Eckverglasung [Sui]

Beispiel:
Bei einer Fensterhöhe von 2,0 m und einer Aussentemperatur von 0 °C darf der Fenster-U-Wert höchstens 0,84 W/m²K betragen, damit ohne Zusatzmassnahmen der Komfort betreffend Luftzug genügend ist.

1.3 Planungsvorgehen

1.3.1 Serielle Planung

Die Planung eines Gebäudes läuft bisher in der Regel nach den Phasen gemäss Bild 1.16 ab. Auf diese Weise wird vielfach gute Architektur nach aussen und in der inneren Konzeption der Bauten gemacht, doch wird den Belangen der Gebäudetechnik, der Energie und der thermischen Behaglichkeit oft nicht die gebührende Beachtung geschenkt. Die Erfahrung hat gezeigt, dass dieses serielle Planungsvorgehen insbesondere bei grossen, komplexen oder stark verglasten Bauten zu Problemen führt, da architektonische Entscheide mit Einfluss auf die Gebäudetechnik ohne die entsprechenden Fachingenieure in der Vorstudienphase gefällt werden. Diese Erkenntnis führt zum integralen Planungsvorgehen.

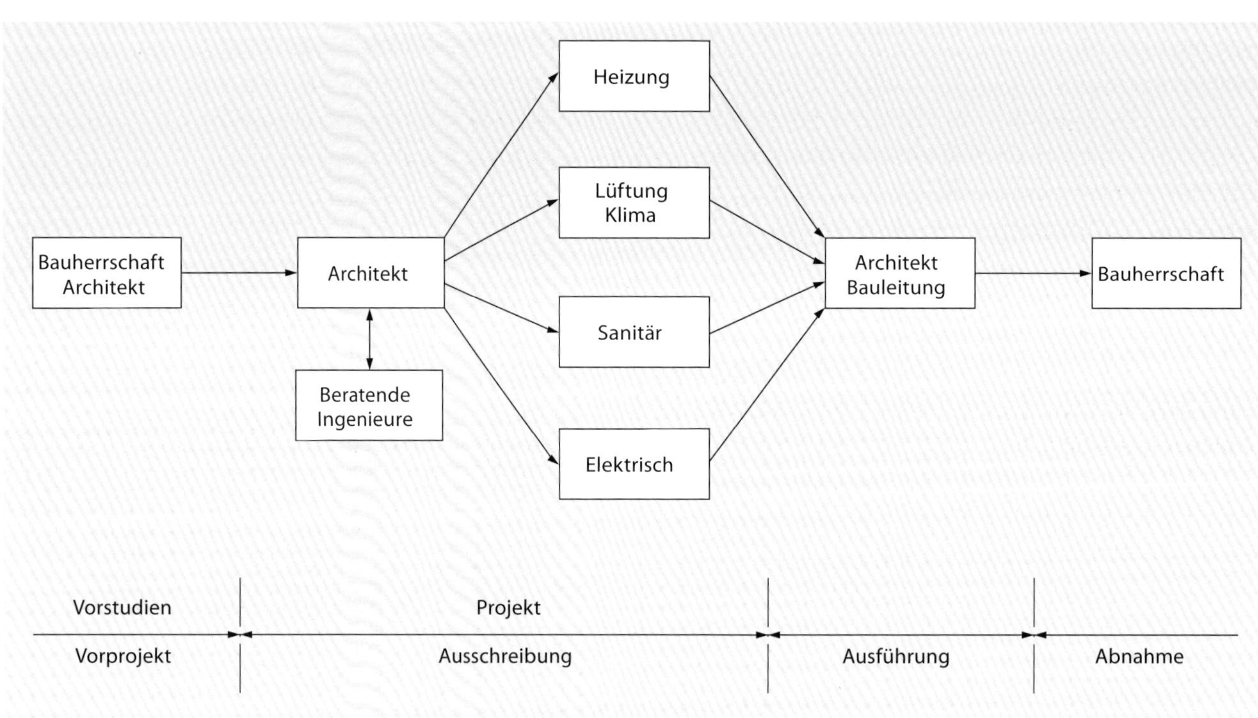

Bild 1.16 Schematische Darstellung einer seriellen Planung

1.3.2 Integrale Planung

Werden alle Kenntnisse über die Zusammenhänge zwischen Gebäude, Gebäudetechnik, Energieverbrauch und Komfort als Teamarbeit in die Planung eingebracht, so ist das *integrale* Planung. Das Team aus Bauherrschaftsvertreter, Architekt, Bauingenieur und Gebäudetechnikingenieuren muss von der Bauherrschaft bestimmt werden, bevor die Planung beginnt. Das Wesentliche ist die Diskussion im Team mit dem Ziel, gut, wirtschaftlich und umweltbewusst zu bauen. Durch Untersuchung von Varianten kann eine gesamthaft optimale Lösung gefunden werden. Nur durch Teamarbeit lässt sich ein Konsens zwischen verschiedenen Partnern innert nützlicher Frist erreichen. Sowohl fachliche als auch menschliche Qualitäten sind gefordert! Beim integralen Vorgehen wird der ganze Lebenszyklus des Gebäudes betrachtet. In Bild 1.17 können sich einzelne Phasen oder Teile davon in zyklischen Prozessen wiederholen.

Nachstehend werden die wesentlichsten Punkte des Planungsablaufs nach [SIA 108] für die Gebäudetechnikplaner beschrieben.

Phase 1: Strategische Planung

Besteht aus der (besonders zu vereinbarenden) *Bedürfnisformulierung* und der Entwicklung von *Lösungsstrategien.*

Phase 2: Vorstudien

Besteht aus der (besonders zu vereinbarenden) *Projektdefinition, Machbarkeitsstudie:*

- Grundlagenbeschaffung und Problemanalyse
- Vorgehen und Organisation festlegen
- bestehende Anlagen aufnehmen
- Energiekonzept, Energiebilanzen erarbeiten
- Lösungsansätze darstellen und bewerten
- fachspezifisches Projektpflichtenheft erstellen
- Kosten und Wirtschaftlichkeit untersuchen

Auftraggeber: Entscheiden über Organisation und Vorgehen. Genehmigen Projektpflichtenheft und Lösungsansatz. Eintretensentscheid

Phase 3: Projektierung

Teilphase Vorprojekt:

- Gebäudetechnikkonzepte einschliesslich Gebäudeautomation (GA)

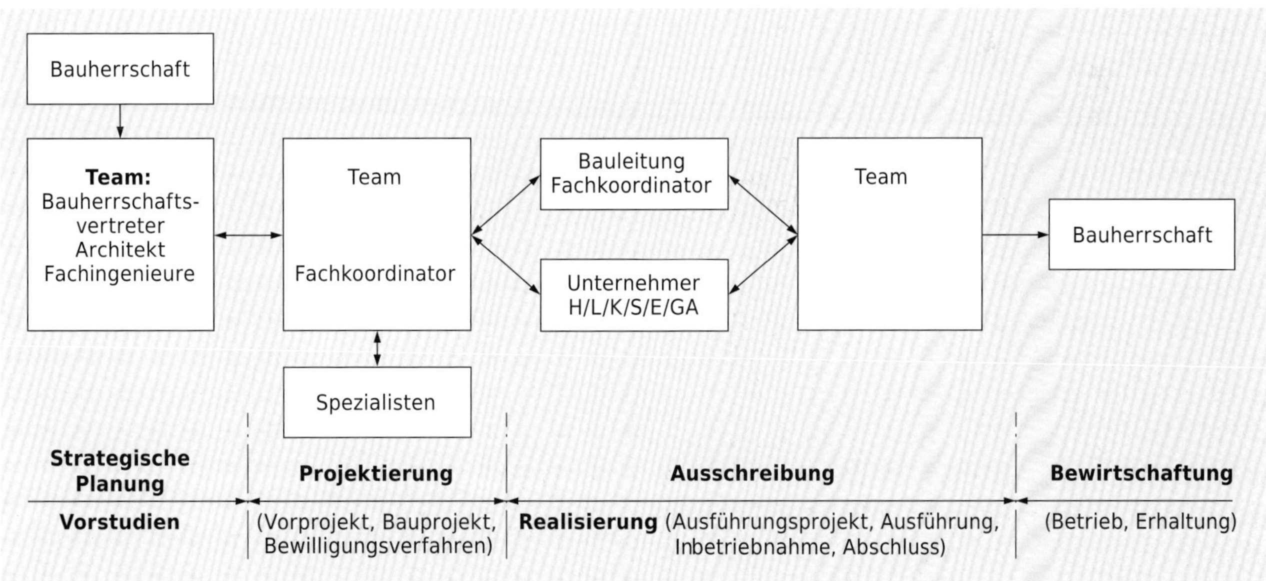

Bild 1.17 Schematische Darstellung der integralen Planung mit Phasengliederung nach [SIA 112]

- Messkonzept erarbeiten
- Energiebedarf abschätzen
- beim Informationsaustausch mitwirken
- Prinzipschemas und Anlagebeschrieb
- Anlagekosten schätzen, i.d.R. ±15 %
- Betriebs- und Unterhaltskosten schätzen
- Terminplan erstellen

Auftraggeber: Genehmigen Vorprojekt

Teilphase Bauprojekt:
- Leistungs- und Energiebedarf berechnen
- GA-Funktionsbeschrieb und -Projekt
- Messkonzept bereinigen
- Platzbedarf und Dispositionspläne
- Prinzipschemas ausarbeiten
- Anlagebeschrieb erstellen
- Detaillierter Kostenvoranschlag, i.d.R. ±10 %
- Terminplan überarbeiten

Auftraggeber: Genehmigen Bauprojekt

Teilphase Bewilligungsverfahren/Auflageprojekt:
Auftraggeber: Genehmigen Unterlagen Baueingabe

Phase 4: Ausschreibung

Ausschreibung, Offertvergleich, Vergabeantrag:
- Ausschreibungspläne und -unterlagen
- Angebote überprüfen und vergleichen
- Vergabevorschläge ausarbeiten
- Terminplan erstellen

Auftraggeber: Genehmigen Ausschreibungsunterlagen. Entscheid zur Ausführung. Vergabe

Phase 5: Realisierung

Teilphase Ausführungsprojekt:
- definitive Berechnungen durchführen
- Ausführungsunterlagen erstellen
- Unternehmerverträge aufstellen
- Terminplan nachführen

Auftraggeber: Werkverträge abschliessen. Genehmigen Ausführungsprojekt

Teilphase Ausführung:
- Kontrolle der Arbeiten auf der Baustelle
- Teilnahme an Koordinationssitzungen
- Kontrolle von Regie- und Ausmassarbeiten
- Teilabnahmen durchführen
- amtliche Kontrollen veranlassen
- Projektänderungen überwachen
- Kostenkontrolle führen

Auftraggeber: Genehmigen von Projekt-, Kosten- und Terminänderungen

Teilphase Inbetriebnahme, Abschluss:
- Inbetriebnahme, Tests, Abnahmen organisieren
- bei Übergabe an Betreiber mitwirken
- Betriebsinstruktionen einholen
- Ausführungspläne nachführen
- Mängelbehebung überwachen
- Schlussabrechnung
- Liste der Mängel führen, die bis zum Ablauf der 2-jährigen Rügefrist aufgetreten sind

Auftraggeber: Abnahme. Übernehmen der Bauwerksakten. Genehmigen Schlussabrechnung

Phase 6: Bewirtschaftung

Besteht aus den (besonders zu vereinbarenden) Teilphasen *Betrieb* und *Erhaltung*. Nur mit der *Betriebsoptimierung* und Erfolgskontrolle lassen sich höhere energetische Ziele tatsächlich erreichen. In der Regel sind periodisch Betriebsdaten abzulesen, was eine entsprechende Instrumentierung voraussetzt. Nach der Auswertung werden die nötigen Optimierungsschritte veranlasst. Eine Betriebsoptimierung dauert etwa zwei Jahre.

1.3.3 Digitale Bauwerksmodellierung (BIM)

Was ist BIM?

Building Information Modelling (BIM) ist eine Methode, die Planungsteams in allen Phasen der integralen Planung unterstützt. Sie nutzt digitale Bauwerksmodelle und wird auch als VDC (Virtual Design and Construction) bezeichnet. Die BIM-Methode unterstützt die Zusammenarbeit mit allen Akteuren über den gesamten Lebenszyklus eines Bauwerks. Sie ist weit mehr als eine 3-D-Planung. Die Idee ist, Daten entsprechend den jeweiligen Projektzielen aufzubereiten, zu nutzen und weiteren Projektpartnern zur Verfügung zu stellen. Die dahinterstehenden Datenmodelle erlauben, sofern richtig angewandt, das phasen- und adressatengerechte Arbeiten. Entscheidend dabei ist, so viel als nötig, aber so wenig wie möglich an Informationen in die digitalen Bauwerksmodelle einzupflegen. Das Arbeiten von «grob zu fein» ist entscheidend.

1.3 Planungsvorgehen

Bearbeitungsformen

Das Arbeiten an einem einzelnen Modell (little BIM) wird für die Optimierung der eigenen, meist betriebsinternen Effizienzsteigerung und Qualitätssicherung eingesetzt.
Das Arbeiten an einem gemeinsamen Modell (big BIM) ist die Summe von synchronisierten Fach- und Teilmodellen. Dabei sollen alle Beteiligten zweckmässigerweise mit der gleichen Software (Typ, Version) arbeiten (deshalb closed BIM genannt). Mit dem Arbeiten an einem gemeinsamen Gesamtmodell soll die Effizienz in der Zusammenarbeit gesteigert werden. Alle Beteiligten arbeiten in definierten Austauschzyklen an den jeweiligen Fach- und Teilmodellen.

Nutzen und Aufwand

Wie bei jedem IT-Projekt ist die Lernphase konsequent anzugehen. Vor einem BIM-Projekt sollte das Merkblatt [SIA 2051] verinnerlicht, das Vertragliche geregelt und dann mit den Planungspartnern die Planung begonnen werden. Das Arbeiten mit digitalen Bauwerksmodellen nützt allen Beteiligten:

- Verifizierung des Bauprogramms (z.B. Räume, Abläufe)
- Mengenermittlung und Kostenplanung
- Führung zentraler Sachinformationen (Form-, Flächen- und Rauminformationen)
- Aggregation von objektspezifischen Daten (Türlisten, Raumlisten)
- Nachweise gesetzlicher und funktionaler Anforderungen (Energie, Brandschutz)
- Zustands- und Verhaltenssimulationen (z.B. Personenströme)
- Visualisierungen zur Unterstützung von Entscheidungsprozessen
- Grundlagen für die Gebäudebewirtschaftung (BIM-gestütztes Facility-Management)
- Datenaustausch mit externen Stellen (digitales Baugesuch, Nachführung amtliche Vermessung).

Wie Bild 1.18 zeigt, werden aus den verschiedenen Zielen, die Aufgaben und Fragestellungen abgeleitet. Daraus ergeben sich dann die Anforderungen an den Informationsumfang und -gehalt. Diese Anforderungen beeinflussen direkt das digitale Bauwerksmodell, dessen Aufbau und Struktur im Modellplan festgehalten wird.

BIM-Modellplan

Aufbau und Struktur der digitalen Bauwerksmodelle müssen im Voraus festgelegt werden. Dabei ist darauf zu achten, dass der Informationsgehalt der Modelle dem tatsächlichen Projektfortschritt entspricht. Dazu sind die Informationsgehalte der Modelle mit den Projektphasen nach [SIA 112] abzustimmen. Der Entwicklungsstand (LOD = Level of Development) wird beschrieben durch den Stand der geometrischen Detaillierung (LOG = Level of Geometry) und den Gehalt an nicht geometrischer Information (LOI = Level of Information). Zu viel und zu detaillierte Information ist ebenso schädlich wie fehlende Information.

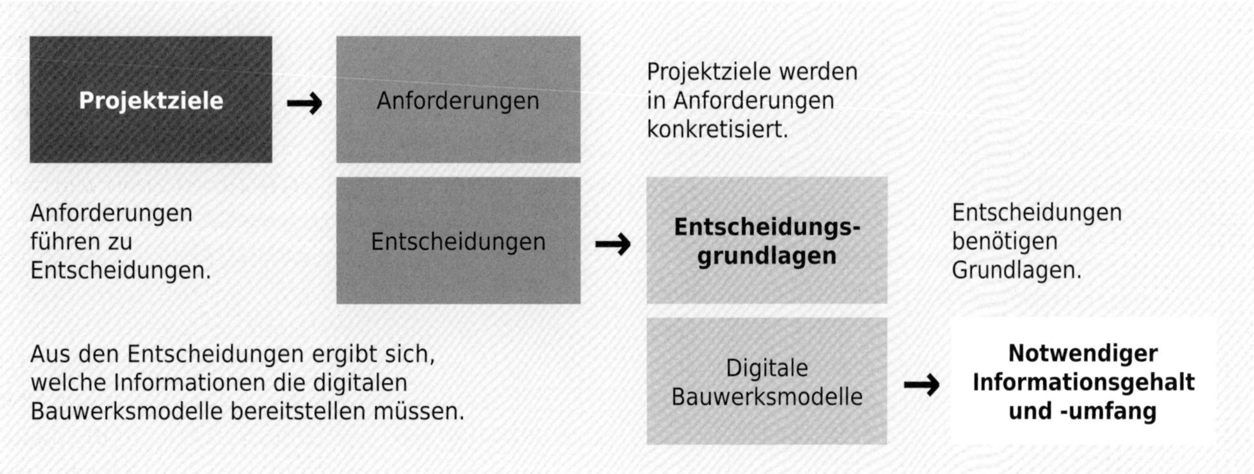

Bild 1.18 Zielformulierung und BIM-Projekte [SIA 2051]

Planen und Projektieren

Schon beim Entwurf des Architekten zeigen sich Vorteile, indem neben den modellbasierten Variantenstudien auch gleich die Flächen, die Logistik und die Kosten verglichen werden können. Der Bauherr hat dabei jederzeit Einblick in die Arbeiten und sieht den Projektfortschritt anhand der aktuellen Bauwerksmodelle. Bei der Projektierung wird die Zusammenarbeit im Planungsteam von Architekt und Fachplanern quasi erzwungen, da allen Beteiligten der aktuelle Stand des Projektes zur Verfügung steht. Eine intensive Zusammenarbeit kann ein Projektteam erreichen, das wesentliche Teile der Projektbearbeitung in einem gemeinsamen Projektbüro (Big Room) erbringt, in dem auch die notwendige Infrastruktur zur Verfügung steht. Wichtiger Teil dieser Koordination ist die Kostenoptimierung und die Kollisionsprüfung bei den Installationen der Gebäudetechnik. Dabei wird der Blick auf das Ganze geschärft und eine kollegiale Zusammenarbeit gefördert.

Realisierung

Für alle Beteiligten ist die Phase der Submittierung entscheidend, da nun die Bauleistungen mit den Kosten synchronisiert werden. Anstatt wie früher ein Leistungsverzeichnis zu erstellen, kann das BIM-Modell dem Offertsteller übergeben werden, der dieses weiter verwenden kann. Zwar können aufgrund von Kennzahlen die Kosten schon vorher kalkuliert werden, doch erst mit der Unterzeichnung der Werkverträge wird dem Bauwerksmodell ein Preis hinterlegt.
Die Installationen auf der Baustelle basieren auf einer digitalen Positionierung der Bauteile. Das Aufhängesystem für die Rohrleitungen und anderen Installationen kann schon im Bauprojekt derart detailliert positioniert werden, dass eine fehlerfreie Installation möglich ist.

Betrieb

Die Betriebsführung und der Unterhalt im Gebäude erfahren mit der Digitalisierung die grösste Veränderung. Stand früher das «Kennen und Verstehen der Anlagen» im Vordergrund, stehen mit dem BIM-basierten Facility-Management alle Daten für einen effizienten Betrieb jedermann zur Verfügung. Die Hauswartung und die FM- Leistungen können u.U. neutraler beschafft werden. Trotzdem werden die Jahreskosten für Betrieb und Unterhalt steigen. Komfort, Energieeffizienz, hohe Verfügbarkeit sowie die Konzentration auf Nachhaltigkeit und Langlebigkeit haben ihren Preis. Werden jedoch die Ausfallkosten bei einer Störung mitberücksichtigt, können eher sinkende Kosten über den Lebenszyklus eines Gebäudes erwartet werden.

1.3.4 Energie- und Gebäudetechnikkonzept

Ein Energie- und Gebäudetechnikkonzept sollte im Rahmen einer integralen Planung während der Vorstudienphase erarbeitet und in der Vorprojektphase präzisiert werden. Dabei sind Bauherr und Architekt in den Entscheidungsprozess miteinzubeziehen. Bei der Ausarbeitung des Energiekonzeptes sollten folgende Ziele angestrebt werden:

- möglichst tiefer Energieverbrauch
- Nutzung passiver Kühlmöglichkeiten
- möglichst einfache, der Problemstellung angepasste Gebäudetechnikanlagen

Bei der Erarbeitung des Gebäudetechnikkonzeptes werden alle wichtigen Randbedingungen (Gebäudehülle, interne Lasten, Zonierung und Technisierungsgrad) im Team definiert. Zudem müssen die Kenngrössen für die Wirtschaftlichkeits-Berechnung mit dem Bauherrn abgesprochen werden.
Der Schlussbericht sollte eine Kurzzusammenfassung der wichtigsten Systementscheide enthalten und nachfolgende Punkte beinhalten:

- Abschätzung Jahresenergiebedarf (Wärme, Kälte, Elektrizität)
- Probleme des sommerlichen Wärmeschutzes
- Notwendigkeit von Kühlung
- Wärme- und Kälteleistungsbedarf (Schätzung, Gleichzeitigkeit verschiedener Verbraucher berücksichtigen!)
- Art der Aussenluftversorgung
- Systemvarianten und Entscheidungsgrundlagen
- Wirtschaftlichkeit
- Umweltbelastung, Versorgungssicherheit
- Messkonzept
- Grobkonzept der Gebäudeautomation
- Pflichtenheft für die Fachplaner

1.3.5 Randbedingungen

Für jeden Gebäudetechnikplaner muss es das Ziel sein, ein Gebäudetechniksystem auszuwählen, das auf das Gebäude, die Nutzer, den Bauherrn und den Betreiber optimal abgestimmt ist (Bild 1.19). Die grosse Zahl von Randbedingungen beeinflusst und erschwert die Wahl eines geeigneten Gebäudetechniksystems. Die wichtigsten Randbedingungen, die einen Einfluss auf die Systemwahl haben, sind:

Objektstandort

- Klima (Temperatur, Strahlung usw.)
- Gebäudelage, Umgebung

Verfügbarkeit Energieträger

- Öl, Gas, Elektrizität, Holz, Fernwärme
- Umweltwärme (Luft, Wasser, Erdreich), Abwärme, Sonnenenergie

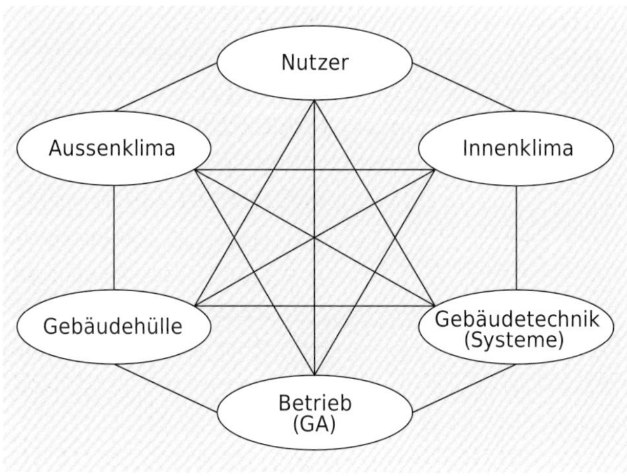

Bild 1.19 Einflussfaktoren auf das Gebäudetechnikkonzept

Randbedingungen des Architekten

- Nutzung passiver Sonnenenergie
- Tageslichtnutzung
- äusserer Sonnenschutz
- Abdeckungen der Böden und Decken

Randbedingungen der Behörden

- lokale Bauvorschriften
- Gesetze und Vorschriften (Energiegesetze, Wärmedämmvorschriften, Nachweis für Klimaanlagen)

Randbedingungen der Bauherrschaft

- Gebäudenutzung
- Komfort-Anforderungen
- interne Lasten
- Art der Bauherrschaft: Es erleichtert dem Planer die Arbeit, wenn er die Bauherrschaft zutreffend erfasst (Bild 1.20). Welches sind deren Präferenzen?
- Art des Betreibers: Im Einfamilienhaus ist meistens der Bauherr selbst Betreiber. Im Verlauf der Projektierungsarbeiten entwickelt sich seine Einstellung der Anlage gegenüber. Bei grösseren Bauten ist es oft ein neben- oder vollamtlicher Hauswart. Seine Fähigkeiten und Motivation sind ausschlaggebend dafür, wie sich die Anlage im Betrieb bewährt. Immer öfter wird ein professioneller Betreiber (Dienststelle) beauftragt, welcher auch sehr komplexe Anlagen betreuen kann.

Energieeffizienz bei Vollkomfort, kostenbewusst

Normale Technik, automatisiert, kleiner Bedienungsaufwand, wirtschaftlich, geringe Investitionskosten; Energiesparen, weil man es sollte.

Energieeffizienz als Hobby («Technofreak»)

Neueste Techniken, Steuerung und Regelung mit Optimierung (Computer), Bedienungsaufwand z.T. erwünscht, Wirtschaftlichkeit sekundär; Energiesparen als Freizeitbeschäftigung.

Energieeffizienz als Öffentlichkeitsarbeit (PR)

Aufwendige Technik, die nach aussen gezeigt wird, automatisiert, kleiner Bedienungsaufwand, Wirtschaftlichkeit z.T. sekundär; Energiesparen dient als PR.

Energieeffizienz für die Versorgungssicherheit

Wärmeerzeugung doppelt oder dreifach genäht, Teil- und Notbetrieb gewährleistet, Wirtschaftlichkeit sekundär; Energiesparen zur Verbesserung der Versorgungssicherheit.

Umweltbewusst leben («Grüne»)

Einfache Technik, Vorgänge nachvollziehbar, Naturkräfte benützen (Feuer, Sonne, Wind), Bekleidung als primäre Schutzhülle, Komfortbedürfnisse hinterfragen; Energiesparen als Teil der Lebenseinstellung.

Keine ökologische Ambition vorhanden

Die Vorschriften sind streng genug, wozu mehr machen?

Bild 1.20 Grundvorstellungen der Bauherrschaft

1.3.6 Entscheidungsfindung

Die konzeptionelle Arbeit und die Systemwahl werden oft rein intuitiv vorgenommen. Wenn zwischen mehreren komplexen Alternativen ausgewählt werden muss, ist die Entscheidungsfindung allerdings oft nicht einfach. Es sind sowohl messbare, objektive als auch nicht messbare, subjektive, gefühlsbetonte *Kriterien* zu berücksichtigen. Voraussetzung ist, dass verschiedene brauchbare Lösungsvarianten für die gleiche Aufgabe vorliegen (echte Varianten). Um diese zu erarbeiten, empfiehlt sich folgendes Vorgehen:

- Brainstorming: Das ist eine unbeschwerte Kreativitätstechnik zur Ideenfindung im Team [Gpm].
- Grobauswahl: Im Team werden die Vor- und Nachteile der einzelnen Systeme diskutiert und beurteilt. Es bleiben wenige aussichtsreiche Varianten übrig.
- Variantenbearbeitung: Die Varianten werden soweit bearbeitet, bis die Erreichung der Ziele (Kriterien) eingeschätzt werden kann. Dies umfasst eine grobe Dimensionierung, Optimierung und Schätzung der Investitionskosten sowie der Betriebskosten (Energie, Wartung, Unterhalt).

In schwierigen Fällen ist ein systematisches Vorgehen nach den Methoden des *Projektmanagements* nötig. Nachstehend die hier am ehesten infrage kommenden PM-Methoden [Gpm]:

- Entscheidungsbaum-Methode
- Nutzwertanalyse
- Kosten-Nutzen-Analyse

Das Resultat der Anwendung von PM-Methoden kann – auch wenn seriös durchgeführt – nicht die Entscheidung sein. Immerhin ist es eine gute Hilfestellung dazu. Der im Team erarbeitete Vorschlag wird nun dem Entscheidungsträger unterbreitet. Da bei integraler Planung die Bauherrschaft im Team vertreten ist, steht normalerweise nicht zu erwarten, dass ihr Entschluss vom Antrag abweicht. Die entscheidende Instanz Bauherrschaft weist allerdings eine andere Gruppendynamik auf als das Planungsteam. Die Entscheidung ist ein freier Willensakt der Bauherrschaft. Es sind denn auch deren Werthaltungen, die bei der Entscheidungsvorbereitung einfliessen müssen.

1.4 Energiehaushalt

1.4.1 Die Energiebilanz

Der Energiehaushalt eines Gebäudes ist ein komplexes Wechselspiel zwischen verschiedenen Einflussgrössen:
- Raumklima und Nutzerverhalten,
- Aussenklima,
- Baukörper,
- Gebäudetechnikanlagen.

Die Gebäudetechnik hat diejenigen Beiträge an die Behaglichkeit zu liefern, welche mit der baulichen Realisierung nicht erreicht werden. Bild 1.21 zeigt die Jahresenergiebilanz eines Gebäudes [SIA 380/1]. Die Energiebilanz lautet:

$$\text{abgeführte Energie} = \text{zugeführte Energie} \qquad (1.3)$$

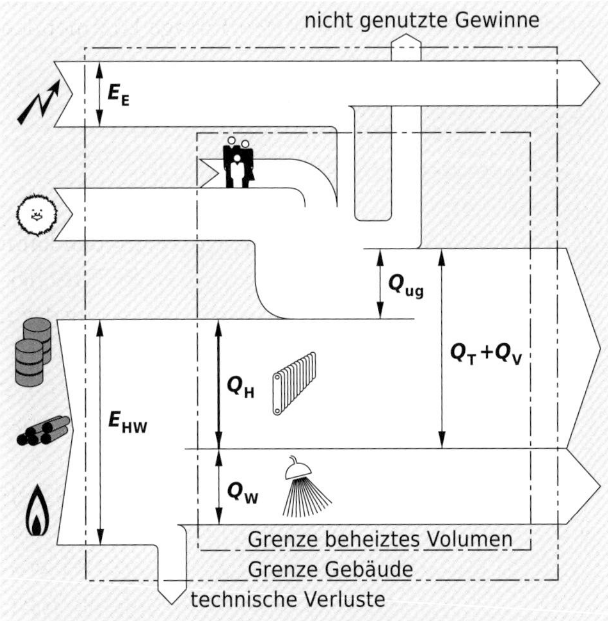

Bild 1.21 Jahres-Energieflussbild eines Wohngebäudes mit Heizkessel für Heizung und Warmwasser

1.4.2 Wärmeabfuhr vom beheizten Volumen

- Transmissions-Wärmeabgabe Q_T durch die Hülle
- Lüftungswärmeverlust Q_V infolge Luftwechsels
- Das an der Entnahmestelle bezogene Warmwasser verschwindet meist augenblicklich im Ablauf und damit auch sein Energieinhalt Q_W.

1.4.3 Wärmezufuhr zum beheizten Volumen

- Energieinhalt Q_W des an der Entnahmestelle bezogenen Warmwassers
- Wärmeeinträge Q_g, zusammengesetzt aus:
  - internen Einträgen Q_i (Personen und Elektrizität),
  - solarem Eintrag Q_s.
- Die Wärmeeinträge stellen in der Heizperiode einen Wärme*gewinn* dar (ausserhalb der Heizperiode eine Wärme*last*). Ein Teil des Gewinns wird weggelüftet wegen Überheizens. Es verbleibt der genutzte Gewinn Q_{ug}.
- Die schliesslich von den Heizflächen zu liefernde Nutzenergie ist der *Heizwärmebedarf* Q_H.

1.4.4 Vorgänge im nicht zu beheizenden Volumen

Die Endenergie für Wärmezwecke E_{HW} wird im Wärmeerzeuger und seiner Umgebung zu Nutzwärme umgewandelt. Dabei entstehen technische Verluste:
- Wärmeerzeugerverluste,
- Wärmeverteilverluste und
- Warmwasserverteilverluste.

Das Verhältnis der erzeugten Nutzwärme (Q_H+Q_W) zum Endenergieverbrauch E_{HW} wird als *Nutzungsgrad* bezeichnet. Er qualifiziert Wärmeerzeuger und Verteilnetze.

Der Elektrizitätsverbrauch im nicht zu beheizenden Volumen sowie derjenige während der Nichtheizperiode lassen die Bilanz des beheizten Volumens unberührt (horizontaler Balken rechts oben).

1.4.5 Standardannahmen und realer Betrieb

Das skizzierte Bilanz-Rechenverfahren erlaubt,

- mit Standardannahmen für Nutzung, Innen- und Aussenklima einen theoretischen Heizwärmebedarf zu ermitteln (amtlicher Systemnachweis),
- mit erwarteten Werten für das betreffende Objekt die Planung zu verfeinern (Optimierung),
- mit realen Nutzungs- und Klimadaten die Übereinstimmung mit den gemessenen Energieverbräuchen herzustellen (Messwertvergleich).

Letzteres ist für die Analyse von bestehenden Bauten und die Betriebsoptimierung von Neubauten sehr hilfreich. Standardbilanz und Effektivbilanz klaffen oft beachtlich auseinander. Eine nicht plausibel nachvollziehbare Effektivbilanz kann wertvolle Hinweise auf technische Fehlfunktionen und abweichende Baukonstruktionen liefern.

1.4.6 Flächenbezogene Energien

Alle Energien beziehen sich üblicherweise auf ein Jahr und auf eine kennzeichnende Fläche. Die *Energiebezugsfläche* EBF ist die Summe aller Geschossflächen (Aussenmasse), für deren Nutzung ein Beheizen oder Klimatisieren notwendig ist. Geschossflächen mit einer lichten Raumhöhe unter 1 m zählen nicht zur Energiebezugsfläche. Hingegen gehören beispielsweise nicht beheizte Treppenhäuser dazu, sofern diese innerhalb der thermischen Hülle (Dämmung) liegen [SIA 380].

Auf die Energiebezugsfläche bezogene Endenergien werden als *Energiekennzahlen* bezeichnet. Die verbrauchten Endenergieträger können anhand der Rechnungen der Energieversorgungsunternehmen leicht erfasst werden. Der Vergleich von Energiekennzahlen mit Erfahrungswerten, lässt rasch einen allfälligen Erneuerungsbedarf erkennen.

1.5 Heizleistungsbedarf

1.5.1 Abschätzung in der Vorprojektphase

Im Rahmen einer Vorstudie oder des Vorprojektes ist eine Abschätzung des Heizleistungsbedarfes erforderlich, da eine detaillierte Berechnung nach 1.5.2 erst später durchgeführt wird. Zu diesem frühen Zeitpunkt der Planung wurde aber bereits der Wärmedämmnachweis [SIA 380/1] erbracht, und somit stehen die notwendigen Gebäudekenngrössen zur Abschätzung des Heizleistungsbedarfes zur Verfügung.

Möglichkeiten zur Abschätzung des Heizleistungsbedarfs:

1) Das ganze Gebäude wird als ein einziger Raum betrachtet und gemäss Bild 1.24 berechnet. Wenn lediglich Bauteilkennwerte vorliegen, ist dies eine zweckmässige Methode.
2) Es gibt SIA 380/1-Programme, welche nebst dem Heizwärmebedarf automatisch auch einen Heizleistungsbedarf des Gebäudes ermitteln. Diese Methode nutzt die Daten des Systemnachweises und verursacht keinen zusätzlichen Aufwand [z.B. Sch].
3) Aufgrund eines beliebigen Systemnachweises SIA 380/1 kann der Heizleistungsbedarf wie folgt abgeschätzt werden:

$$\Phi_H = \frac{(Q_T + Q_V) \cdot A_E}{t} \cdot \frac{\theta_i - \theta_e}{\theta_i - \theta_{e,m}} \qquad (1.4)$$

Φ_H Heizleistungsbedarf in kW
Q_T jährlicher Transmissionswärmeverlust in kWh/m²
Q_V jährlicher Lüftungswärmeverlust in kWh/m²
A_E Energiebezugsfläche in m²
θ... Temperaturen gemäss Bild 1.24
t Dauer eines Jahres (365 · 24h)

1.5.2 Heizleistungsbedarf [EN 12831-1]

Die Norm [EN 12831-1] legt, zusammen mit dem jeweiligen nationalen Anhang, die Berechnungsverfahren fest (Bild 1.24):

- für den Heizleistungsbedarf jedes einzelnen Raumes (Grundlage zur Bemessung der Heizflächen) und
- für den Heizleistungsbedarf des ganzen Gebäudes (Grundlage zur Bemessung der Wärmeerzeuger).

Es sind auch Angaben für über 4 m hohe Räume vorhanden.

1.5 Heizleistungsbedarf

Gebäude = Summe der Räume?

Es wird unterschieden zwischen der Summe der in jedem Raum notwendigen Heizleistung und der notwendigen Heizleistung des gesamten Gebäudes:

- Der Transmissionswärmestrom des Gebäudes kann geringer sein als die entsprechende Summe der Räume, da für die Heizflächenbemessung öfters grössere Temperaturdifferenzen zu Nachbarräumen angenommen werden müssen als für die Wärmeerzeugerbemessung.
- Der Lüftungswärmestrom des Gebäudes durch natürliche Lüftung kann geringer sein als die entsprechende Summe der Räume, da nicht alle Räume gleichzeitig genutzt werden.

Norm-Aussentemperatur

Die Auslegungstemperatur wird durch den tiefsten Wert eines Temperatur-Mittels über eine bestimmte Zeitperiode dargestellt. Theoretisch könnte also eine Unterschreitung der Norm-Innentemperatur vorkommen, praktisch trifft dies jedoch wegen anderweitiger Reserven kaum je zu.

Es werden drei verschiedene Norm-Aussentemperaturen unterschieden:

- am Referenzstandort $\theta_{e,Ref}$,
- am Gebäudestandort (Berücksichtigung der Standorthöhe),
- für den betrachteten Raum θ_e (zusätzlich Berücksichtigung der Trägheit).

Die Auslegungstemperatur ist von der thermischen Trägheit (Zeitkonstante, Bauweise) des Gebäudes bzw. Gebäudebereichs abhängig.

Die Differenz für extreme Zeitkonstanten beträgt nach SIA 3 K (Bild 1.22):

- Zeitkonstante τ über etwa 200 h (massive, gut gedämmte Bauten): Als Auslegungstemperatur gilt der Durchschnitt der tiefsten Viertages-Mittelwerte von 20 Jahren [SIA 2028]. Beispiel Zürich: –8 °C.
- Zeitkonstante τ unter etwa 50 h (leichte, schlecht gedämmte Bauten): Für Zürich ist die Auslegungstemperatur –11 °C.

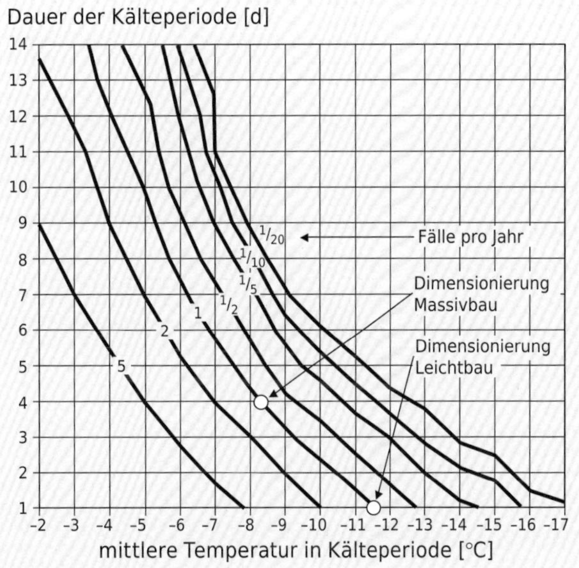

Bild 1.22 Temperaturextreme für Zürich SMA

Transmissions-Wärmestrom

Der Wärmestrom durch ein flächiges Bauteil wird durch den Wärmedurchgangskoeffizienten U charakterisiert. Der U-Wert gibt den Wärmestrom (in W) an, der durch 1 m² des Bauteils fliesst, wenn ein Temperaturunterschied von 1 K zwischen der warmen und der kalten Seite besteht [Zür].

Für die Transmissionsflächen gelten folgende *Messvorschriften:*

- Bei horizontalen Abmessungen gelten *Aussen*abmessungen (bei Innenwänden bis Wandmitte).
- Wandhöhen sind von Oberkante Boden bis Oberkante Decke zu messen (beim untersten beheizten Geschoss ist nach SIA ab Unterkante Boden zu messen).

Der Einfluss von *Wärmebrücken* kann bei gut gedämmten Gebäuden beträchtlich sein. Diese werden mit linearen Wärmedurchgangskoeffizienten Ψ berücksichtigt. Zur Vereinfachung erlaubt die EN stattdessen auch einen U-Wert-Zuschlag.

Lüftungswärmestrom

Der Leistungsbedarf durch Lüftung entsteht in denjenigen Räumen, in denen Luft einströmt:

- von aussen durch Fenster, Aussenluftdurchlässe oder Undichtheiten,
- von Zuluftdurchlässen einer Lüftungsanlage,
- von einem Nachbarraum durch Überströmung.

Die EN 12831-1 sieht ein sehr kompliziertes Berechnungsverfahren für die verschiedenen Lüftungskonzepte vor. Dieses ist in Spezialfällen nützlich, beispielsweise bei Räumen mit hohen Luftwechselraten oder Hallen mit grossen Öffnungen. Zum Zeitpunkt der Heizleistungsberechnung sind aber viele Details noch unbekannt.

Der Lüftungswärmestrom kann für Normalfälle nach [SIA 384/2] vereinfacht mit der thermisch wirksamen Luftwechselrate gemäss Bild 1.23 berechnet werden, auch für Räume mit einer mechanischen Lüftung. Da alle Räume in einem Gebäudebereich für die praktisch gleichen Innentemperaturen ausgelegt werden [SIA 2024], treten bei einer Überströmung von Raum zu Raum keine nennenswerten Lüftungswärmeströme auf. Eine allfällige zentrale Lufterwärmung durch das Heizsystem ist zusätzlich zur Norm-Berechnung zu berücksichtigen.

Aufheizleistung

Die Berechnung erfolgt für den stationären Zustand bei der Norm-Aussentemperatur. Wenn bei dieser Temperatur der Heizbetrieb unterbrochen wird, so ist eine zusätzliche Aufheizleistung erforderlich, um innert nützlicher Frist wieder die Soll-Innentemperatur zu erreichen. Die EN macht hierfür Leistungsangaben. Besser ist allerdings, bei Auslegungsbedingungen auf eine Absenkung zu verzichten.

Wärmegewinne

Wärmegewinne sind in der Regel zu vernachlässigen. Gegebenfalls muss ihre Berücksichtigung mit der Bauherrschaft vereinbart werden. Unter Umständen kann es zweckmässig sein, eine detailliertere Gebäudesimulation einzusetzen. Mit dem Luftbedarf verbundene, zwangsläufig vorhandene Wärmegewinne (Personenabwärme usw.) wurden jedoch bei der Festlegung des SIA-Mindestluftvolumenstroms teilweise einbezogen.

Lüftungskonzept	Raumtyp	Neubau[1)] n_{min} h^{-1}	Altbau n_{min} h^{-1}
Alle Lüftungskonzepte (natürlich oder mechanisch belüftet)	Räume ohne Aussenbezug[2)] und ohne Zuluft	0	0
Natürliche Lüftung, ohne oder mit kurzfristig betriebenen Abluftanlagen in Küche, Bad, Dusche, WC	Bad, Dusche mit Aussenbezug	0,50	0,70
	weitere Räume mit Aussenbezug	0,30	0,50
Einfache Lüftungsanlage mit Wärmerückgewinnung (WRG)[3)]	Räume mit Zuluft	0,20	0,40
	Räume mit Aussenbezug aber ohne Zuluft	0,10	0,30
Lüftungsanlage mit Lufterwärmung	alle Räume mit Aussenbezug	0,10	0,30
Abluftanlage im Dauerbetrieb	alle Räume mit Aussenbezug	0,50	0,70

1) Auch bestehende Bauten, die den Luftdichtheits-Grenzwert für Neubauten erfüllen
2) Aussenbezug: Aussenfenster, Aussentüre oder Aussenluftdurchlass vorhanden
3) Auch wenn zwecks Vereisungsschutz der Aussenluftvolumenstrom reduziert oder ausgeschaltet wird

Bild 1.23 Thermisch wirksame Mindest-Luftwechselrate n_{min} für verschiedene Räume und Lüftungskonzepte [SIA 384/2]

1.5 Heizleistungsbedarf

Transmissions-Wärmestrom des Raumes

$$\Phi_T = \Phi_{Te} + \Phi_{Tu} + \Phi_{Tg} + \Phi_{Tn} \quad (1.5)$$

– Wärmestrom nach aussen

$$\Phi_{Te} = \left(\sum UA + \sum \Psi L\right) \cdot (\theta_i - \theta_e) \quad (1.6)$$

Φ_{Te} Wärmestrom nach aussen in W
U Wärmedurchgangskoeffizient in W/(m^2 K)
A Bauteilfläche in m^2
Ψ längenbezogener Wärmedurchgangskoeffizient in W/(m K)
L Länge der linearen Wärmebrücke in m
θ_i Raumtemperatur in °C
θ_e Norm-Aussentemperatur gemäss Text in °C

– Wärmestrom zu unbeheiztem Raum

$$\Phi_{Tu} = \left(\sum UA + \sum \Psi L\right) \cdot f_l \cdot (\theta_i - \theta_e) \quad (1.7)$$

f_l Temperaturanpassungsfaktor (0,3 bis 0,9)

– Wärmestrom ans Erdreich

$$\Phi_{Tg} = f_{\theta,ann} \cdot \left(\sum U_{eq} A\right) \cdot (\theta_i - \theta_{e,m}) \quad (1.8)$$

$f_{\theta,ann}$ Korrekturfaktor für jährliche Temperaturschwankung (1,2 bis 1,5)
U_{eq} U-Wert gegen Erde [EN ISO 13370] in W/(m^2 K)
$\theta_{e,m}$ Jahresmittel der Aussentemperatur [SIA 2028] in °C

– Wärmestrom an Nachbarräume

$$\Phi_{Tn} = \sum UA(\theta_i - \theta_n) \quad (1.9)$$

θ_n Temperatur des beheizten Nachbarraums in °C

Transmissions-Wärmestrom des Gebäudes

$$\Phi_T = \sum \Phi_{T,Raum} \quad (1.10)$$

Die Wärmeströme innerhalb des Gebäudes bleiben unberücksichtigt.

Lüftungswärmestrom des Raums

$$\Phi_{V,Raum} = n_{min} \cdot V_i \cdot \rho \cdot c_p \cdot (\theta_i - \theta_e) \quad (1.11)$$

$\Phi_{V,Raum}$ Lüftungswärmestrom des Raums in W
n_{min} thermisch wirksame Mindest-Luftwechselrate Bild 1.23 in h^{-1}
V_i Nettoraumvolumen in m^3
$\rho \cdot c_p$ volumenbezogene Wärmekapazität Luft, 0,27 bis 0,34 Wh/(m^3·K)

Lüftungswärmestrom der Zone/des Gebäudes

$$\Phi_V = \sum (f_{i-z} \cdot \Phi_{V,Raum}) \quad (1.12)$$

Φ_V Lüftungswärmestrom der Zone bzw. des Gebäudes in W
$\Phi_{V,Raum}$ Lüftungswärmestrom des Raums in W
f_{i-z} Korrekturfaktor Gleichzeitigkeit (0,5 bis 1)

Norm-Heizlast des Raums/Gebäudes

$$\Phi_{HL} = \Phi_T + \Phi_V \quad (1.13)$$

Φ_T Transmissions-Wärmestrom in W
Φ_V Lüftungs-Wärmestrom in W

Bild 1.24 Berechnung der Norm-Heizlast [EN 12831-1, SIA 384/2]

2 WÄRMEERZEUGUNG

2.1 Bemessungsfragen

2.1.1 Was heisst «richtig» bemessen?

Ein Wärmeerzeuger (WE) ist zweckmässig bemessen, wenn die Energie rationell genutzt wird und die Anlage wirtschaftlich arbeitet. Andererseits ist ein Wärmeerzeuger auf den Wärmeleistungsbedarf exakt abgestimmt, wenn er bei der Auslegungstemperatur von beispielsweise -8 °C die vereinbarte Raumtemperatur gerade noch aufrechterhalten kann. Der exakt abgestimmte Wärmeerzeuger steht bei diesen Verhältnissen ununterbrochen in Betrieb und besitzt keine Leistungsreserve. Der Dimensionierungsfaktor

$$f_{\text{dim}} = \frac{\text{effektive WE-Leistung}}{\text{exakt abgestimmte WE-Leistung}} \tag{2.1}$$

hat den Wert 1.

Vorsicht: Die effektive maximale WE-Leistung bei Auslegungsbedingungen weicht in der Regel von der Angabe auf dem Typenschild ab.

Wegen der Stufensprünge der Leistung in einer Typenreihe ist die exakte Abstimmung oft nicht möglich. Moderne *Öl-/Gaskessel* mit ihren sehr kleinen Bereitschaftsverlusten dürfen ohne Beeinträchtigung des Jahresnutzungsgrads mit Leistungsreserven bis etwa 40 % ausgelegt werden.
Bei *Wärmepumpen*-Anlagen ist die exakte Abstimmung von Bedeutung für die Wirtschaftlichkeit. Es kann sogar eine Unterdeckung ($f_{\text{dim}} < 1$) sinnvoll sein. Während der Spitzen wäre dann z.B. ein Holzofen einzusetzen oder einzelne Verbraucher wären abzuschalten. Es ist ratsam, eine derartige Überbrückung von Kälteperioden mit der Bauherrschaft schriftlich zu vereinbaren. Oft bestehen Sperrzeiten von mehreren Stunden seitens des Elektrizitätswerks. Dann muss eine höhere Wärmeerzeugerleistung installiert werden.
Bei *Holzfeuerungen* mit Speichern sind wesentliche Leistungsreserven ein Bestandteil des Konzepts ($f_{\text{dim}} > 2$).
Zur Plausibilitätskontrolle bei üblichen Öl-, Gas- oder Wärmepumpenanlagen kann die *spezifische Leistung* herangezogen werden:

- herkömmliche Bauten 40...60 W/m² EBF
- gut wärmegedämmte Bauten 15...40 W/m² EBF
- Passivhäuser 10...15 W/m² EBF

2.1.2 Berechnung bei Neubauten

Die vom Wärmeerzeuger zu erbringende Leistung setzt sich zusammen aus:

a dem normgemässen Heizleistungsbedarf des Gebäudes,
b dem mittleren Leistungsbedarf des Warmwassersystems (Wohnbauten benötigen etwa 3 W/m² EBF),
c dem Leistungsbedarf verbundener Systeme (Lufterhitzer von Lüftungsanlagen).

Die Verlustleistung eines gedämmten Wärmeverteilsystems innerhalb eines Gebäudes ist meistens vernachlässigbar.
Eine zusätzliche Aufheizleistung bei Heizunterbruch ist überflüssig, wenn bei tiefen Aussentemperaturen auf eine Nachtabschaltung oder -absenkung verzichtet wird. Dies ist oft auch vorteilhaft hinsichtlich des Komforts und der Kosten.

2.1.3 Abschätzungen bei bestehenden Bauten

Die nachfolgenden Abschätzmethoden können bei Öl- und Gaskesseln gute Dienste leisten, sofern man die Auswirkungen möglicher Abweichungen im Griff hat.

Volllastzeit und Dimensionierungsfaktor

Bild 2.1 zeigt qualitativ, wie sich die Dimensionierung bzw. Überdimensionierung des Wärmeerzeugers und die Wärmegewinne auf die Volllast-Brennzeit auswirken. Letztere ergibt sich aus:

$$t_a = \frac{V_a}{q_v} \tag{2.2}$$

t_a jährliche Volllast-Brennzeit in h
V_a mittlerer Jahres-Brennstoffverbrauch in l
q_v Brennstoffvolumenstrom bei Volllast in l/h

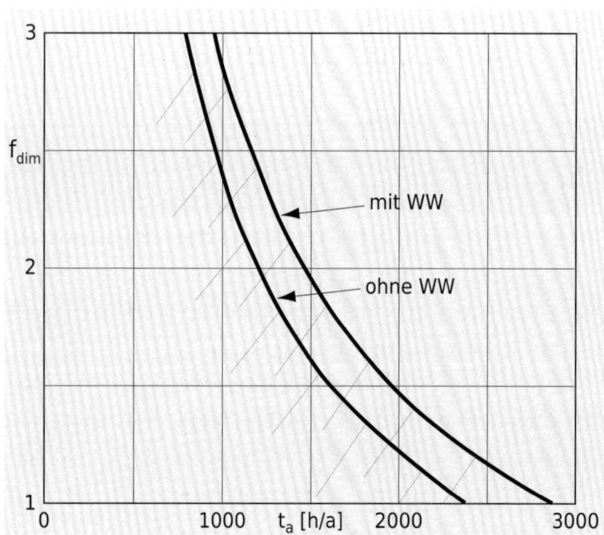

Bild 2.1 Dimensionierungsfaktor und Volllast-Brennzeit für herkömmliche Wohnbauten im schweizerischen Mittelland. Die Schägschraffur deutet den Einfluss erhöhter Wärmegewinne in neueren Bauten an.

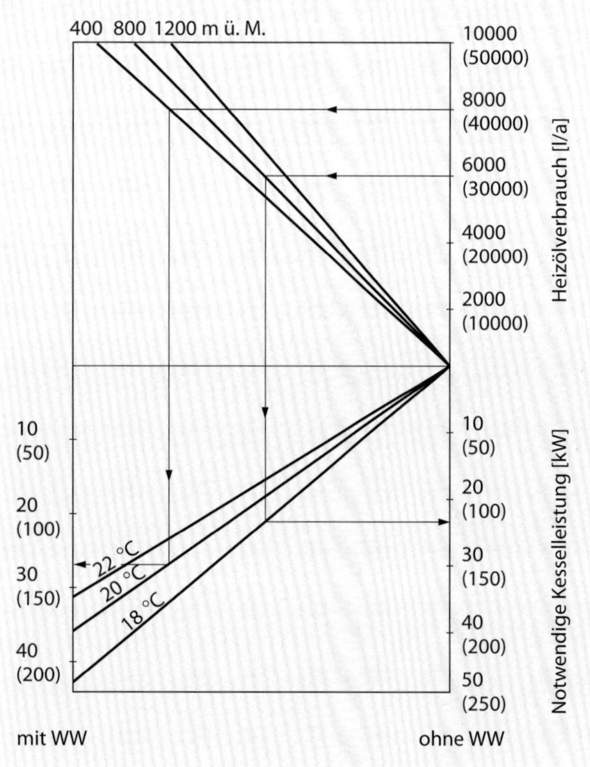

Bild 2.2 Bemessung nach Brennstoffverbrauch für herkömmliche Wohnbauten nach R. Weiersmüller

Methode Brennstoffverbrauch

Für ein theoretisches Gebäude ohne Wärmegewinne und mit einem verlustlosen Wärmeerzeuger lässt sich die Volllastzeit für Heizung aus den Heizgradtagen und der Differenz zwischen Innentemperatur und Normaussentemperatur ermitteln [Wei]. Diese theoretische Volllastzeit korreliert gut mit der Standorthöhe.

Für konventionelle Wohnbauten mit wenig Gewinnen (kaum gedämmt, ohne grosse Fensterflächen, 20–21°C) lässt sich daraus für die Schweiz ableiten:

$$t_{H,a} = 1900\ h + 0{,}60\ h/m \cdot h_{build} \quad (2.3)$$

$t_{H,a}$ jährliche Volllastzeit für Heizung in h

h_{build} Standorthöhe in m

Bei gedämmten Wohnbauten mit grösseren Fensterflächen ist die Volllastzeit $t_{H,a}$ um bis über ein Drittel geringer. Hinweis: Die Volllastzeit $t_{H,a}$ ist kleiner als die Volllast-Brennzeit t_a des vorhergehenden Abschnitts, da sie die Wärmeerzeugerverluste nicht mit umfasst.

Aus dem Endenergieverbrauch wird zunächst die jährliche Wärmeabgabe des Wärmeerzeugers ermittelt:

$$Q_{gen,out} = m_a \cdot H_s \cdot \eta_a \quad (2.4)$$

$Q_{gen,out}$ jährliche Wärmeabgabe des Wärmeerzeugers in kWh

m_a jährlicher Brennstoffverbrauch im mehrjährigen Mittel in kg

H_s Brennwert in kWh/kg

η_a geschätzter Jahresnutzungsgrad bezüglich H_s, 0,75 bis 0,9, vgl. Kapitel 2.8

Die jährliche Wärmeabgabe des Wärmeerzeugers für die Wassererwärmung $Q_{W,gen,out}$ ergibt sich aufgrund des durchschnittlichen Nutzwarmwasserbedarfs (Kapitel 7.1.4), vermehrt um die Verluste der Warmwasseranlage (Kapitel 7.4.2). Somit ist die Wärmeabgabe für Heizung:

$$Q_{H,gen,out} = Q_{gen,out} - Q_{W,gen,out} \quad (2.5)$$

Die erforderliche Wärmeerzeugerleistung des Ersatzwärmeerzeugers wird schliesslich:

2 WÄRMEERZEUGUNG

2.1 Bemessungsfragen

$$\Phi_{gen,out} = Q_{H,gen,out} / t_{H,a} + Q_{W,gen,out} / t_{W,a} \quad (2.6)$$

$\Phi_{gen,out}$ erforderliche Wärmeerzeugerleistung in kW

$Q_{H,gen,out}$ jährliche Wärmeabgabe des Wärmeerzeugers für Heizung in kWh

$Q_{W,gen,out}$ jährliche Wärmeabgabe des Wärmeerzeugers für Wassererwärmung in kWh

$t_{H,a}$ jährliche Volllastzeit für Heizung in h, Gl.(2.3)

$t_{W,a}$ jährliche Betriebszeit für Wassererwärmung, 8760 h

Bei einem grossen Warmwasseranteil ($Q_{W,gen,out}/Q_{gen,out} > 1/3$) ist die Methode zu ungenau. Die Methode ist hingegen anwendbar, falls die Feuerung nicht durch eine neue Feuerung, sondern durch eine Wärmepumpe ersetzt werden soll. Die oben ermittelte Volllastzeit $t_{H,a}$ ist dabei unverändert einzusetzen.
Bild 2.2 verwendet einen ähnlichen Ansatz. Für grössere Anlagen gelten die geklammerten, für Kleinanlagen die nicht geklammerten Werte. Das Bild zeigt eine *knappe* Ersatzwärmeerzeugerleistung.

2.1.4 Messungen bei bestehenden Bauten

Mit Messungen an der alten Heizanlage wird eine wesentlich bessere Genauigkeit erreicht, und es können Fälle untersucht werden, die nicht in die obigen Kategorien fallen.
Die Messungen werden während einiger Winterwochen durchgeführt. Das einfachste Vorgehen ist, periodisch den Brennstoffverbrauch zu protokollieren und die Aussentemperatur mit einem Datenlogger zu erfassen. In jeder Messperiode ist die mittlere Feuerungsleistung:

$$P_{gen,in,m} = m_p \cdot H_s / t_p \quad (2.7)$$

$P_{gen,in,m}$ mittlere Feuerungsleistung (bezüglich Brennwert) in der Messperiode in kW

m_p Brennstoffverbrauch in der Messperiode (Brennstoffzähler) in kg

H_s Brennwert in kWh/kg

t_p Dauer der Messperiode in h

Indem für jede Messperiode die mittlere Feuerungsleistung der mittleren Aussentemperatur zugeordnet wird, entsteht eine Leistungskennlinie (Bild 2.3). Durch Inter- oder Extrapolation wird die mittlere Feuerungsleistung bei der Norm-Aussentemperatur bestimmt. Durch Multiplikation mit dem gut abschätzbaren Kesselwirkungsgrad (bezüglich Brennwert) erhält man die mittlere Kesselleistung bei Norm-Aussentemperatur (Kapitel 2.2.2). Mit einem Zuschlag von etwa 15 Prozent zur Berücksichtigung von Solargewinnen ergibt sich die erforderliche Wärmeerzeugerleistung des Ersatzwärmeerzeugers [SIA 384/1]. Bei manueller Protokollierung genügt für Wohngebäude eine einmalige tägliche Ablesung. Bei Gebäuden mit, im Tagesablauf, zwei deutlich verschiedenen Betriebsphasen (Verwaltungsgebäude) sind die Ablesezeitpunkte an den Anfang dieser Betriebsphasen zu legen. Es ergeben sich dann zwei Leistungskennlinien.

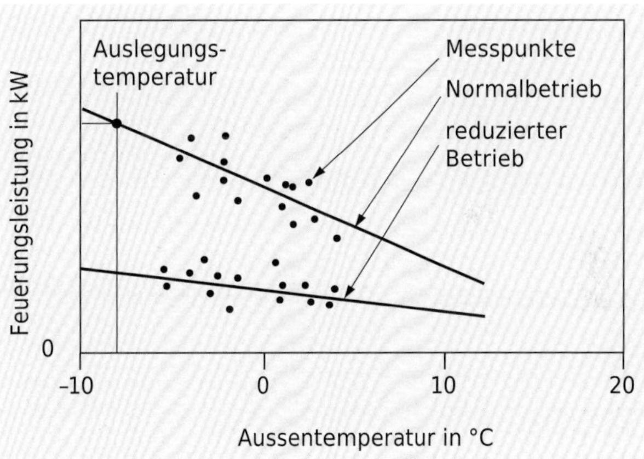

Bild 2.3 Gemessene Leistungskennlinien eines Verwaltungsgebäudes

2.2.1 Physikalisch-chemische Gesetzmässigkeiten

Verbrennungsvorgang

Verbrennung ist die chemische Verbindung (Oxidation) der brennbaren Elemente von Brennstoffen mit Sauerstoff unter Bildung von Wärme:

Kohlenstoff $C + O_2 \rightarrow CO_2$
Wasserstoff $2H + {}^1/_2\, O_2 \rightarrow H_2O$
Schwefel $S + O_2 \rightarrow SO_2$

Eine stöchiometrische Verbrennung ist eine vollständige Verbrennung gemäss obigen Gleichungen. Dazu wird eine bestimmte Menge Luft benötigt. Der O_2-Gehalt des Abgases ist null, der CO_2-Gehalt hingegen maximal. Um mit Sicherheit im Dauerbetrieb eine vollständige Verbrennung zu erhalten, wird meistens mit einem Luftüberschuss in der Grössenordnung von 20 % bzw. einem Luftverhältnis $\lambda = 1{,}2$ gearbeitet. Unter diesen Bedingungen finden sich im Abgas noch O_2 und ein entsprechend geringerer Anteil an CO_2. Diese Anteile werden deshalb zur Ermittlung des *Luftverhältnisses* gemessen. Es gilt näherungsweise:

$$\lambda = \frac{[CO_2]_{max}}{[CO_2]} = \frac{21\,\%}{21\,\% - [O_2]} \tag{2.8}$$

$[CO_2]$, $[O_2]$ Volumenanteile im trockenen Abgas
$[CO_2]_{max}$ stöchiometrischer Kohlendioxidanteil (Bild 2.4)

			Heizöl EL	Erdgas
Dichte ρ	kg/m³*		840	0.71
Brennwert H_S	kWh/kg		12,5	14,0
Heizwert H_i	kWh/kg		11,8	12,6
H_S/H_i			1,06	1,11
$[CO_2]_{max}$	V%		15,3	11,8
Wassertaupunkt	°C	$\lambda = 1$	50	58
		$\lambda = 1{,}5$	43	50
* bei Gas Betriebskubikmeter (0,98 bar, 10 °C)				

Bild 2.4 Brennstoffdaten

Brennwert und Heizwert

Der Brennwert H_s (früher: oberer Heizwert) ist die Wärmemenge, welche bei vollständiger Verbrennung frei wird, wenn der bei der Verbrennung entstehende Wasserdampf kondensiert. Der Heizwert H_i (früher: unterer Heizwert) ist die Wärmemenge, welche bei vollständiger Verbrennung frei wird, wenn der bei der Verbrennung entstehende Wasserdampf entweicht. Brennstoffdaten sind Bild 2.4 zu entnehmen, weitere [SIA 380, Rec1]. Bei vollständiger Kondensation des Wasserdampfs ist also die Energieausbeute für Erdgas 11 % und für Öl 6 % höher als bei konventioneller Verbrennung ohne Abgas-Kondensation.
Vorsicht: In den Normen besteht die physikalisch sinnvolle Tendenz, alle Kenngrössen, wie Leistungen, Energien, Wirkungs- und Nutzungsgrade auf den Brennwert zu beziehen. In den Normen ist dies aber noch nicht konsequent und der Praxis noch wenig umgesetzt. Dies ist bei der Interpretation von Zahlenwerten zu beachten.

Taupunkt

Bei der Abkühlung der Abgase beginnt der als Verbrennungsprodukt entstandene Wasserdampf bei einer bestimmten Temperatur zu kondensieren. Diese Wassertaupunkt-Temperatur hängt vom Wasserstoffgehalt des Brennstoffs ab. Sie sinkt mit wachsendem Luftverhältnis (Bild 2.4).
Die beim Unterschreiten des Taupunkts an der abgasseitigen Oberfläche entstehenden Kondensate korrodieren Stahl und Gusseisen. Eine wirksame Korrosionsbremse stellt die Hochhaltung der Rücklauftemperatur auf etwa 60 °C dar. Durch geregeltes Beimischen von heissem Vorlaufwasser in den Rücklauf kann am Kesseleintritt die Minimaltemperatur erreicht werden (Bild 2.48).

2.2.2 Leistungen und Wirkungsgrade

Die Begriffe «Wirkungsgrad» und «Nutzungsgrad» stellen beide ein Verhältnis von Nutzen zu Aufwand dar, der Wirkungsgrad ein Verhältnis von Leistungen, der Nutzungsgrad ein Verhältnis von Energien.

Zugeführter Energiestrom

Die im Brennstoff enthaltene chemische Energie, die *Feuerungswärmeenergie,* beträgt

$$E_{gen,in} = m \cdot H_s = \rho \cdot V \cdot H_s \qquad (2.9)$$

$E_{gen,in}$	Feuerungswärmeenergie bezüglich Brennwert in kWh
m	Masse des Brennstoffs in kg
V	Volumen des Brennstoffs in m^3
ρ	Dichte des Brennstoffs in kg/m^3
H_s	Brennwert in kWh/kg

Die *Feuerungsleistung* ist entsprechend

$$P_{gen,in} = q_m \cdot H_s = \rho \cdot q_v \cdot H_s \qquad (2.10)$$

$P_{gen,in}$	Feuerungsleistung bezüglich Brennwert in kW
q_m	Massenstrom bei Brennerbetrieb in kg/h
q_v	Volumenstrom bei Brennerbetrieb in m^3/h

Als Hilfsenergie wird bei der Umwandlung der chemischen in thermische Energie meist noch elektrische Energie benötigt (Ventilator, Brennstoffpumpe, Ölvorwärmung). Der Bedarf an elektrischer Energie beträgt einige Promille bis wenige Prozente der Brennstoffenergie. Bei der üblichen Festlegung der Bilanz- oder Systemgrenze für den Kessel fällt sie allerdings nicht in Betracht (Bild 2.5).

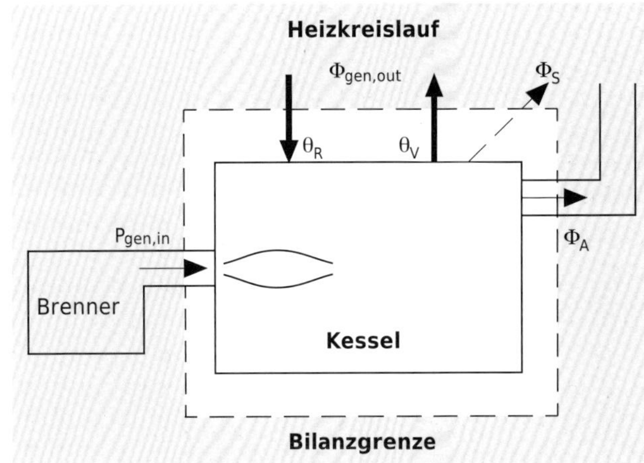

Bild 2.5 Bilanzgrenze des Kessels und Energieströme bei Brennerbetrieb

Abgasverlust

Da das aus dem Kessel austretende Abgas eine höhere Temperatur (und Enthalpie) aufweist als die eintretende Verbrennungsluft, entsteht ein Abgasverlust. Er tritt bei Brennerbetrieb auf. Die von den Verbrennungsgasen an den Kessel übertragene Wärmeleistung ist um die Abgasverlustleistung Φ_A geringer als die Feuerungsleistung $P_{gen,in}$. Die Abgastemperatur eines nicht kondensierenden Kessels hängt stark von der eingestellten oder durch die Regelung veränderlichen Feuerungsleistung ab. Die Abgastemperatur steigt mit zunehmender Verschmutzung der Wärmeübertragungsflächen an.

Feuerungstechnischer Wirkungsgrad

Der feuerungstechnische Wirkungsgrad gibt an, welcher Anteil der Feuerungsleistung auf den Kessel übertragen wird. Er hängt ab von der Abgastemperatur, dem Luftverhältnis und dem Brennstoff. Er wird von der amtlichen Feuerungskontrolle gemessen. Der feuerungstechnische Wirkungsgrad *nicht kondensierender* Kessel (bezogen auf den Heizwert) kann nach einer amtlichen Formel ermittelt werden [BAFU1]. Diese Formel ist in Bild 2.6 rechts des Knicks (Wassertaupunkt) dargestellt. Der feuerungstechnische Wirkungsgrad im *Kondensationsbetrieb* ist dem Bild links des Taupunkts zu entnehmen. Da die amtliche Formel sich auf den Heizwert bezieht, ergeben sich im Kondensationsbetrieb Werte über eins. Der feuerungstechnische Wirkungsgrad bezogen auf den Brennwert ergibt sich nun:

$$\eta_F = \eta_{F,Hi} \cdot \frac{H_i}{H_s} \tag{2.11}$$

$\eta_{F,Hi}$ amtlicher, feuerungstechnischer Wirkungsgrad (bezüglich Heizwert)

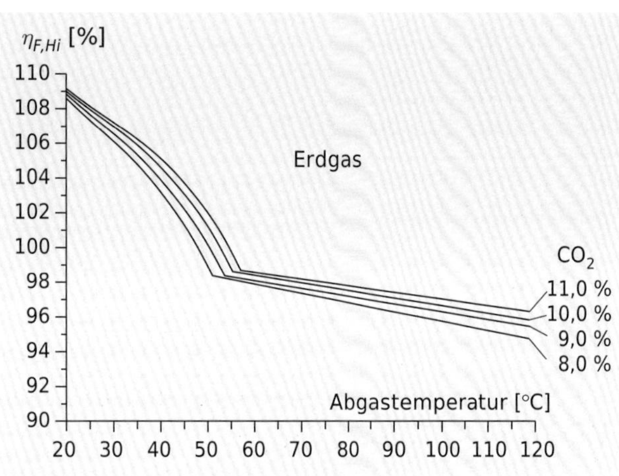

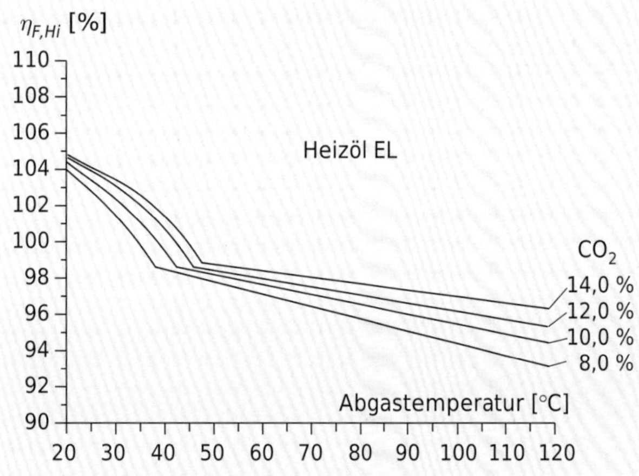

Bild 2.6 Feuerungstechnischer Wirkungsgrad (bezüglich Heizwert) für Gas- und Ölkondensationskessel [Koe]

Beispiel:
Ölkessel mit Abgastemperatur 120 °C und CO_2-Gehalt 9 %
Gemäss Bild 2.6 ist $\eta_{F,Hi} = 0,94$.
Dieser feuerungstechnische Wirkungsgrad ist gemäss [LRV] zulässig (Grenzwert einstufige Brenner 0,93).
Der feuerungstechnische Wirkungsgrad bezüglich Brennwert beträgt $\eta_F = 0,94/1,06 = 0,89$.

Strahlungsverlust

Der Verlust des Kessels an den Heizraum erfolgt durch Strahlung, Konvektion und Leitung (kurz Strahlungsverlust genannt). Er tritt während der ganzen Kesselbetriebsdauer (Brennerstillstand und Brennerbetrieb) auf. Der Strahlungsverlust hängt ab von Kesselgrösse und Kesselisolation sowie der Kesselwassertemperatur. Die Strahlungsverlustleistung Φ_S während des Brennerbetriebs ist etwa gleich gross wie die weiter unten beschriebene Bereitschaftsverlustleistung bei Brennerstillstand.

Kesselwirkungsgrad

Es wird nun die *Energiestrombilanz* des Kessels bei Brennerbetrieb betrachtet (Bild 2.5). Die Kesselleistung $\Phi_{gen,out}$ ist um die Abgasverlustleistung Φ_A und die Strahlungsverlustleistung Φ_S geringer als die Feuerungsleistung $P_{gen,in}$. Andererseits wird die Kesselleistung vom Heizwasser aufgenommen:

$$\Phi_{gen,out} = q_{m,w} \cdot c_w \cdot (\theta_V - \theta_R) \tag{2.12}$$

$\Phi_{gen,out}$ Kesselleistung in kW
$q_{m,w}$ Massenstrom Heizwasser in kg/s
c_w spezifische Wärmekapazität Wasser, 4,19 kJ/kgK
θ_V, θ_R Vor- bzw. Rücklauftemperatur Heizwasser in °C

Der *Kesselwirkungsgrad* gibt an, welcher Anteil der Feuerungsleistung bei Brennerbetrieb an das Heizwasser abgegeben wird:

$$\eta_{gen} = \frac{\Phi_{gen,out}}{P_{gen,in}} \tag{2.13}$$

Die Kesselleistung wird meistens über die Brennstoffzufuhr bedarfsabhängig geregelt. Der Kesselwirkungsgrad ist bei reduzierter Kesselleistung, infolge der tieferen Abgastemperatur, meist besser als bei Nennleistung.

Bereitschaftsverlust

Auch ohne Nutzwärmeabgabe hat der Kessel Verluste, solange die Kesseltemperatur über der Umgebungstemperatur liegt. Die Ursachen dieses Verlusts in Bereitschaft sind:

- Strahlungsverlust und
- innerer Auskühlverlust (Wärmeabgabe an die durch den Kessel strömende Luft infolge von Kaminzug und Brennerundichtheit).

Moderne Kessel weisen bei 50 K Temperaturdifferenz zum Aufstellungsraum eine Bereitschaftsverlustleistung von 0,2 % bis 1 % der Feuerungsleistung auf.

2.2.3 Nutzungsgrad des Kessels

Die für den Betrieb massgebliche Periode ist normalerweise ein Jahr. Bei kombinierter Wassererwärmung steht der Kessel das ganze Jahr in Betrieb, sonst nur während der Heizperiode. Während der Kesselbetriebszeit wechseln Brennerbetrieb und -stillstand ab. Nun wird die Jahres-Energiebilanz des Kessels in den Bilanzgrenzen gemäss Bild 2.5 betrachtet. Die vom Kessel während eines Jahres ans Heizwasser abgegebene Energie ergibt sich aus der Feuerungswärmeenergie abzüglich der Abgas-, Strahlungs- und Bereitschaftsverluste (Bild 2.7). Der *Jahresnutzungsgrad* η_a eines Kessels gibt an, welcher Anteil der Jahres-Brennstoffenergie ans Heizwasser abgegeben wird. Er ist für Energienutzung und Wirtschaftlichkeit massgebend.

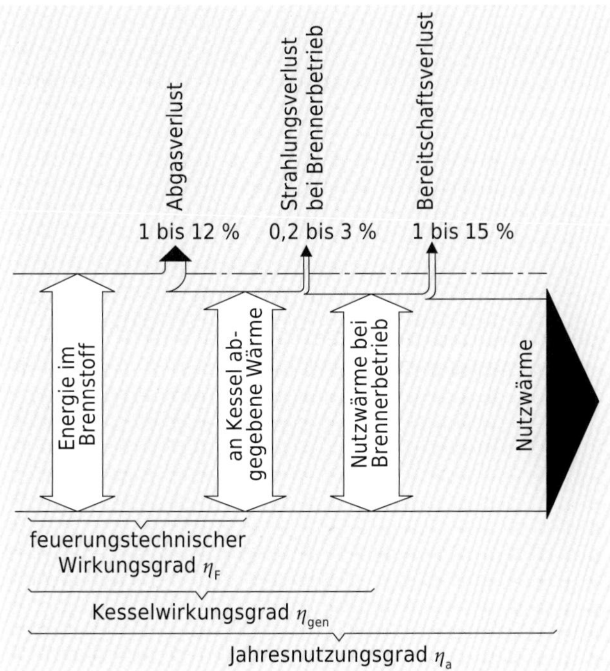

Bild 2.7 Energieflussbild eines Kessels

Der *Normnutzungsgrad* nach der früheren DIN 4702-8 ist ein in der Prüfanstalt ermittelter Jahresnutzungsgrad, basierend auf Messwerten bei verschiedenen Teillasten.

Beträgt die betrachtete Periode nicht ein Jahr, sondern beispielsweise einen Tag, so wird von *Teillastnutzungsgrad* gesprochen. Die massgeblichen Einflüsse auf den Teillastnutzungsgrad sind:

- die Auslastung (Verhältnis der mittleren, ans Heizwasser abgegebenen Leistung zur Kesselnennleistung)
- die Kesselwirkungsgrade für Volllast und ggf. für Minimallast bei Brennerbetrieb
- die Bereitschaftsverlustleistung bei Brennerstillstand

Bild 2.8 zeigt Teillastnutzungsgrade verschiedener Kesselgenerationen. Bei kleiner Auslastung fällt der Teillastnutzungsgrad sehr stark ab. Bei Kesseln mit grossen Verlusten ohne Modulation erfolgt der Steilabfall bereits bei vergleichsweise hohen Auslastungen. Die Gefahr, den Kessel in diesem Bereich zu betreiben, ist am grössten bei der Wassererwärmung im Sommer oder bei starker Überdimensionierung. Der Jahresnutzungsgrad setzt sich zusammen aus verschiedenen Zeitperioden mit den entsprechenden Teillastnutzungsgraden.

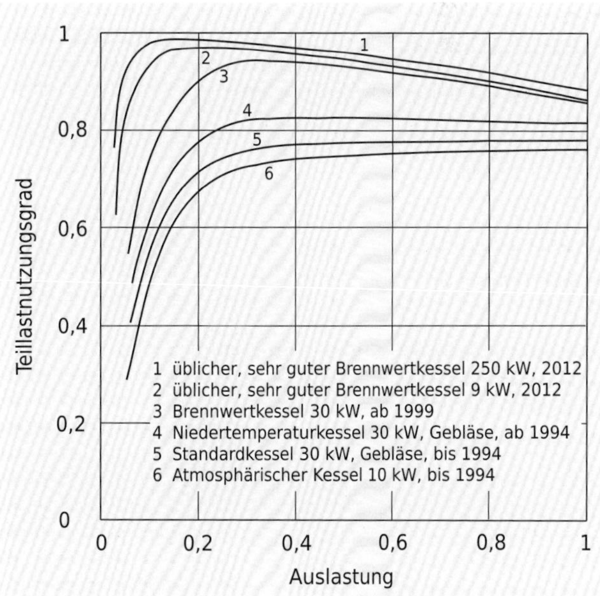

Bild 2.8 Teillastnutzungsgrad (bezüglich Brennwert) von Gaskesseln in Funktion der Auslastung bei Prüftemperaturen (Volllast: 70 °C, Teillast: gemäss Typ), nach [EN 15316-4-1 Anhang B]

2.2.4 Bauarten Kesselanlagen

Kesselbauarten

Der Kesselbau hat sich stark entwickelt (Bild 2.9). Der Begriff «gleitend» bedeutet, dass der Kessel ohne Mischventil direkt auf die Heizflächen wirken kann, er hat somit immer die tiefstmögliche Wassertemperatur (Bild 3.10a). Korrosionsgefährdete Kessel können nur oberhalb einer bestimmten Minimaltemperatur gleitend betrieben werden.

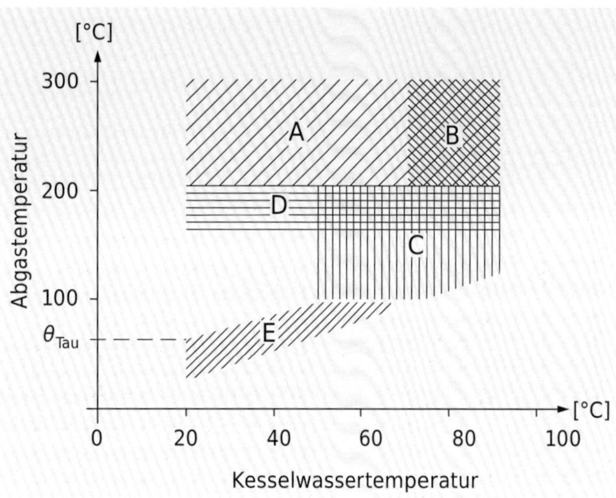

Bild 2.9 Arbeitsbereiche von Kesseln

Bauart A: Gusskessel, gleitend, für hohe Abgastemperatur. Ursprünglich Kohlekessel. Veraltet.
Bauart B: Stahlkessel für hohe Wassertemperatur und hohe Abgastemperatur. Veraltet.
Bauart C: Kessel mit nach unten begrenzter Wassertemperatur und tiefer Abgastemperatur. Evtl. Einstellung der Abgastemperatur mit Schikanen.
Bauart D: Kessel, gleitend, für relativ hohe Abgastemperatur, deshalb keine Kaminprobleme.
Bauart E: Kondensationskessel für gleitenden Betrieb mit Abgastemperaturen unter dem Wassertaupunkt. Das Abgas wird möglichst stark abgekühlt durch Wärmeabgabe an das Rücklaufwasser oder an die Verbrennungsluft. Das Kondensat kann in der Regel unbehandelt in die Kanalisation eingeleitet werden.

Brennerbauarten

Beim *Öl-Zerstäuberbrenner* wird das Öl unter hohem Druck in feine Tröpfchen zerstäubt und mit der Verbrennungsluft vermischt. Die Düsenkanäle für Leistungen bis hinunter auf etwa 15 kW sind derart fein, dass nur mit elektrischer Ölvorwärmung ein störungsfreier Betrieb möglich ist. Ölbrenner für noch kleinere Leistungen werden nach dem Druckluftzerstäubungs- oder dem Ölvergasungsprinzip gebaut.
Gasgebläsebrenner sind ähnlich aufgebaut wie Öl-Druckzerstäuberbrenner, jedoch ohne das anspruchsvolle Ölfördersystem.
Zweistoffbrenner für die Verbrennung von Gas und Öl erlauben dem Energieversorgungsunternehmen, bei Gas-Spitzenverbrauch ferngesteuert auf Öl umzuschalten. Dafür wird ein günstigerer Gaspreis gewährt. In Anbetracht der Verstopfungsgefahr der Öldüsen bei Gasbetrieb sind Zweistoffbrenner empfehlenswert ab etwa 200 kW.

Leistungsregelungen

Die *einstufige* Leistungsregelung erfolgt nur durch Ein- und Ausschalten des Wärmeerzeugers (Bild 2.10).
Die *zweistufige* Leistungsregelung schaltet bedarfsabhängig zwischen zwei fest eingestellten Leistungen und der Nullleistung um.
Die *modulierende* Leistungsregelung arbeitet stetig zwischen der Grundlast und der Volllast. Bei einem Leistungsbedarf unterhalb der Grundlast arbeitet auch dieser Brenner im Ein-Aus-Betrieb.

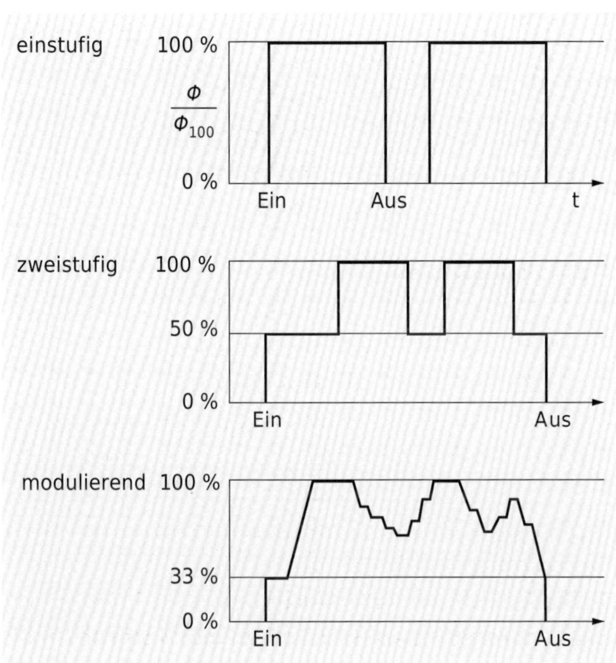

Bild 2.10 Brennerregelungen und typische Lastverhältnisse

2.3 Holzfeuerung

2.3.1 Holz als Energieträger

Holz enthält nebst Kohlenstoff, Wasserstoff und Sauerstoff auch unterschiedlich viel Wasser. Als Mass für die Feuchtigkeit wird verwendet:

Wassergehalt

$$x = \frac{\text{Masse } H_2O}{\text{Masse gesamt}} \qquad (2.14)$$

Holzfeuchte

$$u = \frac{\text{Masse } H_2O}{\text{Masse Trockensubstanz}} \qquad (2.15)$$

Für die Trockensubstanz wird oft die Bezeichnung «atro» (= absolut trocken) gebraucht. Der massebezogene Brenn- bzw. Heizwert von Holz ist stark abhängig vom Wassergehalt, jedoch praktisch unabhängig von der Holzart (Bild 2.11). Demgegenüber ist der volumenbezogene Wert (z.B. MJ/Ster) beträchtlich abhängig von der Holzart. Er erhöht sich aber beim Trocknen nicht wesentlich. Bei Grünschnitzel-Feuerungen, welche waldfrisches Holz emissionsarm verbrennen können, lohnt sich deshalb der Trocknungsaufwand nicht. Lufttrockenes Holz, wie für die meisten Holzfeuerungen benötigt, bedingt eine Lagerung unter Dach während 0,5 bis 1 (Schnitzel) bzw. 2 Jahren (Stückholz).
Es sind verschiedene *Energieholzsortimente* erhältlich: Waldholz oder Restholz aus der Holzverarbeitung (beides als Stückholz oder Schnitzel), Pellets aus gepressten Spänen usw. Die meisten Feuerungen können nur ein einziges Sortiment mit einem bestimmten Wassergehalt einwandfrei verbrennen.

Bei der Verbrennung von Holz können gesundheitsschädliche Emissionen entstehen, insesondere bei schlecht betriebenen kleinen Feuerungen wie Cheminées oder Kaminöfen. Zur Verminderung des Feinstaubs werden deshalb bei grossen Feuerungen Elektrofilter eingesetzt. Behandeltes Abfallholz ist emissionsmässig äusserst problematisch und darf in normalen Feuerungen nicht verbrannt werden.
Zur Bestimmung des Energieinhalts der üblichen Holzmengeneinheiten ist die jeweilige Dichte erforderlich (Bild 2.12).

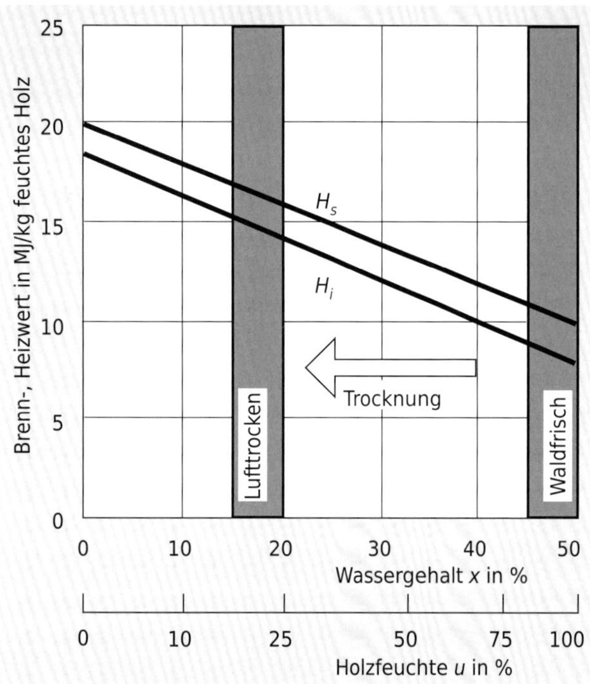

Bild 2.11 Brennwert H_s und Heizwert H_i von Holz (1 kWh = 3,6 MJ)

Einheit			Fichte Tanne	Buche
Festkubikmeter	x = 15 %	kg/Fm³	470	680
Ster (Holzstapel 1 · 1 · 1 m)	x = 15 %	kg/Ster	330	470
Schüttkubikmeter Schnitzel	x = 15 %	kg/Sm³	190	270
	x = 50 %	kg/Sm³	320	460
Schüttkubikmeter Pellets	x = 8 %	kg/Sm³	650	650

Bild 2.12 Dichte von Holz [BFE2, SIA 380]

Beispiel:

1 Schütt-m³ lufttrockener Tannen-Schnitzel hat einen Energieinhalt (bezüglich Brennwert) von:
16,5 MJ/kg · 190 kg = 3130 MJ = 870 kWh
Dies entspricht einer Ölmenge von:
870 kWh / 12,5 kWh/kg = 70 kg

2.3.2 Holzverbrennung

Der Verbrennungsprozess in seiner zeitlichen Abfolge:
- Trocknung: Bis 150 °C verdampft das Wasser
- Pyrolyse: Holzzersetzung 150 bis 600 °C, es entstehen Brenngase und Holzkohle
- Oxidation: Bei 600 bis 1200 °C verbrennen Gase und Holzkohle

Zur Holzverbrennung werden hohe Temperaturen benötigt, da sonst die schwerer brennbaren Gase nicht oxidieren, sondern zu Kessel- und Luftverschmutzung führen. Hält man einen Draht in eine Kerzenflamme, so bildet sich Russ! Merkmale guter Holzfeuerungen sind also:
- einstellbare Primärluft in die Glutzone, Sekundärluft in die Flammenzone
- ungekühlte Glut und Flamme

Nach dem vollständigen Ausbrand kann nun das Abgas stark gekühlt werden, um einen kleinen Abgasverlust zu erhalten. Guter Wärmeaustausch führt zu hohem Druckverlust, sodass oft ein Ventilator nötig ist.

2.3.3 Holzfeuerungssysteme

Einzelraumheizungen wie Öfen und Cheminées erhöhen die Wohnqualität. Ihr energetischer Nutzen ist aber fragwürdig, wenn sie – wie so oft – nicht ganz dicht ausgeführt sind. Wenn kein Holz verbrannt wird, verliert der Raum durch den Kamin ständig warme Luft. Viele dieser Heizungen nutzen das Holz mit schlechtem Wirkungsgrad und hohen Emissionen. Eine Verbesserung der Effizienz ist möglich, indem die Verbrennungsluft über eine Klappe in der Gebäudehülle dem Feuerraum direkt zugeführt wird und indem dessen Verbindung zur Raumluft getrennt wird. Ganz raumluftunabhängige Öfen sind aber kaum möglich, da die Feuerraumtür und die Ascheschublade Leckstellen aufweisen. Die Raumluftunabhängigkeit ist auch bei Lüftungseinrichtungen wichtig, damit die Feuerung nicht gestört wird.

2.3 Holzfeuerung

Eine Kombination von relativ schadstoffarmer Feuerung und Behaglichkeit stellt hingegen der althergebrachte *Kachelofen* dar. Er hat die gewünschte heisse Brennkammer, allerdings auch hohe Abgastemperaturen. Es ist möglich, einen Kessel in den Kachelofen einzubauen und damit eine Zentralheizung zu betreiben. Erfolgt die Aufheizung des Wassers im Feuerraum, so wird die Verbrennung verschlechtert. Auch *Holzkochherde,* eventuell mit Elektro- oder Gasteil, können zu einem vollwertigen Heizsystem mit Speicher, Wassererwärmer und Sitzkunst ausgebaut werden.

Manuell beschickte *Stückholzkessel* sind in Bild 2.13 dargestellt. Bei der Durchbrandfeuerung *(oberer Abbrand)* steht meist der ganze Holzstapel in Flammen. Eine gute Holzverbrennung ist auf diese Weise schwer zu erreichen. Beim *unteren Abbrand* steht immer nur ein kleiner Teil des Holzes im Feuer. Sämtliche Schwelgase passieren die heisse Zone, sodass auch schwerflüchtige Komponenten verbrennen. Eine Leistungsregelung durch Drosseln der Luftzufuhr schmälert die Verbrennungsqualität etwas weniger stark als bei oberem Abbrand. Gleichwohl sollten auch diese Kessel mit Volllast betrieben werden, d.h., es ist ein Speicher einzusetzen.

Die Feuerung mit einem *Vorofen* (Holzgasbrenner) ist dem Unterbrandkessel sehr ähnlich. Im Vorofen wird das Holz getrocknet und vergast, und die entstehende Holzkohle wird verbrannt. Im Kessel werden die Gase emissionsarm verbrannt und abgekühlt. Je nach Brennstoff (Stückholz oder Schnitzel) ist der Betrieb diskontinuierlich oder kontinuierlich. Bei Stückholz ist ein Speicher erforderlich.

Die *automatische Stückholzfeuerung* eignet sich für die Verbrennung von unbehandelten Holzabfällen (Bild 2.14). Ein Zerkleinerungsaggregat zerkleinert das Stückholz, worauf es in den Tunnelbrenner gelangt. Die Leistung wird automatisch geregelt mittels der Brennstoffzufuhr, ein Speicher ist deshalb u.U. nicht notwendig (vgl. Schnitzelfeuerung).

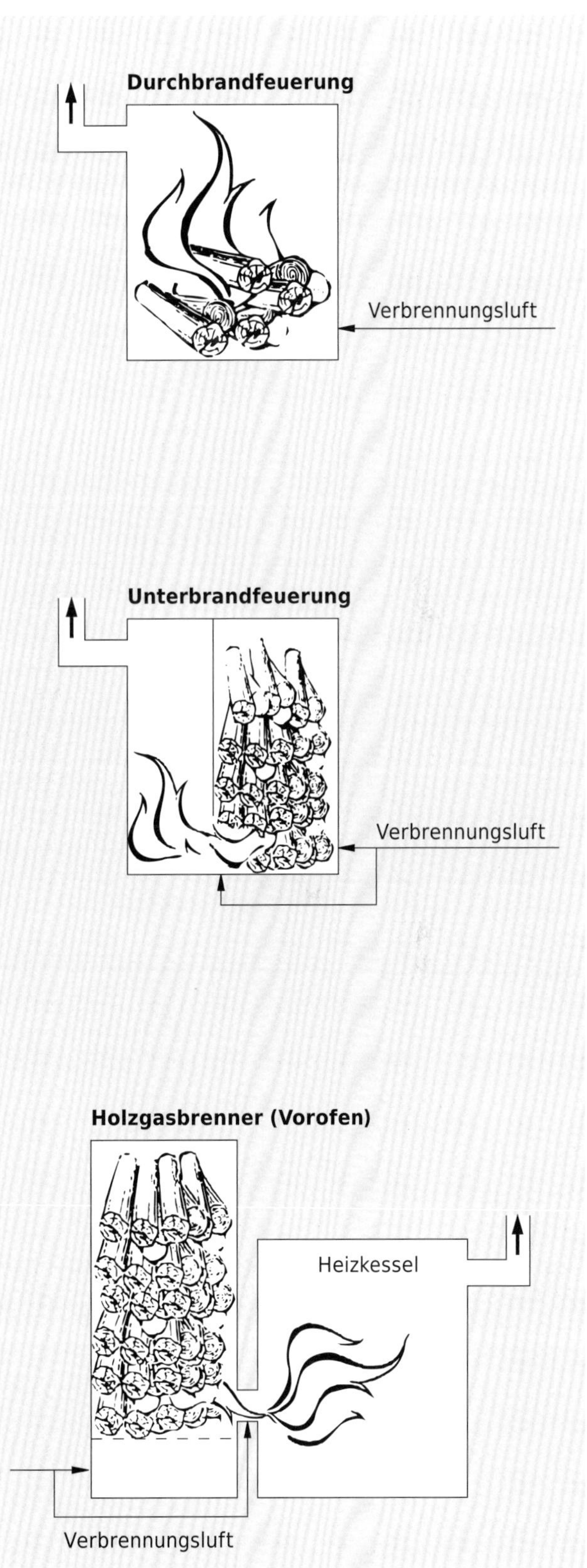

Bild 2.13 Prinzip von Stückholzkesseln

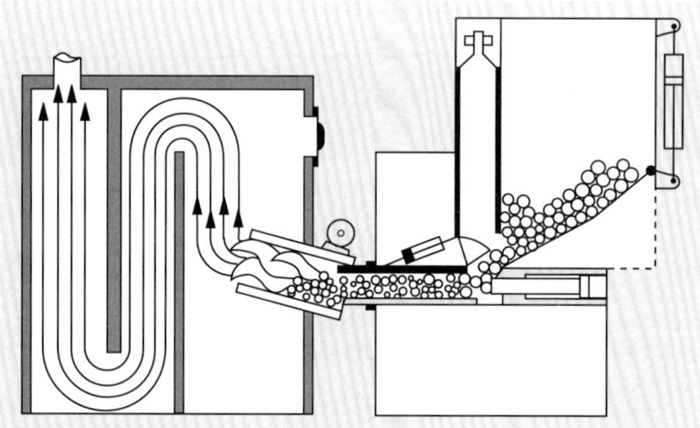

Bild 2.14 Automatische Stückholzfeuerung

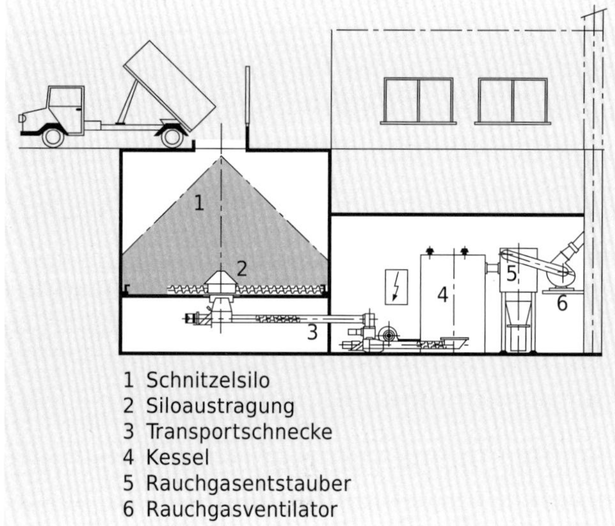

Bild 2.15 Schnitzelfeuerung

In einer *Unterschubfeuerung* können Hackschnitzel vollautomatisch verbrannt werden (Bild 2.15). Die Zündung erfolgt meistens mit einem elektrischen Zündgebläse. Die regulierbare Transportschnecke ermöglicht eine leistungsgerechte Förderung des Brennstoffs in die Feuermulde des Kessels. Mit entsprechender Technik können auch Grünschnitzel verfeuert werden. Kurzfristiges Ein- und Ausschalten muss wegen des energie- und emissionsintensiven Startvorgangs vermieden werden. Es gibt Kessel, welche im Bereich von 30 bis 100 Prozent der Kesselnennleistung modulieren. Ein solcher Kessel kann ohne Speicher betrieben werden. Mit regelungstechnischen Massnahmen können unter Umständen die Laufzeiten pro Einschaltung verlängert werden.

Pelletfeuerungen eignen sich dank des praktisch homogenen und leicht entzündlichen Brennstoffs noch besser für vollautomatischen, modulierenden Betrieb. Sie weisen Betriebseigenschaften und einen Bedienungskomfort auf, welche fossilen Feuerungen nahe kommen. Dank der hohen Schüttdichte benötigen Pellets am wenigsten Lagerraum aller Holzsortimente. Modulierende Pelletfeuerungen im Einfamilienhaus benötigen in der Regel einen Speicher. Sie eignen sich gleichermassen für Grossanlagen.

Bei *Grossfeuerungen* ist nebst korrekter Kesselbemessung eine knappe Infrastruktur bedeutsam für die Wirtschaftlichkeit. Das Silovolumen sollte wegen der Investition den Verbrauch von höchstens 10 Tagen bei Volllast decken. Ein Nahwärmenetz mit mindestens 1 kW Anschlussleistung pro Laufmeter Graben ist günstig [Rut].

Holzfeuerungen bedeuten immer einen höheren *Aufwand* an Bedienung und Investition als Öl- oder Gasfeuerungen. Mit guter architektonischer Eingliederung kann der Mehraufwand begrenzt werden. So ist es hilfreich, wenn für die tägliche Beschickung einer Kleinfeuerung das Brennmaterial nicht über Treppen hingeschleppt werden muss. Das Einbringen in den Lagerraum sollte vom Fahrzeug über einen Abwurf oder horizontal über minimale Distanz erfolgen können. Analog wird bei Grossfeuerungen durch zweckmässige Anordnung der Förderaufwand reduziert.

2.4 Wärmepumpen

2.4.1 Funktionsweise der Kompressions-Wärmepumpe

Eine Wärmepumpe ist eine Maschine, welche unter Aufwendung von Arbeit der Umgebung Wärme entzieht und diese dann auf einem höheren Temperaturniveau zu Heizzwecken wieder abgibt. Die abgegebene Heizwärme ist dabei ein Mehrfaches der aufgenommenen Arbeit. Innerhalb der Maschine zirkuliert ein Arbeitsmedium, das Kältemittel (Bild 2.16). Durch Verdampfung des Kältemittels wird im Verdampfer bei niedrigem Druck und niedriger Temperatur der Wärmequelle (Umgebung) Wärme entzogen. Der dabei entstehende Dampf wird vom Kompressor auf hohen Druck und hohe Temperatur verdichtet und in den Kondensator befördert. Dort kondensiert das Kältemittel und gibt dabei die Nutzwärme an den Heizkreis ab. Das flüssige Kältemittel gelangt nun via Expansionsventil wieder in den Verdampfer.

Der Betrieb der Maschine wird von zwei Temperaturen in ihrer Umgebung bestimmt:
- der Temperatur der Wärmeabgabe θ_V und
- der Temperatur der Wärmequelle $\theta_{sc,1}$.

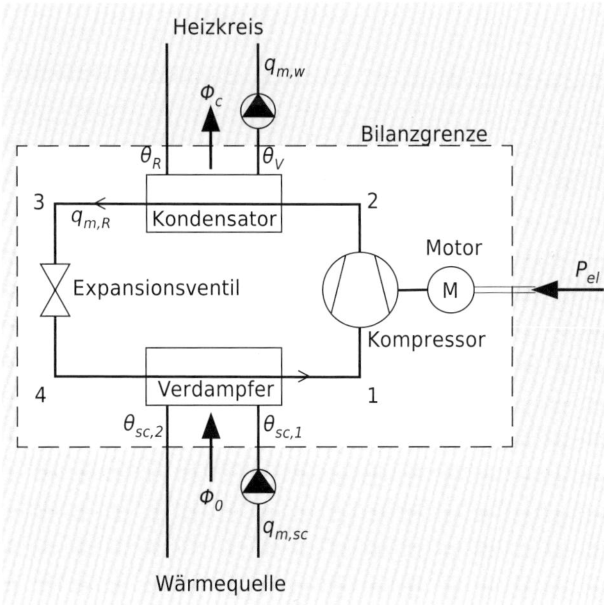

Bild 2.16 Prinzipschema und Bilanzgrenze der Wärmepumpe

Kältemittel

Die Kältemittel werden durch ein vorangestelltes «R» (Refrigerant) und eine Zahl gekennzeichnet, welche die chemische Formel verschlüsselt. Eine Übersicht über die Kältemittel, deren Umwelt- und Sicherheitsaspekte sind in [BAFU4] zu finden.
Vom Kältemittel werden u.a. folgende Eigenschaften gewünscht: unbrennbar, ungiftig, nicht korrosiv, umweltverträglich, bei allen Betriebsbedingungen einen Überdruck aufweisend. Zum Beispiel genügen nachstehende Kältemittel diesen Kriterien weitgehend. Angegeben ist auch die Normalsiedetemperatur, bis zu dieser Verdampfungstemperatur hinunter ist die Überdruckbedingung erfüllt:
- R134a –26 °C (Bild 11.5)
- R290 –42 °C, Propan
- R407C –43 °C, Gemisch mit ansteigender Temperatur beim Verdampfen (Bild 11.6)
- R410A –51 °C, Gemisch
- R717 –33 °C, Ammoniak NH_3
- R744 –78 °C, Kohlendioxid CO_2
- R1234yf –30 °C

2.4.2 Leistungen und Leistungszahlen

Um die Eigenschaften von Wärmepumpen zu verstehen, müssen auch die Vorgänge innerhalb der Maschine untersucht werden. Dabei ist der Begriff der Enthalpie h und das p,h-Diagramm wichtig. Diese werden im Anhang 11.5 erläutert.

Theoretischer Prozess

Bild 2.17 zeigt den Kreisprozess des Kältemittels im p,h-Diagramm mit gleicher Nummerierung wie in Bild 2.16. Der theoretische, verlustfreie Prozess besteht aus folgenden Zustandsänderungen:
- 1–2: Isentrope Verdichtung vom Verdampfungsdruck p_0 auf den Kondensationsdruck p_C (ideale Kompression).
- 2–3: Isobare Nutzwärmeabgabe im Kondensator. Nach Abkühlung des überhitzten Dampfs auf Siedetemperatur (2") erfolgt Kondensation.
- 3–4: Drosselung von p_C auf p_0. Beim Drosseln bleibt allgemein die Enthalpie h konstant. Im Nassdampfgebiet ist die Drosselung mit starker Temperaturabsenkung verbunden.
- 4–1: Isobare Verdampfung durch Wärmezufuhr aus der Umgebung.

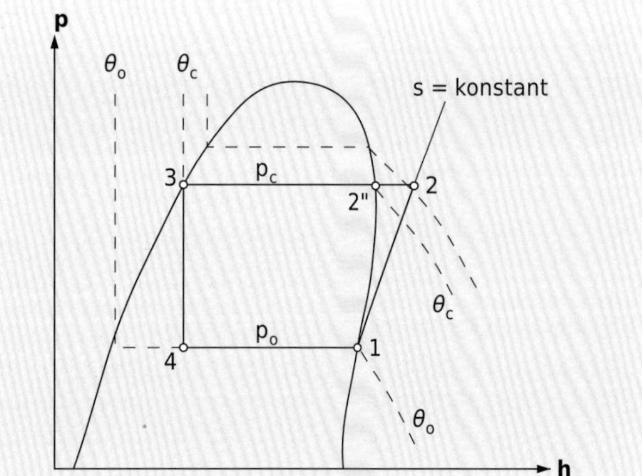

Bild 2.17 Theoretischer Prozess im p,h-Diagramm

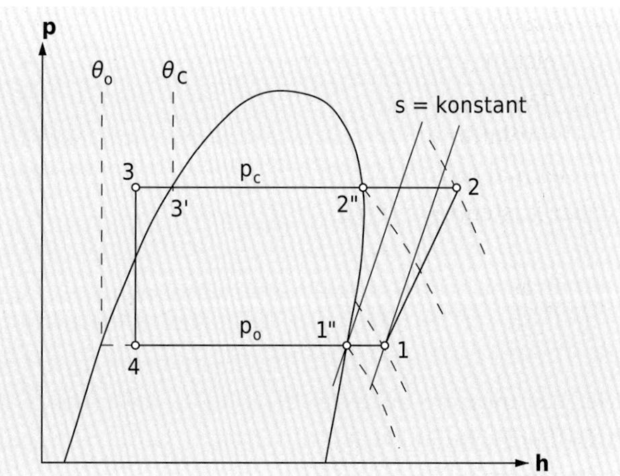

Bild 2.18 Realer Prozess im p,h-Diagramm

Dabei stellen die Enthalpiedifferenzen spezifische Energien dar (d.h. pro kg Kältemittel):

h_1–h_4 Wärmeaufnahme aus Umgebung

h_2–h_1 Verdichtungsarbeit des idealen Kompressors

h_2–h_3 Wärmeabgabe ans Heizsystem

Realer Prozess

Abweichungen des wirklichen vom theoretischen Prozess (Bild 2.18):

- Reibungsbehafteter Kompressor mit Wärmeabfuhr, d.h. nicht isentrop.
- Unterkühlung des Kondensats (3'-3). Eine Rohrschlange kühlt die Flüssigkeit mehrere K unter die Siedetemperatur ab: grössere Heizleistung.
- Überhitzung des Dampfs (1"-1) vor Eintritt in den Kompressor. Damit wird der Gefahr von Flüssigkeitsschlägen im Kompressor vorgebeugt. Die Überhitzung um einige K wird meist mittels eines thermostatischen oder elektronischen Expansionsventils (mit Fühler am Verdampferaustritt) sichergestellt.

Leistungszahl

Die Energiestrombilanz gemäss Bild 2.16 ergibt

$$\Phi_0 + P_{el} = \Phi_c \tag{2.16}$$

Es gilt im Weiteren:

$$\Phi_c = q_{m,R}\,(h_2 - h_3) = q_{m,w}\, c_w\,(\theta_V - \theta_R) \tag{2.17}$$

$$\Phi_0 = q_{m,R}(h_1 - h_4) = q_{m,sc}\, c_{sc}(\theta_{sc,1} - \theta_{sc,2}) \tag{2.18}$$

Φ_c Heizleistung (Kondensatorleistung) in kW

Φ_0 Kälteleistung (Verdampferleistung) in kW

P_{el} elektrische Leistungsaufnahme in kW

$q_{m,R}$ Massenstrom Kältemittel in kg/s

$q_{m,w}$ Massenstrom Senkenmedium (Wasser) in kg/s

$q_{m,sc}$ Massenstrom Quellenmedium (Frostschutzgemisch, Luft) in kg/s

c_w spezifische Wärmekapazität Senkenmedium in kJ/kgK

c_{sc} spezifische Wärmekapazität Quellenmedium in kJ/kgK

h spezifische Enthalpien Kältemittel in kJ/kg

θ_V Vorlauftemperatur (Senkentemperatur) in °C

θ_R Rücklauftemperatur in °C

$\theta_{sc,1}$ Quellentemperatur in °C

$\theta_{sc,2}$ Austrittstemperatur Quellenmedium aus dem Verdampfer in °C

Die bilanzierten Leistungen sind Mittelwerte. Die elektrische Leistungsaufnahme umfasst den Kompressormotor sowie das Abtauen, die Regelung und einen Anteil Pumpen/Ventilatoren [EN 14511]. Die Leistungszahl gibt an, wie viel mal grösser die Nutzleistung im Heizbetrieb ist als der kostenpflichtige Leistungsaufwand:

$$\epsilon_{WP} = \frac{\Phi_c}{P_{el}} \quad (2.19)$$

Die Leistungszahl, auch als «Coefficient of Performance» (COP) bezeichnet, wird durch Messungen ermittelt. Sie kann neutralen Dokumentationen entnommen werden (Bild 2.19). Die Leistungszahl entspricht in ihrer Aussage dem Kesselwirkungsgrad.

Leistungszahl der Idealmaschine

Die Leistungszahl der idealen WP zwischen den Temperaturen T_0 und T_C ist:

$$\epsilon_{C,WP} = \frac{T_C}{T_C - T_0} \quad (2.20)$$

$\varepsilon_{C,WP}$ Carnot-Leistungszahl der Wärmepumpe
T_C Kondensationstemperatur in K
T_0 Verdampfungstemperatur in K

Die Leistungszahl nimmt also mit zunehmender Temperaturdifferenz zwischen warmer und kalter Seite ab.

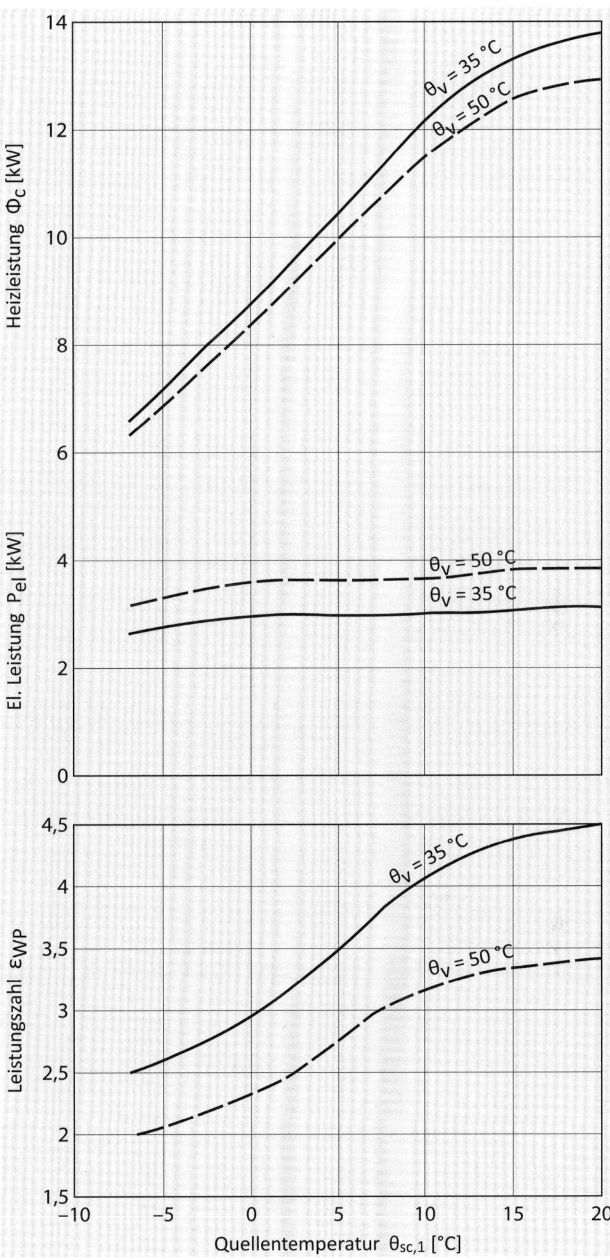

Bild 2.19 Kennlinien einer Luft/Wasser-Wärmepumpe mit konstanter Drehzahl, Beispiel gemäss Messungen [WPZ]

Gütegrad

Die realen Leistungszahlen liegen wesentlich tiefer als die entsprechenden Carnot-Leistungszahlen, da mechanische, elektrische und thermische Verluste sowie Abweichungen vom Carnot-Prozess hineinspielen. Der Gütegrad ist das Verhältnis der realen Leistungszahl zur idealen Leistungszahl. Er ist immer kleiner als eins. Er sagt aus, wie nahe die technische Realisierung dem theoretisch Möglichen kommt. Der Gütegrad ist weitgehend unabhängig vom Betriebszustand.
In die Carnot-Leistungszahl können statt der wirklichen auch die *idealen* Verdampfungs- bzw. Kondensationstemperaturen eingesetzt werden, d.h. die Quellen- bzw. Senkentemperaturen. Damit wird die ganze Maschine mitsamt den Wärmeübertragern qualifiziert. Dies ergibt einen tieferen Gütegrad.

2.4.3 Arbeitszahl

Das Verhältnis der Nutzwärmeenergie zur Summe aller zugeführten kostenpflichtigen Energien in einer bestimmten Zeitperiode wird als Arbeitszahl bezeichnet:

$$\beta = \frac{Q}{E_{\text{el}}} \qquad (2.21)$$

β Arbeitszahl der Wärmepumpe, auch als Seasonal Performance Factor (SPF) bezeichnet

Q Nutzwärmeenergie

E_{el} Summe aller zugeführten kostenpflichtigen Energien

Die Bilanzgrenze ist anlagespezifisch festzulegen (Beispiel Bild 2.20). Die betrachtete Zeitperiode kann z.B. 1 Tag, 1 Monat oder 1 Jahr betragen. Arbeitszahlen sind niedriger als Leistungszahlen, da alle systembedingten Nebenverbraucher erfasst werden:

- Pumpen, Ventilatoren
- Abtauung des Verdampfers bei Luft/Wasser-WP
- Regelung und allfällige Kurbelwannenheizung bei Kompressorstillstand

Die *Jahresarbeitszahl* (JAZ) ist, wie der Jahresnutzungsgrad eines Kessels, die für den Betrieb massgebliche Qualifikation.

Norm-Jahresarbeitszahl: Der «Seasonal Coefficient of Performance» (SCOP) nach [EN 14825] ist eine Jahresarbeitszahl, basierend auf COP-Messwerten bei verschiedenen Teillasten entsprechend ihren Zeitanteilen. Der SCOP erlaubt den energetischen Vergleich verschiedener Geräte, insbesondere auch von Inverter-Geräten. Vor allem bei Letzteren ist ein Vergleich schwierig, wenn lediglich einzelne Leistungszahlen zur Verfügung stehen. Der SCOP berücksichtigt auch den im Stillstand auftretenden Energieverbrauch. Der SCOP ist für standardisierte Bedingungen definiert. Es werden 3 Klimas betrachtet: «A» mittleres Klima (Auslegungs-Aussentemperatur –10 °C), «C» ein kälteres (–22 °C) und «W» ein wärmeres (+2 °C) sowie verschiedene Auslegungs-Vorlauftemperaturen (35, 45, 55, 65 °C).

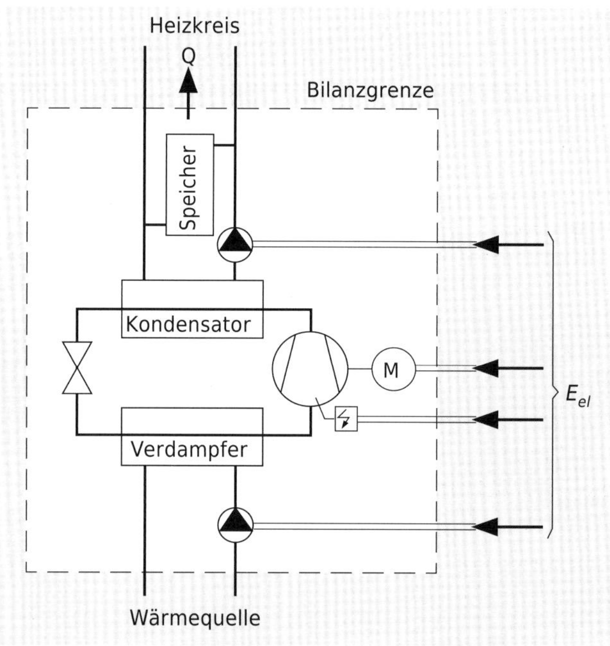

Bild 2.20 Bilanzgrenze der Wärmepumpen-Anlage

2.4.4 Bauarten Wärmepumpenanlagen

Wärmequellen

Die Wärmepumpen werden nach Wärmequelle/Wärmenutzung bezeichnet, z.B. Luft/Wasser-WP. In gleicher Weise werden Nennwärmeleistungen umschrieben, z.B. Luft 2/Wasser 35, Sole 0/Wasser 50, Wasser 10/Wasser 50. Die Zahlenwerte bezeichnen die Quellen- bzw. Vorlauftemperatur.

Wärmequelle Aussenluft

Aussenluft ist überall verfügbar, führt aber zu ungünstigen Leistungszahlen in der kältesten Zeit. Im Sommer hingegen arbeitet die Aussenluft-Wärmepumpe sehr effizient. Es gibt Innen-Kompaktgeräte und Aussen-Kompaktgeräte. Erstere sind vorzuziehen. Eine Zwischenlösung ist das Splitgerät, bei welchem der aussen platzierte Verdampfer mittels, an Ort zu erstellenden, Kältemittelleitungen mit dem Innengerät verbunden wird. Unterhalb einer Verdampfungstemperatur von 0 °C, d.h. einer Aussentemperatur unter 5 bis 10 °C, muss mit dem Vereisen des Verdampfers gerechnet werden. Der Verdampfer muss – unter Wärmezufuhr – abgetaut werden [BFE3]:

- durch Funktionstausch von Verdampfer und Kondensator (Gebäudekühlung),
- mit Beipassleitung vom Kompressoraustritt direkt in den Verdampfer.

Wärmequelle Erdwärmesonden

Dem Erdreich kann mittels eines Sole-Zwischenkreislaufs Wärme entzogen werden. Sole ist ein Frostschutzmittel-Wasser-Gemisch. Die Konzentration des Frostschutzmittels sollte nicht höher gewählt werden, als für die Frostsicherheit erforderlich ist. Je höher die Konzentration, desto ungünstiger werden die Eigenschaften hinsichtlich Druckverlust und Wärmeübertragung. Andererseits muss u.U. aus Korrosionsschutzgründen eine Minimalkonzentration beachtet werden. Neben den üblichen Ethylenglykol-Gemischen kommen beispielsweise auch Ethanol-Gemische (Alkohol) und Leitungswasser als Wärmeträger infrage [Opt].

Eine Erdwärmesonde besteht meistens aus zwei vertikalen U-förmigen Kunststoffrohren. Die Sonden werden 50 bis 250 m tief mit Abständen von 5 bis 10m in linearer Anordnung ausgeführt. Einer Sonde kann unter Auslegungsbedingungen eine Wärmeleistung von 25 bis 50 W/m Bohrung entzogen werden. Ihre Berechnung wird in [SIA 384/6] detailliert beschrieben. Die Wärmeträgertemperatur (Mittel aus Sondenvor- und -rücklauf) soll –1,5 °C nicht unterschreiten, um einem Vereisen des Erdreichs vorzubeugen. Optimale Anlagen ergeben sich unter günstigen geologischen Bedingungen und geringem Wärmeentzug, weil dann auf das Frostschutzmittel verzichtet werden kann.

Weitere Erdreichwärmequellen

Einem horizontalen *Erdregister* in 1 bis 2 m Tiefe kann unter Auslegungsbedingungen eine Wärmeleistung von 15 bis 30 W/m^2 Exponent Erdfläche entzogen werden.

Der *Eisspeicher* besteht aus einem eingegrabenen, mit Wasser gefüllten Behälter und speichert Wärme von der umgebenden Erde und von Sonnenkollektoren. Über einen Kunststoffrohr-Wärmeübertrager bezieht die Wärmepumpe Wärme aus dem Behälter. Die Wärmepumpe kann nicht nur die fühlbare Wärme nutzen, sondern auch die latente (Kristallisationswärme 0,093 kWh/kg).

Tiefe Geothermie bedingt Bohrtiefen von 1 bis 5 km. Da die Temperaturzunahme etwa 30 K/km beträgt, können unter Umständen ohne Wärmepumpe direkt nutzbare Wärmequellen erschlossen werden.

Wärmequelle Wasser

Grundwasser ist eine sehr gute Wärmequelle. Es wird ganzjährig einem Filterbrunnen bei 8 bis 12 °C entnommen und in einem Sickerschacht bei etwa 4 °C zurückgegeben. Die Auslegung erfolgt nach [SIA 384/7]. Es ist ratsam, die Ergiebigkeit des Grundwassers mit einem Pumpversuch zu testen.

Bei *Oberflächengewässern* besteht die Gefahr des Einfrierens des Verdampfers. Dieser Gefahr kann mittels eines Sole-Zwischenkreislaufs begegnet werden, was allerdings den Nutzungsgrad beeinträchtigt.

Das *Abwasser* von Gebäuden ist eine ausgezeichnete Wärmequelle. Sie kann innerhalb eines Gebäudes genutzt werden (Kapitel 7.2.2) oder auch ausserhalb. In einem Kanalisations-Sammelkanal mit ausreichender Wasserführung wird ein Rinnenwärmeübertrager eingebaut, der das Wasser eines Zwischenkreislaufs auf 10 bis 15 °C erwärmt [Rot].

Erdreich-Regeneration

Der Wärmebezug aus einer Erdwärmesondenanlage führt im Lauf der Jahre tendenziell zu einem Absinken der Temperatur des umgebenden Erdreichs. Die starke Zunahme der Anzahl von Erdwärmesonden in städtischen Verhältnissen kann sich grossflächig schädlich auswirken. Eine Nutzungsdauer von 50 Jahren wird ein Regenerieren des Untergrunds erforderlich machen durch:

- Geocooling über die Fussbodenheizung (Kapitel 6.2.2),
- rein thermische oder hybride Sonnenkollektoren,
- Abwärme oder
- Luftwärmeübertrager.

Das Regenerationsverhältnis von Wärmeeintrag zu Wärmeentzug innerhalb eines Jahres charakterisiert den Vorgang. Wenn mehr Wärme in den Untergrund eingetragen als daraus bezogen wird, ergibt sich längerfristig eine Temperaturerhöhung, d.h. eine Speicherung.

Hochtemperatur-Wärmepumpen

Herkömmliche Wärmepumpen liefern Vorlauftemperaturen von maximal 55 °C. In gewissen Sanierungsfällen genügt diese Temperatur für die Heizung nicht. Hingegen ist diese Begrenzung für die Wassererwärmung immer problematisch. Da lediglich Warmwassertemperaturen von 45 bis 50 °C erreichbar sind, ist immer eine elektrische Zusatzheizung notwendig. Für eine Warmwassertemperatur von 60 °C ist eine Vorlauftemperatur von mindestens 65 °C erforderlich. Diese Temperaturen können erreicht werden mit einem verbesserten Kältemittel-Kreisprozess und einer Wassererwärmer-Laderegelung. Zur Verbesserung der Wassererwärmung können auch für hohe Temperaturen besonders geeignete Kältemittel oder eine separate Nutzung der Enthitzungswärme herangezogen werden. Die Kompressor-Austrittstemperatur ist wesentlich höher als die Kondensationstemperatur, bei welcher der Grossteil der Nutzwärme abgegeben wird.

Mehrstufige und modulierende Wärmepumpen

Herkömmliche Wärmepumpen mit konstanter Kompressor-Drehzahl weisen bei hoher Aussentemperatur die grösste Erzeugerleistung auf. Die Erzeugerleistung ist also dann am grössten, wenn die Leistungsbedarf am kleinsten ist. Das führt zu häufigem Ein- und Ausschalten in der Übergangszeit und zu Schwierigkeiten bei der Wärmeübertragung an den Wassererwärmer. Dies lässt sich verbessern durch mehrere Kompressoren oder Drehzahländerung (leistungsgeregelte Wärmepumpen, Inverter-Technik). Vorteilhaft sind längere Kompressorlaufzeiten, geringere Anlaufströme und kleinere Pufferspeicher. Wie bei einem modulierenden Brennwertkessel bewirkt eine Modulation bessere Leistungszahlen bei Teillast, da sich in den Wärmeübertragern kleinere mittlere Temperaturdifferenzen zwischen den Medien einstellen. Voraussetzung ist natürlich, dass das Modulationsverfahren nicht selbst nennenswerte Verluste verursacht. Bei mehrstufigen oder modulierenden Anlagen müssen auch die Hilfsbetriebe, vor allem die kaltseitigen Pumpen und Ventilatoren, in ihrer Leistungsaufnahme angepasst werden. Sonst verschlechtert sich möglicherweise die Arbeitszahl.

Wärmepumpen mit Verbrennungsmotor-Antrieb

Wenn eine Kompressionswärmepumpe mit einem Verbrennungsmotor angetrieben wird, lässt sich dessen Abgas- und Kühlungsenergie nutzen. Gas- und Diesel-Wärmepumpen erreichen ein Verhältnis Nutzwärme/Brennstoffenergie, je nach Wärmequelle (bezüglich Brennwert) von etwa 1,4 (Bild 2.21).

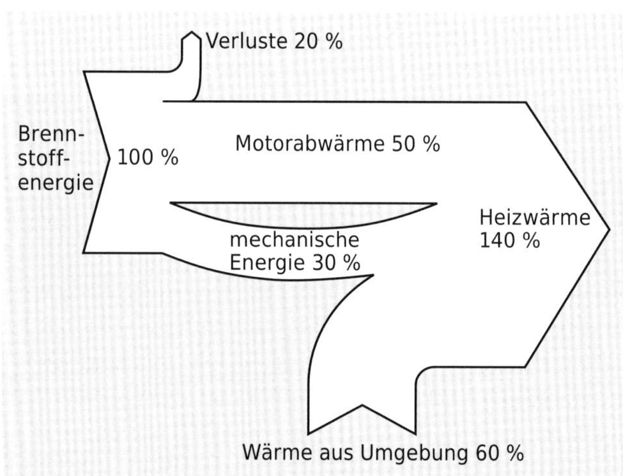

Bild 2.21 Energieflussbild einer Verbrennungsmotorwärmepumpe (bezüglich Brennwert)

Kältemaschinen

Dieselbe Maschine mit demselben Kreisprozess kann sowohl zum Heizen als auch zum Kühlen eingesetzt werden. Siehe Kapitel 6.2.1.

2.4.5 Planung

Allgemeine Hinweise

- Die Auslegungsvorlauftemperatur der Heizanlage sollte möglichst tief gewählt werden (maximal 35 °C).
- Wärmequelle mit möglichst hoher Temperatur wählen.
- Für Betriebsoptimierung und -überwachung sollten von vornherein ein separater Elektrozähler für die WP-Anlage und Wärmezähler für die Verbraucher eingeplant werden.
- Vergleich der Leistungszahlen und der Schallleistungspegel der erhältlichen Wärmepumpen in [WPZ].
- Ausführliche Unterlagen zur Planung in [BFE3, BFE4], speziell zur Nutzung des Untergrunds in [SIA 384/6, SIA 384/7, SIA D0179, SIA D0190].

Betriebsweise

Eine konzeptionelle Frage für Wärmepumpenanlagen: Wie soll der Wärmeleistungsbedarf bei tiefen Aussentemperaturen gedeckt werden?

Monovalenter Betrieb (d.h., Wärmepumpe ist einziger Wärmeerzeuger) ist besonders mit mehrstufigen oder modulierenden Wärmepumpen sinnvoll. In Kleinanlagen mit Aussenluftwärmepumpen werden aber oft einfache Maschinen mit konstanter Drehzahl eingesetzt. Hier nimmt die Erzeugerleistung bei tiefen Aussentemperaturen besonders stark ab (Bild 2.19). Deshalb wird gelegentlich aus Kostengründen eine zu knappe Maschine mit einer elektrischen Zusatzheizung zur Spitzendeckung gewählt. Dieser so genannte monoenergetische Betrieb ist allerdings energiepolitisch unerwünscht und nach [SIA 384/1] unzulässig.

Bivalent-alternativer Betrieb erheischt einen Zusatz-Wärmeerzeuger für den vollen Leistungsbedarf (Bild 2.22). Kurve m stellt die Temperaturhäufigkeit, Kurve q den Heizleistungsbedarf gemäss 11.4 dar. Diese Betriebsweise ermöglicht den Einsatz von Wärmepumpen auch in Anlagen mit höheren Heizkreistemperaturen.

Bivalent-alternativer Betrieb

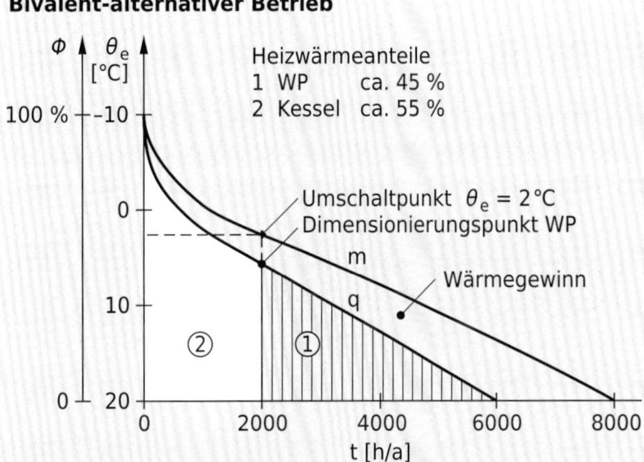

Bivalent-paralleler Betrieb

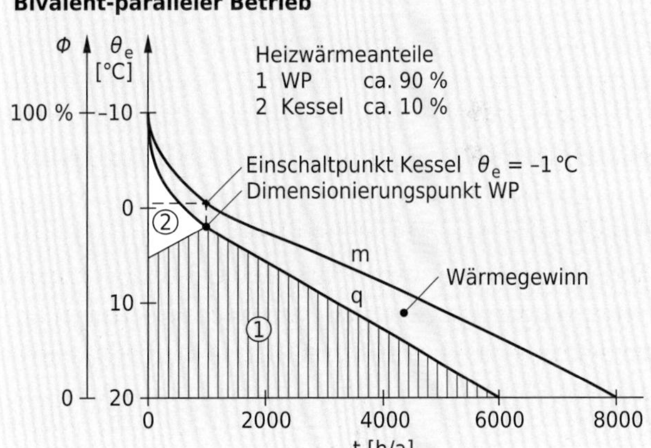

Bild 2.22 Bivalenter Wärmepumpen-Betrieb

Im *bivalent-parallelen* Betrieb übernimmt die Wärmepumpe bei tiefen Aussentemperaturen die Vorwärmung des Rücklaufwassers, der Zusatz-Wärmeerzeuger die Nachwärmung auf die geforderte Vorlauftemperatur. Der Zusatz-Wärmeerzeuger braucht nicht unbedingt auf volle Heizleistung ausgelegt zu werden.

Bivalent-teilparalleler entspricht bivalent-parallelem Betrieb, die Wärmepumpe wird jedoch bei sehr tiefen Temperaturen abgeschaltet.

Anlageschemas

Hydraulische Schaltungen für Wärmepumpen müssen gewisse Bedingungen erfüllen:

- Es ist eine Verbraucherschaltung mit möglichst tiefer Rücklauftemperatur zu wählen.
- Zwecks guter Wärmeübertragung im Kondensator wird ein Mindestdurchfluss benötigt.
- Die Speicherkapazität im Kondensatorkreis muss hoch sein, damit die Schalthäufigkeit gering bleibt. So wird das Elektrizitätsnetz wenig gestört und eine hohe Lebensdauer erreicht.

In Kleinstanlagen können u.U. die Wärmepumpe und die Wärmeabgabe in Direktschaltung verknüpft werden (Bild 3.10a). Fussbodenheizungen haben eine ausreichende Speicherkapazität, während Heizkörper zusätzlich einen Pufferspeicher in Serie erfordern. Der minimale Kondensatordurchfluss muss gewährleistet werden, beispielsweise durch Verzicht auf Thermostatventile.

In grösseren Anlagen benötigen die Verbraucher einen variablen Volumenstrom, welcher der Wärmepumpe nicht gut bekommen würde. Deshalb entkoppelt ein Pufferspeicher die Verbraucherkreise und den Ladekreis (Bild 2.23). In bivalenten Anlagen wird der Kessel gemäss Bild 2.24 angeschlossen. Bei einem Brennwertkessel entfällt die Rücklauftemperaturhochhaltung.

Wird eine Laderegelung eingebaut, so kann ein grösserer Speicher schichtend geladen werden (Bild 2.48). Auf diese Weise können z.B. für die Wassererwärmung mit externem Wärmeübertrager höchstmögliche und uniforme Temperaturen im Warmwasserspeicher erreicht werden, leider mit Nachteilen hinsichtlich Arbeitszahl.

Schallschutz

Bei den Schallkennwerten sind folgende Begriffe zu unterscheiden. Die *Schallleistung* ist die von einer Schallquelle insgesamt in alle Richtungen abgegebene Leistung in Watt. Angegeben wird diese Emission in Form des dimensionslosen *Schallleistungspegels* in dB(A). Schallleistung bzw. Schallleistungspegel sind unabhängig von den Umgebungsverhältnissen. Im Unterschied dazu bezieht sich der *Schalldruckpegel* auf die Immission beim Empfänger. Der Schalldruckpegel wird ebenfalls in dB(A) angegeben. Er hängt vom Abstand zur Schallquelle und der Umgebung ab. Ein Unterschied von 10 dB(A) wird etwa als Verdopplung bzw. Halbierung des Lärms empfunden. Zwei Schallquellen gleicher Intensität bedeuten eine Erhöhung um 3 dB(A). Eine Verdopplung des Abstands bewirkt eine Reduktion um 6 dB(A). Eine kugelartige Schallquelle mit einem Schallleistungspegel von beispielsweise 70 dB(A) verursacht theoretisch in 1 m Abstand einen Schalldruckpegel von 59 dB(A). Näheres zu schalltechnischen Kenngrössen in [Zür, Rec1]. Für eine einfache Beurteilung des Schalldruckpegels von Luft/Wasser-Wärmepumpen steht ein Online-Tool zur Verfügung [FWS]. Massgebend ist der Abstand zu den Fenstern empfindlicher Räume und die örtliche Situation. Luft/Wasser-Wärmepumpen weisen üblicherweise einen Schallleistungspegel von 45 bis 80 dB(A) auf [WPZ]. Sole/Wasser-Wärmepumpen sind leiser. Maschinen grosser Leistung sind lauter. Massnahmen, um Schallimmissionen gering zu halten, sind etwa:

- Wärmepumpe nicht angrenzend an lärmempfindliche Räume platzieren,
- Gerät mit geringem Schallleistungspegel wählen,
- Körperschallübertragung über Boden, Kanäle und Leitungen möglichst unterbinden durch flexible Verbindungselemente und
- Luftschallübertragung verringern durch Platzierung der Luftöffnungen von Luft-Wärmepumpen nicht unter dem Schlafzimmerfenster.

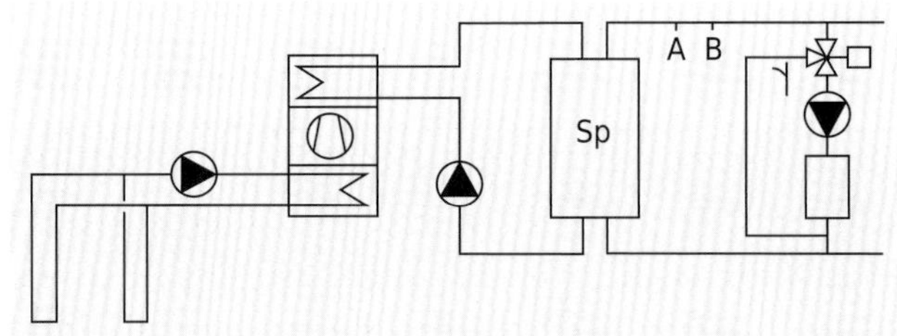

Bild 2.23 Erdwärmesonden-WP-Heizanlage

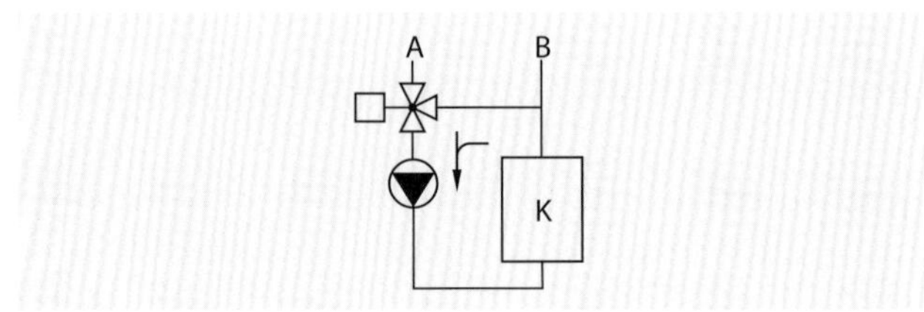

Bild 2.24 Kessel für bivalent-parallelen Betrieb (anzuschliessen an den Punkten A, B von Bild 2.23)

2.5 Aktive Solarsysteme

2.5.1 Übersicht

Gebäudetechnische Anwendungen

- Wassererwärmung
- Wassererwärmung und Heizung
- Heizung mit Luftkollektorsystem
- Schwimmbadbeheizung
- Stromerzeugung mit Solarzellen
- kombinierte Strom- und Wärmeerzeugung mit Hybridkollektor

Wassererwärmungsanlagen

Der vom Kollektor aufgefangene Teil der Strahlungsenergie wird über den Kollektorkreislauf in den Speicher transportiert (Bild 2.25). Um nachts bei kaltem Kollektor eine Entladung des Speichers zu verhindern, wird ein Rückschlagventil eingebaut. Da das Wärmeträgermedium meist aus einem Frostschutzgemisch besteht, wird die Wärme über einen Wärmeübertrager an den Speicher abgegeben. Die Pumpe wird von der Steuerung erst eingeschaltet, wenn die Kollektortemperatur oben etwa 10 K über der Speichertemperatur unten liegt. Die Pumpe wird ausgeschaltet, wenn diese Temperaturdifferenz auf ca. 1 K abgesunken ist. Mit Vorteil wird der Kollektor unterhalb des Speichers platziert. Dann kann, bei grosszügiger Auslegung der Strömungskanäle, auf Pumpe und Steuerung verzichtet werden (Bild 2.26). Mittels Zusatzenergie wird der obere Speicherteil, der einen Tagesbedarf deckt, nötigenfalls nachgeheizt. Die Vorwärmung in grösseren Wassererwärmungsanlagen ist die wirtschaftlichste Art, Sonnenenergie zu nutzen (Bild 2.27). Im Mehrfamilienhaus sind etwa 0,5 m^2 Kollektorfläche pro Person nötig. Bei Solaranlagen sind vergleichsweise grosse Speichervolumen nötig. Um einem Legionellenproblem im Trinkwarmwassersystem vorzubeugen, sollten diese Volumen soweit möglich für Betriebswasser und nicht für Trinkwasser konzipiert werden.

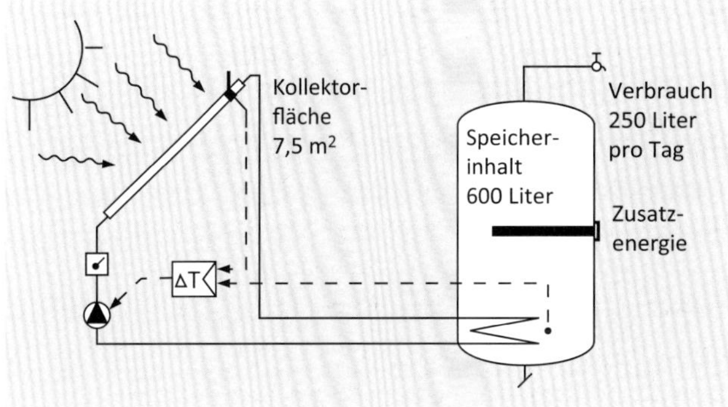

Bild 2.25 Einfache Wassererwärmungsanlage

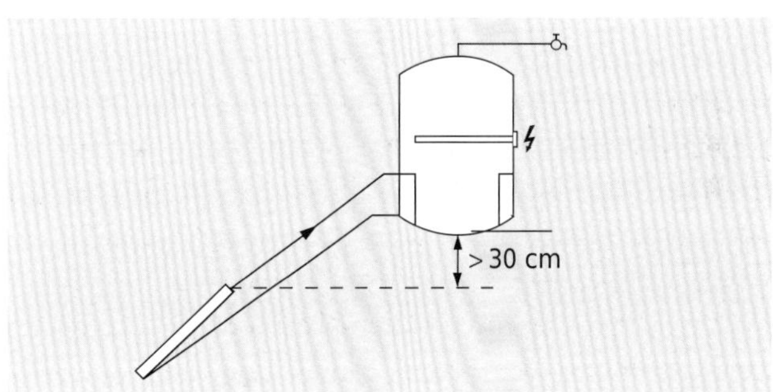

Bild 2.26 Thermosiphon-Anlage

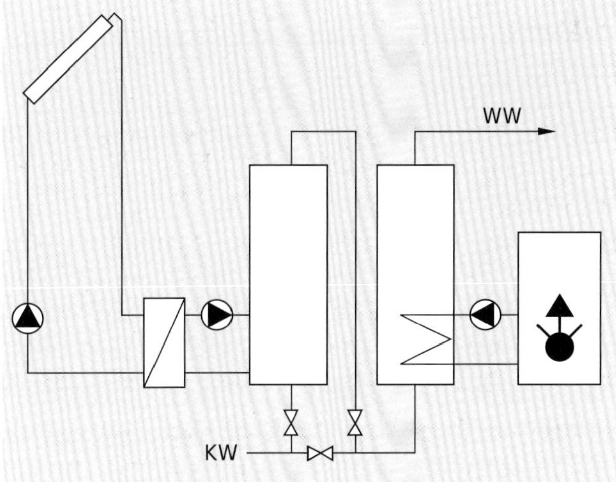

Bild 2.27 Solare Wasservorwärmung im MFH

Anlagen für Warmwasser und Heizunterstützung

Diese sollten möglichst einfach konzipiert werden, da sie sich so am besten bewähren. Die Kompaktanlage (Bild 2.28) eignet sich insbesondere auch zusammen mit einem Holzkessel. Dieser weist eine Rücklauftemperaturhochhaltung auf. Ein relativ kleiner Wassererwärmer befindet sich innerhalb des Speichers. Die Höhe der Speicheranschlüsse ist entsprechend der Temperaturschichtung gewählt. Falls der Wärmeerzeuger nicht das ganze Speichervolumen benötigt, ist der Kesselrücklauf oberhalb des Solarwärmeübertragers anzuschliessen (punktiert). Die Warmwassertemperatur variiert stark, sodass oft Verbrühungsgefahr besteht. Deshalb begrenzt ein thermostatisches Mischventil die Verbrauchstemperatur auf etwa 55 °C durch Beimischen von kaltem Wasser. Die verlustreiche Warmwasserzirkulation mit Pumpe sollte, wenn entbehrlich, weggelassen werden.

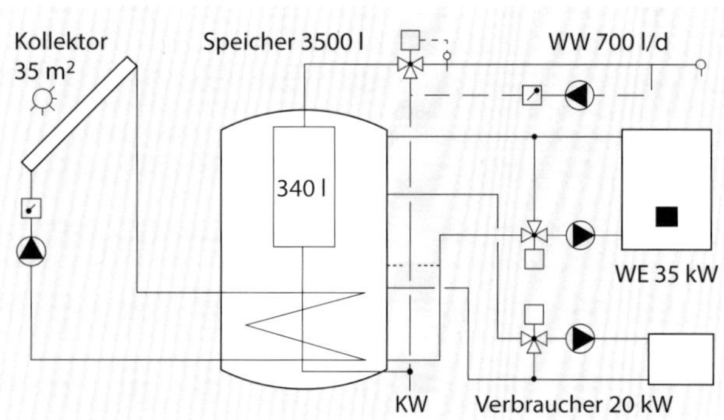

Bild 2.28 Kompaktanlage für Warmwasser und Heizung

Volldeckende Solarheizungen

Beim Heureka-Haus [Kri1] bilden die Kollektoren die südliche Aussenwand (Bild 2.29). Sie weisen zwischen Absorber und Glas eine 10 cm dicke transparente Wärmedämmung auf, sodass der Absorber 0 °C nie unterschreitet. Damit ist es möglich, das Heizungswasser direkt durch die Kollektoren strömen zu lassen. Bestandteile der Konzeption sind im Weiteren eine Lüftungsanlage mit Luftvorwärmung im Erdreich und Wärmerückgewinnung sowie eine Abwasser-Wärmerückgewinnung.

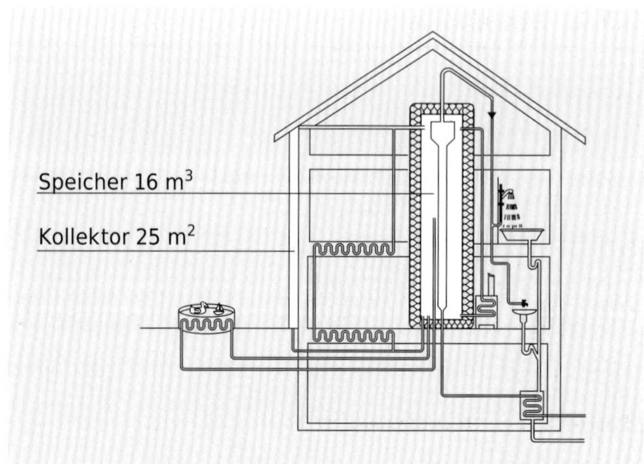

Bild 2.29 Wärmeerzeugung Heureka-Nullenergiehaus

Luftkollektoranlagen

Diese weisen meist eine Speicherung in massiven Geschossdecken (Bild 2.30 und [Fil]) oder in Geröllspeichern [Kri2] auf. Systeme mit Luftkollektoren sind in der Regel weniger effizient als solche mit Flüssigkeitskollektoren.

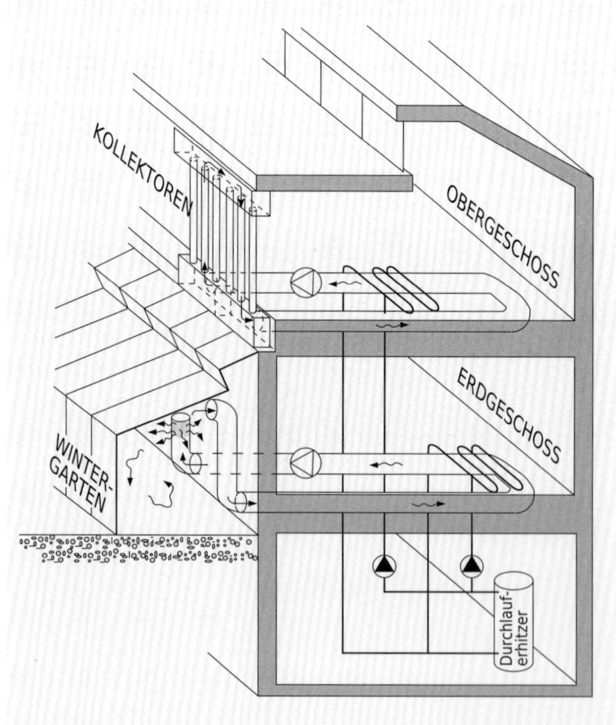

Bild 2.30 Luftkollektoranlage Fabrik Meteolabor [Rup]

2.5.2 Kollektoren

Solarstrahlung

Die gesamte Strahlung, die auf eine ebene Fläche aus dem darüber befindlichen Halbraum auftrifft, wird als *hemisphärische Strahlung* bezeichnet. Diese setzt sich zusammen aus der Direktstrahlung und der Diffusstrahlung (Bild 2.31). Die *Globalstrahlung* ist die hemisphärische Strahlung, die auf einer horizontalen Fläche empfangen wird.

Haupttypen von thermischen Kollektoren

Flachkollektoren nutzen sowohl die direkt von der Sonne kommende Direktstrahlung als auch die von der Atmosphäre gestreute oder vom Boden reflektierte Diffusstrahlung (Bilder 2.31 bis 2.33). In der Schweiz ist etwa die Hälfte der jährlich auf eine südlich orientierte Fläche einfallende Strahlung diffus. Bei Sonnenschein beträgt der diffuse Anteil 10 bis 40 %. *Konzentrierende Kollektoren* mit Sonnennachlaufsteuerung nutzen nur Direktstrahlung. Diese Hochtemperaturkollektoren sind für Wassererwärmung und Heizung kaum sinnvoll.

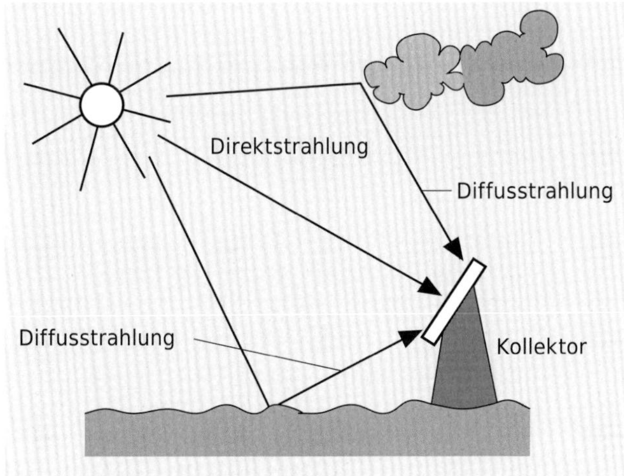

Bild 2.31 Zusammensetzung der hemisphärischen Strahlung auf der Empfängerfläche

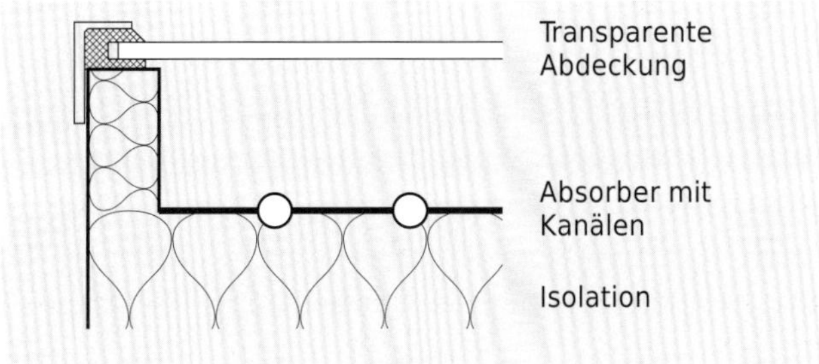

Bild 2.32 Flachkollektor für Flüssigkeit

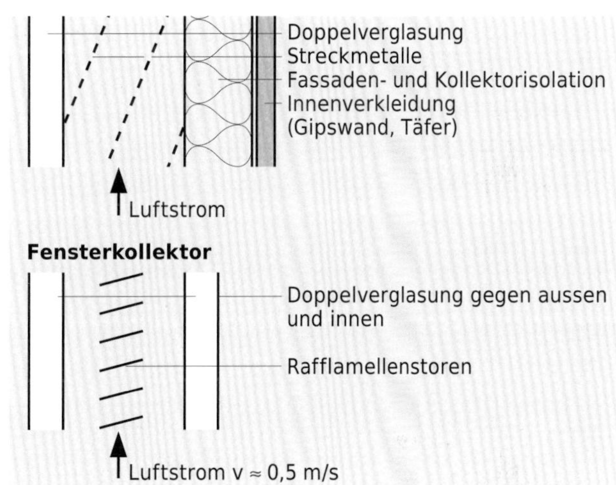

Bild 2.33 Luftkollektoren [Kri2]

Verluste des Kollektors

Optische Verluste

Die Abdeckung reflektiert und absorbiert einen Teil der einfallenden Strahlung. Bei Einfallswinkeln (zur Flächennormalen) von 0 bis 45° beträgt der Transmissionsanteil einer einzelnen Scheibe 85 bis 90 %, bei Einfallswinkeln gegen 90° strebt er gegen 0. Der Absorber reflektiert nochmals einen Teil. Der optische Wirkungsgrad η_{opt} sagt aus, welcher Anteil der einfallenden Strahlung vom Absorber aufgenommen wird.

Thermische Verluste
Sie nehmen zu mit steigender Kollektortemperatur und werden charakterisiert durch den U-Wert. Die thermischen Verluste können reduziert werden durch eine *selektive* Absorberbeschichtung. Eine solche strahlt nur wenig Leistung ab (IR-Bereich, Wellenlänge > 3 μm) und absorbiert gleichzeitig die Sonnenstrahlung (Wellenlänge 0,3 bis 3 μm) fast vollständig. Bei Luft als Wärmeträger sind die Wärmeübergangskoeffizienten sehr viel kleiner als bei Flüssigkeiten. Um nun nicht allzu hohe Absorbertemperaturen zu erhalten, sollte die von der Luft umströmte Absorberfläche wesentlich grösser sein als die Kollektor-Einstrahlfläche (Bild 2.33).

Kollektorwirkungsgrad

Darunter versteht man das Verhältnis der vom Medium abgeführten Leistung zur hemisphärischen Einstrahlungsleistung. Typische Strahlungswerte Φ_G auf günstig orientierte Flächen betragen bei Sonnenschein 600 bis 1100 W/m², bei bedecktem Himmel 50 bis 400 W/m². Da der Wärmedurchgangskoeffizient mit steigender Kollektortemperatur zunimmt, ist die Kollektorkennlinie gekrümmt (Bild 2.34). Der Wirkungsgrad nimmt mit steigender Kollektortemperatur stark ab. Kollektoren sollen deshalb bei der tiefstmöglichen Temperatur arbeiten.

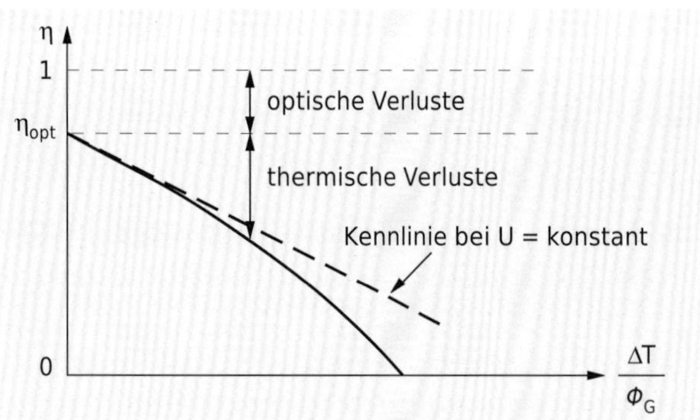

Bild 2.34 Kollektorwirkungsgrad in Funktion der Temperaturdifferenz Absorber-Umgebung und der hemisphärischen Strahlungsleistung (vereinfacht)

Bild 2.35 kann die Leerlauf-Übertemperatur entnommen werden (Schnittpunkt mit Abszisse). Bei maximaler Einstrahlung sind somit bei einem selektiven Kollektor Übertemperaturen von etwa 170 K zu erwarten. Bei Pumpenausfall müssen diese Temperaturen ohne Risiken bewältigt werden können. Die Kollektor-Kenngrössen werden in Prüfinstituten gemessen [SPF1].

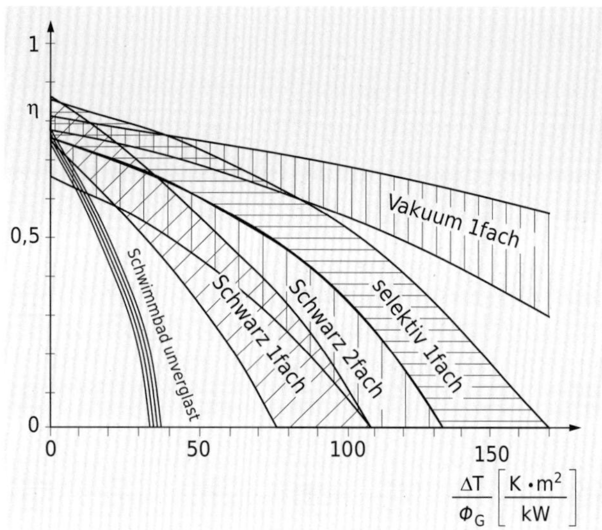

Bild 2.35 Kollektorkennlinien-Bereiche von verglasten und unverglasten Kollektoren

2.5.3 Grob-Dimensionierung von Wassererwärmungsanlagen

Der *solare Deckungsgrad* ist das Verhältnis von solarem Bruttoertrag und Bruttowärmeaufnahme des Speichers während eines Jahres (Bild 2.36).

$$S = \frac{Q_{SB}}{Q_B} \qquad (2.22)$$

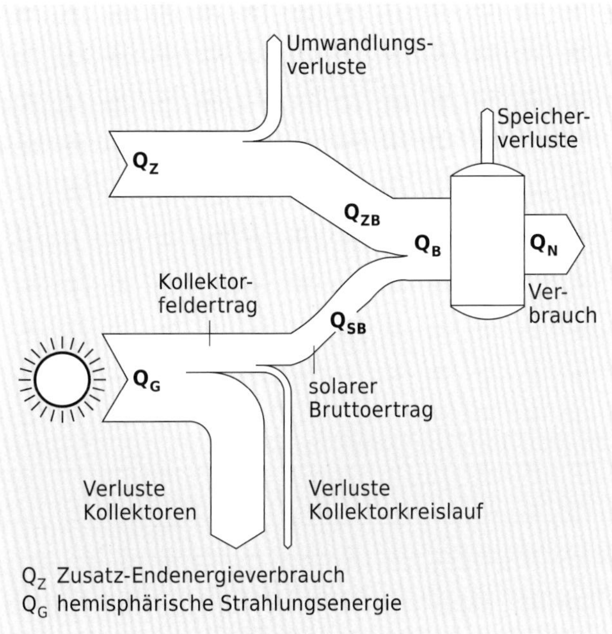

Bild 2.36 Energieflussbild einer Solaranlage

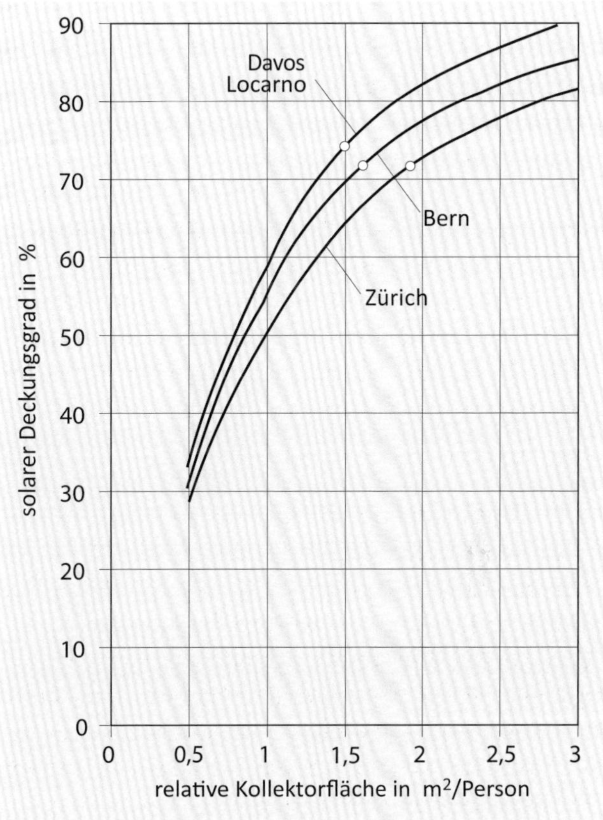

Bild 2.37 Grobdimensionierungs-Diagramm für solare Warmwasseranlagen mit einer Wärmeabgabe des Speichers Q_N von 50 Liter (55 °C) pro Person und Tag, berechnet mit dem Solarrechner [Sol]. Oberhalb der mit Punkten bezeichneten Kollektorflächen ist mindestens 1 Monat mit voller Solardeckung vorhanden.

Ist der solare Deckungsgrad bekannt, kann der Zusatzenergieverbrauch ermittelt werden. Oberhalb eines Deckungsgrads von 45 bis 50 % entsteht im Sommer zeitweise ein Wärmeüberschuss. Bei diesem Deckungsgrad ist ein preisgünstiger Liter Warmwasser zu erwarten. Bei kleinerem Deckungsgrad sind die Investitionen geringer, und bei grösserem Deckungsgrad ist die Zusatzenergie geringer.

Bild 2.37 stellt den Zusammenhang zwischen Kollektorfläche und Deckungsgrad dar. Für Wohnhäuser beträgt der Nutzwarmwasserbedarf 35 bis 40 Normliter pro Person und Tag (Bild 7.2). Unter Berücksichtigung der Verteilverluste ergibt sich der dem Diagramm zugrunde liegende Tagesverbrauch von 50 Liter pro Person bei 55 °C. Bei grösseren Anlagen sind diese Abschätzungen zu ergänzen durch Computerberechnungen [SPF2].

Das Diagramm gilt näherungsweise unter folgenden Voraussetzungen:

- reine Wassererwärmungsanlage;
- Standard-Flachkollektoren;
- Kollektororientierung: Azimut SE bis SW, Neigung 20 bis 50°;
- Speichervolumen: 80 bis 100 l/m² Kollektorfläche, jedoch nicht weniger als 75 l/Person.

2.6 Wärme-Kraft-Kopplung

54 Was ist WKK ?

Wärme-Kraft-Kopplung ist die kombinierte Erzeugung von Nutzwärme und mechanischer Energie. In technischen wie in biologischen Systemen entsteht bei der Umwandlung chemischer Energie in mechanische Energie auch Wärme. Aus thermodynamischen und konstruktiven Gründen kann bei der Verbrennung nur rund $^1/_3$ der Brennstoffenergie in mechanische Energie umgewandelt werden. Wenn die restlichen $^2/_3$ Wärme genutzt werden, spricht man von WKK. Bei der Nutzung dieser Wärme niedriger Wertigkeit sind Gesamt-Wirkungsgrade ähnlich denjenigen von Heizkesseln erreichbar. Die mechanische Energie wird in einem Generator in elektrische Energie umgewandelt. Es gibt verschiedene Ausführungsformen:

a Thermisches Kraftwerk 1 bis 1000 MW(el), Fernheiznetz
b BHKW (Blockheizkraftwerk) 5 bis 5000 kW(el), Gas- oder Dieselmotor mit Generator
c Kleinst-WKK: Stirlinggerät, Mikrogasturbine, Brennstoffzelle, 1 bis 5 kW(el)

WKK mit Gas- oder Dieselmotor

Die durch Motor- und Abgaskühlung anfallende Wärme wird ins Heizsystem eingespeist (Bilder 2.38, 2.39). Auf diese Weise ergibt sich ein Jahresnutzungsgrad (bezüglich Brennwert) des BHKW-Speicher-Systems von 80 bis 90 % (Wärme + Strom). Dieser Nutzungsgrad lässt sich durch Abgaskondensation und Strahlungswärmerückgewinnung mit Wärmepumpe erreichen. Wird mit dem erzeugten Strom eine Wärmepumpe angetrieben, so ergibt sich ein Nutzungsgrad von etwa 1,4 (Bild 2.40), d.h. etwa die Hälfte mehr als mit einem Kessel.

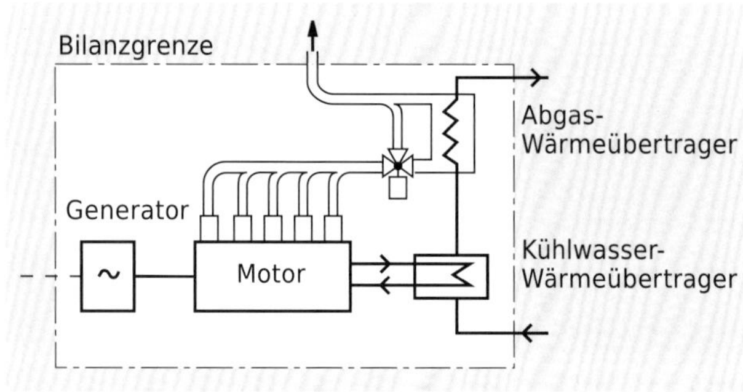

Bild 2.38 Prinzipschema eines BHKW

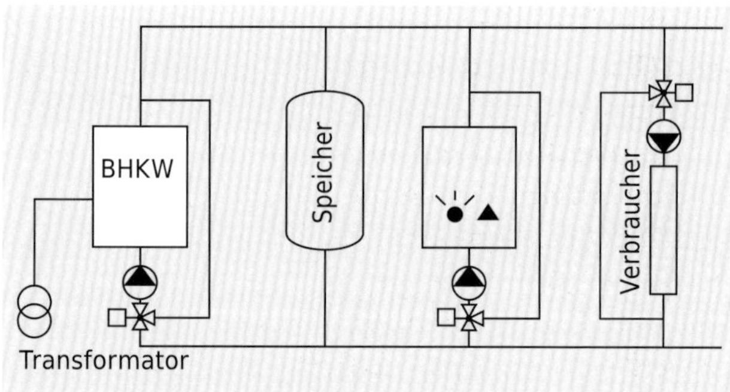

Bild 2.39 BHKW in der Gesamtanlage

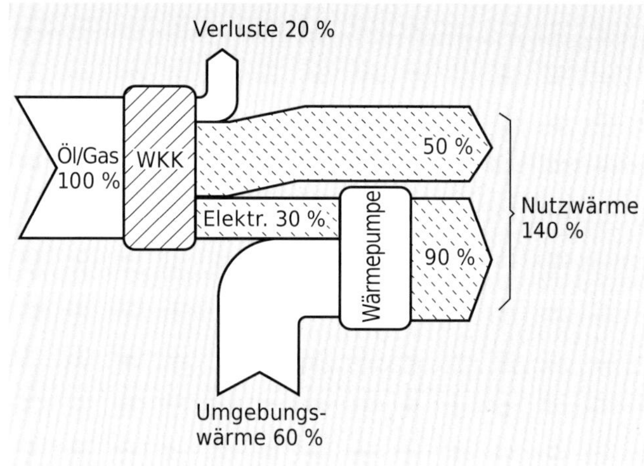

Bild 2.40 Energieflussbild eines BHKW (bezüglich Brennwert), dessen Strom für eine WP verwendet wird

Betrieb eines Blockheizkraftwerks

Das BHKW wird normalerweise nach dem Wärmebedarf betrieben, sodass der Strom vorwiegend im Winter anfällt. Andernfalls braucht es eine Notkühlung für den Motor (z.B. bei Notstromaggregat). Mit der produzierten Elektrizität wird in erster Linie der Eigenbedarf gedeckt. Der Überschuss wird ins öffentliche Netz eingespeist. Die Stromproduktion kann im Winter intern oder extern für den Antrieb von Wärmepumpen verwendet werden. Die Dimensionierung des BHKW hat (wie bei Wärmepumpen) einen entscheidenden Einfluss auf die Wirtschaftlichkeit. Wird das BHKW zu gross dimensioniert, so erreicht es die vorgesehene Volllast-Laufzeit (> 4000 h/a) und Stromproduktion nicht. Das BHKW wird auf 15 bis 35 % des Wärmeleistungsbedarfs bei der massgebenden Aussentemperatur ausgelegt (Bild 2.41). Kurve m stellt die Temperaturhäufigkeit, Kurve q den Heizleistungsbedarf gemäss Anhang 11.4 dar. Ein BHKW mit 300 kW Wärmeleistung deckt den Heizenergiebedarf entsprechend der grauen Fläche. Das BHKW liefert zwar nur 30 % des Leistungsbedarfs, aber fast 60 % des Energiebedarfs des Gebäudes. Die Volllast-Laufzeit des BHKW kann mit 4300 h/a abgelesen werden. Die Volllast-Laufzeit erhöht sich, wenn das BHKW ganzjährig die Wassererwärmung übernimmt.

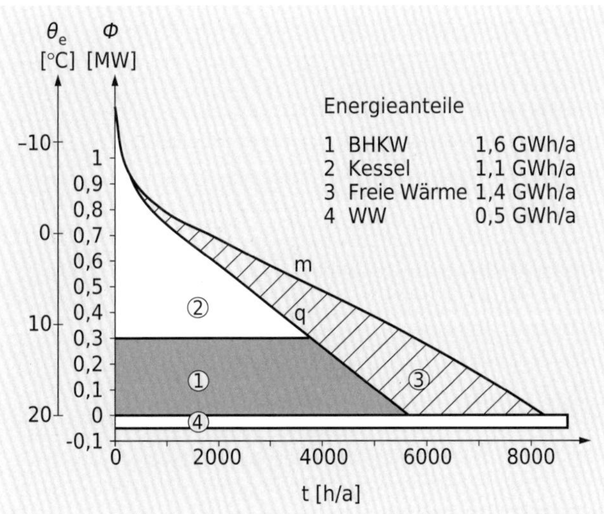

Bild 2.41 Temperaturhäufigkeitsdiagramm für ein Gebäude mit Wärmeleistungsbedarf 1 MW

Günstige Voraussetzungen für Blockheizkraftwerke sind:

- gleichzeitiger Wärme- und Strombedarf
- Stromproduktion > 50 kW
- gleichmässiger Wärmebedarf (Prozesswärme)
- Notstromanlage erforderlich
- preisgünstiges Gas: Biogas, Erdgas
- hoher Stromtarif im An- und Verkauf
- eigener technischer Dienst

Kleinst-WKK oder stromerzeugende Heizungen

Auch bei diesen auf die Energieversorgung eines Hauses ausgerichteten Geräten entspricht der gesamte Nutzungsgrad (Wärme + Strom) demjenigen eines Kessels. Der Elektroanteil des Outputs ist geringer als bei den Blockheizkraftwerken.

Das *Stirling-Heizgerät* entspricht konzeptionell dem BHKW. Beim Stirlingmotor wird jedoch die Wärme von aussen an den Zylinder übertragen. Die lineare Kolbenbewegung treibt direkt einen Lineargenerator an, eine Kurbelwelle ist nicht erforderlich.

Die *Mikrogasturbine* wendet das aus dem Kraftwerkbau bekannte Prinzip der Gasturbine im Kleinmassstab an. Die Laufräder (eine Turbine und ein Turboverdichter) sind vergleichbar gross wie der Turbolader eines Autos.

Mit *Brennstoffzellen* kann chemische Energie, ohne Umweg über mechanische Energie, direkt in elektrische Energie umgewandelt werden. Die Umwandlung in Elektrizität ist somit nicht durch den Carnot-Wirkungsgrad begrenzt. Der Elektroanteil kann theoretisch höher sein als beim BHKW.

2.7 Heizzentrale

2.7.1 Heizraum

Die Grösse des Heizraums sollte eine zweckmässige Installation und Wartung des Wärmeerzeugers, des Wassererwärmers und der gesamten Peripherie ermöglichen (Bild 2.42). Angaben zum Volumen von Brennstofflagern sind in [SIA 384/1] zu finden. Im Weiteren ist auch an kommende Entwicklungen mit meistens grösserem Raumbedarf zu denken. Bei Speichern ist jeweils die Raumhöhe kritisch.

Φ [kW]	25	50	100	200	500	1000
H [m]	2,3	2,5	2,8	3,0	3,5	4,0
A [m^2]	15	25	35	50	100	160

Bild 2.42 Raumbedarf von Wärmepumpen-Heizzentralen abhängig von der Wärmeerzeugerleistung

Bei Feuerungen wird eine nach aussen führende *Verbrennungsluft-Öffnung* von 6 cm^2 pro kW Kesselleistung benötigt. Wenn der Heizraum innerhalb der dichten, thermischen Gebäudehülle liegt, muss die Verbrennungsluft direkt dem Brenner zugeführt werden. Wenn die Gefahr besteht, dass Halogenverbindungen (vor allem Fluor- und Chlorverbindungen) aus Wasch-, Lösungs- oder Kältemitteln in die Verbrennungsluft gelangen, sollte die Luftzufuhr ebenfalls direkt zum Brenner erfolgen, um Korrosionsschäden zu vermeiden.

2.7.2 Abgasanlagen

Die Abgasanlage soll die Abgase einer Feuerung sicher ins Freie abführen.

Herkömmlicher Kamin mit Naturzug

Der Kaminzug wird durch den Gewichtsunterschied der heissen Abgase im Kamin und der gleich hohen, kalten Aussenluftsäule bewirkt. Es entsteht dabei ein Unterdruck in der Abgasanlage. Auch wenn der Kamin nicht ganz dicht ist, besteht keine Gefahr, dass Abgase in Wohnräume austreten.

Bei einem *Naturzugkessel* (z.B. Holzofen ohne Gebläse) muss der Querschnitt so gewählt werden, dass bei dem durch die Verbrennung gegebenen Abgasmassenstrom der Kaminzug dem gesamten Druckverlust von Luftansaugleitung, Ofen und Abgasanlage entspricht. Bei einem *Kessel mit Gebläse* wird dieses lediglich dazu benutzt, den Druckverlust des Kessels zu überwinden, sodass am Eintritt in die Abgasanlage Atmosphärendruck oder leichter Unterdruck herrscht. Der natürliche Zug muss nur die Druckverluste von Kamin und Rauchrohr überwinden.

Bei überdimensionierten, gemauerten Kaminen kühlen sich die Abgase so stark ab, dass der Taupunkt länger dauernd unterschritten wird. Es entsteht saures Kondensat, welches die Kaminwand zerstört und dunkle Flecken an der Kaminaussenwand zurücklässt. Dieser so genannten *Kaminversottung* kann entgegengewirkt werden durch Einlass trockener Luft am Kaminfuss (Bild 2.43).

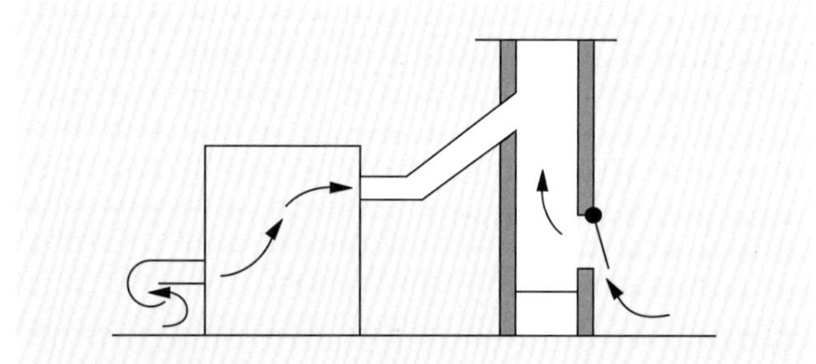

Bild 2.43 Klappen im Kaminfuss (Nebenluftklappe, Zugbegrenzer, Explosionsklappe)

Abgasanlage mit Überdruck

Bei Kondensationskesseln ist die Temperaturdifferenz Abgas - Aussenluft so gering, dass kein genügender Naturzug entsteht. Der Brennerventilator hat deshalb alle Druckverluste vom Luftansaug bis zur Kaminmündung zu überwinden. Es entsteht dabei ein Überdruck in der Abgasanlage. Diese muss daher vollkommen dicht sein.

Die hauptsächlich verwendeten Materialien sind:

- Kunststoffrohre (PVDF, PP) haben sich inbesondere bei kleineren kondensierenden Kesseln durchgesetzt.

- Edelstahlrohre weisen eine geringe Wärmeträgheit auf. Sie korrodieren aber im Falle verunreinigter Verbrennungsluft, insbesondere durch Halogenverbindungen, wie sie in Reinigungs- und Lösungsmitteln vorkommen.
- Kamine aus Keramikprodukten werden oft als ganzes Bauteil eingesetzt, das mehrere Abgasrohre und einen Verbrennungsluftkanal enthalten kann.

Um die Verbrennungsluft direkt einem Kessel zuzuführen, werden Abgasleitungen oft doppelwandig ausgeführt. Im Aussenraum strömt die Verbrennungsluft. Ein solches *Luft-Abgas-System* LAS bewirkt eine zusätzliche Wärmerückgewinnung nach dem Kesselaustritt.
Der benötigte Durchmesser einer Abgasleitung hängt ab von Leitungslänge, Kesselleistung, Abgastemperatur und Brennstoff. Dimensionierung und Ausrüstung sollten mit dem Kesselhersteller und der Kaminbaufirma abgesprochen werden.
Die Funktion der Abgasanlage wird von den Luftströmungen an der Mündung beeinflusst. Die Mündung sollte in einer Zone möglichst ungestörter Luftströmungen liegen. Sie sollte höher als der Dachfirst oder benachbarte Hindernisse liegen. Dadurch lassen sich auch Belästigungen durch Abgase meistens vermeiden. Die Mindesthöhe über Dach ist vorgeschrieben [BAFU2].

2.7.3 Wärmespeicher

Speicherarten

Je nach Zweck des Speichers muss die Wärme für sehr verschiedene Zeitdauern gespeichert werden:

Pufferspeicher (technischer Speicher)
Kurzfristige Speicherung für eine Dauer von 0,2 bis 2 h. Pufferspeicher werden eingesetzt zur Verminderung der Einschalthäufigkeit des Wärmeerzeugers und zur hydraulischen Entkopplung von der Wärmeverteilung. Anwendung beispielsweise bei Wärmepumpen und BHKW.

Kurzzeitspeicher
Speicherung für eine Dauer von 0,2 bis 2 Tagen. Ein solcher Speicher übernimmt zusätzlich den Ausgleich zwischen Wärmeangebot und -nachfrage. Wärme muss nicht gleichzeitig erzeugt und verbraucht werden. Anwendung bei Holzkesseln, Solarspeichern und Brauchwasserspeichern.

Langzeitspeicher (Saisonspeicher)
Speicherung während Wochen oder Monaten von der warmen zur kalten Jahreszeit. Grosse Heizwasserspeicher können, zusammen mit einem monovalenten Solarsystem, die Heizperiode überbrücken (Bild 2.29). Auf tieferem Temperaturniveau ist bei Grossanlagen die Langzeit-Speicherung im Untergrund durchführbar.

Wärme kann durch Temperaturerhöhung oder durch Phasenänderung gespeichert werden:

Sensibelwärmespeicher
Sensibelwärmespeicher nutzen die sogenannte sensible oder fühlbare Wärme von Speichermedien: Wasser, Magnesit, Steine, Beton, Erde.

Latentwärmespeicher
Latentwärmespeicher nutzen vor allem die Schmelzwärme von Medien mit Schmelztemperaturen von 25 bis 45 °C. Ein Vergleich von Latentspeichermedien wie z.B. Glaubersalz mit Wasser zeigt: Bei einer Temperaturspanne geladen–entladen von 40 K genügen etwa 40 % des Volumens von Wasser. Für viele Zwecke sind trotzdem die Kosten relativ hoch, und die Integration ins System ist schwieriger. Eisspeicher mit Schmelztemperatur 0 °C werden in der Kältetechnik sowie auch als Wärmequelle für Wärmepumpen verwendet.

Grundsätzliches zu Sensibelwärmespeichern

Die Wärmekapazität C eines Speichers ist die notwendige Energie, um diesen um 1 K zu erwärmen:

$$C = m \cdot c = V \cdot \rho \cdot c \qquad (2.23)$$

C Wärmekapazität des Speichers in kJ/K
m Masse des Speichermediums in kg
c spezifische Wärmekapazität des Speichermediums, Bild 2.44

Stoff	c [kJ/kgK]	$\rho \cdot c$ [kJ/m³K]
Wasser	4,19	4190
Natürliche Steine	0,8 bis 0,9	2100 bis 2500 *
Erde naturfeucht	0,9	1600
Stahlbeton	1,1	2600
Stahl	0,5	3900
Kupfer	0,4	3500
PVC	1,0	1350
* ohne Lückenvolumen		

Bild 2.44 Spezifische und volumetrische Wärmekapazität von Speichermedien

Der nutzbare *Wärmeinhalt* Q eines Speichers ist gleich der zuzuführenden Wärme, um diesen von der minimalen Betriebstemperatur θ_{min} auf die Temperatur θ zu bringen.

$$Q = C \cdot (\theta - \theta_{min}) \tag{2.24}$$

Die momentane Verlustleistung ist proportional zur Temperaturdifferenz $\theta - \theta_u$, wobei θ_u die Umgebungstemperatur ist. Die *Zeitkonstante* beschreibt die Abkühlung des Speichers aufgrund der Verluste, ohne Entzug von Nutzwärme.

$$\tau = \frac{C}{f \cdot U \cdot A} \tag{2.25}$$

τ Zeitkonstante in s
C Wärmekapazität des Speichers in J/K
f Faktor für Wärmebrücken: 1,2 bis 1,5 (gut gedämmt)
U Wärmedurchgangskoeffizient der Dämmung in W/m²K
A Fläche (Mittel von innen und aussen) in m²

In Bild 2.45 ist das Exponentialgesetz dargestellt, nach welchem die Speichertemperatur θ aufgrund der Verluste im Lauf der Zeit abnimmt. Die Tangente der Auskühlkurve im Startpunkt schneidet die Zeitachse im Punkt $t = \tau$.

Das Diagramm kann benutzt werden, um die Verlustleistung eines Speichers auf einfache Weise experimentell zu bestimmen, indem man Wärmezu- und -abfuhr unterbindet und zu einem späteren Zeitpunkt die noch vorhandene Speichertemperatur misst.
Der *Speicherwirkungsgrad* gibt an, welcher Anteil des anfänglich nutzbaren Wärmeinhalts Q_0, nach einer Periode ohne Wärmeentzug, an das Heizsystem abgegeben werden kann:

$$\eta_{sp} = \frac{Q_0 - Q_v}{Q_0} = \frac{\theta - \theta_{min}}{\theta_0 - \theta_{min}} \tag{2.26}$$

Q_0 nutzbarer Wärmeinhalt am Anfang in kJ
Q_V Wärmeverlust in kJ
θ Speichertemperatur in °C
θ_0 Anfangstemperatur in °C
θ_{min} Mindestbetriebstemperatur in °C

Beispiel:
Im Speicher einer Holzheizung soll die Wärme mit einem Speicherwirkungsgrad von 90 % während 12 h gespeichert werden.

- Anfangstemperatur θ_o = 90 °C
- Min. Betriebstemperatur θ_{min} = 50 °C
- Umgebungstemperatur θ_u = 10 °C

Wie gross muss die Zeitkonstante sein?

Lösung:
Am Ende der Zeitperiode ohne Wärmeentnahme gilt:

$$\theta = \theta_{min} + \eta_{sp} \cdot (\theta_0 - \theta_{min}) = 50 + 0,9 \cdot 40 = 86\ ^\circ\mathrm{C} \tag{2.27}$$

$$f_T = \frac{\theta - \theta_u}{\theta_o - \theta_u} = \frac{76}{80} = 0,95 \tag{2.28}$$

Gemäss Bild 2.45 ist diese Temperatur bei t = 0,05 · τ erreicht. Es ist also eine Zeitkonstante τ = 12 h / 0,05 = 240 h zu fordern (mehr als viele ausgeführte Speicher aufweisen!).

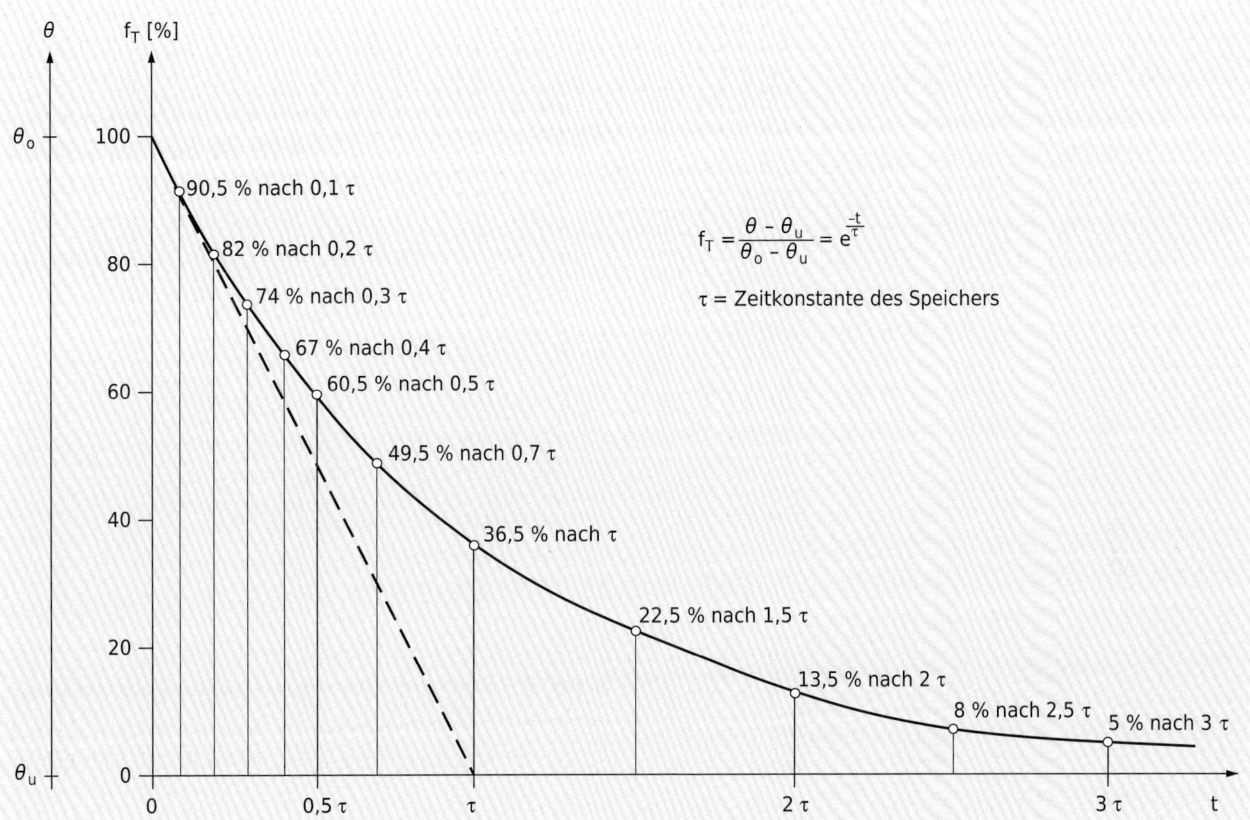

Bild 2.45 Auskühlung eines hydraulisch abgekoppelten Speichers bei konstanter Umgebungstemperatur θ_u

Wasserspeicher

Die hervorragenden Eigenschaften des Wassers machen dieses zum häufigsten Speichermedium. Die Speicherverluste ausgeführter Speicher sind infolge von Wärmebrücken wesentlich grösser als die Verluste durch die Isolation allein (bis 5fach). Ein schlecht isoliertes Rohr löst geradezu einen kalten Wasserfall aus (Bild 2.46): Im oberen Teil des Rohrquerschnitts strömt warmes Wasser vom Speicher weg und kühlt ab. Im unteren Teil erfolgt die kalte Rückströmung. Dieser Vorgang wird als *Gegenstromzirkulation* bezeichnet.

Für eine optimale Speicherfunktion ist auch die Schichtung wichtig. Kaltes und warmes Wasser sollen sich möglichst wenig vermischen. So kann dem vollen Speicher ein grosser Teil seines Volumens bei konstanter Temperatur entnommen werden. Die Schichtung wird durch ungünstige Speichergeometrie, Strömungen, Wärmeübertrager und in geringem Mass durch reine Wärmeleitung beeinträchtigt.

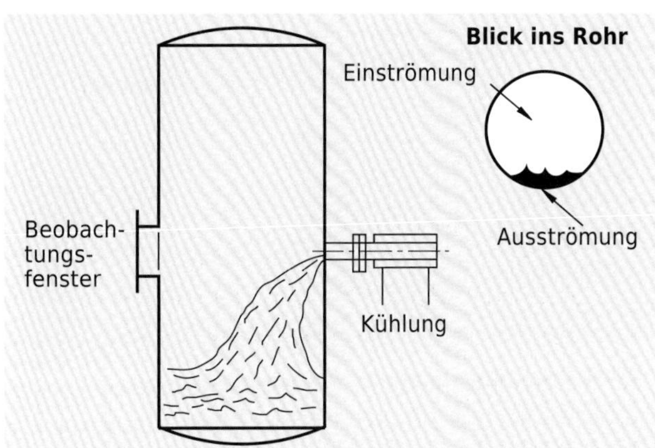

Bild 2.46 Versuchsanordnung zum Wasserfalleffekt

Bei Konzeption und Installation von Wasserspeichern ist betreffend *Schichtung* zu beachten (Bild 2.47):

- Günstig ist eine schlanke Form H/D > 2 (1).
- Eine Eintrittsgeschwindigkeit über 0,2 m/s zerstört die Schichtung: genügend langes, erweitertes Eintrittsrohr (2a) oder Prallplatte, Lochblech (2b).
- Wärmeübertrager verursachen freie Konvektion und Durchmischung. Wärmezufuhr mischt oberhalb des Übertragers (3a), Wärmeabfuhr unterhalb (3b).
- Die Stutzen sind möglichst schichtungsgerecht anzubringen (Beispiel Bild 2.28).
- Oft ergibt sich zuunterst im Speicher ein nicht beheizbares Totvolumen.

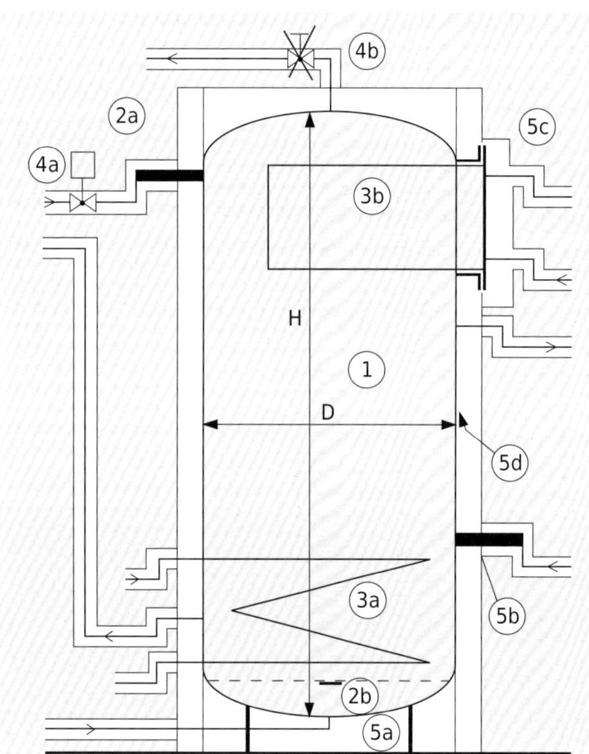

Bild 2.47 Speicherkonzeption und -installation

Betreffend *Verluste* ist zu beachten:

- Gegenstromzirkulation durch Siphons (Säcke) unterbinden, Armaturen ausserhalb Bereich Gegenstromzirkulation (4a). Unvermeidbare Anschlüsse nach oben möglichst nahe horizontal wegführen, Armaturen möglichst weit weg (4b).
- Lückenlose Isolation, auch unten (5a), bei Anschlüssen (5b) und Flanschen (5c) (Service!). Isolation satt an Oberfläche, sonst Luftzirkulationen (5d).

Speicherladung

Stufenladung: Die Wärmepumpe Bild 2.23 heizt das vom Pufferspeicher kommende Wasser entsprechend der Wärmeerzeugerleistung um wenige Kelvin auf. Das Vorlaufwasser fliesst oben in den Speicher. Sobald das Wasser mit dieser Temperatur bis nach unten vorgerückt ist, folgt theoretisch die nächste Temperatur-«Stufe». In solchen Schaltungen ist jedoch der Durchfluss oft so gross, dass der Speicher durchmischt wird. Es herrscht dann im ganzen Speicher praktisch die Rücklauftemperatur zum Wärmeerzeuger.
Schichtladung: Mit der Schaltung Bild 2.48 lässt sich der ganze Speicher auf die gewünschte Solltemperatur laden. Je nachdem, ob der Temperaturfühler am Rücklauf oder am Vorlauf des Wärmeerzeugers montiert ist, handelt es sich um eine Rücklauftemperatur-Hochhaltung oder eine Austrittstemperatur-Regelung. Die Wirkung ist ähnlich, die Austrittstemperatur ist aber schwieriger zu regeln. Der obere Speicherthermostat gibt den Einschalt-, der untere den Ausschaltbefehl.

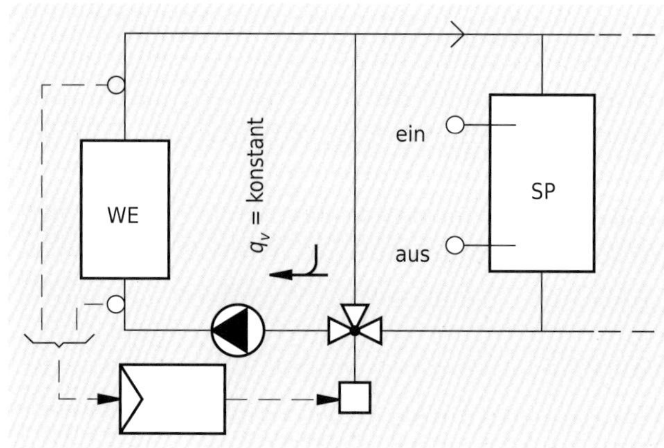

Bild 2.48 Speicher mit Schichtladung

Speicherdimensionierung

Ist das Speichervolumen zu klein, entstehen betriebliche Nachteile, ist es zu gross, ergeben sich höhere Verluste und Kosten.

Beispiel:
Holzheizung für einen Leistungsbedarf von 25 kW mit einem 50 kW-Holzkessel. Brenndauer 4 h. Vorlauftemperatur zu Heizflächen 50 °C.

Lösung:
Nutzbare Energie einer Kesselfüllung:
4 h · 50 kW = 200 kWh
Während der Brennzeit wird direkt verbraucht:
4 h · 25 kW = 100 kWh
Zu speichernde Energie somit:
200 kWh – 100 kWh = 100 kWh = 360000 kJ
Der Speicher kann bis etwa 90 °C aufgeheizt werden, er ist also erwärmbar um 90 °C – 50 °C = 40 K
Damit ergibt sich die notwendige Wassermasse

$$m = \frac{Q}{c \cdot \Delta T} = \frac{360000}{4,19 \cdot 40} = 2150\,\text{kg} \qquad (2.29)$$

Mit einem Durchmesser von 1,1 m erhält man eine mittlere Höhe von 2,25 m. Mit diesem Speicher darf der Kessel bei Auslegungsbedingungen ganz gefüllt werden.

2.7.4 Sicherheitseinrichtungen

Sicherheitsphilosophie

Für den grössten anzunehmenden Unfall (GAU) werden mindestens zwei voneinander unabhängige Massnahmen getroffen, von denen jede genügt, den Unfall zu verhindern. Dies gewährleistet die Sicherheit auch dann noch, wenn eine Sicherheitseinrichtung versagen sollte. Sicherheitseinrichtungen müssen periodisch auf Funktionsfähigkeit hin geprüft werden.

Übertemperatur und Überdruck im Kessel

Übertemperatur und Überdruck können einen GAU durch Kesselexplosion verursachen. Deshalb wird die Ölfeuerung bei Überschreiten der zulässigen Betriebstemperatur durch den Regulier- und, bei dessen Versagen, durch den Sicherheitsthermostaten unterbrochen. Beim Feststoffkessel kann die Verbrennung nicht genügend rasch gestoppt werden, sodass eine Notkühlfunktion nötig ist. Dies ist entweder eine *thermische Ablaufsicherung* (Notkühlsystem mit Kaltwasser ohne Hilfsenergie) oder eine Notkühlung durch ein offenes Expansionsgefäss. Zusätzlich wird bei Dampfbildung abgeblasen, entweder mittels Sicherheitsventil oder über das offene Expansionsgefäss. Wegen des Einfrier-Risikos ist es auch bei offenen Gefässen ratsam, am Kessel ein Sicherheitsventil anzubringen.

Ausdehnung des Wassers

Bild 2.49 zeigt, dass die Dichte beispielsweise zwischen 10 und 90 °C um rund 4 % abnimmt, d.h., das Wasser, das ins Ausdehnungsgefäss verdrängt wird (Nutzvolumen V_N des Ausdehnungsgefässes), ist 4 % des Anlagevolumens.

θ	°C	10	30	50	70	100	130
ρ	kg/m^3	1000	996	988	978	958	935
p_S	bar	0,012	0,042	0,12	0,31	1,01	2,7

Bild 2.49 Dichte und Sättigungsdruck (absolut) von Wasser

Offenes Ausdehnungsgefäss

Bei Feststoffkesseln über 80 kW ist nach [SWKI 93-1] ein offenes Gefäss einzubauen (Bild 2.50). Im Fall einer Kesselüberhitzung schiesst der Dampf durch den Sicherheitsvorlauf SV ungedrosselt oben ins Gefäss hinein. Dort kondensiert er teilweise. Der restliche Dampf entweicht durch die Überlaufleitung (8). Durch den Sicherheitsrücklauf SR strömt Wasser in den Kessel hinunter und kühlt diesen. Das Gefässvolumen entspricht zweckmässigerweise etwa dem doppelten Ausdehnungsvolumen V_N. Auf diese Weise lässt sich bei der kalten Füllung eine Reserve von etwa $^1/_3$ des Gefässvolumens schaffen. Andererseits sollte bei Maximaltemperatur das Wasser nicht bis in die Überlaufleitung hinaufsteigen (Einfriergefahr). Das Füllniveau wird deshalb kontrolliert (Hahn 5). Mit der Zirkulationsleitung (6) soll das Einfrieren des Gefässes verhindert werden. Zwecks geringer Sauerstoffaufnahme (Korrosion) wird die Zirkulationsleitung nicht direkt ins Gefäss geführt. Aus demselben Grund sind liegende Gefässe möglichst zu vermeiden.

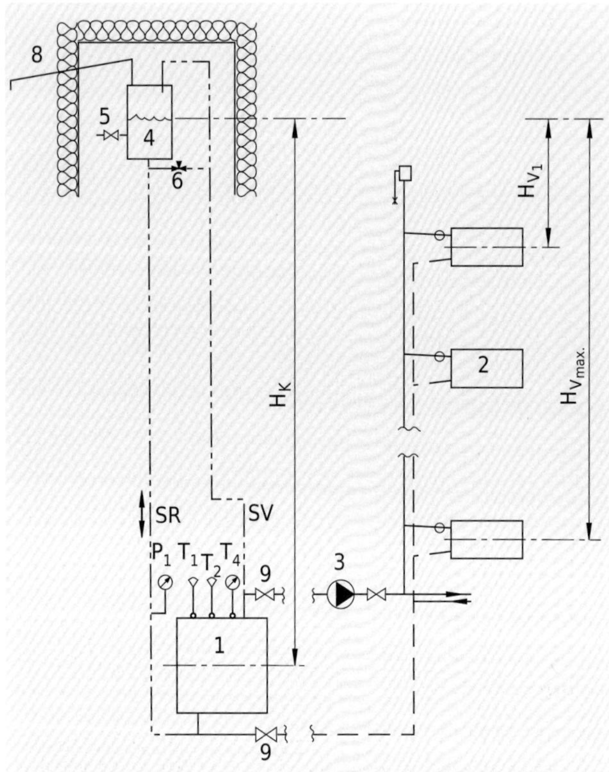

Bild 2.50 Anlage mit offenem Ausdehnungsgefäss [SWKI 93-1]

Druck-Ausdehnungsgefäss

Druck-Ausdehnungsgefässe sind, zusammen mit einem Sicherheitsventil, für alle Wärmeerzeuger sinnvoll. Bei Feststoffkesseln ist zusätzlich eine thermische Ablaufsicherung erforderlich. Das Gaspolster wird durch eine Membran vom Wasser getrennt (Bild 2.51). Wenn in der Rücklaufleitung, an die das Expansionsgefäss angeschlossen ist, eine Temperatur über etwa 50 °C erreicht wird, dann sollte, zwecks längerer Lebensdauer der Membran, ein unisoliertes Vorschaltgefäss (5) eingebaut werden. Vor dem Einbau füllt das Gas das gesamte Gefässvolumen V_G aus (Gasdruck = eingestellter Vordruck). Der Vordruck sollte so gewählt werden, dass im höchsten Punkt der Anlage immer ein Überdruck besteht (etwa 0,3 bar). Bei grossen Anlagen wird zur Volumen-Einsparung beim Druckanstieg Luft abgeblasen und bei der Druckabsenkung mit einem Kompressor wieder nachgespeist.

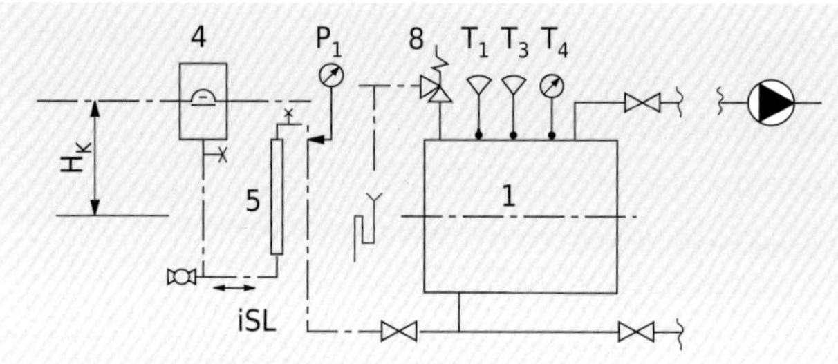

Bild 2.51 Anlage mit Druck-Expansionsgefäss [SWKI 93-1]

Beispiel:
Eine Feststoff-Anlage mit einem Volumen von 1000 l soll mit einem Gefäss mit einem Gesamtvolumen V_G = 100 l und einem Vor(über)druck von p_{e1} = 1,5 bar ausgerüstet werden.
Genügt das Gefässvolumen?

Lösung: Bereich 10 bis 90 °C: V_N = 40 l. Vordruck (absolut) p_1 = 1,5 + 1 = 2,5 bar. Gemäss Gasgleichung ist der Gasdruck bei warmer Anlage (Gas bleibt kalt)

$$p_2 = p_1 \frac{V_1}{V_2} = p_1 \frac{V_G}{V_G - V_N} = 2,5 \frac{100}{60} = 4,2\,\text{bar} \tag{2.30}$$

Der Gasüberdruck p_{e2} = 4,2 – 1 = 3,2 bar liegt über dem Ansprech(über)druck des Sicherheitsventils von 3 bar. Grösseres Gefäss wählen!

2.7.5 Wasseraufbereitung

Die Entwicklung der Gebäudetechnik hat zu erhöhten Anforderungen an die Wasserqualität geführt.

Vermeidung der Steinbildung

Kalkausscheidungen vermindern den Wärmedurchgang von Wärmeübertragungsflächen, verstopfen feine Kanäle und beeinträchtigen Regelventile und Pumpen. Zur Vermeidung von Steinbildung können mit einer *Enthärtung* die Calcium- und Magnesiumionen dauerhaft aus dem System entfernt werden. Mittels des Ionenaustauschverfahrens können diese durch Natriumionen aus Kochsalz NaCl ersetzt werden. Der Ionenaustausch reduziert die Härte, nicht aber den Salzgehalt. Enthärtetes Wasser für Trinkwasserzwecke mit der folgenden maximalen Gesamthärte genügt oft auch zur Vermeidung der Steinbildung:

1 mmol/l (Millimol Erdalkaliionen pro Liter)
= 10 °fH (Grad «französische» Härte)
= 5,6 °dH (Grad «deutsche» Härte).

Vermeidung wasserseitiger Korrosion

Für die Korrosion ist die elektrische Leitfähigkeit (Mass für den Salzgehalt) und der gelöste Sauerstoff von Bedeutung (Bild 2.52). Die Korrosionsgefahr ist umso geringer, je kleiner *Sauerstoff- und Salzgehalt* sind. Die Leitfähigkeit «salzhaltig» ist mit einer Enthärtung erreichbar, hingegen ist der geforderte, zugehörige Sauerstoffgehalt nur sehr schwer erreichbar. Die Leitfähigkeit «salzarm» ist mir einer blossen Enthärtung nicht erreichbar. Das Umlaufwasser sollte, nach etwa zwei Monaten Betrieb, leicht alkalisch sein.

Hinweise:

- Innen verzinkte Rohre sind für Heizungsinstallationen nicht geeignet.
- Um galvanische Korrosion zu verhindern, ist der direkte Kontakt von Metallen zu vermeiden, welche einen grossen Abstand in der elektrochemischen Spannungsreihe aufweisen (z.B. Al – Cu).

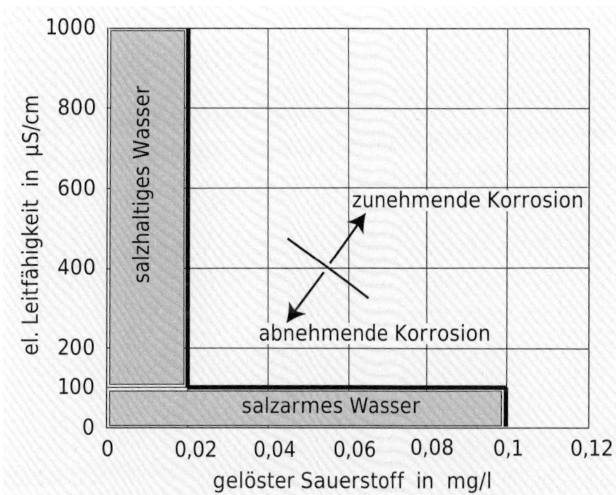

Bild 2.52 Korrosion abhängig von Sauerstoffgehalt und Leitfähigkeit, empfohlene Eigenschaften gemäss grauer Fläche [VDI 2035]

Demineralisierung

Mit einer Vollentsalzung werden sämtliche gelösten Mineralien entfernt. Damit werden eine äusserst geringe Leitfähigkeit gemäss «salzarm» und eine Härte unter 0,1 mmol/l erreicht. Entsprechende Patronen oder Füllstationen sind recht einfach einsetzbar, müssen aber gewartet werden.

Wasseraufbereitung in der Praxis

Die Hersteller schreiben die erforderliche Wasserqualität vor, wobei sie sich in der Regel an den Richtlinien orientieren [SWKI BT102, VDI 2035, ÖNORM H5195]. Die qualitativen Aussagen dieser Richtlinien sind ähnlich, in den Feinheiten sind Unterschiede auszumachen. Angesichts der Schwierigkeiten, die Anforderungen auf anderem Weg zu erfüllen, schreibt die SWKI-Richtlinie die Vollentsalzung sowohl für das Füll- wie das Ergänzungswasser vor. Bei der Inbetriebnahme einer Anlage sollte eine Wasseranalyse des Füllwassers durchgeführt werden (bei grösseren Anlagen immer). Diese ist Voraussetzung für die Gewährleistung des Herstellers. Periodische Nachkontrollen sind ratsam oder obligatorisch, da sich die Wasserqualität im Lauf der Zeit verändern kann. Wird ausschliesslich demineralisiertes Wasser verwendet, so lassen sich zweifellos Steinbildung und Korrosion vermeiden. Es bleibt offen, ob damit in allen Fällen Schadenpotenzial und Aufwand zweckmässig gegeneinander abgewogen sind.

2.8 Systemvergleich

Unterscheidungsmerkmale

Für eine bestimmte Aufgabenstellung kommen oft mehrere Wärmeerzeugungssysteme in Betracht. Diese unterscheiden sich hinsichtlich:

- Erreichbarkeit hoher Temperaturen,
- Eignung für monovalenten Betrieb,
- Eignung für kleine oder grosse Leistung,
- Abhängigkeit der Leistung von der Witterung,
- Abhängigkeit der Leistung von den Heizkreistemperaturen,
- Ausnutzung der End- bzw. Primärenergie,
- Emission von Treibhausgasen und Schadstoffen.

Energetischer Vergleich

Für die Endenergieausnutzung ist der Jahresnutzungsgrad bzw. die Jahresarbeitszahl massgebend. Diese im Folgenden als Jahresnutzungsgrad bezeichneten Kennzahlen sind eines der Kriterien für die Systemwahl. Um den Endenergieverbrauch abschätzen zu können, sind Anhaltswerte einfacher Fälle nützlich.

Die Randbedingungen von Bild 2.53 sind für alle Systeme:

- zweckmässig geplante und ausgeführte Anlagen,
- monovalenter Betrieb,
- ein Drittel der gesamten Nutzwärme (H+WW) wird für die Wassererwärmung bis 60 °C verwendet,
- Vorlauftemperatur Heizung 35 °C,
- Standort im schweizerischen Mittelland.

Bei Wärmepumpen, die auch der Wassererwärmung dienen, ist zu beachten, dass dafür eine Vorlauftemperatur um 5 bis 10 K über der maximalen Speichertemperatur benötigt wird.

Vergleich der Umweltbelastung

Wärmepumpen weisen höhere Nutzungsgrade auf als Verbrennungssysteme. Wird allerdings die Umwandlung von Primärenergie in Endenergie in Betracht gezogen, relativiert sich der energetische Vorsprung der Wärmepumpen (vgl. Kapitel 1.1.3).

Andere Randbedingungen

Aufgrund solcher Anhaltswerte können auch Nutzungsgrade geschätzt werden, die nicht den obigen Randbedingungen entsprechen. Detaillierte Angaben, insbesondere auch zu älteren Gas-/Ölkesseln, sind in [Rec1] zu finden.

Bei einer bivalenten Anlage wird das Subsystem mit grosser Auslastung mit besserem, dasjenige mit kleiner Auslastung mit schlechterem Jahresnutzungsgrad arbeiten.

Bei den nicht kondensierenden Kesseln ist der Jahresnutzungsgrad kaum abhängig von den Temperaturen des Wärmeverteilsystems. Bei kondensierenden Kesseln ist die Abhängigkeit stärker und bei Wärmepumpen am stärksten. Bei diesen Wärmeerzeugern sind deshalb besonders tiefe Rücklauftemperaturen anzustreben.

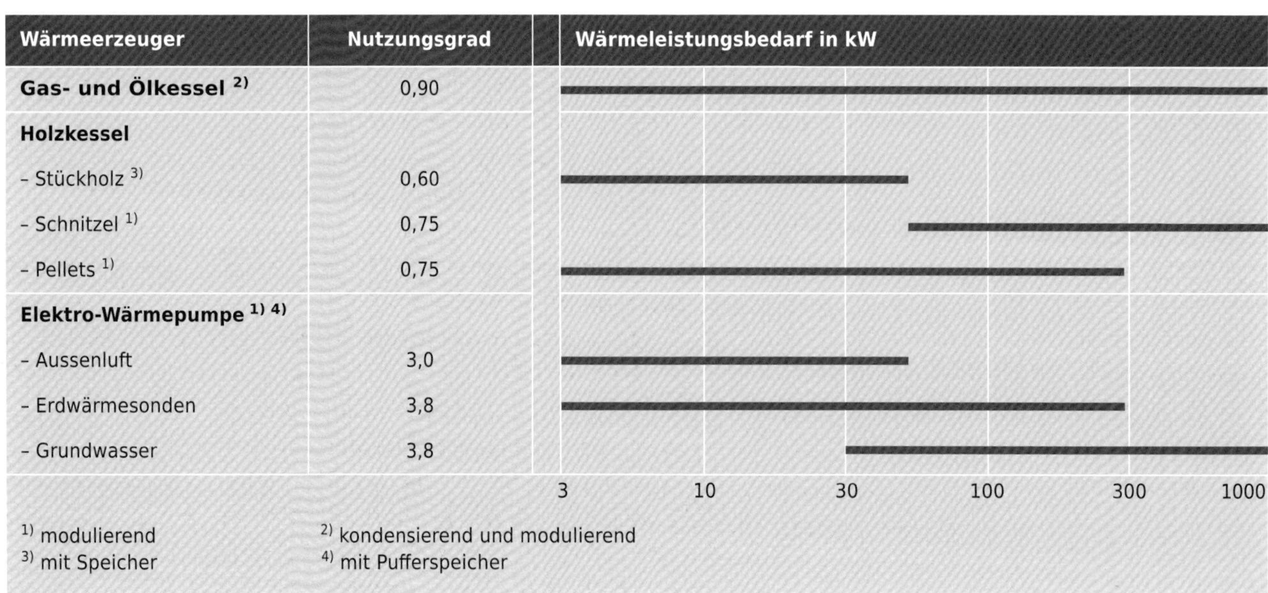

Wärmeerzeuger	Nutzungsgrad	Wärmeleistungsbedarf in kW
Gas- und Ölkessel [2]	0,90	
Holzkessel		
- Stückholz [3]	0,60	
- Schnitzel [1]	0,75	
- Pellets [1]	0,75	
Elektro-Wärmepumpe [1) 4)]		
- Aussenluft	3,0	
- Erdwärmesonden	3,8	
- Grundwasser	3,8	

[1] modulierend
[2] kondensierend und modulierend
[3] mit Speicher
[4] mit Pufferspeicher

Bild 2.53 Richtwerte Jahresnutzungsgrade (bezüglich Brennwert) bzw. Jahresarbeitszahlen moderner Wärmeerzeugungssysteme und deren Leistungsbereiche, für welche sie ausgelegt werden

3 WÄRMEVERTEILUNG

3.1 Pumpe und Netz

Die Wärmeverteilung stellt den Zwischenhandel zwischen Wärmeerzeuger (bzw. Kälteerzeuger) und Wärmeabgabe (bzw. Kälteabgabe) an die Nutzer dar. Wärmeträger sind meist Wasser oder Luft. Die Wärme soll transportiert werden: zur richtigen Zeit, in der richtigen Menge und Temperatur, an den richtigen Ort. Diese Aufgaben haben strömungstechnische und regelungstechnische Aspekte.

3.1.1 Verhalten hydraulischer Netze

Das Verhalten von Rohrnetzen für Flüssigkeiten und Kanalnetzen für Luft folgt den gleichen Gesetzen. Bild 3.1 zeigt ein einfaches Netz, über welchem die folgende Druckdifferenz anliegt (Hydrostatik):

$$\Delta p_{\mathrm{an}} = \rho \cdot g \cdot \Delta z \qquad (3.1)$$

Δp_{an} anliegende Druckdifferenz in Pa
ρ Dichte in kg/m^3
g Erdbeschleunigung: 9,81 m/s^2
Δz Höhendifferenz in m

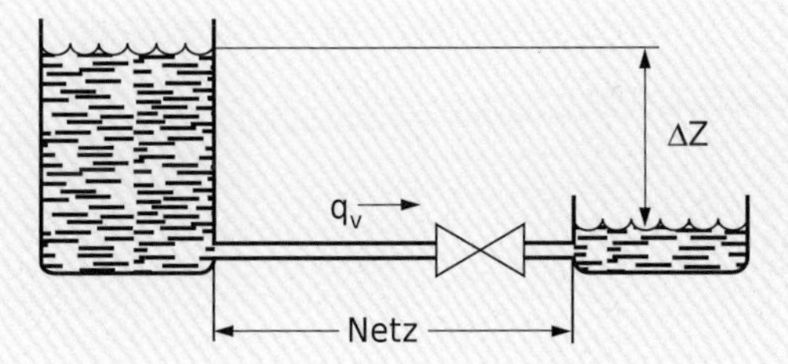

Bild 3.1 Netz zwischen zwei Wasserbehältern

Wenn ein Medium ein Netz durchfliesst, so entsteht ein Reibungsdruckverlust (Hydrodynamik):

$$\Delta p_{\mathrm{r}} = C \cdot p_{\mathrm{dyn}} = C \cdot \frac{1}{2}\rho v^2 \qquad (3.2)$$

Δp_{r} Reibungsdruckverlust in Pa
C dimensionsloser Koeffizient, enthaltend Rohrreibungszahl und Widerstandszahlen der Einzelwiderstände [Rec1]
p_{dyn} dynamischer Druck oder Staudruck in Pa
v Strömungsgeschwindigkeit in m/s

Für eine *turbulente Strömung* in einem unveränderlichen Netz ist der Koeffizient C praktisch eine Konstante. Bei einem beliebigen Medium wächst somit der Druckverlust quadratisch mit dem Volumenstrom:

$$\Delta p_{\mathrm{r}} = \text{konst.} \cdot q_{\mathrm{v}}^2 \qquad (3.3)$$

Die grafische Darstellung dieses Zusammenhangs wird als *Netz-* oder *Anlagekennlinie* bezeichnet; sie hat die Form einer Parabel (Bild 3.4e). Der Volumenstrom wird sich so einstellen, dass der Reibungsdruckverlust gleich der anliegenden Druckdifferenz ist.
Mit einer Standard-Druckdifferenz Δp_{o} (bei Wasser: 1 bar) und einem Durchflusskennwert k_{v} kann auch geschrieben werden:

$$\Delta p_{\mathrm{r}} = \Delta p_{\mathrm{o}} \cdot \left(\frac{q_{\mathrm{v}}}{k_{\mathrm{v}}}\right)^2 \qquad (3.4)$$

Der *Durchflusskennwert* k_{v} ist derjenige Volumenstrom, welcher durch das Netz fliesst, wenn an den Netzenden die Standard-Druckdifferenz anliegt. Er kann direkt gemessen werden, wenn in der Anordnung gemäss Bild 3.1 eine Niveaudifferenz von 10,2 m eingehalten wird (ρ = 1000 kg/m^3). Wenn eine andere Druckdifferenz am Netz anliegt, kann der Durchflusskennwert berechnet werden:

$$k_{\mathrm{v}} = q_{\mathrm{v}} \cdot \sqrt{\frac{\Delta p_{\mathrm{o}}}{\Delta p_{\mathrm{r}}}} \qquad (3.5)$$

k_{v} Durchflusskennwert in m^3/s (bzw. m^3/h)
q_{v} Volumenstrom in m^3/s (bzw. m^3/h)
Δp_{o} Standard-Druckdifferenz: 100'000 Pa
Δp_{r} Reibungsdruckverlust in Pa

Für ein unveränderliches Netz ist k_{v} praktisch eine Konstante. Zu jeder Netzkennlinie gehört also ein bestimmter k_{v}-Wert.
Bei Rohren wird der auf die Längeneinheit bezogene Druckverlust als *R-Wert* bezeichnet (Bild 3.2). Die Parabeln werden hier infolge der doppelt logarithmischen Auftragung zu Geraden. Der nominale Durchmesser DN entspricht (ungefähr) dem Rohr-Innendurchmesser in mm. Mit dem Diagramm kann rasch der Druckverlust ei-

nes Netzes abgeschätzt werden, wenn angenommen wird, der Verlust der Einzelwiderstände (Bögen, T-Stücke, offene Absperrorgane) sei $^1/_3$ des gesamten Druckverlusts.

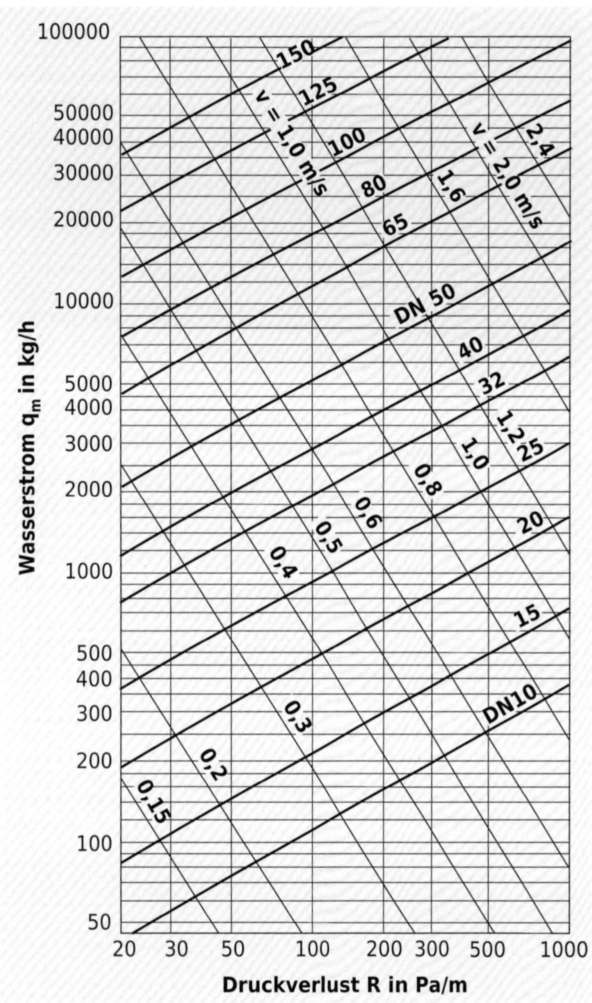

Bild 3.2 Rohrreibungs-Diagramm für Stahlrohre mit Rauigkeit 0,045 mm bei Wasser von 80 °C (bei 50 °C ist R 4% grösser) [Rec1]

Die beschriebenen Gesetzmässigkeiten gelten für beliebige unveränderliche Netze. Netze können zu komplexeren Netzen verknüpft werden. Werden Netze parallel geschaltet, so gilt für den resultierenden k_v-Wert:

$$k_{vres} = k_{v1} + k_{v2} + \dots \tag{3.6}$$

Bei Serieschaltung von Netzen gilt:

$$k_{vres} = \left(\frac{1}{k_{v1}^2} + \frac{1}{k_{v2}^2} + \dots \right)^{-\frac{1}{2}} \tag{3.7}$$

Druckverluste hängen vom Medium ab. Beispielsweise verursachen Frostschutz-Gemische (Sole), je nach Komponenten und deren Konzentration, wesentlich höhere Druckverluste als Wasser. Bei hoher Zähigkeit oder sehr kleinem Durchmesser wird die Strömung *laminar*. Dort gilt ein völlig anderes Reibungsgesetz [Rec1].

3.1.2 Verhalten von Kreiselpumpen

Das Verhalten von Pumpen, Ventilatoren und Gebläsen folgt denselben Gesetzmässigkeiten.

Förderkennlinie

Bild 3.3 zeigt eine Pumpe mit konstanter Drehzahl, die mit sehr kurzen Leitungen an zwei grosse Wasserbehälter angeschlossen ist. Die Niveaudifferenz ist einstellbar. Ein grosser Volumenstrom wird fliessen, wenn die Niveaudifferenz null ist. Je grösser die Niveaudifferenz eingestellt wird, desto geringer wird im Allgemeinen der Volumenstrom sein. Die Förderkennlinie stellt diesen Zusammenhang dar (Bild 3.4a).

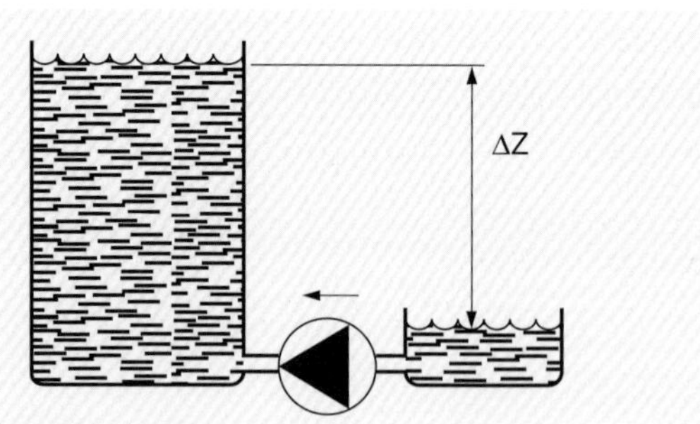

Bild 3.3 Pumpe zwischen zwei Wasserbehältern

3 WÄRMEVERTEILUNG

3.1 Pumpe und Netz

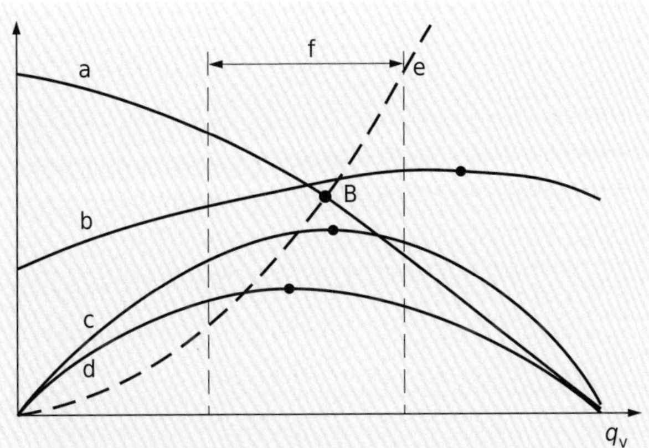

Bild 3.4 Pumpen- und Netzkennlinien
Kennlinien a bis d: Pumpe mit konstanter Drehzahl, abhängig von geförderten Volumenstrom
Kennlinie e: Druckverlust eines unveränderlichen Netzes, abhängig vom durchfliessenden Volumenstrom

Anmerkung: Die Förderdruckdifferenz Δp ist grundsätzlich eine Gesamtdruckdifferenz zwischen den Maschinengrenzen (Kapitel 5.4.7). Bei Pumpen für Flüssigkeiten ist meistens (im Unterschied zu Ventilatoren) der dynamische Druck vernachlässigbar klein neben der Förderdruckdifferenz.

Pumpen-Wirkungsgrad

Aus Volumenstrom und Druckdifferenz lässt sich die *hydraulische Nutzleistung* ermitteln (Bild 3.4c):

$$P_n = q_V \cdot \Delta p \qquad (3.8)$$

P_n hydraulische Nutzleistung in W
q_V Volumenstrom in m^3/s
Δp Druckdifferenz in Pa

Die elektrische Leistungsaufnahme P_{el} ist allerdings wegen hydraulischer und motorischer Verluste grösser als die hydraulische Nutzleistung. Der *Gesamtwirkungsgrad* der Pumpe

$$\eta = \frac{P_n}{P_{el}} \qquad (3.9)$$

ist stark abhängig vom geförderten Volumenstrom. Bei mittleren Volumenströmen werden die besten Wirkungsgrade erreicht (Bild 3.4d). Aus Gründen des Stromverbrauchs sollte ein Betrieb im Bereich f angestrebt werden. Der Betrieb mit maximalem Wirkungsgrad wird als Bestpunkt oder *Optimum* bezeichnet. Die meisten Heizungspumpen arbeiten im Bereich der hydraulischen Nutzleistung von 5 W bis 100 W.

Energieeffizienzindex

Beurteilt werden Nassläufer-Umwälzpumpen mit dem Energieeffizienzindex. Der EEI ist im Wesentlichen ein zeitlich gewichteter Mittelwert der elektrischen Leistungsaufnahme. Grundlage sind Messungen bei 25, 50, 75 und 100 Prozent des Volumenstromes gemäss einer steigenden Kennlinie (Bild 3.5d). Als 100-Prozent-Punkt gilt der Betriebspunkt mit der grössten hydraulischen Nutzleistung. Seit 2015 darf der EEI europaweit den Wert von 0,23 nicht mehr überschreiten [EG, EnEV].

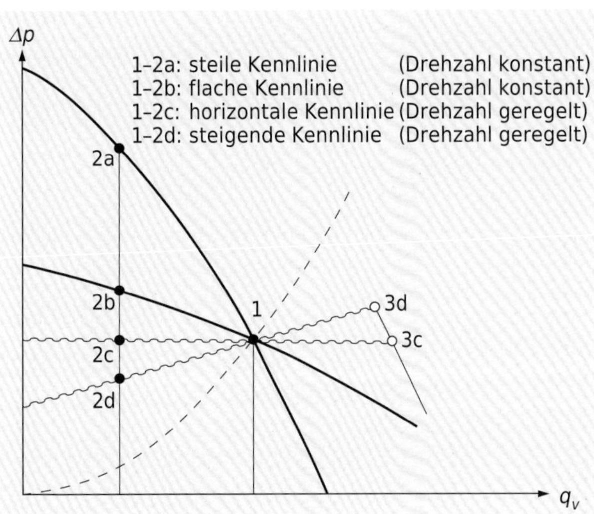

Bild 3.5 Förderkennlinien von Pumpen

Form der Förderkennlinie

Diese ist in Netzen mit variablem Volumenstrom wichtig. Starke Änderungen der Förderdruckdifferenz sind nachteilig für Regelungsgüte und hydraulischen Abgleich. In Heizkreisen mit Thermostatventilen können grundsätzlich alle Druckdifferenzen bis hin zur maximalen Förderdruckdifferenz an den Ventilen anliegen. Oberhalb 0,2 bar Druckdifferenz neigen Thermostatventile aber zu Geräuschbildung.

Horizontale oder *steigende* Kennlinien werden mittels einer pumpeninternen Drehzahlregelung erreicht (Konstantdruck- bzw. «Proportionaldruck»-Regelung). Die Elektronik erlaubt im Weiteren, das Druckniveau stufenlos einzustellen. Wenn die Maximaldrehzahl erreicht ist, geht die horizontale bzw. steigende Kennlinie über in die Kennlinie mit konstanter Drehzahl (Punkt 3c bzw. 3d). Die elektronischen Pumpen sind, sofern richtig ausgewählt und eingestellt, hydraulisch besonders günstig.

Pumpenkennlinien bei anderen Medien

Wird ein Frostschutzgemisch anstelle von Wasser gepumpt, so ergeben sich neue Kennlinien. Bild 3.6 zeigt qualitativ, wie sich die Kennlinien verändern, wenn ein zäheres Medium als Wasser verwendet wird. Förderdruckdifferenz und Wirkungsgrad nehmen ab, während die Leistungsaufnahme steigt. Quantitative Angaben in [KSB].

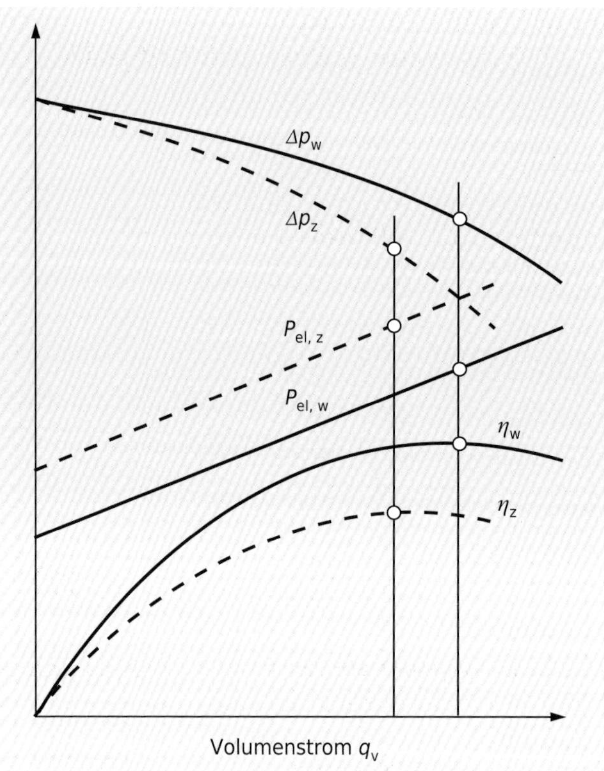

Bild 3.6 Förderdruckdifferenz, elektrische Leistung und Gesamtwirkungsgrad einer Pumpe bei Wasser (Index w) und zäher Flüssigkeit (z) [KSB]

3.1.3 Zusammenwirken von Pumpe und Netz

Betriebspunkt

Wird eine Pumpe (oder ein Ventilator) in ein Netz geschaltet, so erzeugt diese(r) die am Netz anliegende Druckdifferenz. Das Medium beginnt durch das Netz zu strömen. Der Volumenstrom wird sich so einstellen, dass der Reibungsdruckverlust des Netzes gerade gleich der anliegenden Druckdifferenz ist. Der Betriebspunkt wird somit durch den Schnittpunkt von Netzkennlinie und Förderkennlinie dargestellt (Bild 3.4).

Ähnlichkeitsgesetze

Diese Gesetze für Pumpen und Ventilatoren beschreiben das Verhalten bei verschiedenen Drehzahlen. Unter den Voraussetzungen

- kreisförmiges Netz und
- unverändertes Netz

gilt für eine gegebene Pumpe:

- Der *Volumenstrom* ändert wie die Drehzahl n

$$q_V = \text{konst.} \cdot n \tag{3.10}$$

- Die *Förderdruckdifferenz* ändert wie das Quadrat der Drehzahl

$$\Delta p = \text{konst.} \cdot n^2 \tag{3.11}$$

- Die *hydraulische Nutzleistung* ändert wie die 3. Potenz der Drehzahl

$$P_n = \text{konst.} \cdot n^3 \tag{3.12}$$

Das Leistungsgesetz gilt für die elektrische Leistungsaufnahme nur in grober Näherung.

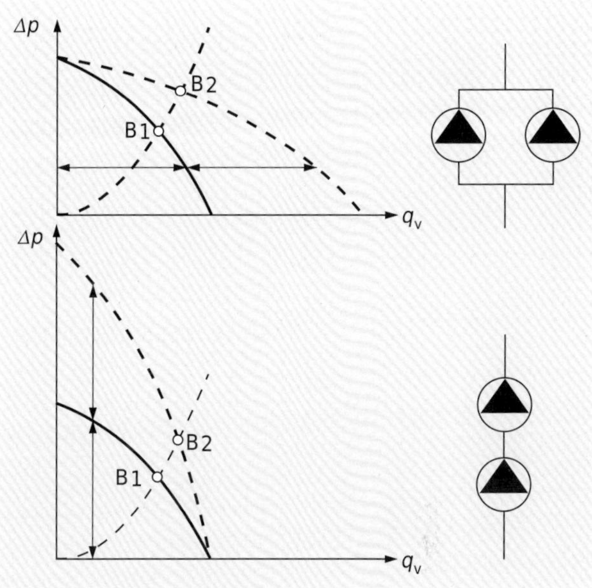

Bild 3.7 Parallel- und Serieschaltung zweier gleicher Pumpen oder Ventilatoren

Parallel- und Serieschaltung

Die gemeinsame Förderkennlinie wird konstruiert, indem man:

- bei konstantem Förderdruck die Volumenströme addiert (Parallelschaltung),
- bei konstantem Volumenstrom die Förderdrücke addiert (Serieschaltung).

Der Schnitt der gemeinsamen Kennlinie mit der unveränderten Netzkennlinie ergibt den neuen Betriebspunkt B2 (Bild 3.7). Im Allgemeinen verdoppeln sich weder Volumenstrom noch Förderdruck! Bei der Parallelschaltung zweier ungleicher Pumpen ist zu beachten, dass eine Rückströmung durch diejenige mit dem geringeren Förderdruck entstehen kann. Die Serieschaltung wird angewendet zur Erreichung hoher Förderdrücke, z.B. mittels mehrstufiger Maschinen.

Druckverteilung in einer Anlage

Ist die Pumpe abgeschaltet, so herrscht an den verschiedenen Orten in der Anlage ein Ruhedruck entsprechend den Gesetzen der Hydrostatik. Der Ruhedruck ist gegeben durch die Höhenlage des Ausdehnungsgefässes (offene Anlage) oder durch den Druck des Gaspolsters im Druckausdehnungsgefäss (geschlossene Anlage). Wird nun die Pumpe eingeschaltet, so findet eine Überlagerung des lokalen Ruhedrucks durch strömungsbedingte Druckdifferenzen statt. Bei der Anlage nach Bild 3.8 herrscht beim Anschluss des Ausdehnungsgefässes nach wie vor der Ruhedruck. Infolge der Druckverluste nimmt nun der Druck in Strömungsrichtung ab. Der tiefste Druck besteht am Pumpeneintritt. Die Pumpe bewirkt eine Druckerhöhung, welche über dem Netz wieder abgebaut wird. Beim Aufheizen verschiebt sich der Ruhedruck infolge Kompression des Gaspolsters. Wenn nebst dem dargestellten Geschoss noch ein Obergeschoss vorhanden ist, so sind dort alle Drücke, entsprechend der Geschosshöhe, tiefer. Die benötigte Förderdruckdifferenz ist jedoch praktisch dieselbe.

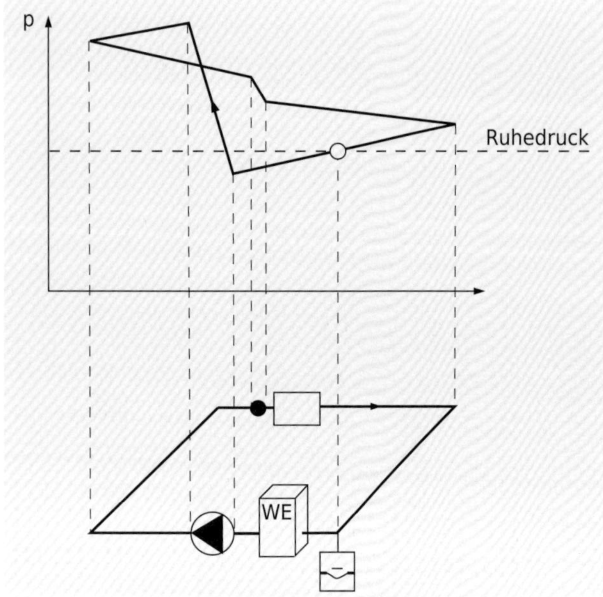

Bild 3.8 Druckverteilung in einer Anlage

Kavitation

Liegt der Druck in der Flüssigkeit temporär unter dem Sättigungsdruck (Bild 2.49), so tritt Verdampfung ein. Da sich beim Durchströmen der Pumpe Geschwindigkeit und Druck stark ändern, kann in gewissen Bereichen des Laufrads die Bedingung für Verdampfen erfüllt sein. Die Dampfblasen kondensieren schlagartig, wenn der Druck wieder zugenommen hat. Dieser Vorgang, die Kavitation, verursacht Geräusche, vermindert den Förderdruck und beschädigt das Material. Um das Auftreten von Kavitation zu vermeiden, muss daher der Druck im Eintrittsstutzen um ein gewisses Mass über dem Sättigungsdruck liegen. Dieser Überdruck gegenüber dem Sättigungsdruck wird als NPSH (net positive suction head) bezeichnet.

Rohrdurchmesser und Pumpenleistung

Die hydraulische Nutzleistung ist, bei gegebenem Volumenstrom, proportional zur Druckdifferenz. Letztere wird im Wesentlichen in Rohren abgebaut. Das Rohrreibungsgesetz sagt aus: Bei konstantem Durchfluss ändert sich der R-Wert und damit auch die Pumpenleistung mit der 5. Potenz des Rohrdurchmessers:

$$P_n = \frac{\text{konst.}}{D^5} \tag{3.13}$$

Der enorme Einfluss des Rohrdurchmessers legt es nahe, nicht bei den Rohrdurchmessern zu sparen (insbesondere nicht bis DN 50). Eine grosszügige Leitungsdimensionierung empfiehlt sich nicht nur aus Gründen des Stromverbrauchs, sondern auch der Regelung, des hydraulischen Abgleichs, des Vermeidens von Geräuschen und Fehlzirkulationen. Sinnvolle R-Werte sind 30 bis 80 Pa/m.

Pumpenstromeinsparung = Energieeinsparung?

Die der Pumpe zugeführte Energie besteht aus Elektrizität. Die von der Pumpe abgeführte Energie besteht aus einer Erhöhung des Energieinhalts des Mediums und einer Wärmeabgabe an die Umgebung. Letztere beträgt 5 bis 40 % der zugeführten elektrischen Energie. 60 bis 95 % der elektrischen Energie werden dem Medium als Wärme zugeführt.

Warmseitige Pumpe einer Heizanlage: Eine Pumpenstromeinsparung in der Wärmeverteilung führt deshalb nur zu einer vergleichsweise geringen Endenergieeinsparung der Anlage.

Kaltseitige Pumpe einer Heizanlage: Die der Wärmequellenpumpe einer WP zugeführte Elektrizität ist dem Heizungssystem verloren. Eine Pumpenstromeinsparung führt somit zu einer gleich grossen Endenergieeinsparung.

Kaltseitige Pumpe einer Kühlanlage: Ein Minderverbrauch der Kaltwasserpumpen (Bild 6.12) erlaubt eine entsprechend geringere Kälteproduktion. Eine Pumpenstromeinsparung führt hier zu einer vergleichsweise grossen Endenergieeinsparung.

Pumpe in nicht kreisförmigem Netz

Wird in das Netz gemäss Bild 3.1 eine nach links fördernde Pumpe eingebaut, dann muss diese nicht nur den Reibungsdruckverlust, sondern auch die Niveaudifferenz überwinden, die Netzkennlinie geht nicht mehr durch den Ursprung.

3.2 Hydraulische Schaltungen

3.2.1 Funktionsweise von Grundschaltungen

Die wasserseitige Verknüpfung von Wärmeerzeugung, Wärmeabgabe und Stellorganen nennt man hydraulische Schaltung. Die unterschiedlichen Eigenschaften der Schaltungen lassen sie für bestimmte Anwendungen geeignet oder ungeeignet erscheinen. Dabei ist meist das Verhalten bei Teillast massgebend.

Kriterien zur Beurteilung
von hydraulischen Schaltungen können sein:

- Konstanz des Durchflusses im Wärmeerzeuger und Verbraucher (beeinflusst die Wärmeübertragung in Wärmeübertragern)
- Höhe der Rücklauftemperatur zum Wärmeerzeuger bei Teillast (beeinflusst Korrosion, Wirkungsgrad, Leistungszahl, Eignung für Fernwärme-Anschluss)

Typische Schaltungen
und mögliche verbraucherseitige Anwendungen zeigen die Bilder 3.9 und 3.10. In diesen Schaltungen, ausgenommen bei der Direktschaltung, kann die WE-Temperatur grundsätzlich konstant gehalten werden. Die dick ausgezogenen Linien stellen die sogenannte mengenvariable Strecke des Regelpfads dar. Darin ändert sich der Volumenstrom gleichsinnig mit der Last. Der Regelpfad ist meistens beim 3-Weg-Ventil der Geradeaus-Pfad, sowohl auf den Schemas wie in Wirklichkeit. «Offen» bedeutet hier «Regelpfad offen». Bei 3-Weg-Ventilen sind die Fliessrichtungen angegeben, wobei beliebige Zwischenstellungen möglich sind. Die Umlenkschaltung und die Einspritzschaltung mit 3-Weg-Stellorgan werden für neue Anlagen kaum noch verwendet, da sie bei Teillast viel heisses Vorlaufwasser direkt in den Rücklauf umleiten. Die Schaltungen sind mit Mischventilen gezeichnet. Verteilventile können dieselbe Funktion erfüllen, werden aber nicht am selben Ort eingebaut. Beispielsweise stellt Bild 3.12a eine normale Beimischschaltung dar, Bild 3.12b eine Beimischschaltung mit Verteilventil. Hinsichtlich Funktion besteht kein Unterschied, jedoch eignen sich nicht alle 3-Weg-Ventile als Verteilventil.

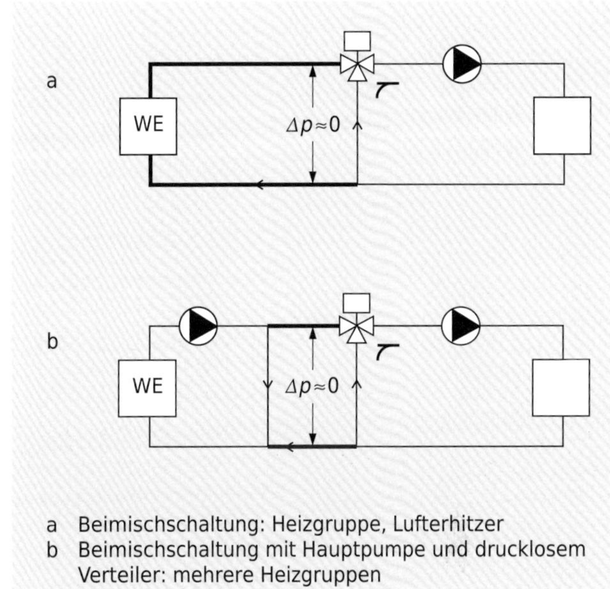

Bild 3.9 Schaltungen mit druckdifferenzlosen Anschlüssen

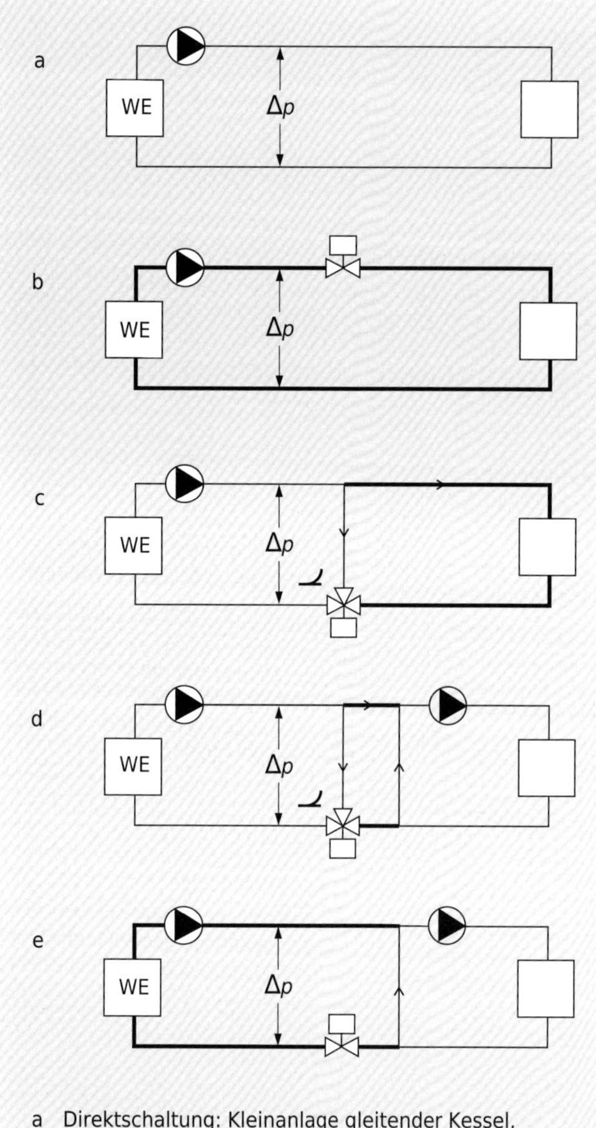

Bild 3.10 Schaltungen mit druckdifferenzbehafteten Anschlüssen

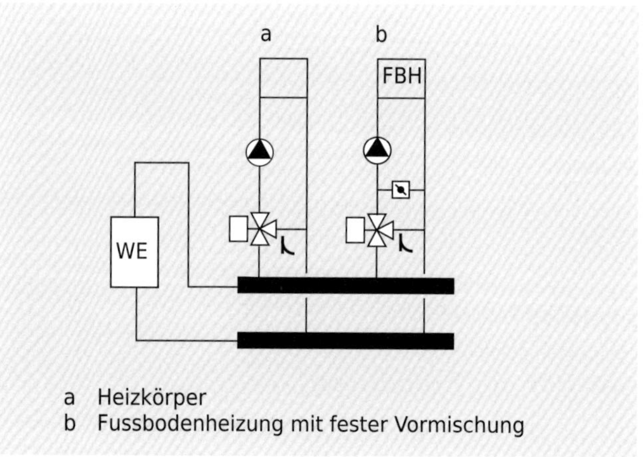

Bild 3.11 Verteiler ohne Hauptpumpe

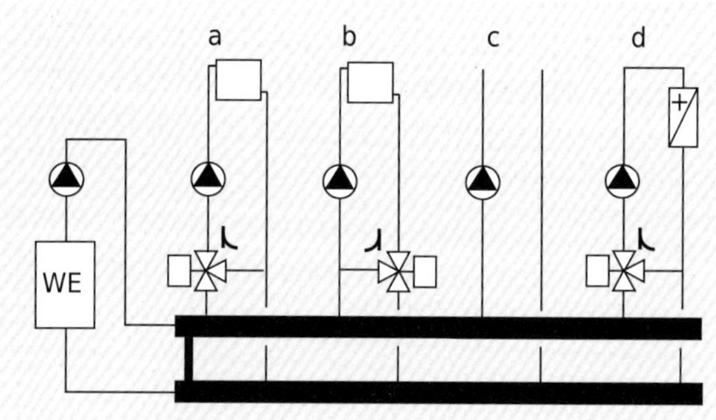

Bild 3.12 Druckdifferenzloser Verteiler mit Hauptpumpe

3.2.2 Verteilerarten

Die Verteiler sind in den Bildern als dicke Balken dargestellt. Über dem Verteiler sind die Heiz- oder Lüftungsgruppen aufgebaut. Die Gruppen können aus Pumpe, Ventil, Messeinrichtungen, Drossel- und Absperrorganen bestehen.

Druckdifferenzloser Verteiler ohne Hauptpumpe

Druckdifferenzlos heisst praktisch eine Druckdifferenz unter 3000 Pa. Unter dieser Bedingung und unter Beachtung gewisser Regeln für die Stellorgane arbeiten Beimischschaltungen störungsfrei. Bild 3.11 zeigt diese gebräuchliche Anordnung für kleinere Anlagen. Die Gruppenpumpen müssen den Druckverlust des Stellorgans und des WE-Kreises überwinden. Wenn die WE-Vorlauftemperatur wesentlich über der vom Verbraucher maximal geforderten Temperatur liegt, so sollte eine feste Vormischung eingebaut werden. Andernfalls kann sich das Regelventil überhaupt nie ganz öffnen!

Druckdifferenzloser Verteiler mit Hauptpumpe

Die Hauptpumpe zirkuliert das Primärwasser im WE-Kreis: vom Wärmeerzeuger zum Verteiler und über den Verteilerbeipass zum Wärmeerzeuger zurück. Ab Verteiler ziehen die Verbraucher mit ihren eigenen Pumpen den benötigten Volumenstrom ab (Bild 3.12). Der Druckverlust des Stellorgans wird von der Gruppenpumpe überwunden. Am drucklosen Verteiler ist kein hydraulischer Abgleich erforderlich. Dieser Verteiler kann ein Hochmischen der WE-Rücklauftemperatur bewirken. Bei Wärmepumpenanlagen übernimmt oft ein Pufferspeicher die Funktion des Beipasses. Befindet sich der Beipass, wie gezeichnet, am Anfang des Verteilers, so sind alle Verbraucher hinsichtlich Wärmebezug gleichberechtigt. Wird der Beipass zwischen den Gruppen a und b angebracht, so erhält Gruppe a Priorität.

Verteiler mit Druckdifferenz

Die Hauptpumpe überwindet den Druckverlust des Stellorgans (Bild 3.13). Die Drosseln (D) erlauben einen hydraulischen Abgleich. Eine Druckdifferenzregelung hält trotz variablem Volumenstrom die Druckdifferenz konstant. Es braucht nicht unbedingt jeder Verbraucher eine Gruppenpumpe. Dank den Einspritzschaltungen mit Durchgangsventilen ergibt sich die tiefstmögliche Rücklauftemperatur zum Wärmeerzeuger. Vor allem bei Fernwärmesystemen und Wärmepumpen ist dies wichtig. Ältere Verteiler mit 3-Weg-Einspritzschaltungen gemäss Bild 3.10d werden deshalb oft umgebaut.

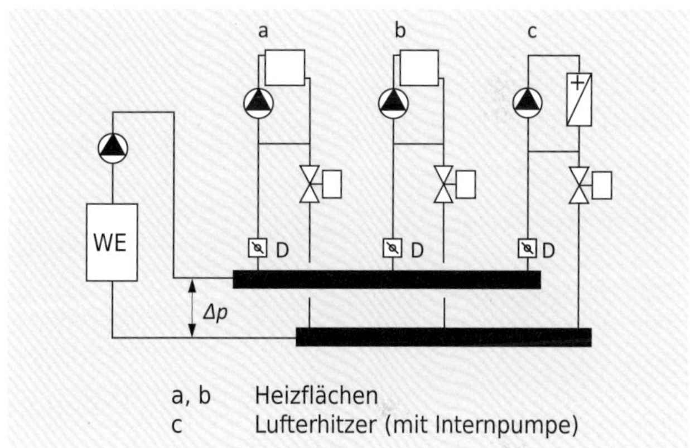

Bild 3.13 Verteiler mit Druckdifferenz

3.2.3 Stellorgane

Das Stellorgan enthält einen beweglichen Teil, der den Volumenstrom beeinflusst. Wegen ihrer Eignung für Regelaufgaben und ihrer relativ guten Dichtheit kommen vor allem Ventile in Betracht. Ihr beweglicher Teil bewegt sich rein translatorisch (Bild 3.14). Verteilventile sind aufwendig und werden deshalb selten eingesetzt.

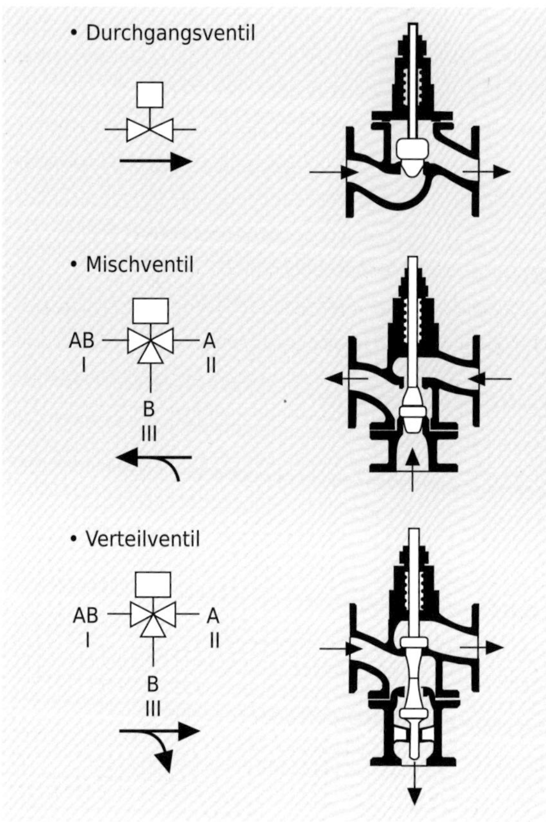

Bild 3.14 Ventilbauarten

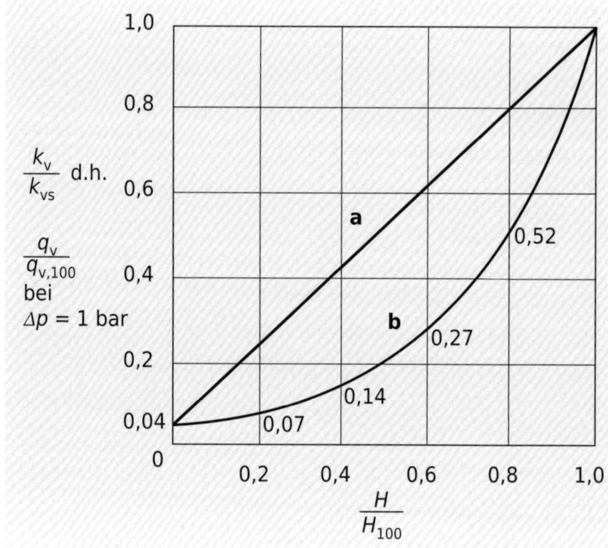

Bild 3.15 Lineare (a) und gleichprozentige (b) Grundkennlinien von Stellorganen

Bei der *linearen Kennlinie* ergeben sich zu gleichen Änderungen ΔH des Hubs gleiche Änderungen des k_v-Werts. Bei der *gleichprozentigen Kennlinie* gehören zu gleichen Änderungen ΔH gleiche prozentuale Änderungen des jeweiligen k_v-Werts.

Grundkennlinien

Wenn in der Anordnung von Bild 3.1 ein Stellorgan ohne Rohre eingebaut wird, lässt sich dessen Durchflusskennwert k_v messen. Der k_v-Wert ist der Wasserdurchfluss bei einem Druckverlust von 1 bar. Bei offenem Ventil (d.h. maximalem Hub H_{100}) erhält man den grössten k_v-Wert, den k_{vs}-Wert (Bild 3.15). Bei Hub null gibt es einen Mengensprung von meist 1 bis 5 % von k_{vs}. Ventile sollten knapp ausgelegt werden, damit man nicht in diesem Bereich regulieren muss.

Deformierte Kennlinien

Im realen Netz ist die Druckdifferenz über dem Stellorgan nicht konstant. Man betrachte eine Drosselschaltung und eine Pumpe mit Konstantdruck-Regelung (Bild 3.10b). Ist das Stellorgan offen, so liegt an diesem ein bestimmter Teil des Pumpendrucks an. Wird nun der Hub vermindert, so erhöht sich die Druckdifferenz über dem Stellglied. Der Volumenstrom nimmt weniger stark ab, als dies gemäss Grundkennlinie zu erwarten wäre. Ein gleichprozentiges Ventil wird eine Betriebskennlinie $q_v/q_{v,100}$ aufweisen, die sich der Linie a nähert (Bild 3.15). Die Kennlinien-Deformation ist umso ausgeprägter, je geringer der Anteil des Ventildruckverlusts am Pumpendruck ist. Dieses Verhältnis drückt aus, welche Autorität P_v das Ventil gegenüber der Anlage besitzt. Die Leistungsabgabe des Verbrauchers (Heizkörper, Lufterhitzer) ist nicht proportional zum Volumenstrom. Dies ergibt eine weitere Deformation in gleicher Richtung. Massgebend dafür ist der Wärmeübertragerkennwert a (vgl. 4.1). Auf diese Weise kann mit einer gleichprozentigen Grundkennlinie ein zum Hub etwa proportionaler Wärmestrom erreicht werden.

Ventilautorität

Bei Schaltungen mit Durchgangsventilen wird somit die Autorität:

$$P_V = \frac{\Delta p_{V,100}}{\Delta p_{V,0}} \quad (3.14)$$

$\Delta p_{V,100}$ Druckdifferenz über dem offenen Ventil

$\Delta p_{V,0}$ Druckdifferenz über dem geschlossenen Ventil

Bei Schaltungen mit Dreiwegventilen wird für die Ventilautorität gesetzt:

$$P_V = \frac{\Delta p_{V,100}}{\Delta p_{V,100} + \Delta p_{L,100}} \quad (3.15)$$

$\Delta p_{L,100}$ Druckverlust der mengenvariablen Strecke bei offenem Ventil (in den Bildern 3.9 und 3.10 dick ausgezogen)

Folgerung

Für gutes Regelverhalten soll die Ventilautorität P_V mindestens 0,5 betragen, d.h., der Druckverlust über dem offenen Stellglied soll mindestens so gross sein wie der Druckverlust der mengenvariablen Strecke. Der Druckverlust des offenen Stellorgans soll mindestens 3000 Pa betragen. Nach diesen Regeln wird der Ventilnenndurchmesser meistens *kleiner* als der Rohrnenndurchmesser. *Hinweis:* Wärmezähler einer Heizgruppe werden normalerweise in die mengenvariable Strecke eingebaut und beeinträchtigen somit die Ventilautorität. Dasselbe gilt für die Abgleichdrosseln in Schaltungen mit Durchgangsventil (Bild 3.13).

3.2.4 Hydraulische Probleme und Lösungen

Es gibt viele Fehlfunktionen in hydraulischen Schaltungen. Sie umfassen Planungsfehler, Installationsfehler sowie fehlerhaften hydraulischen Abgleich. Für jeden dieser Fehler werden Beispiele aufgeführt. Je komplexer eine Anlage, desto grösser ist die Gefahr von Fehlzirkulationen.

Dimensionierungsfehler

Bei den Beimischschaltungen (Bild 3.16) wurde festgestellt, dass bei Volllast in Gruppe b und Teillast in Gruppe a das Mischventil a auf und zu pendelt. Die Abklärung ergibt, dass Ventil a grosszügig, b hingegen knapp dimensioniert ist. Gruppe b erzeugt einen beträchtlichen Differenzdruck zwischen beiden Verteilerbalken, sodass ein kleiner Rückstrom über Gruppe a entsteht. Damit saugt Gruppe b teilweise Rücklaufwasser an. Gruppe a bekommt ebenfalls kein heisses Wasser, das Mischventil öffnet sich deshalb kurzfristig weit. Der «drucklose» Verteiler ist nicht drucklos genug. Abhilfe:

- Ventilautorität verbessern (kleineres Ventil a, Druckverlust WE-Kreis reduzieren) oder
- Hauptpumpe und Verteilerbeipass einbauen.

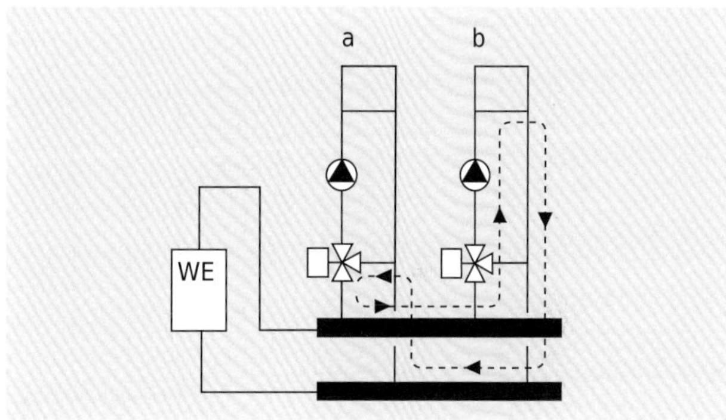

Bild 3.16 Beimischschaltungen ohne Hauptpumpe mit Fehlzirkulation

Fehlende hydraulische Entkopplung

Zwei Kreisläufe sind hydraulisch entkoppelt, wenn der Volumenstrom in jedem Kreislauf nur von der Pumpe im betreffenden Kreislauf abhängt. Das Beispiel (Bild 3.17) zeigt die Folgen mangelnder Entkopplung:

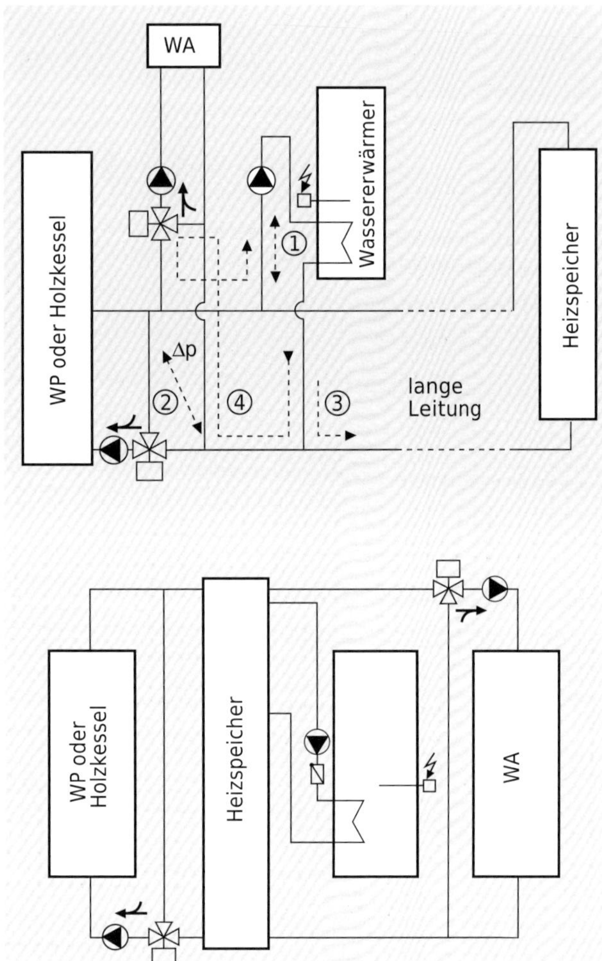

Bild 3.17 Speicherheizanlage mit schlecht (oben) und gut (unten) entkoppelten Kreisen

1) Fehlzirkulation über Boiler in beiden Richtungen bei Speicherladung/-entladung
2) Anschluss der Beimischschaltung nicht druckdifferenzlos
3) Bei Boilerladung ab Heizspeicher zerstört der warme Rücklauf die Speicherschichtung
4) Bei grosser Boilerladepumpe und grossem Mischventil entsteht Fehlzirkulation

Der untere Teil im Bild 3.17 zeigt eine Anlage, deren Kreise durch den Speicher entkoppelt sind, indem alle Anschlüsse separat in den Speicher geführt werden. Da sich die Kreise gegenseitig nicht mehr beeinflussen, sind die Mängel behoben. Etwas grössere Leitungslängen sind dabei unter Umständen in Kauf zu nehmen.

Installationsfehler

Bei der Einspritzschaltung Bild 3.18 wird der Verbraucherkreis auch bei geschlossenem Ventil warm. Grund: In der einen Rohrhälfte strömt infolge freier Konvektion warmes Wasser nach oben, in der andern kälteres nach unten. Diese Gegenstromzirkulation in der mengenvariablen Strecke ist auch bei Beimischschaltungen zu beobachten. Abhilfe: Faustregel H = mindestens 10 d und mindestens 40 cm. Wenn die Faustregel nicht genügt: Rückschlagklappe.

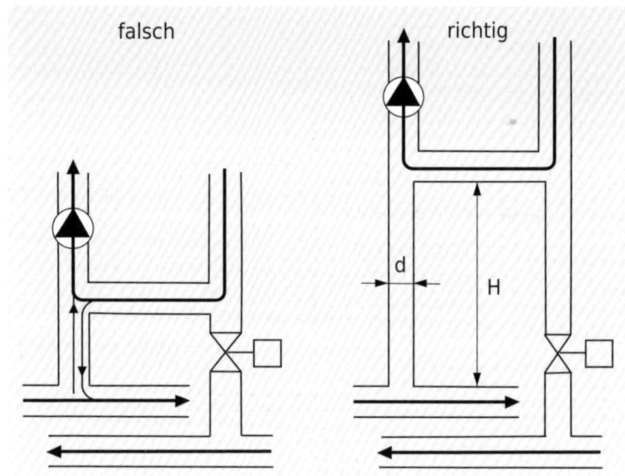

Bild 3.18 Gegenstromzirkulation an Einspritzschaltung

Fehlerhafter hydraulischer Abgleich

Die Fussbodenheizung (Bild 3.11b) wurde überhaupt nicht warm.
Grund: offene Vormisch-Drossel
Abhilfe: Einstellen (Anweisung des Planers!)

Zusammenfassung hydraulische Grundsätze

Wenn drei einfache Regeln beachtet werden, lassen sich die meisten hydraulischen Probleme vermeiden:

- Beimischschaltung: Druckdifferenz an Anschlusspunkten höchstens 3000 Pa
- Offenes Stellorgan aller Schaltungen: Druckabfall bei Volllast mindestens 3000 Pa
- Hydraulische Entkopplung: Der Volumenstrom wird überall nur von *einer* Pumpe beeinflusst.

3.3 Verteilsysteme

3.3.1 Installationskonzepte

Schwerkraftsystem

Der Kessel liegt am tiefsten Punkt des Systems. Am Kesselaustritt steigt das erwärmte Wasser infolge seiner geringeren Dichte in die Vorlaufleitung und bringt so die Zirkulation in Gang (Bild 3.19, die Pumpe ist wegzudenken). Es sollten möglichst keine «Säcke» vorkommen. Die anliegende Druckdifferenz zwischen dem Wärmeerzeuger und einem Heizkörper ergibt sich aus der Gewichtsdifferenz der kalten und warmen Säule:

$$\Delta p = (\rho_R - \rho_V) \cdot g \cdot \Delta z \qquad (3.16)$$

Δp	Umtriebsdruck in Pa
ρ_R, ρ_V	mittlere Dichte im Rück- bzw. Vorlauf in kg/m^3
g	Erdbeschleunigung: 9,81 m/s^2
Δz	Kotendifferenz zwischen Wärmeerzeuger und Heizkörper in m

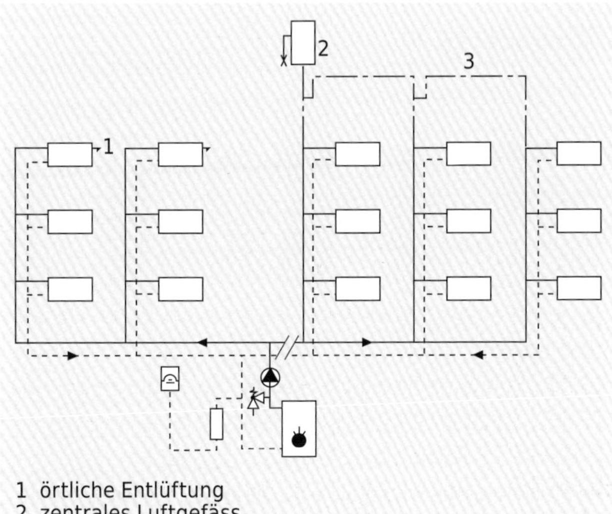

Bild 3.19 Konventionelles Zweirohrsystem mit unterer Verteilung

Infolge des sehr viel geringeren anliegenden Drucks als bei einem Pumpensystem ergeben sich mehrfach grössere Rohrdurchmesser. Mischventile usw. sind nicht möglich. Kleinere Schwerkraftsysteme ergeben aber zuweilen besonders einfache Lösungen, z.B.:

- Boilerbeheizung ab Wärmespeicher
- Thermosiphon-Solaranlage

Konventionelles Zweirohrsystem

Die Pumpenheizung mit vertikalen Steigsträngen hat folgende Eigenschaften (Bild 3.19):

+ Auslegung einfach
+ lange Lebensdauer
+ nachträgliche Änderungen einfach
+ hydraulischer Abgleich einfach
- viele Steigstränge, eher aufwendig
- Wärmezähler pro Wohnung unmöglich

Sternförmiges Zweirohrsystem

Dieses System ist sowohl für Heizkörper wie auch für Fussbodenheizungen üblich (Bild 3.20):

+ Auslegung einfach
+ wenige Steigstränge, etwas geringerer Aufwand
+ Wärmezählung pro Wohnung möglich
+ hydraulischer Abgleich einfach

Anstelle eines grossen Heizkörpers können ohne Weiteres mehrere in Serie geschaltet werden. Dies ist nicht mit einem Einrohrsystem zu verwechseln.

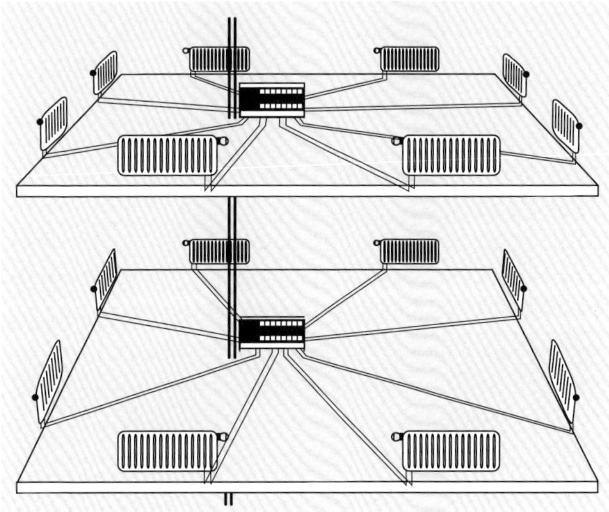

Bild 3.20 Sternförmiges Zweirohrsystem

Einrohrsystem

Die Vor- und Rückläufe der Heizkörper in verschiedenen Räumen werden an eine Ringleitung angeschlossen (Bild 3.21):

+ wenige Steigstränge
+ bei Grossanlagen relativ geringer Aufwand
+ Wärmezählung pro Wohnung möglich
- Auslegung schwierig
- verschiedene Temperaturen der Heizkörper
- für Niedertemperatur < 50 °C nicht geeignet
- hohe Pumpenleistung
- hydraulischer Abgleich mühsam
- durch abgestellte Ringe fliesst heisses Wasser in den Rücklauf

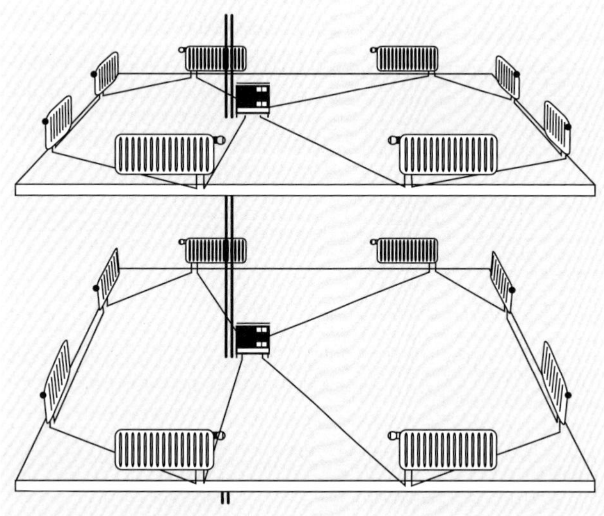

Bild 3.21 Einrohrheizung

An jedem Heizkörper des Rings wird eine Einrohr-Armatur montiert (Bild 3.22). Der Vorlauf des Rings wird etwa in gleiche Teile aufgespaltet. Der eine Teil fliesst durch Thermostatventil und Heizkörper. Der andere Teil strömt durch den Beipass und vereinigt sich mit dem Rücklauf des Heizkörpers. Die Regulierung eines Heizkörpers beeinflusst die nachgeschalteten Heizkörper. Aus diesem Grund sind Thermostatköpfe unentbehrlich.

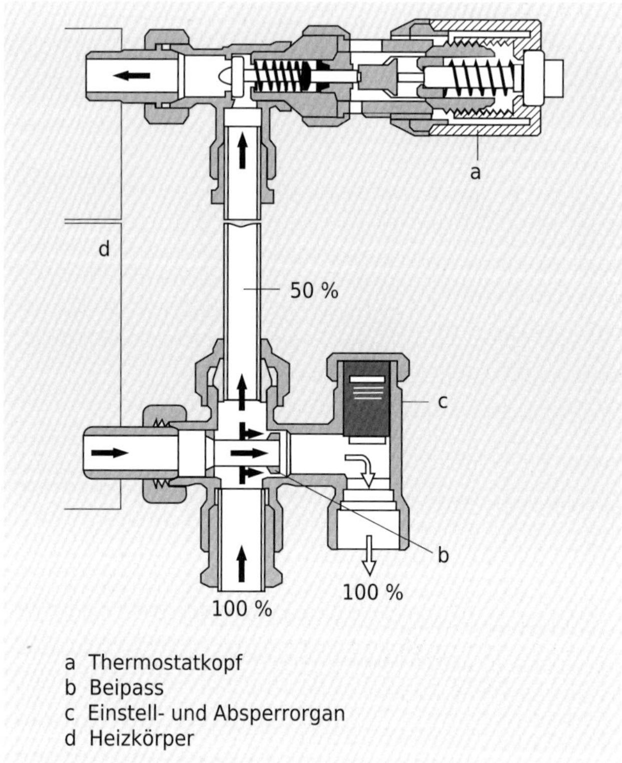

Bild 3.22 Einrohrventil

3.3.2 Wärmeverbrauchserfassung

Mit der verbrauchsabhängigen Heizkostenabrechnung soll der einzelne Wärmebezüger einen Anreiz erhalten, die Energie rationell einzusetzen. Es kann eine Heizenergieeinsparung bis 15 % erwartet werden. Die Einflussmöglichkeiten des Benutzers bestehen in der Bedienung der individuellen Regelorgane und einem zweckmässigen Lüften. Die Wirkung ist um so besser, je anwenderfreundlicher die Reguliermöglichkeiten sind. Installation und Abrechnung müssen für den Benutzer durchschaubar sein. Die Wirtschaftlichkeit der Massnahme ist in der Regel nicht gegeben. Die verbrauchsabhängige Heizkostenabrechnung wird hingegen durch das Verlangen nach Gerechtigkeit und durch Vorschriften gestützt. Bei Fussbodenheizungen können aber je nach Wärmedämmung beachtliche Wärmeströme zur untenliegenden Nutzeinheit entstehen. Deshalb soll ein U-Wert der Bodenkonstruktion unterhalb der Rohrebene von höchstens 0,7 W/m²K eingehalten werden [SIA 384/1]. Das bedeutet i. d. R. eine (Trittschall-)Dämmung von 5 cm.

Wärmezähler

Diese Geräte messen Vor- und Rücklauftemperatur des Verbrauchers sowie den Volumenstrom und berechnen die bezogene Wärmeleistung (Bild 3.23):

$$\Phi = q_m \cdot c \cdot (\theta_V - \theta_R) \qquad (3.17)$$

Φ	Wärmeleistung in kW
q_m	Massenstrom in kg/s
c	spezifische Wärmekapazität, Wasser: 4,19 kJ/kgK
θ_V, θ_R	Vor- bzw. Rücklauftemperatur in °C

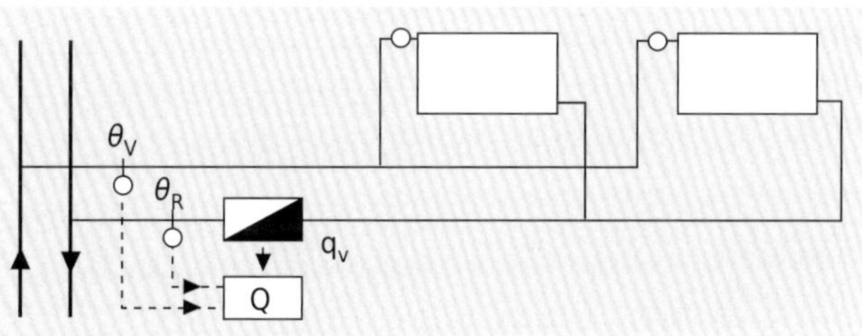

Bild 3.23 Wärmezähler

Durch Aufsummierung über der Zeit wird die Wärmeenergie ermittelt. Der Volumenstrom wird nach verschiedenen Prinzipien gemessen:

- mechanisch: Flügelrad-, Turbinenzähler
- magnetischinduktiv: Die durch ein Magnetfeld strömende Flüssigkeit induziert eine geschwindigkeitsproportionale Spannung
- Ultraschall: Die Laufzeitdifferenz von Schallwellen in und gegen die Strömungsrichtung hängt von der Geschwindigkeit ab
- Schwingstrahl: Der Fluidistor-Oszillator weist eine geschwindigkeitsproportionale Schwingfrequenz auf

Bei richtigem Einsatz ist die Messgenauigkeit generell gut (wenige % Fehler). Fehlmessungen aufgrund von Verunreinigungen treten am ehesten bei Zählern einfachster Bauart (Einstrahl-Flügelrad) auf. Temperaturmessfehler können von der Ausführung der Messstelle oder zu geringer Temperaturspreizung herrühren.

Heizkostenverteiler

Um den Wärmeverbrauch zu ermitteln, genügt es, Verbrauchsanteile zu bestimmen. Der Endenergie-Lieferant misst ohnehin den Gesamtbetrag in Energieeinheiten. Grundsätzlich werden mittlere Temperaturdifferenzen gemessen als Mass für die Wärmeabgabe jedes Heizkörpers. Nach Gewichtung mit der Heizfläche ergibt sich der Verteilschlüssel für die Energie. Elektronische Heizkostenverteiler weisen eine Batterie und eine örtliche Anzeige auf (Bild 3.24). Die Zählung wird bei tiefer Heizkörpertemperatur unterdrückt (Sommer).

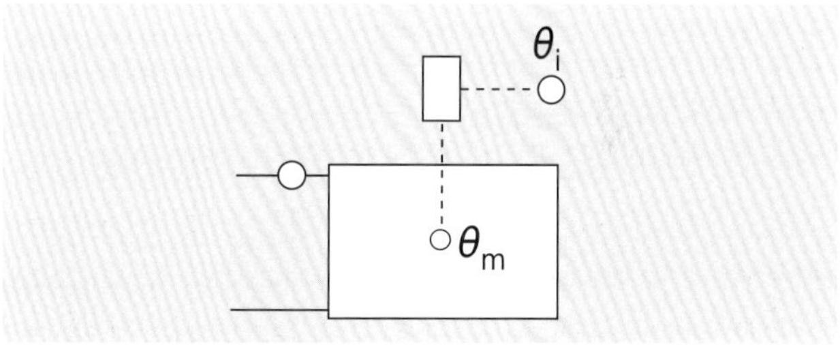

Bild 3.24 Heizkostenverteiler

Datenübertragung

Die Daten können bei Wärmezählern und Heizkostenverteilern sowie bei Warmwasserzählern aufwendig am Gerätestandort abgelesen werden. Oft wird dieser Serviceaufwand vermindert mit einer Datenübermittlung per Funk oder Datenbus über eine Zweidrahtleitung.

Verbrauchserfassung mit Gebäudeautomation

Die Gebäudeautomationssysteme lassen sich in dieser Hinsicht erweitern. Sie umfassen Einzelraum-Regelsysteme, welche mit etwas Zusatzaufwand auch die Verbräuche für Wärme, Kälte, Warm- und Kaltwasser, Elektrizität und Gas erfassen können.

Warmwasser-Verbrauchserfassung

Zentral erzeugtes Warmwasser kann individuell mit Warmwasserzählern erfasst werden. Zumindest sollte aber ein Kaltwasserzähler in den Zufluss zum Wassererwärmer eingebaut werden. Dies erlaubt, den meist recht grossen Warmwasseranteil am gesamten Energieverbrauch auszuscheiden.

3.3.3 Hydraulischer Abgleich

Definition und Zweck

Unter «hydraulischem Abgleich» versteht man das Einstellen der geplanten Durchflüsse an den Pumpen und weiteren Geräten. Mit dem Abgleich wird nun dafür gesorgt, dass jeder Verbraucher im Maximum genau den Durchfluss bekommt, den er bei den massgebenden Bedingungen benötigt. Die Einhaltung der erforderlichen Verbraucherleistung, die Erfüllung der zugedachten Funktion von Apparaten sowie ein emissionsarmer Betrieb sind nur zu erreichen, wenn die geplanten Volumenströme tatsächlich fliessen (vorausgesetzt, die Planung ist in Ordnung).

Vorkommende Mängel

1. Ungleiche Wärmeabgabe
Der Durchfluss ist einer der Faktoren, der die Wärmeabgabe von Heizflächen bestimmt. Wenn die Durchflüsse nicht stimmen, frieren die einen und schwitzen die andern. Fälschlicherweise wird dann oft die Vorlauftemperatur höher gestellt, dies mit Nachteilen für die Energieeffizienz.

2. Geräuschprobleme
Gewisse Bauteile, z.B. Thermostatventile, weisen enge Querschnitte mit relativ hohen Geschwindigkeiten auf. Wenn die Durchflüsse zu hoch sind, ist oft ein «Pfeifkonzert» die Folge. Ursache ist eine überdimensionierte Pumpe und/oder ein fehlender hydraulischer Abgleich.

3. Zu hohe Rücklauftemperatur
Wärmepumpen und Kondensationskessel arbeiten nur dann optimal, wenn die Rücklauftemperatur genügend tief ist. Schon bei der Wahl der hydraulischen Schaltung ist darauf zu achten, dass nicht warmes Vorlaufwasser in den Rücklauf gelangt. Durch zentrales Drosseln könnte zwar die geforderte hohe Temperaturdifferenz erreicht werden. Dabei besteht aber die Gefahr, dass entferntere Anlageteile «absterben». Es braucht also den Abgleich aller Anlageteile.

4. Regeltechnische Probleme
Viele *Regelventile* öffnen sich ihr Leben lang nur über einen kleinen Teil ihres Maximalhubs. Dies beeinflusst das Regelverhalten negativ. Wenn das Ventil richtig dimensioniert ist, ist die Behebung eine Sache des Durchflusses (Beispiel Bild 3.11b).
Thermostatventile öffnen sich im Absenkbetrieb ganz, da ihr Sollwert stark von der Raumtemperatur abweicht. Ohne Voreinstellung steigt der Durchfluss unter Umständen weit über den gewünschten Maximaldurchfluss hinaus. Ohne hydraulischen Abgleich unterlaufen somit Thermostatventile den Absenkbetrieb.

Vorgehen

Zur Planung einer Anlage gehört grundsätzlich die Rohrnetzberechnung [z.B. Sch]. Sie liefert die Grundlagen zur Dimensionierung der Bauteile, insbesondere die Volumenströme und Druckverluste in verschiedenen Anlageteilen.

1. Stufe des Abgleichs: Voreinstellungen
Aufgrund der Rohrnetzberechnung werden die notwendigen Voreinstellungen von Pumpen und Drosseln bestimmt. Diese sind vom Planer anzugeben und vom Installateur einzustellen. In einfacheren Anlagen braucht nicht unbedingt gemessen zu werden. Voreinstellungen nach Planungswerten sind dann aber ein Erfordernis.

2. Stufe des Abgleichs: Messtechnisch
Vor allem in komplexeren oder zu sanierenden Anlagen kann die Unsicherheit beträchtlich sein, beispielsweise infolge von Änderungen im Verteilnetz. Zur Behebung dieser Unsicherheit ist ein messtechnischer Abgleich notwendig. Dabei werden mit verschiedenen Methoden Durchflüsse gemessen und richtig eingestellt.

Apparateseitige Voraussetzungen

Für die Durchführung des hydraulischen Abgleichs braucht es nebst durchdachten Planeranweisungen auch gewisse apparateseitige Voraussetzungen. Hier sollte nicht gespart werden, denn sonst wird der Abgleich – wie so oft – überhaupt nicht durchgeführt.

Folgende Komponenten sind oft nützlich:

- Drosselorgane mit eindeutig einstellbaren k_V- Werten. Die Einstellung soll ohne Veränderung der Einstellung kontrollierbar sein. Beim Drosselventil in Bild 3.25 muss nicht mit der Lupe gesucht werden, um die Öffnung von 2,3 Umdrehungen ablesen zu können. Das Ventil kann auch plombiert werden.
- Thermostatventile mit integriertem Drosselorgan sind praktischer zum Voreinstellen als Heizkörper-Rücklaufverschraubungen, die nur als Absperrorgane taugen.
- Drosselventile mit Druckmessstutzen. Es sind dazu Messgeräte erhältlich, die direkt den effektiven Durchfluss anzeigen.
- Druckmessnippel vor und nach einem Regelventil ermöglichen, auf einfache Weise, den Durchfluss zu messen (bei offenem Ventil).
- Durchflussregler (Mengenbegrenzer) und Druckdifferenzregler können direkt auf den gewünschten Wert des Durchflusses bzw. der Druckdifferenz eingestellt werden, verursachen aber einen hohen Zusatzdruckverlust.

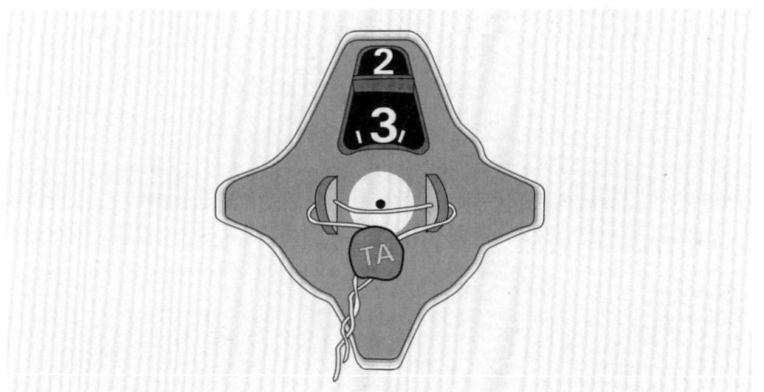

Bild 3.25 Handrad eines Drosselventils mit ablesbarer Umdrehungszahl

Beispiel:

In einem Verteilsystem nach Bild 3.20 sind die Voreinstellungen der Thermostatventile (Durchflusskennwerte) zu ermitteln, so dass die gewünschten Volumenströme:

- Heizkörper 1: 0,03 m^3/h und
- Heizkörper 2: 0,12 m^3/h

tatsächlich fliessen. Die Druckdifferenz zwischen den beiden Balken des Stockwerkverteilers sei 6000 Pa.

Lösung:
Wenn die Druckverluste der Sternleitungen und der Heizkörper vernachlässigt werden, beträgt der von jedem Ventil zu erzeugende Druckverlust 6000 Pa. Entsprechend (3.5) gilt für die Durchflusskennwerte der Ventile:

$$k_V = q_V\sqrt{\frac{\Delta p_0}{\Delta p}} = q_V\sqrt{\frac{100000}{6000}} = q_V \cdot 4,1 \qquad (3.18)$$

Die Ventile der Heizkörper sind also wie folgt einzustellen (vgl. Bild 4.7):

- Heizkörper 1: $k_V = 0,03 \cdot 4,1 = 0,12$ m^3/h
- Heizkörper 2: $k_V = 0,12 \cdot 4,1 = 0,49$ m^3/h

4 WÄRMEABGABE

4.1 Heizkörper

4.1.1 Wärmeleistung

Heizkörper übertragen Wärme an den Raum durch Konvektion und Strahlung. Sie werden eingeteilt nach ihrem Strahlungsanteil s (Bild 4.1):

- $s \approx 0{,}4$: einfache Heizwände. Höhere Strahlungsanteile nur bei behinderter Konvektion (z.T. Fussleistenheizkörper);
- $s \approx 0{,}25$: zweilagige oder lamellierte Heizwände, Radiatoren;
- $s < 0{,}15$: Konvektoren. Strahlungsanteil 0 wird erreicht, wenn die Strahlung abgeschirmt wird (Unterflurkonvektoren, versteckte Heizkörper).

Die Wärmeleistung von Heizkörpern wird in Prüfinstituten nach [EN 442] gemessen. Darauf gestützt werden in den Heizkörper-Katalogen angegeben:

- Die Norm-Wärmeleistung Φ_n ist die vom Heizkörper abgegebene Leistung bei einer Vorlauf-/Rücklauf-/Raumtemperatur von 75/65/20 °C und einem Luftdruck von 1,013 bar.
- Der Heizkörper-Exponent n beschreibt das Verhalten des Heizkörpers bei davon abweichenden Temperaturen.

Die tatsächliche Wärmeleistung des Heizkörpers kann nun ermittelt werden:

$$\Phi = \Phi_n \cdot \left(\frac{\Delta T_m}{\Delta T_{m,n}} \right)^n \cdot f \qquad (4.1)$$

- Φ Wärmeleistung im Betriebszustand in W
- Φ_n Norm-Wärmeleistung in W
- ΔT_m mittlere Temperaturdifferenz Wasser-Luft in K
- $\Delta T_{m,n}$ 50 K, mittlere Temperaturdifferenz bei Normbedingungen
- f Korrekturfaktor für verschiedene Einflüsse gemäss Text, normalerweise $f = 1$

Die Differenz zwischen Vor- und Rücklauftemperatur einer Heizfläche wird als «Spreizung» bezeichnet. Das Verhältnis von Spreizung zur maximalen auftretenden Temperaturdifferenz ist der *Wärmeübertragerkennwert* der Heizfläche:

$$a = \frac{\theta_V - \theta_R}{\theta_V - \theta_i} \qquad (4.2)$$

- θ_V, θ_R Vorlauf-, Rücklauftemperatur in °C
- θ_i Raumtemperatur in °C

Die *mittlere Temperaturdifferenz* (mittlere Übertemperatur) kann oft genügend genau als arithmetisches Mittel bestimmt werden:

$$\Delta T_m = \frac{\theta_V + \theta_R}{2} - \theta_i \qquad (4.3)$$

Wenn hingegen der Wärmeübertragerkennwert $a > 0{,}3$ ist, sollte zwecks besserer Genauigkeit die mittlere Temperaturdifferenz als logarithmische Differenz berechnet werden:

$$\Delta T_m = \frac{\theta_V - \theta_R}{\ln \frac{\theta_V - \theta_i}{\theta_R - \theta_i}} \qquad (4.4)$$

Mit steigender Temperaturdifferenz nimmt die Leistung von Heizkörpern überproportional zu (Bild 4.2). Exponent $n = 1$ wäre gleichbedeutend mit konstantem Wärmedurchgangskoeffizienten U (wie bei Gebäuden und Fussbodenheizungen). Übliche Heizkörper-Exponenten liegen im Bereich 1,2 bis 1,4.

Weitere Einflüsse auf die Wärmeabgabe von Heizkörpern sind im Korrekturfaktor f zusammengefasst:

- Ortshöhe: Mit sinkendem Luftdruck vermindert sich der Wärmeübergang durch Konvektion. Die Wärmeleistung von Heizkörpern vermindert sich deshalb auf 1000 m ü.M. um bis 10 % gegenüber Meereshöhe (Normbedingung).
- Anschlussart: Wird ein Heizkörper nicht in üblicher Weise (Vorlauf oben, Rücklauf unten) angeschlossen, so können, je nach Konstruktion, Minderleistungen auftreten.
- Durchfluss: Ist der Massenstrom geringer als im Normfall, vermindert sich die Wärmeleistung.
- Einbau: Werden die vom Hersteller angegebenen Wand-, Boden-, Fensterbrett-Abstände nicht eingehalten oder wird der Heizkörper verkleidet, so kann die Wärmeleistung stark sinken.
- Anstrich: Die üblichen Heizkörperlacke beliebiger Farbe beeinflussen die Wärmeabgabe nicht. Metallische Überzüge hingegen weisen tiefe Strahlungs-Emissionszahlen auf und verhindern damit die Wärmeübertragung durch Strahlung weitgehend.

Heizwand Radiator Konvektor

Bild 4.1 Heizkörper

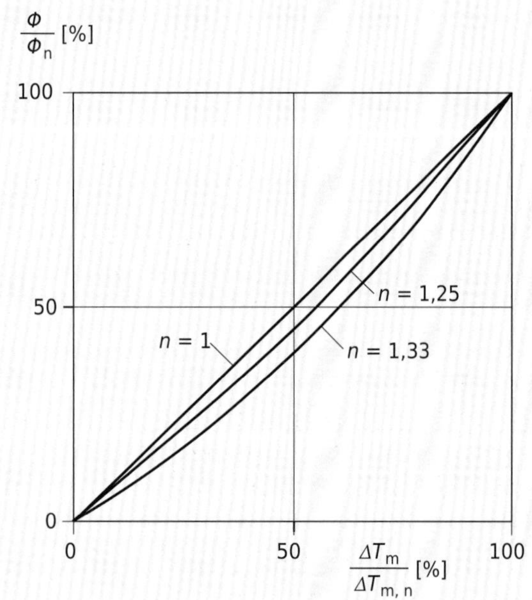

Bild 4.2 Heizkörperleistung und Temperaturdifferenz

4.1.2 Teillastverhalten

Die Wärmeleistung muss an den Bedarf angepasst werden können. Die Heizkörpergleichung lässt erkennen, wie dies zu bewerkstelligen ist.

$$\Phi = \Phi_{100} \cdot \left(\frac{\Delta T_{\mathrm{m}}}{\Delta T_{\mathrm{m},100}} \right)^{n} \tag{4.5}$$

Φ	Wärmeleistung bei Teillast in W
Φ_{100}	Wärmeleistung bei Volllast in W
ΔT_{m}	mittlere Temperaturdifferenz Teillast in K
$\Delta T_{\mathrm{m},100}$	mittlere Temperaturdifferenz Volllast in K

Die Wärmeleistung lässt sich somit nur durch Beeinflussung von ΔT_{m} verändern. Es gibt zwei Möglichkeiten, dies zu tun:

1. durch Verändern des Massenstroms bei konstanter Vorlauftemperatur (Drosselregelung am Heizkörperventil)
2. durch Verändern der Vorlauftemperatur bei konstantem Massenstrom (Vorlauftemperaturregelung)

Die beiden Möglichkeiten werden oft kombiniert angewendet.

Drosselregelung des Heizkörpers

Die Wärmeleistung eines Heizkörpers kann durch Schliessen und Öffnen des Heizkörperventils beeinflusst werden. Der Zusammenhang zwischen Wärmeleistung und Durchfluss wird als Heizkörperkennlinie bezeichnet. Diese kann aufgrund der Heizkörper-Beziehungen berechnet werden (Bild 4.3). Die Kennlinie $a_{100} = 0{,}3$ gilt beispielsweise für Heizkörper, welche auf Vorlauf-/Rücklauf-/Raumtemperaturen von 50/41/20 °C ausgelegt sind. Wenn nun gedrosselt wird, bleibt die Vorlauftemperatur konstant, hingegen sinkt die Rücklauftemperatur.

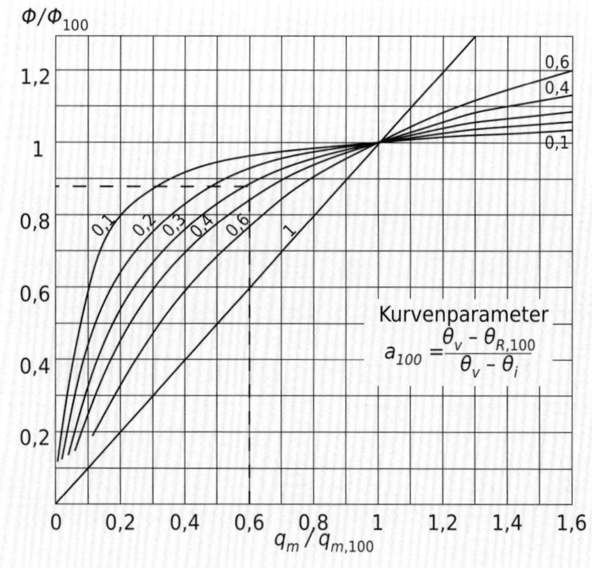

Bild 4.3 Heizkörper-Kennlinien für $n = 1{,}3$; die Kurven sind mit dem Wärmeübertragerkennwert im Auslegungszustand beschriftet

Beispiel:
Durch einen auf 50/41/20 °C ausgelegten Heizkörper fliessen aufgrund eines Fehlers nur 60 % des erforderlichen Massenstroms. Dem Diagramm wird entnommen, dass die Wärmeleistung immerhin noch 88 % der ausgelegten beträgt. Die Spreizung beträgt neu 9 K · 0,88 / 0,6 = 13 K, die Rücklauftemperatur 37 °C. Das Beispiel zeigt, dass man den Durchfluss stark reduzieren muss, um eine nennenswerte Reduktion der Leistung zu erhalten (besonders bei kleinen a_{100}-Werten). Andererseits sind die Möglichkeiten, mittels Durchfluss-Erhöhung die Wärmeabgabe zu steigern, sehr beschränkt.

Vorlauftemperaturregelung des Heizkörpers

Die Wärmeleistung von Heizkörpern kann durch Variieren der Vorlauftemperatur beeinflusst werden. Der Zusammenhang der Vorlauftemperatur der Heizanlage mit der Aussentemperatur wird als *Heizkurve* bezeichnet. Auch die Heizkurve kann aufgrund der Heizkörper-Beziehungen berechnet werden (Bild 4.4). Oft genügt es, die Heizkurve durch eine Gerade anzunähern. Diese Heiz«gerade» wird mittels zweier Punkte festgelegt:

- Auslegungspunkt: Auslegungs-Vorlauftemperatur bei der massgebenden Aussentemperatur
- Punkt 21 °C Aussentemperatur, 21 °C Vorlauftemperatur

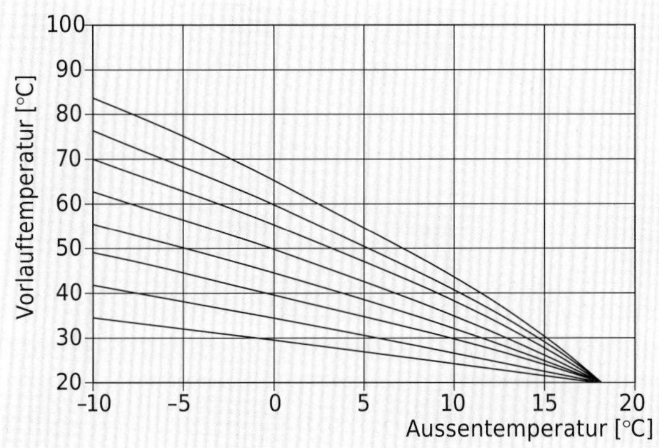

Bild 4.4 Beispiele von berechneten Heizkurven

An der Heizgrenze, d.h. einem Tagesmittel der Aussentemperatur im Bereich 10 °C (viel freie Wärme) bis 16 °C (wenig freie Wärme), wird die Heizung abgeschaltet. Die Spreizung ist bei konstantem Massenstrom proportional zur abgegebenen Wärmeleistung. Die Spreizung nimmt somit mit steigender Aussentemperatur ab. Die Beobachtung eines generellen Unter- oder Überheizens macht eine Korrektur der Heizkurve erforderlich. Insbesondere nach der Austrocknungsphase sollte die Heizkurve «heruntergeholt» werden. Die Durchführung der Korrektur am Regler erfolgt in kleinen Schritten in Abständen von mehreren Tagen oder mit dem Einstellverfahren nach Jürg Tödtli.

4.1.3 Der Einsatz von Heizkörpern

Thermostatventile

sind P-Regler ohne Hilfsenergie (Bild 4.5). Eine Temperaturerhöhung in der Umgebung des Fühlers führt zur Ausdehnung des Fühlermediums und damit zur Verkleinerung des Ventilhubs. Der Durchfluss wird gedrosselt, und die Wärmeleistung des Heizkörpers sinkt.

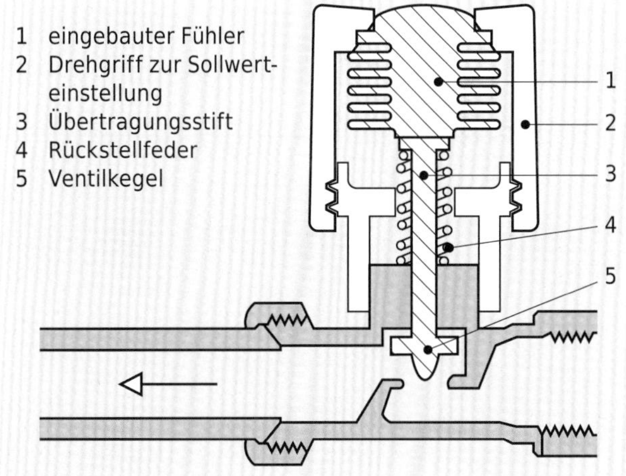

Bild 4.5 Thermostatventil

Wie bei jeder Regelung muss die Regelgrösse, hier die Raumtemperatur, durch geeignete *Fühlerplatzierung* richtig erfasst werden. In vielen Fällen ist dies mit einem eingebauten Fühler nicht sichergestellt (Bild 4.6). Es sind dann folgende Möglichkeiten vorhanden:

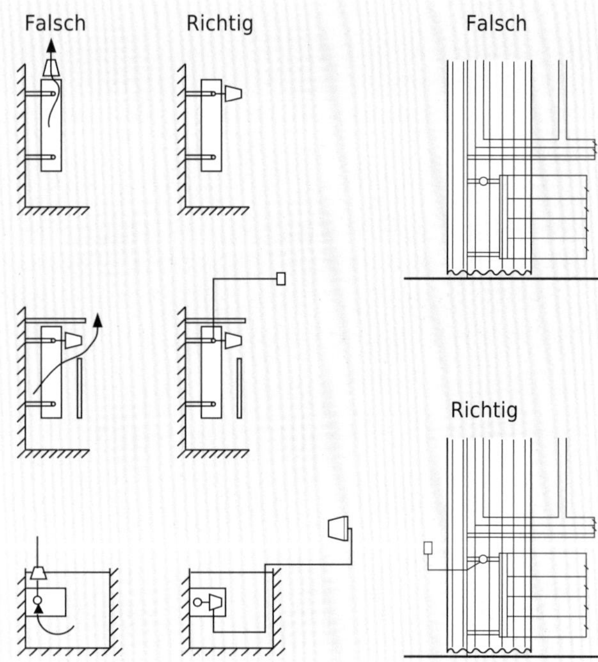

Bild 4.6 Fühlerplatzierung

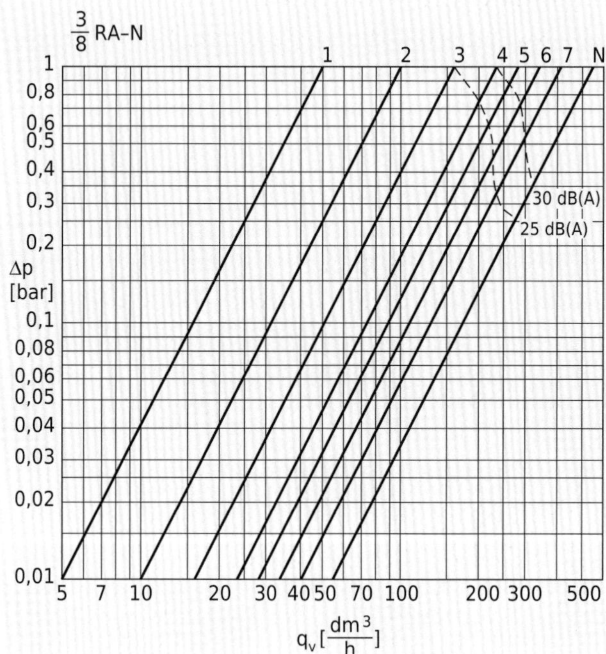

Bild 4.7 Kennlinien eines voreinstellbaren Thermostatventils (Voreinstellungen 1 bis N, P-Abweichung 0,5 bis 2 K, Danfoss)

- *Fernfühler:* äusserlich gleicher Kopf wie Bild 4.5, aber der Temperaturfühler befindet sich an einem geeigneten Ort, mittels einer Kapillare mit dem Kopf verbunden.
- *Ferneinsteller:* Fernfühler und Sollwerteinsteller kombiniert (Bild 4.6 unten links).
- *Zentraler Raumthermostat* für mehrere Heizkörper (z.B. im Schulzimmer), da niemand mehrere Thermostatventile einzeln bedienen wird.

Bei der hydraulischen Dimensionierung von Thermostatventilen ist die Ventilautorität unwichtig. Mangelnde Ventilautorität bewirkt tendenzmässig ein 2-Punkt-Verhalten (entweder offen oder zu). Dies ist aber in der Praxis nicht nachteilig. Hingegen muss jeder Heizkörper hydraulisch abgeglichen werden können. Dies erfolgt am zweckmässigsten durch Verstellen des integrierten Drosselorgans eines *voreinstellbaren Thermostatventils* (Bild 4.7). Dem Diagramm kann auch entnommen werden, in welchen Betriebsbereichen nennenswerte Geräusche zu erwarten sind.

Unter der *P-Abweichung* versteht man den Temperaturanstieg bis zum völligen Schliessen des Ventils. Am linken Rand des Kennlinienfeldes ist die P-Abweichung 0,5 K, am rechten 2 K. Thermostatventile regeln die Raumtemperatur auf den am Drehgriff eingestellten Sollwert. Wird beispielsweise 20 °C angestrebt, so muss der Drehgriff in die Stellung 3 gebracht werden. Das Ventil wird dann bei einer Temperatur von 20 °C, zuzüglich der P-Abweichung, tatsächlich geschlossen sein. Mit der häufig anzutreffenden Maximalstellung 5 hingegen würde das Ventil seinen Zweck nicht erfüllen. Drehgriffe können deshalb nach oben, auf die gewünschte Raumtemperatur, begrenzt werden.

Beim kombinierten Einsatz von Thermostatventilen mit *witterungsgeführter Vorlauftemperaturregelung* ist zu beachten, dass sich die Ventile bei Nachtabsenkung ganz öffnen, da ja ihr Sollwert unterschritten wird. Sie unterlaufen so die Nachtabsenkung. Dies kann weitgehend verhindert werden durch Nachtabschaltung oder durch hydraulischen Abgleich, sodass der Durchfluss nicht stark ansteigen kann.

Anordnung von Heizkörpern

Die Anordnung von Heizkörpern sollte so erfolgen, dass damit nicht zusätzliche Verluste entstehen:

- nicht vor Glasflächen
- keine Vorhänge vor den Heizkörpern (Bild 4.8)

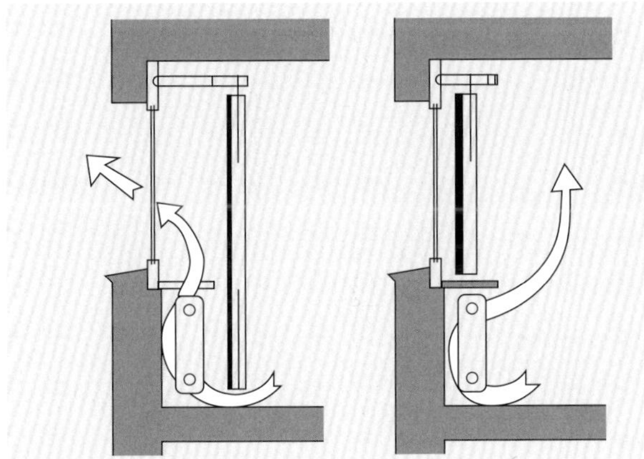

Bild 4.8 Vorhänge

Heizkörper an *Innenwänden* können bei guten Verglasungen einen durchaus guten Komfort bieten (vgl. 1.2.2). In Büros ist der Standort dann unkritisch, wenn die Heizkörper während der Arbeitszeit wegen der Abwärme ausser Betrieb sind.

Heizkörper an der *Decke* (Strahlplatten) mit hohem Strahlungsanteil sind für hallenartige Räume sehr geeignet. Die Wärmestrahlung nach unten wird beim Auftreffen auf einen Körper in fühlbare Wärme umgesetzt und hebt damit die empfundene Temperatur an. Die relativ tiefe Lufttemperatur ergibt geringe Wärmeverluste. Bei Strahlungsheizungen kann die Lufttemperatur etwas tiefer gewählt werden als bei anderen Wärmeabgabesystemen.

4.2 Fussbodenheizung

4.2.1 Wärmeleistung

Es werden folgende Hauptgruppen von FBH-Systemen unterschieden (Bild 4.9):

- Nass-Systeme (Typ A): Die Heizrohre sind vom Unterlagsboden umschlossen. Der Unterschied bezüglich Wärmeabgabe der verschiedenen Fabrikate ist gering.
- Trocken-Systeme (Typ B): Heizrohre werden nicht vom Unterlagsboden umhüllt oder es wird gar kein U-Boden in flüssiger Form eingebracht. Thermische Unterschiede verschiedener Fabrikate sind gross.

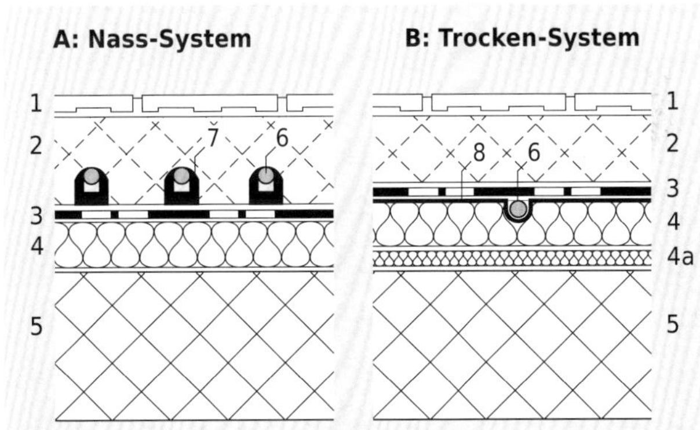

Bild 4.9 Fussbodenheizungen Typ A und B

Die Berechnung der Wärmeleistung von Fussbodenheizungen bedingt die Kenntnis der Bodenbeläge und der Flächen, die überhaupt mit Rohren belegbar sind. Es ist, wie bei Heizkörpern, vom Wärmeleistungsbedarf des Raums auszugehen. Der vom Boden nach oben abzugebende Netto-Wärmestrom beträgt nun:

$$\Phi_o = \Phi_{HL} - \Phi_b - \Phi_{de} \qquad (4.6)$$

Φ_o Netto-Wärmestrom nach oben in W

Φ_{HL} Heizleistungsbedarf Raum nach Norm in W

Φ_b Verlustwärmestrom nach Norm durch diejenige Fläche, welche mit dem Fussbodenregister belegt werden soll, in W

Φ_{de} Deckengewinn durch oben liegende FBH in W

Die erforderliche Wärmestromdichte nach oben ergibt sich aus der belegbaren FBH-Registerfläche:

$$q_o = \frac{\Phi_o}{A_F} \quad (4.7)$$

q_o Wärmestromdichte nach oben in W/m²

A_F belegbare Bodenfläche in m²

Der totale Wärmeübergangskoeffizient (Konvektion + Strahlung) des Fussbodens kann mit genügender Genauigkeit h = 11 W/m²K gesetzt werden. Somit wird die mittlere Fussbodentemperatur

$$\theta_F = \theta_i + \frac{q_o}{h} \quad (4.8)$$

Fussbodentemperaturen über etwa 28 °C werden in Aufenthaltszonen als störend empfunden.
Mit einem angenommenen Verlegeabstand gibt Bild 4.10 die mittlere Temperaturdifferenz Heizwasser–Luft für den belagfreien Fall. Die üblichen Rohr-Innendurchmesser (12 bis 16 mm), die Rohrmaterialien und die Verlegung schlangen- oder schneckenförmig beeinflussen die Wärmeabgabe kaum. Bodenbeläge erhöhen den Wärmedurchgangswiderstand vom Heizwasser an den Raum und somit die notwendige mittlere Temperaturdifferenz. Beläge mit einem Widerstand $R_B > 0{,}15$ m²K/W sollten nicht verwendet werden; es ist nicht sinnvoll, hinter einer Isolation zu heizen. Mit dem Korrekturfaktor (Bild 4.11) erhält man die mittlere Temperaturdifferenz mit Belag:

$$\Delta T_{m,mit} = \Delta T_{m,ohne} \cdot f_B \quad (4.9)$$

$\Delta T_{m,mit}$ mittlere Heizwasserübertemperatur mit Bodenbelag in K

$\Delta T_{m,ohne}$ mittlere Heizwasserübertemperatur ohne Bodenbelag (Bild 4.10) in K

f_B Korrekturfaktor für Bodenbelag (Bild 4.11)

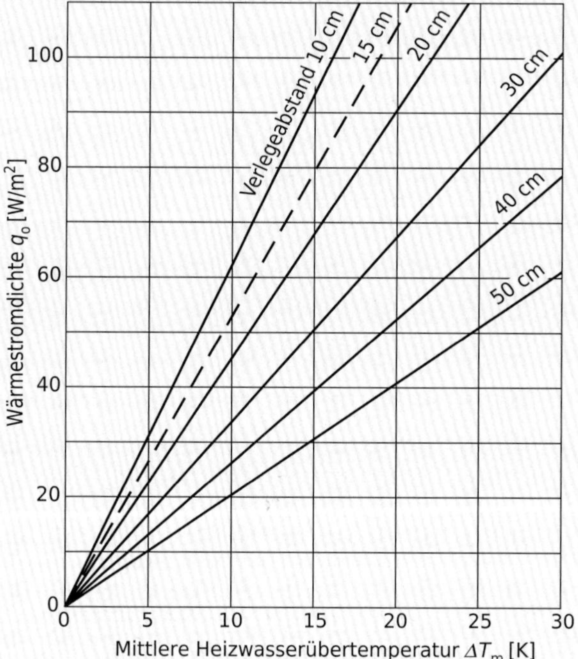

Bild 4.10 Wärmestromdichte einer Fussbodenheizung Typ A ohne Belag, mit Kunststoffrohr 14/18 mm, Rohrüberdeckung 45 mm, Unterlagsboden λ = 1,2 W/mK, berechnet nach [EN ISO 11855]

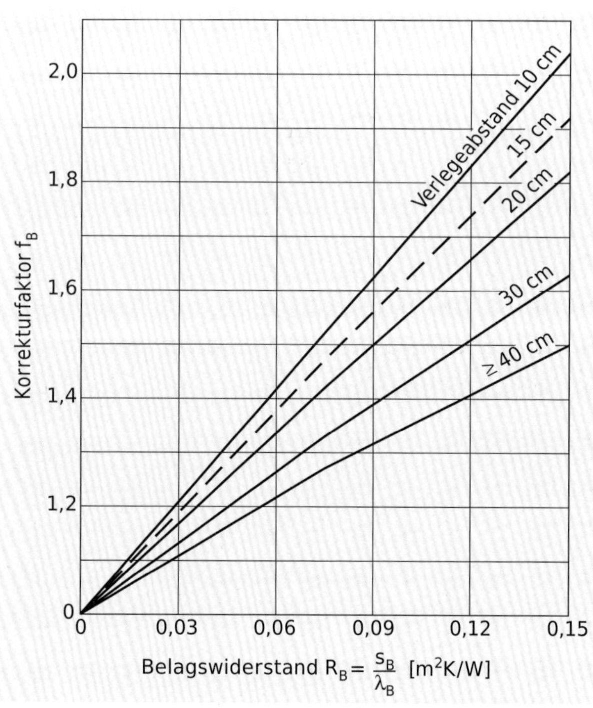

Bild 4.11 Korrekturfaktor für Bodenbelag und Unterlagsboden-Übermass, berechnet nach [EN ISO 11855]

Nun kann mit den Beziehungen von 4.1.1 aus der Vorlauftemperatur die Rücklauftemperatur bestimmt werden. Das Verhältnis der Wärmeströme nach oben und unten ergibt sich aus den entsprechenden Wärmedurchgangswiderständen. Nach [EN ISO 11855] werden diese Widerstände eindimensional ermittelt, ausgehend von der Rohrebene. Die Wärmestromdichte nach unten wird damit:

$$q_u = q_o \frac{R_o}{R_u} + \frac{\theta_i - \theta_u}{R_u} \quad (4.10)$$

q_u Wärmestromdichte nach unten in W/m²
R_u Wärmedurchgangswiderstand nach unten in m²K/W
R_o Wärmedurchgangswiderstand nach oben in m²K/W
θ_i Raumtemperatur oben in °C
θ_u Raumtemperatur unten in °C

Die Wärmeleistung, die durch die Isolation nach unten abgegeben wird, beträgt also:

$$\Phi_u = q_u \cdot A_F \quad (4.11)$$

Der Massenstrom des Heizwassers beträgt damit:

$$q_m = \frac{\Phi_o + \Phi_u}{c \cdot (\theta_V - \theta_R)} \quad (4.12)$$

q_m Heizwasser-Massenstrom in kg/s
c spezifische Wärmekapazität von Wasser: 4190 J/kgK
θ_V Vorlauftemperatur in °C
θ_R Rücklauftemperatur in °C

Hinweise

Im Zusammenhang mit verbrauchsabhängiger Heizkostenabrechnung ist es sinnvoll, den Wärmestrom nach unten zu begrenzen. Aus diesem Grund verlangt [SIA 384/1] eine Dämmung von 4 bis 5 cm.
Aus dem Wasserdurchfluss und den Rohrabmessungen lässt sich der Druckverlust ermitteln. Zur Vermeidung einer hohen Förderdruckdifferenz sollte der Innendurchmesser mindestens 12 mm betragen.

4.2.2 Der Einsatz von Fussbodenheizungen

Randzonen

Darunter werden Zonen entlang von Aussenwänden verstanden, welche kleinere Verlegeabstände aufweisen als der Rest des Raums. Wenn ein ungenügender Komfort bei hohen Fenstern zu erwarten ist, verbessert eine Randzone die Situation nur geringfügig. Der Unterschied der Wärmestromdichten zwischen beispielsweise 20 und 10 cm Verlegeabstand ist nicht gross genug. Es zeigt sich, dass Randzonen in der Regel entbehrlich sind. Randzonen haben den Nachteil grösseren Rohrbedarfs und grösseren Druckverlusts.

Selbstregeleffekt

Die Wärmeleistung einer Heizfläche hängt im Beharrungszustand von der mittleren Temperaturdifferenz Heizwasser-Raumtemperatur ab. Verursacht nun ein interner oder solarer Wärmeeintrag einen bestimmten Raumtemperaturanstieg, so wird diese Temperaturdifferenz geringer und somit sinkt die Wärmeleistung. Dieser erwünschte Vorgang wird als Selbstregeleffekt bezeichnet. Der Selbstregeleffekt ist um so ausgeprägter, je tiefer die Systemtemperatur ist.

Einzelraumregelung

Mit Thermostatventilen oder Raumthermostaten wird der Durchfluss nach einem geringen Raumtemperaturanstieg (abhängig von der P-Abweichung) auf Null reduziert. Die P-Abweichung sollte deshalb klein gewählt werden. Bei Vorlauftemperaturen von maximal 30 °C oder bei kleineren innenliegenden Räumen ohne Wärmeeinträge ist die Einzelraumregelung entbehrlich.

Sauerstoffdiffusion

Bei normalen Kunststoffrohren tritt ein O_2-Transport durch die Rohrwandung auf. Der Unterlagsboden bremst den Stofftransport nicht wesentlich. So können die Komponenten des Heizsystems innert weniger Jahre korrodieren und verschlammen. Heute werden diese Risiken hauptsächlich mit Metall-Verbundrohren vermieden.

Bei energiebewusst konzipierten Gebäuden kann der relativ kleine Wärmeleistungsbedarf mit beliebigen Wärmeabgabesystemen erbracht werden: Heizkörper, Fussboden-, Wand- oder Deckenheizung, in die Betonkonstruktion eingebettete Systeme, Warmluftheizung sowie verschiedene Kombinationen davon. Dieselben Systeme sind, in unterschiedlichem Mass, auch für Kühlzwecke geeignet.

Heizkörper

werden mit einer Vorlauftemperatur bis maximal 50 °C ausgelegt [SIA 384/1]. Zur Erhöhung der Wärmeleistung – insbesondere bei Vorlauftemperaturen um 35 °C – können mit Gebläsen unterstützte Konvektoren eingesetzt werden. Heizkörper sind geeignet, um Komfortprobleme bei hohen Fenstern zu vermindern.
In Büros, Werkhallen oder Ausstellungsräumen werden oft Heizkörper direkt an der Decke oder herabgehängt montiert. Sie können heizen und kühlen und werden hier als *Deckenstrahlplatten* bzw. *Kühldecken* bezeichnet.

Fussbodenheizungen

werden mit einer Vorlauftemperatur bis maximal 35 °C ausgelegt [SIA 384/1]. Eine solche oder noch tiefere Vorlauftemperatur bedingt einen Bodenbelag mit einem Belagswiderstand, welcher denjenigen von 10 mm Parkett möglichst nicht übersteigt. Ungünstig ist die grosse Trägheit der üblichen Fussbodenheizung, welche beim Anfall freier Wärme oft zum Überheizen führt). Aber auch die flinksten Fussbodenheizungen sind träger als alle Heizkörper. In Gebäuden mit hohen Wärmeeinträgen wie Büros oder Schulen sollten nur Fussbodenheizungen mit einer Vorlauftemperatur von maximal 30 °C eingesetzt werden.
Wandheizungen und *Deckenheizungen* sind wie Fussbodenheizungen aufgebaut, allerdings meistens ohne Dämmschicht. Im Sanierungsfall können sie zuweilen ein bestehendes Wärmeabgabesystem ergänzen oder ersetzen.

Kombinierte Fussboden-/Heizkörperheizung

Ein Heizkörper im Vorlauf einer Fussbodenheizung ist zuweilen erwünscht aus Komfortgründen (Bad) oder wenn die Fussbodenheizung den Heizleistungsbedarf nicht allein decken kann oder soll.

Betonkern-Aktivierung

Dieses Wärmeabgabe- und -aufnahmesystem wird auch als *thermoaktives Bauteilsystem* (Tabs) bezeichnet [Kos]. Es kommt vorzugsweise für Gebäude infrage, die nebst Heizung auch Kühlung benötigen (Büro, Messe). Der Aufbau ist derjenige einer Fussbodenheizung, die Rohre werden jedoch im Beton verlegt. Sie werden oft in der Mitte eingebaut, zuweilen auch nahe der Ober- oder Unterkante der Decke. Das Tabs heizt bzw. kühlt sowohl den darüber als auch den darunter liegenden Raum. Infolge der grossen Speicherwirkung der Betonbauteile können Leistungsspitzen vermieden werden. Eine Beeinflussung der Raumtemperatur ist aber aus demselben Grund kurzfristig nicht möglich. Der Raumtemperaturverlauf hängt fast ausschliesslich vom *Selbstregeleffekt* ab. Besonders wichtig sind deshalb nicht zu stark von der Soll-Raumtemperatur abweichende *Vorlauftemperaturen:*

- im Heizfall max. 30 °C.
- im Kühlfall min. 17 °C. Die hohe Kühlmediumtemperatur erlaubt, passiv zu kühlen.

Voraussetzungen für das Funktionieren des Tabs-Konzepts sind:

- sehr gute Wärmedämmung und Sonnenschutz,
- möglichst keine heruntergehängten Decken und Doppelböden,
- keine Wärmedämmungen im Bodenaufbau (Trittschalldämmung mit geringem Wärmedurchlasswiderstand),
- ein Steuer- und Regelkonzept, das der Jahreszeit und den abweichenden Bedingungen in verschiedenen Räumen Rechnung trägt.

5 LÜFTUNG

5.1 Luftbedarf

5.1.1 Luftverunreinigungen

Mögliche Quellen von Schadstoffen in der Raumluft sind die Aussenluft, der Mensch und das Gebäude (Bild 5.1). Eine Gesamtbeurteilung der Schadstoffe nach Quellen und Folgen für die Gesundheit zeigt, dass die Abgabe von Schadstoffen von Inneneinrichtungen zu beachten ist.

Quelle der Verunreinigung	Wichtigste Stoffe
Aussenluft	
Biosphäre	Pollen, Pilzsporen, Bakterien
Technosphäre	Kohlendioxid, Kohlenmonoxid, Schwefeldioxid, Stickoxide, Kohlenwasserstoffe, Ozon, Staub, Schwermetalle
Mensch	
Stoffwechsel	Kohlendioxid, Gerüche, Wasserdampf
Aktivitäten	Staub, Tabakrauch, Reinigungsmittel, Sprays (Lösungsmittel, organische Verbindungen)
Kochen mit Gas	Kohlendioxid, Kohlenmonoxid, Stickoxide, Wasserdampf
Luft befeuchten	Pilzsporen, Bakterien, Wasserdampf
Gebäude	
Spanplatten	Aldehyde (Formaldehyd)
Dämmstoffe	Aldehyde, organische Verbindungen, Asbest
Farben und Kleber	Aldehyde, organische Verbindungen, Lösungsmittel, Schwermetalle
Gebäudehülle	Holzschutzmittel, Asbest
Untergrund	Radon

Bild 5.1 Schadstoffe und deren Quellen

Starke Einzelquellen

Örtlich und zeitlich begrenzt anfallende, starke Verunreinigungen sind direkt an der Quelle abzusaugen oder durch gezieltes Lüften zu beseitigen. Ablufthauben, etwa über Kochherden, erlauben wirksam abzusaugen, vor allem wenn sie mit treibenden Luftstrahlen ausgerüstet sind [Lan]. In Küchen mit Gasherden ist eine gute Lüftung besonders wichtig. Durch die hohen Brenntemperaturen entstehen Stickoxide, deren Konzentration bei ungenügender Lüftung ein Mehrfaches des für die Aussenluft gültigen Immissionsgrenzwertes betragen kann.

Radon

Ein weiterer Schadstoff in der Raumluft ist das radioaktive Edelgas Radon mit dessen Zerfallsprodukten. Radon ist für einen erheblichen Teil der natürlichen Strahlenbelastung des Menschen verantwortlich. Erhöhte Radonkonzentrationen treten hauptsächlich in alpinen Gebieten mit Urgestein (Granit) auf. Das Radon tritt durch «Spalten» aus dem Untergrund in die Kellerräume. Es sind folgende Vorsichtsmassnahmen in Gebieten mit möglicher hoher Radonbelastung zu treffen:

- dichter Bodenüberzug im Keller anstatt Naturboden
- Trennung der Kellerräume von den Wohnräumen durch dichte Abschlusstüren
- Natürliche Lüftung der Kellerräume
- Aussenluftversorgung der bewohnten Räume durch gute Fensterlüftung, einfache Lüftungsanlage

Raumluftfeuchtigkeit

Wie für die Raumlufttemperatur gibt es auch für die Luftfeuchtigkeit einen optimalen Bereich. Sowohl zu trockene als auch zu feuchte Luft haben nicht nur nachteilige Folgen auf die Gesundheit, sondern können auch Schäden an Materialien verursachen. In geheizten Räumen sollte die relative Luftfeuchtigkeit nicht dauernd unter 30 % liegen. Bei der Beurteilung der Lufttrockenheit hat auch der jeweilige Reinheitsgrad der Luft einen Einfluss: Je mehr die Luft verunreinigt ist (z.B. Staubpartikel, Zigarettenrauch), desto eher wird diese als «zu trocken» beurteilt. Kurzfristig sind Unterschreitungen zugelassen. Bei zu hoher Luftfeuchtigkeit (über 50 %) können im Winter an kalten Wänden Schimmelpilze wachsen sowie Bauschäden auftreten. Im Sommer darf die Raumluftfeuchtigkeit bis 70 % ansteigen.

In Wohnhäusern entstehen 2 bis 4 kg Wasserdampf pro Tag und Person [Zür]. Je rund ein Drittel stammt:

- von der Person selbst (ca. 50 g/h),
- von Zimmerpflanzen,
- vom Kochen und Duschen (direkt abführen!).

Um 1 kg Wasserdampf pro Tag abzuführen, ist ein dauernder Luftvolumenstrom von 7 m^3/h erforderlich (Wasserdampfaufnahme Δx = 5 g/kg Luft).

5.1.2 Minimale Luftvolumenströme

Nichtraucherräume

Die Kohlendioxid-Konzentration der Raumluft stellt ein Mass für die Luftqualität dar, insbesondere für die vom Menschen herrührenden Geruchsstoffe.

Es gilt folgende Grenzwerte der CO_2-Konzentration in der Raumluft einzuhalten (10'000 ppm = 1 V%):

- Typische Wohn- und Büroräume [SIA 382/1] 1400 ppm
- Maximale Arbeitsplatzkonzentration MAK [SUVA] 5000 ppm

Bei im Hochbau praktisch unmöglichen 2,5 % treten Atembeschwerden auf. Bei lebensgefährlichen 10 % verlöschen Kerzen. Der Aussenluftvolumenstrom, der zur Einhaltung des Grenzwertes, unter stationären Bedingungen und bei vollkommener Durchmischung, notwendig ist, kann für Nichtraucherräume mit folgender Formel berechnet werden.

$$q_V = \frac{q_{V,CO_2}}{C_{zul} - C_a} \tag{5.1}$$

q_V minimaler Aussenluftvolumenstrom in m^3/h

$q_{V,CO2}$ abgegebener Kohlendioxidvolumenstrom in m^3/h

C_{zul} zulässiger Volumenanteil CO_2 in der Raumluft

C_a Volumenanteil CO_2 in der Aussenluft (C_a = 400 ppm = 0,0004)

Die CO_2-Produktion des Menschen hängt von der Aktivität ab (Bild 5.2). Dort findet man auch die mit obiger Formel berechneten Aussenluftraten, die zur Einhaltung des Grenzwerts nötig sind.

Aktivität	CO_2-Abgabe l/h	Luftvolumenstrom m^3/h
ruhend	12	12
sitzend	16	16
Arbeit:		
- sitzend	18	18
- stehend	24	24
- handwerklich	> 30	> 30

Bild 5.2 Kohlendioxid-Produktion und Aussenluft-Volumenstrom pro Person, mit welchem sich eine Kohlendioxid-Konzentration von 1400 ppm ergibt [SIA 180]

Auslegungswerte

Ohne besondere Vereinbarung sollen nach [SIA 382/1] die Luftvolumenströme für typische Wohn- und Büronutzungen auf 18 bis 30 m^3/h pro Person ausgelegt werden. Zur Vermeidung von zu tiefen Raumluftfeuchten können die Aussenluftvolumenströme bei tiefen Aussentemperaturen bis auf 15 m^3/h pro Person reduziert werden. Damit wird gleichzeitig auch der Heizleistungsbedarf vermindert. Ohne Anwesenheit von Personen genügt noch weniger.

Raucherräume

In Räumen, in denen geraucht wird, ist es nicht möglich, mit den genannten Volumenströmen eine befriedigende Luftqualität zu erreichen. Dies gilt selbst bei verdoppeltem Volumenstrom.

Unterstützende Fensterlüftung

Auch bei Lüftungsanlagen ist eine Fensterlüftung immer eine sinnvolle Ergänzung bei aussergewöhnlichem Schadstoffanfall wie auch aus psychologischen Gründen.

5.1.3 Zeitlicher Verlauf der Luftqualität

Bei konstantem CO_2-Volumenstrom ist der CO_2-Volumenanteil nach unendlich langer Zeit:

$$C_\infty = C_a + \frac{q_{V,CO_2}}{q_V} \tag{5.2}$$

Ausgehend von einer bestimmten Anfangskonzentration wird bei vollständiger Durchmischung der CO_2-Volumenanteil zur Zeit t:

$$C(t) = C_0 + (C_\infty - C_0) \cdot (1 - e^{-nt}) \tag{5.3}$$

C_0 Volumenanteil CO_2 zur Zeit $t = 0$

n Aussenluftwechselzahl in h^{-1}

t Zeit in h

$q_{V,CO2}$ Kohlendioxidvolumenstrom in m^3/h

q_V Aussenluftvolumenstrom in m^3/h

Die Luftwechselzahl gibt an, wie häufig bei idealer Verdrängungsströmung die Raumluft ausgetauscht würde.

$$n = q_V / V_R \quad (5.4)$$

n Luftwechselzahl in h^{-1}
q_V eintretender Luftvolumenstrom in m^3/h
V_R Raumluftvolumen in m^3

Bild 5.3 zeigt den Konzentrationsverlauf in einem Schulzimmer bei einem konstanten Aussenluftvolumenstrom von 11 m^3 pro Stunde und Person. Im Weiteren ist der Verlauf mit natürlicher Lüftung ersichtlich: praktisch dichte Hülle während der Lektionen, systematische Fensterlüftung in der Pause.

Hinweis: Die angegebenen Gleichungen können auf beliebige Beimengungen zur Luft angewendet werden. Der Volumenanteil C entspricht dem Verhältnis des Partialdrucks p_i der Beimengung zum Gesamtdruck p.

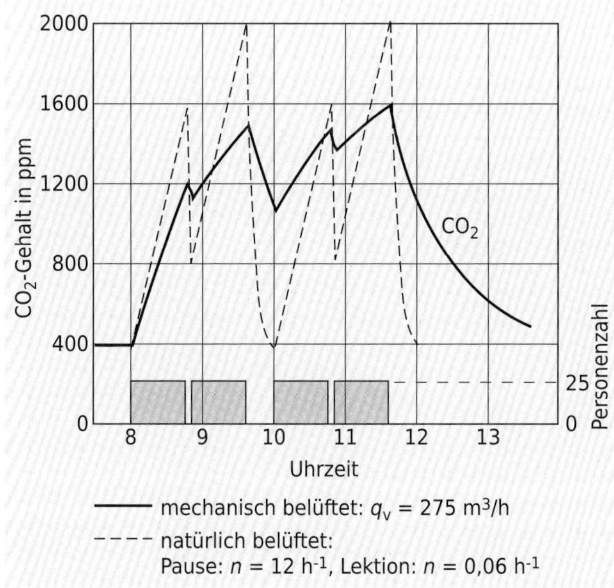

Bild 5.3 Verlauf der CO_2-Belastung in Schulraum 225 m^3 mit 25 Personen, CO_2-Produktion: 15 dm^3/h Person

5.2.1 Mechanische Lüftungssysteme

Als raumlufttechnische Anlage wird eine Einrichtung bezeichnet, welche auf mechanische Weise belüftet oder entlüftet oder Luft umwälzt. Die verbreiteste ist die *einfache Abluftanlage* für die Entlüftung von Küchen und innenliegenden Nassräumen. Wird die Abwärme einer raumlufttechnischen Anlage genutzt und demselben System wieder zugeführt, so wird das als *Wärmerückgewinnung* (WRG) bezeichnet. Wird die Abwärme einem anderen System zugeführt, wird von *Abwärmenutzung* (AWN) gesprochen.
In raumlufttechnischen Anlagen können die folgenden vier thermodynamischen Funktionen vorkommen:
- Erwärmen – Kühlen
- Befeuchten – Entfeuchten

Je mehr Funktionen in einer Anlage vorkommen, desto höher ist der Technisierungsgrad. Die im Bild 5.4 erwähnten Anlagen sind nach dem Kriterium des Technisierungsgrades geordnet. Die Stufe der Technisierung hängt von den Raumluft-Anforderungen (Komfort) ab. Der Energieverbrauch der Anlage steht damit im direkten Zusammenhang. Man unterscheidet:
- *Einfache Lüftungsanlagen* sind Zu- und Abluftanlagen mit kleinem, den hygienischen Anforderungen genügendem Aussenluftwechsel.
- Wird eine Lüftungsanlage ergänzt um die thermodynamischen Funktionen Erwärmen und eventuell Befeuchten, gilt sie nicht mehr als «einfach».
- *Einfache Klimaanlagen* sind Lüftungsanlagen mit den thermodynamischen Funktionen Erwärmen und *Kühlen.*
- Wird eine Klimaanlage ergänzt um die thermodynamischen Funktionen Befeuchten und eventuell Entfeuchten, gilt sie nicht mehr als «einfach».

Weitere Kriterien für die Einteilung der raumlufttechnischen Anlagen sind:
- der Behandlungsort der Luft (zentral/dezentral),
- die Druckverhältnisse (Nieder-, Hochdruck),
- die Regelbarkeit,
- die Art der Luftreinigung,
- die Grösse des Aussenluftwechsels.

Bild 5.5 zeigt den grundsätzlichen Aufbau aller Lüftungs- und Klimaanlagen. Eine *Umluftbeimischung* wird in der Regel vermieden. Aus Effizienzgründen sollte nur die hygienisch erforderliche Luftmenge transportiert werden. Anlagen mit Umluft (eventuell sogar ausschliesslich Umluft) werden eingesetzt, wenn die Heiz- oder Kühlfunktion im Vordergrund steht. Eine separate *Abluft* wird eingesetzt, wenn aus speziellen Gründen das Haupt-Abluftsystem nicht belastet werden soll, beispielsweise mit der Abluft beim Kochen. Es braucht dann meistens auch eine separate Aussenluftzufuhr.

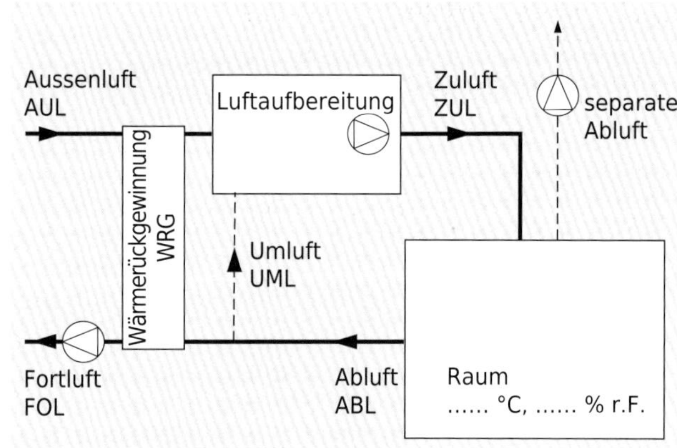

Bild 5.5 Grundschema von Lüftungs- und Klimaanlagen mit den Bezeichnungen der Luftströme

	Anlagetyp	Zuluft fördern	Abluft fördern	WRG / AWN	Filterung Zuluft	Heizen	Kühlen	Befeuchten	Entfeuchten	Farbcode Zuluft
	Einfache Zuluftanlage	x			x					grün
	Zuluftanlage mit Lufterwärmung	x			x	x				rot
	Einfache Abluftanlage		x							
	Abluftanlage mit Abwärmenutzung		x	x						
Lüftungsanlage	Einfache Lüftungsanlage	x	x	x	x					grün
Lüftungsanlage	Lüftungsanlage mit Lufterwärmung	x	x	x	x	x				rot
Lüftungsanlage	Lüftungsanlage mit Lufterwärmung und -befeuchtung	x	x	x	x	x		x		blau
Klimaanlage	Einfache Klimaanlage	x	x	x	x	x	x		(x)	blau
Klimaanlage	Klimaanlage mit Luftbefeuchtung	x	x	x	x	x	x	x	(x)	blau
Klimaanlage	Klimaanlage mit Luftbefeuchtung und -entfeuchtung	x	x	x	x	x	x	x	x	violett
(x) eventuell durch Anlage beeinflusst, aber nicht geregelt										

Bild 5.4 Übersicht über die raumlufttechnischen Anlagen [SIA 382/1]

5.2.2 Freie Lüftungssysteme

Arten der freien Lüftung

Bei der freien Lüftung wird der Luftaustausch durch temperaturbedingte Dichtedifferenzen zwischen innen und aussen oder durch Winddrücke angetrieben.
Man unterscheidet:
- Fensterlüftung
- Schachtlüftung
- Dachaufsatzlüftung
- Rauch-/Wärmeabzug
- Infiltration durch Gebäude-Undichtheiten

Der natürlichen Belüftung sind Grenzen gesetzt durch die Witterungsbedingungen, die Gebäudegestaltung und die Benutzeransprüche. Bei den heute üblichen, sehr dichten Gebäudehüllen genügt der Luftaustausch durch Infiltration bei Weitem nicht, um Wasserdampf, Kohlendioxid usw. abzuführen.

Fensterlüftung

Stosslüftung ist täglich mehrmaliges kurzes Öffnen der Fenster. Dank *kurzen* Öffnens erfolgt keine Auskühlung der wärmespeichernden Bauteile. Stosslüftung bewirkt Luftzug. Bild 5.6 zeigt Grössenordnungen der auf diese Weise bewirkten momentanen Luftwechsel. Werden die Fenster eines Raums während 5 Minuten ganz geöffnet ($n = 12\ h^{-1}$), so wird ein Aussenluftvolumen einströmen, welches dem ganzen Raumluftvolumen entspricht.

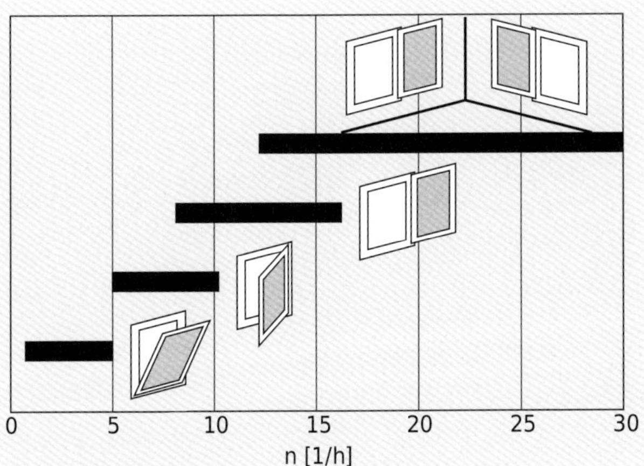

Bild 5.6 Luftwechsel bei Fensterlüftung

Dauerlüftung für kürzere oder längere Zeit erfolgt durch Teilöffnen eines Fensters. In der Heizperiode bewirken Kippfenster bei vergesslicher Bedienung einen grossen Wärmeverlust.

Vor- und Nachteile der Fensterlüftung:
+ einfach und kostengünstig
+ direkter Kontakt zur Aussenwelt
+ kein Platzbedarf für Kanäle und Geräte
+ kein Energiebedarf für Luftförderung
+ kaum Wartung
- Wärmerückgewinnung unmöglich
- Abhängigkeit von Temperatur, Wind, Regen, Lärm, Abgase
- Stosslüften im Büro störend
- Dauerlüfter verschwenden Energie
- Niemalslüfter verursachen Bauschäden

Fensterlüftung als freie Kühlung

Selbst in Bürobauten ist mit einer Fenster-Nachtlüftung eine Abkühlung möglich. Die Kühlwirkung ist stärker, wenn die kühle Aussenluft das Gebäude quer und von unten nach oben durchströmen kann. Dazu sind Fenster und eventuell andere Öffnungen nach aussen nötig, welche keine Sicherheitsrisiken aufweisen. Interne Öffnungen zu Korridoren und Innenhöfen erleichtern den Luftaustausch. Die Leittechnik kann das Gebäude vor Regen und starken Luftströmungen schützen, indem es die Aussenöffnungen automatisch schliesst.
Berechnung der Fensterlüftung: Der Luftvolumenstrom hängt ab (abgesehen vom Windeinfluss) von der Temperaturdifferenz innen – aussen, der Höhe und der Form der Öffnung sowie der Höhendifferenz zwischen Öffnungen auf verschiedenen, verbundenen Geschossen.

Vergleich Fensterlüftung – einfache Lüftungsanlage

Die Fensterlüftung hat grundsätzlich einen energetischen Nachteil gegenüber mechanischen Lüftungen. Der Nutzen der Wärmerückgewinnung wird allerdings überschätzt:

- wenn bei der mechanischen Lüftung der Luftwechsel grösser ist als bei freier Lüftung (bei Wohnungen meistens der Fall),
- bei grossen internen Wärmegewinnen,
- wenn trotzdem die Fenster geöffnet werden.

5.2.3 Energieeffiziente Lüftungsanlagen

Grundsätzliche Überlegungen

Luftsysteme werden als mechanische Aussenluftversorgung möglichst ohne Kälteanlage (aktive Kühlung) sowie ohne Be-/Entfeuchtung geplant. Sie werden nach effektivem Aussenluftbedarf (minimale Luftvolumenströme) und nicht schematisch nach Luftwechselzahl dimensioniert. Eine intensive Diskussion mit der Bauherrschaft ermöglicht sehr oft, die Anforderungen zu senken.
Wenn eine Kühlung erforderlich ist, kann die Kühlleistung vermindert werden mit:

- baulichen Massnahmen (Sonnenschutz, Tageslichtnutzung) oder
- betrieblichen Massnahmen (Nachtlüftung, optimierter WRG-Betrieb).

Nachtlüftung kann sowohl mit Lüftungsanlagen als auch mit Fensterlüftung erfolgen. Bei mechanischer Nachtlüftung wird ein Luftwechsel von etwa $n = 2\ \text{h}^{-1}$ angestrebt. Bei höherem Luftwechsel steigt der Transportenergiebedarf stark an und damit auch die unerwünschte Lufterwärmung durch die Ventilatoren.
Wenn die Temperatur aussen grösser ist als innen, sollte die Wärmerückgewinnung zugeschaltet werden, sie leistet einen Beitrag zur Kühlung.
Wenn bauliche und betriebliche Massnahmen nicht genügen, kommt *passive Kühlung* infrage [Zim]. Im Vergleich zur Kühlung mit Kältemaschinen benötigt die passive Kühlung viel weniger Energie:

- Luft ansaugen über Erdregister,
- adiabatische Kühlung,
- freie Kühlung mit Aussenluft im Winter, in der Übergangszeit und in Sommernächten,
- Wärmeabgabe an das Erdreich mittels Erdsonden.

Transportenergie

Eine effiziente Luftförderung wird erreicht mit [Top4]:

- wenig Widerstand (kurze, grosse Luftleitungen, grosse Bogenradien),
- geringem Luftvolumenstrom (so wenig wie nötig, nur wenn nötig),
- variablem Volumenstrom (entsprechend Bedarf),
- effizientem Ventilatorbetrieb (Wirkungsgrad-Optimum),
- effizientem Antrieb (Motor mit Direktantrieb ohne Transmission).

Zur Charakterisierung des Energiebedarfs für die Luftförderung wird die spezifische Ventilatorleistung (specific fan power) verwendet.

$$p_{SFP} = P_{el} / q_V \qquad (5.5)$$

p_{SFP} spezifische Ventilatorleistung in Wh/m^3
P_{el} effektive Aufnahmeleistung in W
q_V geförderter Volumenstrom in $\text{m}^3\text{/h}$

Die Norm [SIA 382/1] legt Grenzwerte fest für den Normalbetrieb (Auslegung) und saubere Filter. Beispiele von Grenzwerten der spezifischen Ventilatorleistung für normale Anlagen:

- einfache Lüftungsanlage:
  ZUL 0,14 Wh/m^3, ABL 0,14 Wh/m^3
- Klimaanlage mit Be- und Entfeuchtung:
  ZUL 0,35 Wh/m^3, ABL 0,21 Wh/m^3

Die Norm gibt auch Richtwerte für die Druckverluste. Beispiel für einfache Lüftungsanlage: gesamte Druckverluste, externe+interne, von ZUL+ABL, bei maximalem Volumenstrom: 400 bis 700 Pa.

Lufterwärmung durch Ventilator

Die elektrische Leistung erwärmt die geförderte Luft, was vor allem im Sommer unerwünscht ist. Meistens befindet sich der ganze Ventilatorantrieb im Luftstrom, sodass die gesamte elektrische Energie der geförderten Luft zugeführt wird. Die Lufttemperatur nimmt somit zu um:

$$\Delta T = \frac{P_{el}}{q_V \cdot \rho \cdot c_P} = \frac{p_{SFP}}{\rho \cdot c_P} \qquad (5.6)$$

ΔT Temperaturerhöhung der Luft in K
$\rho \cdot c_P$ volumetrische Wärmekapazität, etwa 0,32 $\text{Wh/m}^3\text{K}$

Der Zuluftventilator der erwähnten Klimaanlage bewirkt eine Temperaturzunahme von 1,1 K. Die erforderliche Kühlleistung erhöht sich dementsprechend.

5.2.4 Hygiene und Akustik

Hygienische Fragen

Der Zweck von Lüftungsanlagen ist nicht zuletzt eine gute Luftqualität. Mangelhafte Konzeption, Wartung und Sauberkeit können aber dazu führen, dass die Lüftungsanlage selbst zur Schadstoffquelle wird. Feuchte Stellen sind unbedingt zu vermeiden (Erdregister).

Leckluft-Volumenströme bis zu mehreren Prozent des Volumenstroms werden je nach Klassierung von den Normen toleriert:

- von der Abluft in die Zuluft (WRG),
- von Filter-Beipass-Lecks (interne Leckage),
- von den Luftkanälen (an oder von Raum).

Filter von Lüftungsgeräten und Durchlässen sollten mindestens einmal jährlich ersetzt werden. Günstig ist eine automatische Filterüberwachung.

Luftleitungen sollten einfach zu inspizieren und zu reinigen sein. In der Bauphase sollten Luftkanäle und Durchlässe immer sorgfältig verschlossen werden, um eine Verschmutzung zu vermeiden. Eine *Reinigung* muss bei der Neubau-Abnahme und später im Abstand von einigen Jahren erfolgen. Nur glatte Oberflächen sind einfach zu reinigen. Lange Leitungen müssen durch Reinigungsöffnungen in Abschnitte unterteilt werden. Übliche Reinigungsgeräte für Durchmesser unter 10 cm haben eine Reichweite bis etwa 15 m. Auf dieser Strecke sollten möglichst wenige Bogen vorkommen (keine 90°-Bogen). Es empfiehlt sich, die Leitungsführung mit einer Luftkanal-Reinigungsfirma vor Ausführung zu besprechen. Detaillierte Angaben zu Inspektion und Reinigung macht [SWKI VA104].

Akustische Fragen

In Aufenthaltsräumen stellt der angestrebte Schalldruckpegel [SIA 181] von meistens nicht mehr als 30 dB(A) bei Auslegungsbedingungen (leerer Raum) eine strenge Forderung an die Lüftungsanlage dar:

- Bei *Ventilatorgeräuschen* kann ein Zusatzschalldämpfer eingebaut oder die Drehzahl reduziert werden. Beides vermindert den Volumenstrom.
- Bei *Strömungsgeräuschen* an gedrosselten Durchlässen ist die Drosselung vom Durchlass möglichst weit weg zu verlegen.
- Gehen Geräusche von einem *Lüftungskanal* aus, so kann dessen Schalldämmung durch eine lückenlose Verkleidung mit schwerem Material verbessert werden.

Nicht nur die von der Lüftungsanlage verursachten Geräusche können störend sein:

- Das Luftverteilnetz kann auch Luft- und Körperschall zwischen verschiedenen Räumen übertragen. Diese Schallnebenwegübertragung kann mit *Telefonieschalldämpfern* vermieden werden.
- In Wohnungen strömt die Luft durch einen Spalt unter der Tür von einem Raum zum nächsten. Dazu ist ein *Türspalt* von 5 bis 10 mm nötig. Diese Schwächung der Schalldämmung ist bei einfachen Türen kaum wahrnehmbar. Bei einem Musik- oder Therapieraum sind schallgedämmte Überströmdurchlässe einzusetzen.

5.3 Luftführung im Raum

Die Wirkung einer Lüftungsanlage hängt von den Luftströmungen im Raum ab. Die Luftströmungen werden massgeblich von der *Zuluft* bestimmt: Temperatur, Ort, Geschwindigkeit und Richtung der Einführung. Beim Ausströmen aus einem Zuluftdurchlass in den Raum bildet die Luft (wie Flüssigkeiten) in der Regel einen *Strahl* aus.

Bei einem Abluftdurchlass ist das Strömungsbild anders. Ein Abluftdurchlass beeinflusst die Strömungen im Raum nicht. Selbst in Achsrichtung sind nahe dem Durchlass keine höheren Geschwindigkeiten festzustellen, da die Luft von allen Seiten gleichmässig zum Durchlass strömt.

Es gibt zwei Grenzfälle von Luftströmungen im Raum, welche beide nicht in reiner Form vorkommen:

- die vollständige Mischungslüftung und
- die ideale Verdrängungslüftung (Kolbenströmung).

5.3.1 Verhalten von Fluidstrahlen

Bild 5.7 zeigt einen Freistrahl, wie er z.B. bei Weitwurfdüsen (oder Rohreinmündungen in Wasserspeichern) auftritt. Mit zunehmendem Abstand von der Mündung wird der Strahl dicker und langsamer, da er Raumluft mitreisst (*Induktion*). Die Strahlachse krümmt sich, wenn die Zuluft eine andere Dichte als die Raumluft aufweist. Wenn der Strahl in einem flachen Winkel zur Oberfläche austritt, wird er abgelenkt und legt sich an die Oberfläche an (Wandstrahl). Dieser nach Coanda benannte Effekt wird z.B. bei Dralldurchlässen ausgenutzt (Bild 5.8). Zwei parallele, nahe beieinander befindliche Strahlen legen sich in gleicher Weise aneinander.

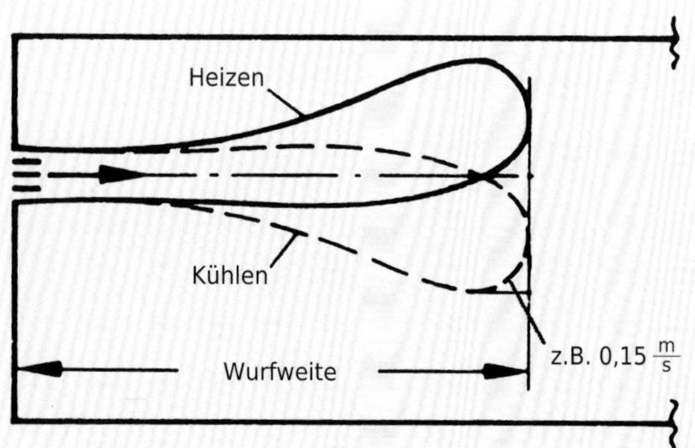

Bild 5.7 Freistrahl im Heiz- und Kühlfall, Vertikalschnitt [Rec1]

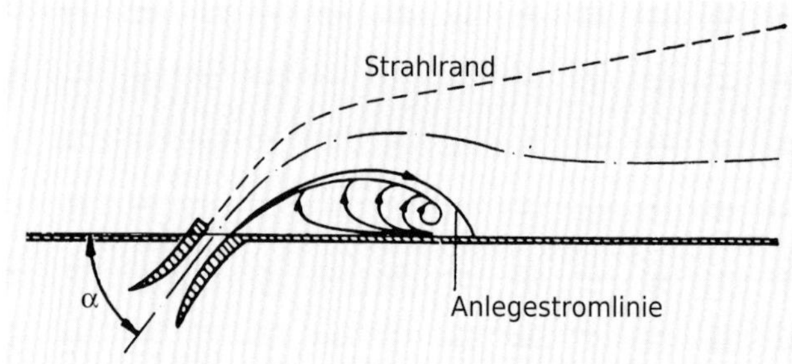

Bild 5.8 Anlegen eines Strahls an eine Oberfläche (Coanda-Effekt)

5.3.2 Mischungslüftung

Bei vollständiger Durchmischung der Zuluft mit der Raumluft würde sich keine Temperaturschichtung und keine Schichtung der Schadstoffkonzentration einstellen. Bei allen Durchlässen mit nennenswerten Austrittsgeschwindigkeiten (Kugeldurchlässe, Diffusionsgitter) tritt eine weitgehende Durchmischung ein, die Schichtung ist deshalb relativ gering (Bild 5.9). Die Platzierung der Zuluftdurchlässe ist nicht wichtig, sofern der Strahlbereich der Durchlässe den Aufenthaltsbereich nicht tangiert. Die Platzierung der Abluftdurchlässe spielt keine Rolle, wenn die Schichtung gering ist. In hohen Räumen stellt sich eine gewisse Schichtung ein; die Abluftdurchlässe sollten dann bei der wärmeren, belasteteren Luft oben eingebaut werden. Die Mischungslüftung ist die häufigste Art der Lufterneuerung.

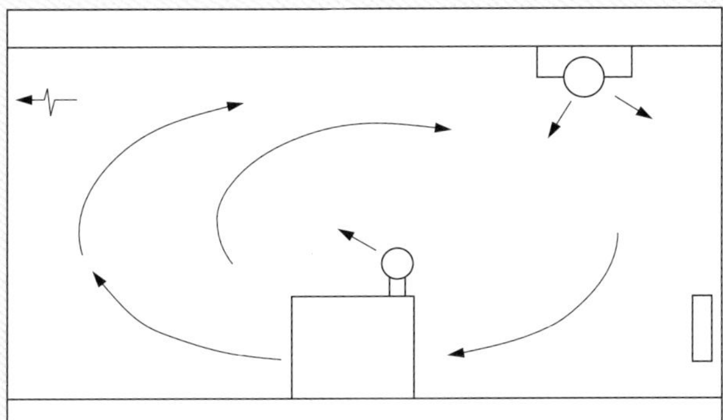
Mischungslüftung (z.B. Kugeldurchlässe, Pultdurchlässe)

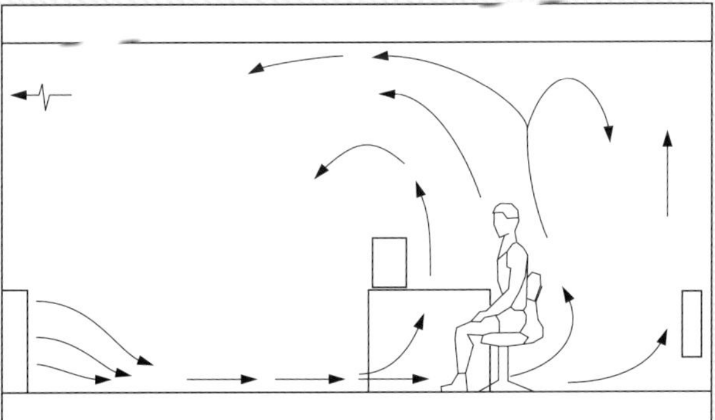
Quelllüftung (eventuell mit gekühlter Decke)

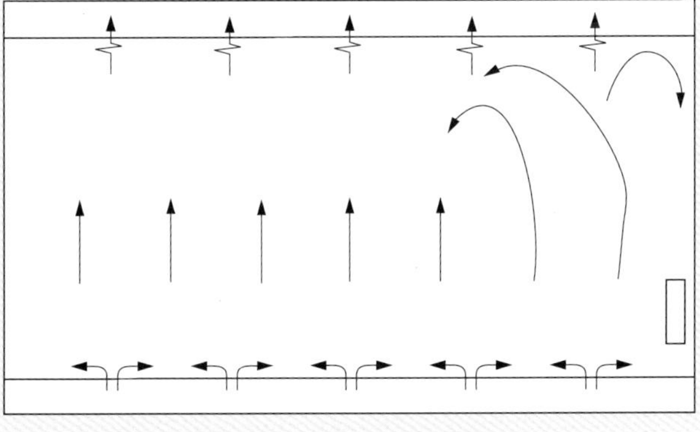
«Verdrängungslüftung» (Dralldurchlässe)

Bild 5.9 Luftführungen im Raum, von oben nach unten abnehmende Durchmischung der Raumluft

5.3.3 Quelllüftung

Bei der Quelllüftung wird die Zuluft mit geringer Untertemperatur (etwa 2 K) und kleiner Geschwindigkeit in Bodennähe dem Raum zugeführt. Die Luft verteilt sich in Bodennähe im ganzen Raum als «Zuluftsee». Dort, wo Luft benötigt wird, wird auch Wärme produziert (Personen und Geräte). Die auf diese Weise erwärmte Luft steigt an die Decke, wo sie abgesaugt wird. Durch die relativ ausgeprägte Schichtung der Temperatur und der Schadstoffe kann der Aussenluftwechsel besonders im Winter reduziert werden. Im Übrigen wird aber die Durchmischung verstärkt, wenn die Quellluftdurchlässe nicht schichtungsgerecht (d.h. oben) angebracht werden oder wenn zur Erhöhung der Kühlleistung Kühldecken vorhanden sind.

5.3.4 Verdrängungslüftung

Bei der Verdrängungslüftung wird im ganzen Raum eine eindeutige, oft nach oben gerichtete Strömung angestrebt. Dazu sind sehr hohe Luftwechselzahlen (bis über 100 h^{-1} in Reinräumen) erforderlich. Allerdings bewirken unvermeidliche Störungen der Strömung im Raum, dass sich eine gewisse Durchmischung ergibt.

5.4 Komponenten

Die Komponenten der Luftaufbereitung (wie Filter, Wärmerückgewinnung, Ventilatoren, Lufterhitzer) sind meistens in einer zentralen Baueinheit zusammengefasst. Bei grossen Anlagen wird diese als Monobloc, bei Kleinlüftungen als Kompaktlüftungsgerät bezeichnet. Nachfolgend werden die wichtigsten Komponenten einer Lüftungsanlage beschrieben (Bild 5.10).

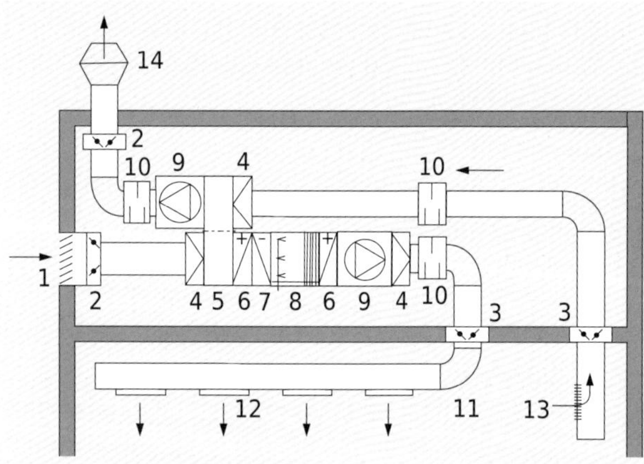

Bild 5.10 Komponenten einer Lüftungs- und Klimaanlage

5.4.1 Aussenlufteintritt und Fortluftaustritt

Die Aussenluft wird meistens über Wetterschutzgitter oder Ansaugbögen angesaugt. Die Aussenluftfassungen haben die Aufgabe, Wasser, Tiere und Fremdkörper abzuweisen. Sie sind so zu platzieren, dass keine übermässig erwärmte oder belastete Luft angesaugt wird. Aussenluftfassungen auf allgemein zugänglichem Grund sollten mindestens 3 m über Boden angeordnet werden.

Als Fortluftaustritt werden ebenfalls Wetterschutzgitter, Ausblasbögen oder Regenhüte verwendet (Bild 5.11).

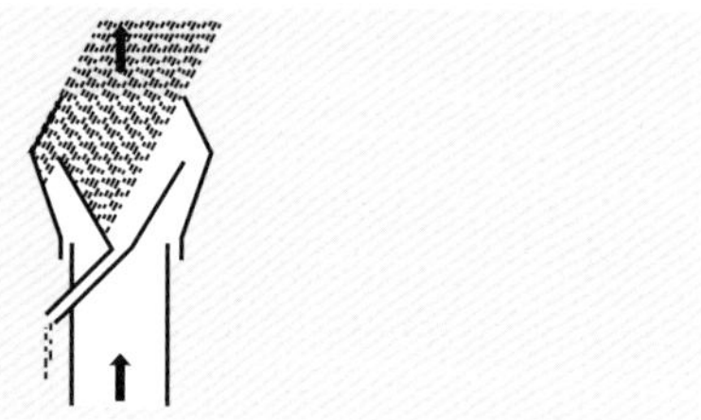

Bild 5.11 Fortluftaustritt (Regenhut)

5.4.2 Klappen

Die Aufgabe der Luftklappen ist es, den Luftvolumenstrom zu steuern oder den Luftweg (Luftein- und -austritt) abzuschliessen. Man unterscheidet:

- Klappen mit gegenläufigen Lamellen (Steuerung, Bild 5.10)
- Klappen mit gleichlaufenden Lamellen (Abschluss)
- Jalousieklappen (Kleinanlagen, z.B. WC-Abluft)
- Einstellklappen (Einregulierung der Luftmenge)
- Brandschutzklappen für den Abschluss des Luftweges je Brandabschnitt bei einem Brandausbruch. Die Auslösung erfolgt über Thermoelemente oder über die zentrale Brandmeldeanlage. Mit einer geeigneten Leitungsführung lassen sich Brandschutzklappen oft vermeiden (Kosten, Wartung).

5.4.3 Filter

Luftfilter haben die Aufgabe, Teilchen und gasförmige Verunreinigungen aus der Luft auszuscheiden. Je nach Anwendungszweck werden verschiedenste Filtermaterialien und Bauarten gebraucht, z.B. Faserfilter, Elektrofilter und Aktivkohlefilter. Am häufigsten werden Faserfilter eingesetzt. Die Filter für Lüftungsanlagen werden gemäss [EN ISO 16890] nach ihrem Abscheidegrad in Prozent für Stäube mit Partikelgrössen PM_{10}, $PM_{2,5}$ und PM_1 klassifiziert. Der Zahlenwert ist die Partikelgrösse in Mikrometer. Man unterscheidet geordnet nach zunehmender Feinheit:

- *Grobstaubfilter* für Partikel grösser als 10 µm bei sehr geringen Anforderungen (früher als G1 bis G4 bezeichnet)
- *Mediumfilter* als Aussenluftfilter für geringe Anforderungen (Garagen, Werkhallen oder als Abluftfilter), z.B. ePM_{10} 50 % (früher M5), ePM_{10} 65 % (früher M6)
- *Feinstaubfilter* verwendet als Aussenluftfilter in Büro- und Wohngebäuden, Läden, Restaurants und Schulen (Bild 5.12), z.B. ePM_1 50 % (früher F7), ePM_1 80 % (früher F9)
- *Schwebstofffilter* verwendet für die Filterung noch kleinerer Partikel (Bakterien, Tabakrauch) in Reinräumen und Spezialräumen, E10 bis U17

Bild 5.12 Feinstaubfilter (Unifil)

Die für die allgemeine Lufttechnik wichtigen Medium- und Feinstaubfilter werden mit einem genormten Prüfstaub getestet. Als übliche Anforderung an Aussenluftfilter gilt die Filterklasse ePM_1 50 % bzw. $ePM_{2,5}$ 65 % (früher F7). Bei verschmutzter Aussenluft wird diesem Filter noch ein Vorfilter ePM_{10} 50 % (früher M5) vorgeschaltet. Unter schwierigeren Bedingungen werden mehrere Filter hintereinander geschaltet. Vor der Wärmerückgewinnung muss immer ein Filter eingebaut werden. Bei mehreren Filterstufen sind die weiteren nach der Luftaufbereitung anzuordnen.
Für spezielle Zwecke werden weitere Filterarten verwendet:
- *Fettfilter* in Dunstabzugshauben aus Vlies oder Streckmetall
- *Aktivkohlefilter* eignen sich wegen der extrem grossen Oberfläche (1 g Aktivkohle hat eine Oberfläche von 1000 m²) für die Adsorption von Geruchsstoffen sowie schädlichen oder unerwünschten Gasen. Gase wie N_2, O_2, CO_2 werden nicht adsorbiert. Im grosstechnischen Massstab kann die Aktivkohle nach Gebrauch wiederaufbereitet werden. Dem Aktivkohlefilter ist immer ein Faserfilter vorgeschaltet.

Je feiner der Filter, desto grösser ist sein Druckverlust. Je grösser die Standzeit des Filters, desto mehr steigt sein Druckverlust an. Die Filter sollten mit einer Druckdifferenzmessung ausgerüstet werden, damit der Filterersatz zum richtigen Zeitpunkt erfolgen kann. Die Zertifizierungsstelle Eurovent ermöglicht Vergleiche verschiedener Produkte hinsichtlich Druckverlust unter Standardbedingungen und ermittelt entsprechende Energieeffizienzklassen A–G [Eur].

5.4.4 Lufterhitzer

Zum Erwärmen der Luft dienen die folgenden Geräte:
- Wasser-Lufterhitzer
- Wärmerückgewinnungseinrichtungen
- Abwärmenutzung von Kältemaschinen
- Spezialgeräte (Elektro- und Gaslufterhitzer)

Beim Wasser-Lufterhitzer werden praktisch nur Lamellenrohr-Wärmeübertrager verwendet. Je nach der zu erbringenden Leistung werden mehrere Rohrreihen hintereinander geschaltet. Der Vorgang der Lufterwär-

mung kann im h,x-Diagramm (Erläuterungen Anhang 11.6) dargestellt werden (Bild 5.13).
Die Wärmeleistung des Lufterhitzers ist:

$$\Phi = q_V \cdot \rho \cdot \Delta h = q_V \cdot \rho \cdot c_p \cdot \Delta\theta \quad (5.7)$$

Φ	Wärmeleistung in W
q_V	Volumenstrom in m³/s
ρ	Dichte Luft: etwa 1,15 kg/m³
c_p	spezifische Wärmekapazität Luft: etwa 1000 J/kgK
Δh	Enthalpieänderung der Luft in J/kg
$\Delta\theta$	Temperaturdifferenz Aus-Ein in K

Lufterhitzer

h g/kg Δθ kJ/kg Δh x

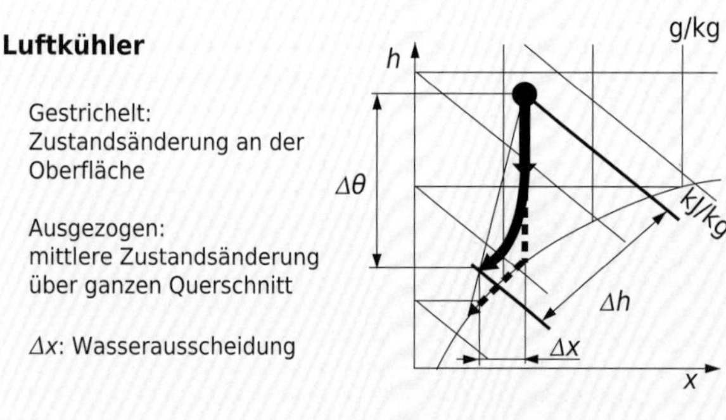

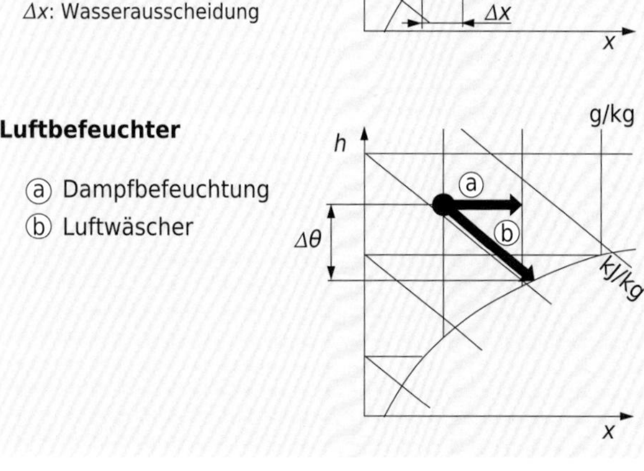

Bild 5.13 Luftzustandsänderungen im h,x-Diagramm für Lufterhitzer, Luftkühler und Luftbefeuchter

5.4.5 Luftkühler

Ein Luftkühler entzieht der Luft Wärme. Man unterscheidet zwischen

- Wasser-Luftkühler (Kaltwasserkreis der Kältemaschine oder Grundwasser) und
- Direkt-Verdampfer (Kältemittel verdampft direkt im Luftkühler).

Der Wasser-Luftkühler entspricht in der Bauart dem Wasser-Lufterhitzer. Der Temperaturunterschied zwischen Wasser und Luft ist jedoch geringer, sodass die Übertragungsflächen grösser werden (mehr Rohrreihen). Häufig wird beim Kühlvorgang Wasser ausgeschieden, da die Oberflächentemperatur des Kühlers unterhalb des Taupunktes der Luft liegt. Beim Direktverdampfer wird die Luft unter Umständen zu stark entfeuchtet, wozu unnötig viel Energie aufgewendet werden muss (Kondensationswärme des Wassers). Der Abkühlvorgang wird im h,x-Diagramm dargestellt. Die Kühlleistung lässt sich in jedem Fall berechnen mit:

$$\Phi = q_V \cdot \rho \cdot \Delta h \quad (5.8)$$

Wenn im Luftkühler – wie im Bild dargestellt – Wasser kondensiert, spricht man von latenter Last. In diesem Fall lässt sich die Enthalpiedifferenz *nicht* (wie in 5.4.4) durch die Temperaturdifferenz ausdrücken.

5.4.6 Luftbefeuchter

Grundsätzlich sollte soweit als möglich auf zentrale Befeuchtungseinrichtungen verzichtet werden. Im Normalfall sind Luftbefeuchtungseinrichtungen nur im Winter in Betrieb. Es werden Luftwäscher und Dampfbefeuchter eingesetzt.
Bei den *Dampfbefeuchtern* unterscheidet man solche mit grossen und kleinen Befeuchtungsleistungen. Bei grossen Leistungen wird der Dampf zentral in einem Dampfkessel erzeugt und dem dezentralen Dampfverteilrohr im Luftstrom zugeführt. Bei kleinen Leistungen wird der Dampf (sofern erlaubt) dezentral elektrisch erzeugt. Die Dampfzufuhr wird meist bedarfsabhängig nach der Raumluftfeuchtigkeit eines Pilotraumes geregelt.

Im *Luftwäscher* wird die Luft durch Zerstäuben von Wasser mit speziellen Düsen befeuchtet. Durch das Verdunsten des Wassers wird die Luft abgekühlt und muss häufig nachgewärmt werden. Luftwäscher bedingen eine sorgfältige Wartung, da sonst hygienische Probleme (Krankheitskeimbildung, Verschlammung) auftreten können.

5.4.7 Ventilatoren

Bauarten

Ventilatoren sind Strömungsmaschinen zur Förderung von Luft. Man unterscheidet verschiedene Ventilatortypen (Bild 5.14):

- Radialventilatoren mit rückwärts gekrümmten Schaufeln für hohe Gesamtdrücke (Wirkungsgrad 0,6 bis 0,85)
- Radialventilatoren mit vorwärts gekrümmten Schaufeln für geringe Gesamtdrücke (Wirkungsgrad 0,4 bis 0,7)
- Axialventilatoren für grosse Volumenströme und geringe Gesamtdrücke (Wirkungsgrad 0,5 bis 0,85)
- Querstromgebläse für Einzel- und Kleingeräte (Wirkungsgrad 0,1 bis 0,3)

Bild 5.14 Bauarten von Ventilatoren

Leistungs- und Energiebedarf

Ventilatoren und Luftkanalnetze folgen den gleichen Gesetzen wie Pumpen und hydraulische Netze (Kap. 3.1). So lassen sich die Leistungs- bzw. Energiedaten von Ventilatoren wie folgt ermitteln:

Wellenleistung Ventilator

$$P_V = \frac{q_V \cdot \Delta p}{\eta_V} \quad (5.9)$$

- P_V Wellenleistung Ventilator in W
- q_V Volumenstrom in m^3/s
- Δp Gesamtdruckdifferenz Ventilator in Pa
- η_V Ventilatorwirkungsgrad (siehe oben)

Elektrischer Leistungsbedarf

$$P_{el} = \frac{P_V}{\eta_{Tr} \cdot \eta_M \cdot \eta_{FU}} = \frac{q_V \cdot \Delta p}{\eta} \quad (5.10)$$

- P_{el} elektrische Leistung in W
- η_{Tr} Wirkungsgrad Transmission (Flachriemen 0,9–0,98; Keilriemen 0,8–0,95)
- η_M Wirkungsgrad Elektromotor (0,6–0,95)
- η_{FU} Wirkungsgrad Frequenzumrichter (0,8–0,97)
- η Gesamtwirkungsgrad $(\eta_V \cdot \eta_{Tr} \cdot \eta_M \cdot \eta_{FU})$

Elektrischer Energiebedarf («Transportenergie»)

$$E_{el} = P_{el} \cdot t \quad (5.11)$$

- E_{el} elektrischer Energiebedarf in Wh
- t Laufzeit Ventilator in h

Das Merkblatt [Top4] vermittelt Einzelheiten zu den Wirkungsgraden. Da die Wirkungsgrade bei Teilleistung

generell sinken, sollte ein Volumenstrom unter 30 % des maximalen nicht in Betracht gezogen werden.
Asynchronmotoren gibt es für Nenndrehzahlen von 3000 min^{-1} (2 Pole), 1500 min^{-1} (4 Pole), 1000 min^{-1} (6 Pole) und 750 min^{-1} (8 Pole). Mit einem Frequenzumrichter kann ausgenutzt werden, dass die Leistungsaufnahme des Ventilators mit der dritten Potenz der Drehzahl abnimmt.
Die Übertragung der Motorleistung auf den Ventilator erfolgt durch:

- Keilriemen: verlustreich und wartungsintensiv; wegen des Abriebs ist oft eine zweite Filterstufe nach dem Zuluft-Ventilator nötig.
- Flachriemen: besser; weniger, aber anspruchsvollere Wartung.
- Direktantrieb: verlust- und wartungsfrei; Motor und Ventilator auf derselben Welle; da kein Abrieb entsteht, ist meistens eine zweite Filterstufe nach dem Ventilator entbehrlich.

Ventilator und Netz

Auch bei Luftkanalnetzen ist der Reibungsdruckverlust proportional zum Volumenstrom im Quadrat (Netz- oder Anlagekennlinie, Kap. 3.1.1). Ventilatoren folgen den gleichen Ähnlichkeitsgesetzen wie Pumpen (Kap. 3.1.3).
Bild 5.15 zeigt nebst verschiedenen Ventilator-Förderkennlinien auch zwei Netzkennlinien. Es wird nun Ventilator a betrachtet. Bei sauberem Filter wird der Netzdruckverlust durch die untere Netzkennlinie dargestellt (Betriebspunkt A1). Bei verschmutztem Filter gilt die obere Netzkennlinie (Betriebspunkt A2). Bei unveränderter Drehzahl hat also der Volumenstrom stark abgenommen.

Was bedeutet «Gesamtdruckdifferenz»?

Bei üblichen Druckmessungen wird die Leitung seitlich angebohrt und dort das Messgerät angeschlossen. Dieses zeigt den statischen Druck p_{stat} an.
In der Leitung strömt das Medium mit der Geschwindigkeit v, entsprechend dem dynamischen Druck

$$p_{dyn} = \frac{1}{2}\rho v^2 \qquad (5.12)$$

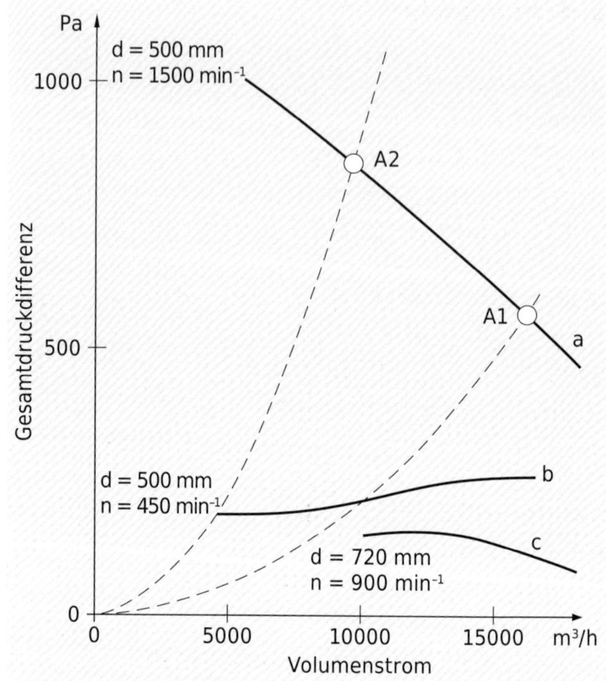

Bild 5.15 Beispiele von Ventilatorkennlinien

Der Gesamtdruck ist nun

$$p_{ges} = p_{stat} + p_{dyn} \qquad (5.13)$$

ρ Dichte, etwa 1,15 kg/m^3
v Luftgeschwindigkeit in m/s
p_{dyn} dynamischer Druck in Pa
p_{stat} statischer Druck in Pa
p_{ges} Gesamtdruck in Pa

In Luftsystemen sind die dynamischen Drücke vergleichsweise bedeutend. Grundsätzlich sind für alle strömungstechnischen Probleme (Druckverlust, Förderkennlinien) immer Differenzen von Gesamtdrücken massgebend.

5.4.8 Schalldämpfer

Ein Luft-Schalldämpfer hat die Aufgabe, Strömungsrauschen und Motorengeräusche im Luftstrom zu dämpfen. Er besteht beispielsweise aus einem Gehäuse mit längs angeordneten, schallabsorbierenden Einbauten, sogenannten Kulissen. Zuweilen sind auch Schalldämpfer nicht nur gegen innen, sondern auch gegen aussen nötig. Grundsätzlich sollten die Geräusche zuerst an der Quelle vermindert werden:

- geräuscharme Ventilatoren und Motoren
- mässige Luftgeschwindigkeiten
- elastische Montage
- dichte Kanäle

Telefonieschalldämpfer verhindern die Geräuschübertragung zwischen benachbarten Räumen über das Luftverteilnetz. Sie werden in die Lüftungskanäle eingebaut, welche vom Zentralgerät oder einer Verteilleitung zu den Durchlässen verschiedener Räume führen.

5.4.9 Luftkanäle

Luftkanäle haben die Aufgabe, die im Monobloc aufbereitete Luft mit möglichst geringem Druck- und Temperaturverlust dem gewünschten Raum zuzuführen bzw. abzuführen.

Die Luftgeschwindigkeiten sollten die nachstehenden Werte nicht überschreiten (entsprechend einem Druckverlust von $R \approx 0{,}4$ Pa/m):

- bis 1'000 m^3/h 3 m/s
- bis 2'000 m^3/h 4 m/s
- bis 4'000 m^3/h 5 m/s
- bis 10'000 m^3/h 6 m/s
- über 10'000 m^3/h 7 m/s

Mit angenommenen Geschwindigkeiten lassen sich die benötigten Kanalquerschnitte abschätzen. Runde Querschnitte sind strömungstechnisch optimal. Rechteckige Kanäle mit stark unterschiedlicher Breite und Höhe weisen höhere Druckverluste auf und verursachen öfter Schallprobleme.

Die Kanäle werden vorwiegend aus verzinktem Stahlblech hergestellt. Für Spezialanwendungen werden auch Kunststoff oder Aluminium eingesetzt. Zudem sind die Brandschutzvorschriften der Gebäudeversicherung betreffend Isolation zu beachten. Ein weiteres Problem stellen Undichtigkeiten von Kanalverbindungen dar (Energieverlust, Geräusche).

5.4.10 Luftdurchlässe

Die Luftdurchlässe der Zuluft gehören zu den wichtigsten Bestandteilen einer Lüftungsanlage. Ihre Aufgabe ist es, die Luft zugfrei in den Raum zu bringen. Es gibt sehr viele Typen von Durchlässen. Sie unterscheiden sich in technischer und optischer Hinsicht (Bild 5.16):

- Diffusionsgitter: einfacher Durchlass für Zuluft und Abluft, die Zuluft bildet einen Freistrahl oder einen Wandstrahl
- Dralldurchlass: universeller Durchlass auch in Bodenausführung, der Strahl legt sich sofort an die Montageebene an, rasch abnehmende Geschwindigkeit infolge starker Induktion
- Schlitzdurchlass: Zuluftdurchlass für Grossraumbüros usw., verschiedene Ausblasrichtungen möglich
- Quellluftdurchlass: keine Strahlbildung, gute Lüftungseffizienz, d.h. relativ wenig Durchmischung, wenn ordnungsgemäss eingesetzt (Kapitel 5.3)
- Weitwurfdüse: für grosse, hohe Hallen, Wurfweiten bis über 20 m, Freistrahl deutlich oberhalb des Aufenthaltsbereichs (Bild 5.7)
- Kugelschiene: für Büros usw., Zuluftdurchlass mit vielen kleinen, individuell einstellbaren Düsen, Freistrahlen, die sich eventuell aneinander legen

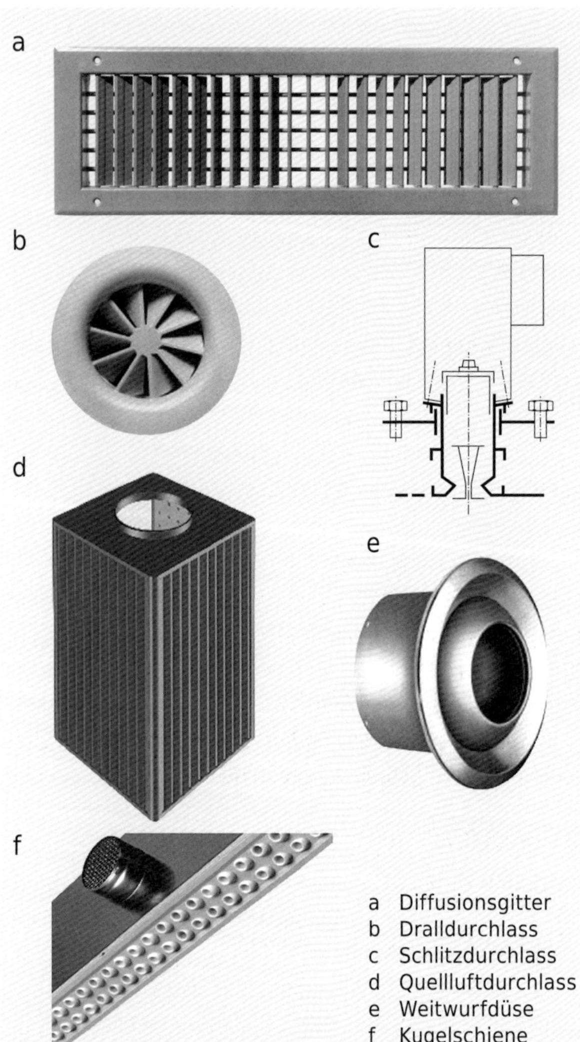

Bild 5.16 Beispiele von Luftdurchlässen (Trox)

5.4.11 Wärmerückgewinnung

Die Wärmerückgewinnung (WRG) hat den Zweck, Energie und somit Betriebskosten einzusparen. Zudem sollten die Investitionskosten für die Wärme- und Kälteerzeugung reduziert werden können. In der Schweiz ist der Einbau von Wärmerückgewinnungsanlagen in Lüftungsanlagen gesetzlich vorgeschrieben.
Die Wärmeübertragung kann direkt (Rekuperator) oder durch Zwischenspeicherung (Regenerator) erfolgen. Die für Lüftungsanlagen typischen Bauformen sind in Bild 5.17 zusammengestellt.

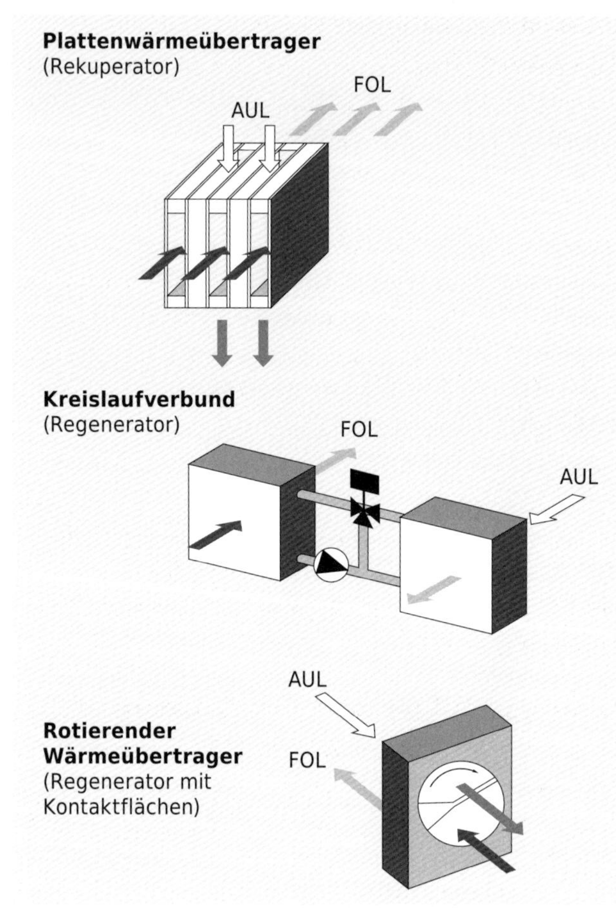

Bild 5.17 Typische Wärmerückgewinnungs-Bauarten für Lüftungsanlagen

Rekuperatoren

Die in Lüftungsanlagen eingesetzten Rekuperatoren sind Platten- und Röhrenwärmeübertrager. Die Fortluft und die Aussenluft werden, durch feste Platten oder Rohre aus Metall oder Glas getrennt, aneinander vorbeigeführt. Dabei wird Wärme übertragen. Die Strömungsführung in Rekuperatoren erfolgt aus konstruktiven Gründen oft, wie in Bild 5.17, im Kreuzstrom. Optimal wäre hingegen die Gegenstromführung mit den Eintritten auf entgegengesetzten Seiten des Wärmeübertragers. Mit der Koppelung von Kreuzströmern zu einem globalen Gegenstromsystem kann das Optimum bezüglich Wärmeübertragung annähernd erreicht werden (Kreuzgegenstrom). Rekuperatoren haben keine beweglichen Teile und nur eine kleine Leckluftrate. Nachteilig ist die Notwendigkeit, die Luftströme örtlich zusammenzuführen.

Kreislaufverbund (Regenerator)

Das Kreislaufverbundsystem oder Wasser-Glykol-System besteht aus Wärmeübertragern in der Fort- und Zuluft. Der Fortluft wird die Wärme entzogen und dem Zwischenkreislaufsystem (Wasser-Glykol-Gemisch) zugeführt. Die Wärme wird dann über einen zweiten Wärmeübertrager der Zuluft zugeführt.
Die Vorteile dieses Systems liegen bei der ortsunabhängigen Einbaumöglichkeit, da die Zu- und Abluftanlage nicht beieinander liegen müssen. Zudem ist die Leckluftrate gleich null. Als Nachteil ist der Mehraufwand für das Kreislaufsystem anzusehen.
Das *Heat-Pipe-System* (Wärmerohr) ist auch ein Kreislaufverbundsystem, da ein Kältemittel in den Rohren als Zwischenkreislaufmedium dient. Das Problem liegt bei diesem System bei der schwierigen Regelbarkeit (Beipass oder Kippvorrichtung) und dem oft geringen Wirkungsgrad.

Rotierender Wärmeübertrager (Regenerator)

Ein langsam sich drehendes Rad (10 bis 15 min^{-1}) aus wabenförmiger Speichermasse wird halbseitig in der einen Richtung von der Fortluft und halbseitig in der andern Richtung von Aussenluft durchströmt. Je nach Art der Speichermasse wird nur Wärme oder auch Feuchtigkeit zurückgewonnen. Zur Verhinderung einer direkten Luftmischung dient eine Spülzone. Die Vorteile dieses Systems liegen beim hohen Wirkungsgrad und der Möglichkeit der Feuchterückgewinnung. Als Nachteile sind die relativ grosse Leckluftrate und das Zusammenführen der Luftströme anzusehen.

Temperaturänderungsgrad (Rückwärmzahl)

Der Wirkungsgrad eines WRG-Systems gibt das Verhältnis der rückgewonnenen Wärmeleistung zur maximal rückgewinnbaren Wärmeleistung an. Wenn die beiden Massenströme gleich sind und fortluftseitig keine Kondensation eintritt, kann dieser Wirkungsgrad als *Temperaturänderungsgrad* geschrieben werden:

$$\eta_\theta = \frac{\theta_{22} - \theta_{21}}{\theta_{11} - \theta_{21}} \qquad (5.14)$$

θ_{11} Temperatur der Abluft vor der WRG
θ_{21} Temperatur der Aussenluft vor der WRG
θ_{22} Temperatur der Aussenluft nach der WRG

Typische Temperaturänderungsgrade bei trockener Fortluft und gleichen Massenströmen auf beiden Seiten:

– Rekuperatoren	Kreuzstrom	0,5 bis 0,6
	Gegenstrom	0,6 bis 0,85
– Kreislaufverbund		0,5 bis 0,75
– Wärmerohr		0,3 bis 0,6
– Rotierender Wärmeübertrager		0,5 bis 0,8

Vorsicht:
Durchflussabhängigkeit: Die Rückwärmzahl hängt bei einem bestimmten Wärmeübertrager vom Durchfluss ab. Wenn bei einer Wirkungsgradangabe der zugehörige Durchfluss fehlt, so ist diese wertlos.
Verschiedene Definitionen: Neben obiger Definition gibt es weitere. So wird im Zähler anstatt der Änderung im Aussenluftstrom diejenige im Abluftstrom eingesetzt. Das gibt andere Resultate bei der Wirkungsgradmessung wegen der internen Leckagen zwischen Abluft und Zuluft [Dek].
Lufterwärmung durch Ventilator: Bei Lüftungskompaktgeräten wird diese Lufterwärmung mitberücksichtigt. Dies ergibt eine höhere Rückwärmzahl.

Feuchteänderungsgrad (Rückfeuchtzahl)

In analoger Weise und unter denselben Voraussetzungen wird der Feuchteänderungsgrad eines WRG-Systems definiert:

$$\eta_x = \frac{x_{22} - x_{21}}{x_{11} - x_{21}} \qquad (5.15)$$

x_{11} Wasserdampfgehalt der Abluft vor der WRG
x_{21} Wasserdampfgehalt der Aussenluft vor der WRG
x_{22} Wasserdampfgehalt der Aussenluft nach der WRG

Typische Feuchteänderungsgrade sind:
- Rekuperatoren (wasserdampfdurchlässige Folie) 0,4 bis 0,75
- Rotierender Wärmeübertrager ohne Sorption etwa 0,1
- Rotierender Wärmeübertrager mit Sorption 0,5 bis 0,7

Elektrisch-thermische Verstärkung

Die WRG macht sonst wertlose Abwärme wieder nutzbar. Andererseits erhöht die WRG den Druckverlust und somit den Elektrizitätsverbrauch für die Luftförderung. Wie bei Wärmepumpen kann nun eine Leistungszahl bzw. eine Arbeitszahl definiert werden:

$$\epsilon = \frac{\Phi_{\mathrm{RG}}}{\Delta P_{\mathrm{el}}} \quad \text{bzw.} \quad \beta = \frac{Q_{\mathrm{RG}}}{\Delta E_{\mathrm{el}}} \qquad (5.16)$$

Φ_{RG} rückgewonnene Wärmeleistung
Q_{RG} jährlich rückgewonnene Wärmeenergie
ΔP_{el} elektrische Mehrleistung wegen Zusatzdruckverlusts
ΔE_{el} jährlicher elektrischer Mehrenergieverbrauch wegen Zusatzdruckverlusts

In der Regel sind Leistungs- bzw. Arbeitszahlen zwischen 7 und 12 erreichbar (günstiger als Wärmepumpen!).

5.4.12 Luft-Erdregister

Beim Ansaugen von Aussenluft durch Kanäle im Erdreich wird diese im Winter erwärmt und im Sommer gekühlt. Bei der Anlage gemäss Bild 5.18 wird während der Übergangszeiten die Aussenluft direkt angesaugt. Beipässe um die Wärmerückgewinnung herum vermindern den Elektrizitätsbedarf im Sommer. Erdregister, welche sowohl zum Heizen als auch zum Kühlen genutzt werden, weisen ein gutes Kosten-Nutzen-Verhältnis auf, besonders wenn sie eine Kältemaschine entbehrlich machen. Im Winter ist der energetische Nutzen des Erdregisters um so geringer, je besser die Wärmerückgewinnung ist. Ein kurzes Erdregister bzw. ein verlängerter Luftansaugkanal kann immerhin das fortluftseitige Vereisen der Wärmerückgewinnung im Winter verhindern und die Hitzespitze im Sommer ein wenig mildern. Die Kanäle des Erdregisters müssen einfach zu reinigen, wasser- und gasdicht sein (Radongefahr). Es kann Kondensat entstehen, dessen Entsorgung insbesondere bei unter der Fundamentplatte liegenden Registern zu bedenken ist. Die Wärmeleistung des Erdregisters hängt von den geologischen Verhältnissen sowie der Ausgestaltung und Platzierung des Registers ab. Erdregister können sowohl im trockenen Untergrund (Beispiele Bild 5.19 und [Ste]) als auch im Grundwasser (Beispiel [Bau, Zim]) angeordnet werden.

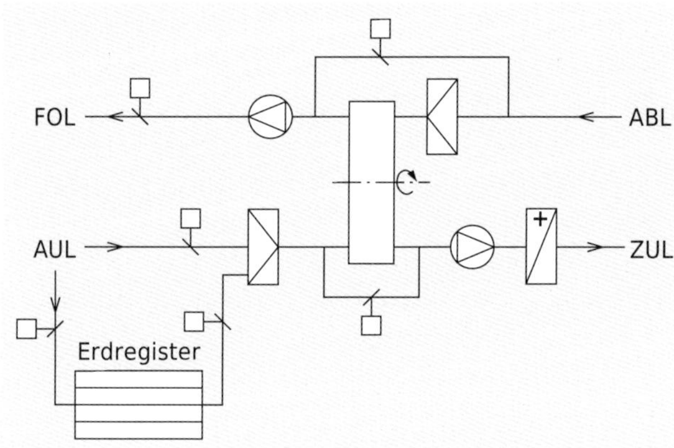

Bild 5.18 Einbindung des Erdregisters in die Lüftungsanlage

Bild 5.19 Grosses Erdregister unter der Fundamentplatte der ETH Hönggerberg, vorn und hinten begehbare Verteilkanäle, 40 HDPE-Rohre DN 500 mm, Länge 38 m, 100'000 m^3/h

Für kleinere Objekte ist eine Ausführung aus Kunststoffrohr mit 15 bis 20 cm Innendurchmesser und einer Gesamtlänge bis etwa 25 m für je 100 m^3/h zweckmässig. Wenn der Druckverlust etwa 10 Pa übersteigt, sollte die Gesamtlänge auf mehrere Rohre etwa im Abstand von 80 cm aufgeteilt werden. Aus Bild 5.20 geht die maximal erreichbare Erwärmung der Aussenluft hervor. Die Abkühlung an Hitzetagen ist ähnlich gross.

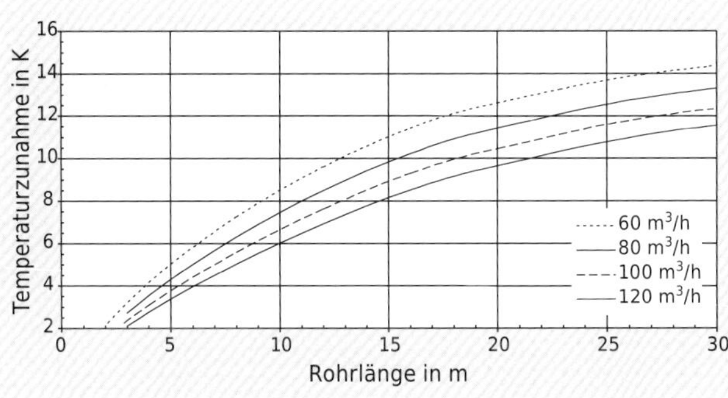

Bild 5.20 Aussenluft-Erwärmung in Luft-Erdregister im Mittelland, Aussentemperatur -10 °C, Rohre DN 150 mm in 1,5 m Tiefe, freiliegend oder neben einem Gebäude, in trockenem Erdreich, Lüftungsanlage im Dauerbetrieb [BFE5, SIA D 0179]

5.4.13 Lüftungszentralen und -schächte

Die Grösse der Zentrale sollte eine zweckmässige Installation und Wartung der Zu- und Abluftanlagen sowie der Wärmerückgewinnungsanlagen ermöglichen (Bild 5.21). Die Installationsschächte müssen auf jedem Geschoss zugänglich sein. Um den Druckverlust tief zu halten, sind die Kanäle mit möglichst wenigen und strömungsgünstigen Krümmern auszuführen. Einzelwiderstände haben in Luftnetzen ohnehin einen hohen Anteil am gesamten Druckverlust. Die Geschwindigkeiten in Luftaufbereitungsgeräten sollten, bezogen auf den Querschnitt des leeren Monoblocs, 1,5 m/s nicht überschreiten. Im Vergleich zu Anlagen mit höheren Geschwindigkeiten ergeben sich praktisch dieselben Jahreskosten, da die etwas höheren Investitionskosten durch niedrigere Betriebskosten aufgewogen werden.

q_V [m³/h]	1000	2000	5000	10000	20000	50000
Zentrale						
H [m]	2,5	2,7	3,0	3,5	4,2	5,0
A [m²]	40	50	75	100	140	220
Schachtquerschnitte						
A [m²]	0,25	0,5	1,2	2,0	4,0	8,0

Bild 5.21 Raumbedarf von Lüftungszentralen und von Installationsschächten pro Luftkanal [SIA 382/1]

5.5 Wohnungslüftung

5.5.1 Einfache Abluftanlagen

Die mit Feuchtigkeit und Gerüchen belastete Luft wird in den Nassräumen abgesaugt. Die Ersatzluft strömt über Öffnungen in der Gebäudehülle nach (Bild 5.22).

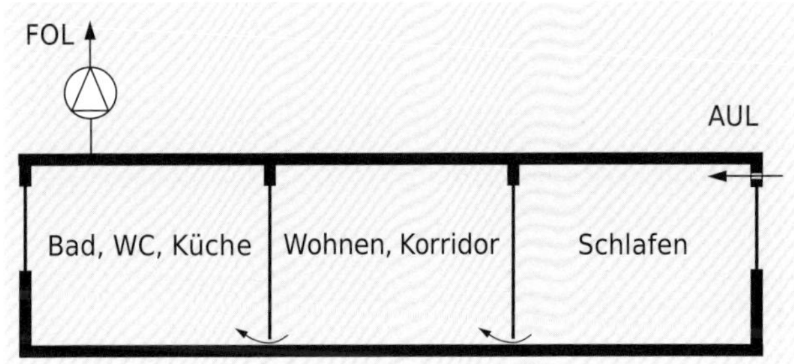

Bild 5.22 Reine Abluftanlage

Bei *eher undichten* Bauten (n_{50}> 3 h^{-1}) strömt die Ersatzluft ohne nennenswerten Strömungswiderstand über die zufälligen Leckstellen nach. Das Absaugen der belasteten Luft des Raums mit dem Abluftdurchlass ist gewährleistet, nicht jedoch die Belüftung der Räume und die Reduktion der Lüftungsverluste.

Bei *sehr dichten* Bauten nach heutigen Standards (n_{50}< 1 h^{-1}) strömt die Ersatzluft im Dauerbetrieb über Aussenluftdurchlässe in den Schlaf- und Wohnzimmern nach. Die Bemessung und Platzierung der Aussenluftdurchlässe sind entscheidend für das Funktionieren und den Komfort. Der Elektrizitätsbedarf für die Luftförderung ist relativ gering, sofern an die Aussenluftfilter keine besonderen Ansprüche gestellt werden. Die Lüftungsabwärme kann mit Abluft-Wärmepumpen genutzt werden.

5.5.2 Einfache Lüftungsanlage

Auslegung

Eine einfache Lüftungsanlage enthält Zuluftventilator, Abluftventilator, Wärmerückgewinnung und Filter. Diese Art der Wohnungslüftung wird auch als «kontrollierte Wohnungslüftung» (KWL) oder «Komfortlüftung» bezeichnet. Ohne besondere Vereinbarung schlägt [SIA 382/5] folgende Auslegungswerte vor.

Minimale Zuluft-Volumenströme:
- für Räume ohne nähere Angabe oder welche als Schlafzimmer für zwei Personen genutzt werden können: 30 m^3/h
- Nutzung für nur eine Persion: 20 m^3/h
- Raum im Durchströmbereich: 0 m^3/h

Minimale Abluft-Volumenströme (im Dauerbetrieb, je nach Anforderung):
- Küche (nicht während des Kochens): 20 bis 35 m^3/h
- Bad oder Dusche (mit oder ohne WC): 30 bis 60 m^3/h
- Separates WC: 15 bis 30 m^3/h

Kaskadenlüftung

Die Zuluft wird in die Schlaf- und ggf. Wohnzimmer eingeführt. Die Luft überströmt dann ins Wohnzimmer und den Korridor. Schliesslich wird die Abluft in Bad, WC und Küche entnommen. Diese serielle Luftführung von einem Raum zum andern wird als Kaskadenlüftung bezeichnet (Bild 5.23). Die Zuluftverteilung erfolgt meistens in der Decke oder in Flachkanälen im Bereich Dämmung/Unterlagsboden. Die Stockwerkhöhe muss hierfür etwas grosszügiger bemessen werden. Der Zuluftvolumenstrom muss für jeden Raum einreguliert werden können. Die Luft kann durch vergrösserte Türspalten oder bei Bedarf durch schalldämmende Wanddurchlässe von Raum zu Raum überströmen.

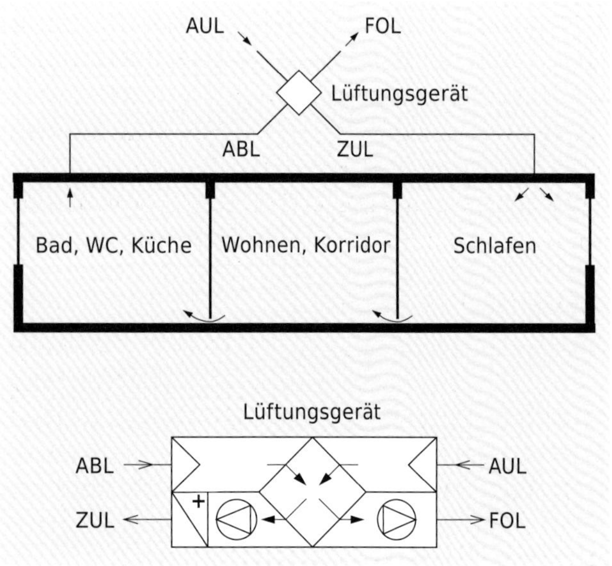

Bild 5.23 Einfache Wohnungslüftungsanlage

Bei genügendem Wirkungsgrad der Wärmerückgewinnung kann auf Lufterhitzer in der Zuluft verzichtet werden. Wenn die Zuluftleitungen innerhalb der thermischen Hülle verlaufen (ohnehin empfehlenswert), gleicht sich die Lufttemperatur mit zunehmender Transportdistanz recht bald an die umgebende Raumtemperatur an. Wohnungslüftungsgeräte können hohe Anforderungen an Energieeffizienz, Hygiene und Schall erfüllen. Es gibt einen neutralen Produktevergleich nach diesen Kriterien aufgrund eines technischen Reglements [Dek]. Jedoch gewährleistet nur eine einwandfreie Wartung, dass die guten Eigenschaften erhalten bleiben.

Platzierung der Durchlässe

Die Frage, ob im Wohn-Esszimmer ein Zuluftdurchlass notwendig ist, wurde experimentell untersucht und rechnerisch simuliert [Bar]. Dabei wurde eine Wohnung mit lüftungstechnisch besonders ungünstigem Grundriss ausgewählt (Bild 5.24). Das Resultat ist, dass trotzdem die Durchlüftung des offenen Wohn-Esszimmers gut funktioniert. Die Durchmischung ist so stark, dass keine Kurzschlussströmung aus dem Durchgang zum Küchenabluftdurchlass entsteht. Auf Zuluftdurchlässe im Wohnzimmer kann also verzichtet werden. Daraus ergeben sich namhafte Vorteile bezüglich Energieverbrauch, Erstellungs- und Betriebskosten.

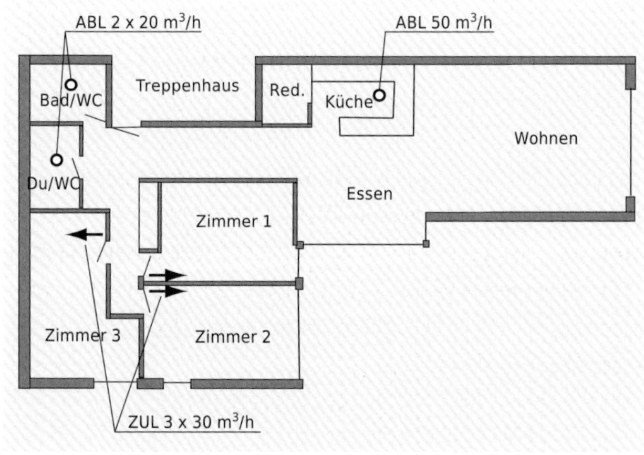

Bild 5.24 Beispiel für die Platzierung der Durchlässe für eine ungünstige Zimmeranordnung, ohne Zuluft im Wohnzimmer [Bar]

Verbundlüftung

Die Luft in einer Wohnung vermischt sich gut, solange die Türen offen stehen. Wenn eine Türe geschlossen ist, wird die Zimmerlüftung sichergestellt durch einen *aktiven Überströmdurchlass*. Dieser enthält einen kleinen, leisen Ventilator, welcher die Luft zwischen Korridor und Zimmer umwälzt. Der Ventilator ist nur bei geschlossener Türe in Betrieb. Zum aktiven Überströmdurchlass gehört ein Überströmdurchlass für die Rückströmung. Aktive Überströmdurchlässe werden in die Zimmertüren oder die Trennwände eingebaut. Damit benötigt eine Wohnung nur einen einzigen Zuluftdurchlass, der irgendwo im Hauptraum platziert werden kann (Bild 5.25). Die Zuluftleitungen zu den Zimmern entfallen. Die Verbundlüftung ist auch für Büros geeignet [Ver].

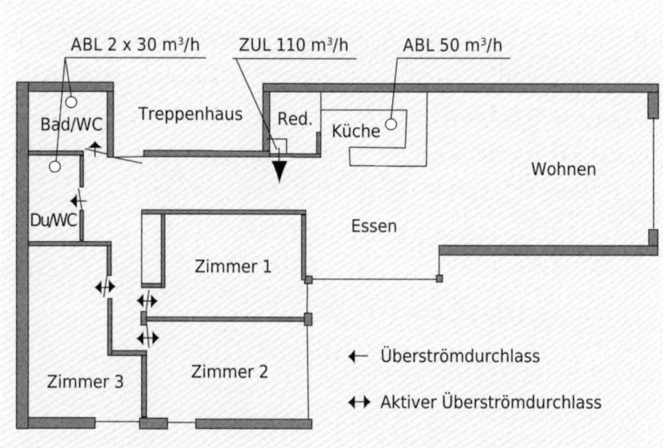

Bild 5.25 Dieselbe Wohnung mit Verbundlüftung

Einzelraumlüftung

Einzelraumlüftungsgeräte sind kleine, einfache Lüftungsanlagen (meistens mit Wärmerückgewinnung), welche nur einen einzigen Raum versorgen. Diese werden direkt in eine Aussenwand des Raums eingebaut. Das Luftverteilsystem entfällt. Der Betrieb kann optimal an die Benutzung angepasst werden. Allerdings muss auch die Wartung entsprechend individuell erfolgen.

5.5.3 Luftheizung

Eine Luftheizung ist eine einfache Lüftungsanlage mit einem Lufterhitzer, welcher die Zuluft auf eine Temperatur über der Raumtemperatur erwärmt (Bild 5.23). Die mechanische Lüftung übernimmt damit eine Heizfunktion (anstelle oder zusätzlich zu der üblichen Wasserheizung). Eine Nur-Luft-Heizung kommt praktisch nur beim Einfamilien-Passivhaus mit weitgehend offenem Grundriss infrage. Der Luftvolumenstrom sollte das hygienisch Notwendige aus Gründen des Transportenergiebedarfs und der Kanalgrösse nicht wesentlich überschreiten. Dann sind bei Auslegungsbedingungen in der Regel Zulufttemperaturen von über 40 °C erforderlich (Gefahr des Versengens von Staub). Bad und Küche müssen zu Heizzwecken konzeptwidrig mit Zuluft versorgt werden. Eine Temperaturregelung in den einzelnen Räumen ist kaum möglich. Der Zuluftkanal muss ausserhalb des Raums, für welchen die Warmluft bestimmt ist, gedämmt werden. Andernfalls wird die Wärmeleistung schon ausserhalb des Zielraums abgegeben. Luftheizungen bedürfen sehr sorgfältiger Planung, sonst sind Komfortmängel zu erwarten.

5.5.4 Allgemeine Fragen

Zentrale oder dezentrale Anlagen?

Wohnungslüftungen werden als zentrale Anlagen pro Gebäude, als Anlagen pro Wohnung bis hin zu Geräten pro Raum gebaut. Eine Zentralisierung hat Vorteile bezüglich Wartung. Die Vorteile der Zentralisierung sind jedoch geringer als bei Heizanlagen, da Luft räumlich und energetisch aufwendiger zu transportieren ist. Zentrale Lüftungsanlagen beschränken die individuelle Einflussnahme. Wohnungen für den gehobenen Bedarf eignen sich meistens für dezentrale Lösungen.

Abluft-Wärmepumpen

Wärmepumpen mit Abluft als Wärmequelle können beispielsweise zur Wassererwärmung eingesetzt werden. Die Wärmepumpe wird eine gute Arbeitszahl aufweisen, wenn die Ablufttemperatur hoch ist. Das Konzept bedingt allerdings Dauerbetrieb, was mit der Wassererwärmung nur bedingt vereinbar ist.

Kochherde

Die örtlich und zeitlich konzentriert anfallende Abluft beim Kochen sollte nicht über die im Dauerbetrieb stehende Wohnungslüftung abgeführt werden, dafür ist der Volumenstrom zu gering. Der Abluftvolumenstrom sollte in der Regel 150 bis 600 m^3/h betragen, damit er wirksam ist. Es bestehen folgende Möglichkeiten für eine intensive Lüftung während des Kochens:

- *Anschluss der Abzugshaube an die einfache Lüftungsanlage:* Zu- und Abluftvolumenstrom der Anlage erhöhen und möglichst die gesamte Abluft mittels einer Klappe über die Haube führen. Filterung und Brandschutz beachten.
- *Umlufthaube mit Aktivkohlefilter:* Einfaches Konzept, jedoch teure Filter mit beschränkter Standzeit bei fettreichem Kochen.
- *Ablufthaube mit gesteuertem Aussenluftdurchlass:* Der Abluft-Ventilator erzeugt einen geringen Unterdruck in der Küche, sodass die Aussenluft über eine automatisierte Klappe oder ein Fenster nachströmt. Günstige Wartung.

In heutigen, dichten Bauten muss das Ersatzluftproblem einwandfrei gelöst werden. Es entstehen sonst viel zu grosse Unterdrücke in der Wohnung. Die Ersatzluft strömt nach auf hygienisch fragwürdige Art durch die Bad-Abluftanlage, den Zimmerofen, die Steckdosen, die Heizungs- und Warmwasserverteilungen.

Feuerung und Wohnungslüftung

Bei Feuerungen innerhalb der dichten, thermischen Gebäudehülle muss die Verbrennungsluft direkt der Feuerung zugeführt werden. Holzfeuerungen im Wohnraum weisen Undichtheiten bei der Feuerraumtür oder dem Aschenbehälter auf. Bei solchen raumluftabhängigen Feuerungen können bei einem Unterdruck Abgase austreten. Als Richtwert gilt, dass der Unterdruck im Aufstellungsraum nicht höher als 4 Pa sein soll [SIA 384/1]. In einem normgemäss dichten Haus stört eine Küchenabluft (ohne geregelte Ersatzluft) eine Feuerung in unzulässiger Weise. Hingegen ist von einem einzelnen WC- oder Badventilator mit einem Abluftvolumenstrom von 60 m^3/h keine nennenswerte Störung zu erwarten.

6 KÄLTE- UND KLIMATECHNIK

6.1 Klimakältebedarf

6.1.1 Kriterien zur Wahl von Klimaanlagen

Klimaanlagen sind Lüftungsanlagen, bei denen die Raumluftkonditionen (wie Temperatur, Feuchtigkeit, Reinheit) während des ganzen Jahres innerhalb definierter Grenzen gewährleistet werden können. Aufwand und Betriebskosten entsprechen den gestellten Anforderungen.

Grenzen von klimatechnischen Einrichtungen:

- Raumtemperaturen –30 bis 100 °C
- Raumlasten bis 1500 W/m²
- Raumfeuchte von 20 bis 95 %
- Luftmengen bis 1500 m³/h m²
- Reinheit bis unter 10 Partikel pro m³

Klimaanlagen müssen dort eingesetzt werden, wo die gesetzlich geforderten Raumzustände, die Gesundheit der Menschen und Tiere oder die Produktion von Gütern bei abweichenden Raumzuständen nicht mehr gewährleistet sind. Grosse interne Wärmelasten in Dienstleistungsbetrieben oder spezifische Vorgaben für industrielle Prozesse sind oft nur mit einer Klimaanlage zu bewältigen. In Rechenzentren, Operationssälen, Labors oder Produktionsräumen (Fleisch, Blumen, Confiserie) sind die Raumluftanforderungen durch die Nutzung gegeben und erfordern meistens eine Klimaanlage ggf. mit Be- und Entfeuchtung.

Andererseits gibt es aber sehr viele Situationen, in denen kurzzeitige Überschreitungen der geforderten Raumzustände ohne Beeinträchtigung der Leistungsfähigkeit durchaus tolerierbar sind. Häufig werden «übertriebene» Raumluftkonditionen (Sommer < 26 °C) gefordert, die unnötig sind und nur durch eine Klimaanlage erfüllt werden können. Es gilt vorerst zu definieren, ab welchen Raumkonditionen gekühlt sowie be- und entfeuchtet werden darf. Im Weiteren soll berechnet werden, ob und unter welchen Bedingungen diese Grenzen nicht überschritten werden.

6.1.2 Kühlleistungs- und energiebedarf

Die hauptsächlichen Einflüsse auf den Kühlbedarf gehen aus Bild 6.1 hervor. Die Berechnung des Leistungsbedarfs und des Energiebedarfs sollte bei grösserem Bedarf mit einem dynamischen Simulationsprogramm erfolgen. Die Berechnung erfolgt im Stundenschritt für einen ortstypischen Aussenklimazustand [SIA 2028]. Auf diese Weise werden die instationären Speichervorgänge angemessen berücksichtigt. Weiter sind eine Menge Informationen zu den internen Lasten erforderlich, wie die sensible Wärmeabgabe von Personen, Angaben zu Beleuchtung und Geräten, Lastprofile, Nutzungszeiten usw. [SIA 2024]. Programme, welche die Anforderungen nach [SIA 382/2, SIA 2044] erfüllen, sind beispielsweise IDA-ICE oder das SIA-Tec-Tool.

Aussenklima Einstrahlung, Temperatur, Feuchtigkeit
Gebäudehülle (externe Lasten) Orientierung und Sonnenschutz der transparenten Bauteile U-Werte der Raumumschliessungsflächen
Innenausbau freiliegende Gebäudemasse
Interne Lasten Personenbelegung künstliche Beleuchtung installierte Maschinen und Apparate
Benutzer/Prozesse Bedienung des Sonnenschutzes (manuell, automatisiert) Komfortanforderungen an Raumtemperatur und Feuchte Reinheitsgrad der Raumluft (Luftwechsel)

Bild 6.1 Einflussgrössen auf die Raumkühllast

Bild 6.2 zeigt den Soll-Betriebsbereich der Raumtemperatur ausserhalb der Heizperiode. Für natürlich und mechanisch belüftete Räume wird die Raumtemperatur verschieden beurteilt. Wird bei mechanisch belüfteten Räumen die Grenzkurve b während mehr als 100 h/a überschritten, ist eine Kühlung erforderlich. Bei einer Überschreitung bis zu 100 h/a ist eine Kühlung erwünscht, ohne Überschreitung ist keine Kühlung nötig. In mechanisch belüfteten Wohnräumen ist eine etwas länger dauernde Überschreitung zu tolerieren. Die Anwendung solcher Programme ist mit beachtlichem Aufwand verbunden. Ob sie überhaupt eingesetzt werden müssen, kann jedoch mit einfachen Abschätzungen festgestellt werden.

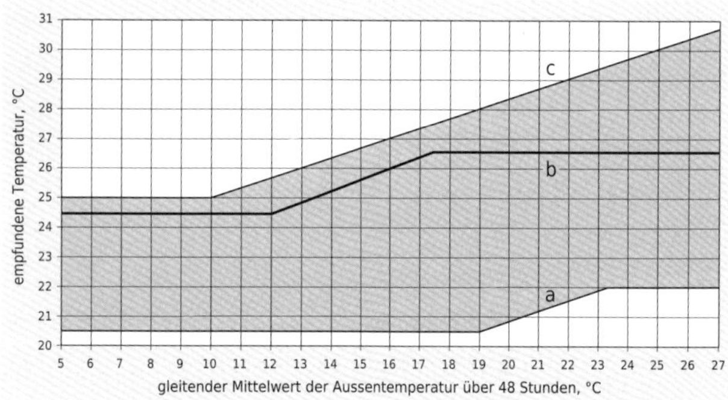

Bild 6.2 Zulässige Bereiche der empfundenen Temperatur a: Untergrenze; b: Obergrenze, während der Raum konditioniert wird; c: Obergrenze bei natürlich belüftetem Raum, während dieser weder gekühlt noch beheizt wird [SIA 180, SIA 382/1]

Wärmespeicherfähigkeit
Damit bei gekühlten Räumen die Wärmespeicherfähigkeit der Baumasse ausgenützt werden kann, ist eine schwere Bauweise erforderlich. Ist in einem Raum eine Betondecke überwiegend frei, so ist die Speicherkapazität ausreichend.

Beschattung
Sämtliche Fensterflächen müssen über einen wirksamen Sonnenschutz oder eine entsprechende Beschattungseinrichtung verfügen. Der Gesamtenergiedurchlassgrad (Glas und Sonnenschutz) g muss genügend klein sein.
Die Beschattungseinrichtung ist so auszuwählen, dass genügend Tageslicht in Fensternähe vorhanden ist.

Beleuchtung
Durch ein geeignetes Beleuchtungskonzept und eine intensive Tageslichtnutzung kann bei normaler Büronutzung die Abwärme der Beleuchtung im Sommer klein gehalten werden. Die installierte Beleuchtungsleistung sollte 10 W/m^2 (Büro, Restaurant) nicht überschreiten.

Wärmeschutz
Selbstverständlich muss der sommerliche und winterliche Wärmeschutz den Vorschriften genügen.

Unterschiedliche Nutzung
Durch bauliche, technische und betriebliche Massnahmen sollen die zu kühlenden Bereiche möglichst klein gehalten werden.

Bild 6.3 Bauliche Anforderungen

6.1.3 Bedarfsabklärung für Klimaanlagen

Bauliche Voraussetzungen

Der Bedarf für eine Klimaanlage ist gegeben, wenn alle zumutbaren architektonischen, bautechnischen und konzeptionellen Massnahmen (Reduktion der internen und externen Lasten sowie Nachtlüftung) ausgeschöpft sind und eine einfache Lüftungsanlage zur Einhaltung komfortabler Raumluftzustände nicht mehr genügt (Bild 6.3). Das grösste Risiko für den sommerlichen Wärmeschutz ist ein grosser Glasanteil (Bilder 6.4, 6.5). Selbst an der Nordfassade braucht es eine Beschattung. Der Glasanteil f_g ist das Verhältnis der lichtdurchlässigen Glasfläche zur Brutto-Fassadenfläche des betrachteten Raums. Bei grossem Glasanteil ist eine Automatisierung des Sonnenschutzes dringend zu empfehlen. Letzterer sollte bei einer Globalstrahlung von etwa 150 W/m^2 auf die betreffende Fassade betätigt werden.

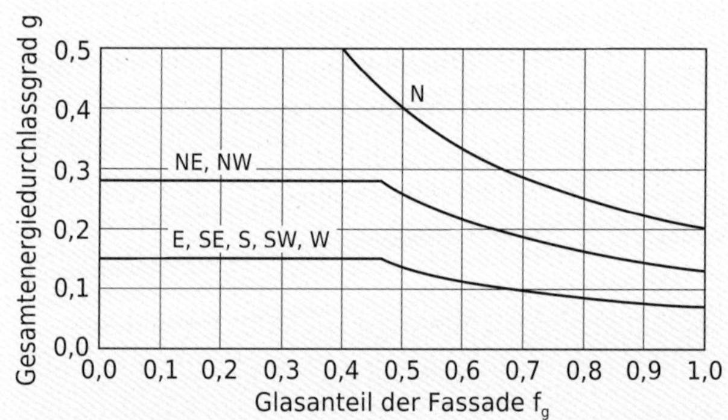

Bild 6.4 Anforderungen an den g-Wert von Fassadenfenstern (Glas und Sonnenschutz) je nach Glasanteil und Orientierung [SIA 180]

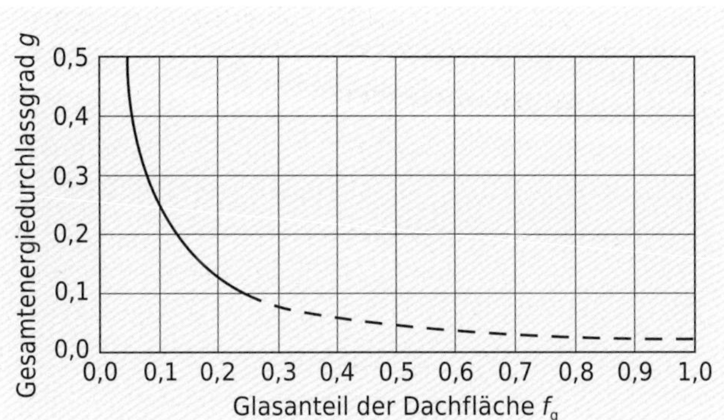

Bild 6.5 Anforderungen an den g-Wert von Dachfenstern (Glas und Sonnenschutz) [SIA 180]

Beurteilung des Bedarfs

Im Allgemeinen kann die Notwendigkeit einer Kühlung anhand der internen Wärmequellen und den Möglichkeiten der Fensterlüftung beurteilt werden (Bild 6.6). Bei der Bestimmung der internen Wärmequellen sind die tatsächlichen Wärmeabgaben der Personen, Geräte und Beleuchtung zu verwenden (nicht Typenschildangaben). Als Bezugsfläche dient die Nettogeschossfläche der betrachteten Nutzung. Typische Werte für interne Wärmequellen sind in [SIA 2024] zu finden.

Interne Wärmequellen pro Tag in Wh/m²			Kühlung
mit Fensterlüftung Tag und Nacht	mit Fensterlüftung bei Belegung	ohne Fensterlüftung	
> 200	> 140	> 120	notwendig
140–200	100–140	80–120	erwünscht
< 140	< 100	< 80	nicht notwendig

Bild 6.6 Beurteilung des Bedarfs einer Kühlung, wenn die baulichen Anforderungen eingehalten sind [SIA 382/1]

6.2 Kälteerzeugung

Kälte zu erzeugen bedeutet, Wärme von einem System (einem Raum oder einem Zwischenmedium) abzuführen, welches aus bestimmten Gründen die Solltemperatur überschreitet. Diese Gründe können grosse Wärmelasten und eine hohe Aussentemperatur sein. Die verschiedenen Möglichkeiten der Kälteerzeugung haben prinzipbedingte Begrenzungen, die sie für eine bestimmte Anwendung geeignet machen oder ausschliessen. Sie unterscheiden sich in ihrem Aufwand hinsichtlich Energie, Investition und Wartung.

6.2.1 Kältemaschinen

Die Kälteerzeugung erfolgt grossenteils mit der in Kapitel 2.4 behandelten Kompressions-Wärmepumpe bzw. Kompressions-Kältemaschine.

Dieselbe Maschine mit demselben Kreisprozess kann sowohl zum Heizen als auch zum Kühlen eingesetzt werden. Kältemaschinen und Wärmepumpen sind identische Geräte. Bei Wärmepumpen wird die Nutzleistung vom Kondensator ans Heiznetz abgegeben (Heizleistung). *Bei Kältemaschinen hingegen wird die Nutzleistung dem Verdampfer aus dem Kühlraum zugeführt (Kälteleistung).* Dementsprechend werden die Kennzahlen der Kältemaschine definiert:

$$\epsilon_{KM} = \Phi_0 / P_{el} \tag{6.1}$$

$$\epsilon_{C,KM} = T_0 / (T_C - T_0) \tag{6.2}$$

ε_{KM} Leistungszahl der Kältemaschine, auch als Energy Efficiency Ratio (EER) bezeichnet bezeichnet
$\varepsilon_{C,KM}$ Carnot-Leistungszahl der Kältemaschine
Φ_0 Kälteleistung (Verdampferleistung) in kW
P_{el} elektrische Leistungsaufnahme in kW
T_C Kondensationstemperatur in K
T_0 Verdampfungstemperatur in K

6.2.2 Freie Kühlung

Eine freie Kühlung (free cooling) ist eine Kühlung, die ohne oder nur mit geringem technischem Zusatzaufwand eine Abkühlung des Raums bewerkstelligt. Unter passiver Kühlung wird meistens dasselbe verstanden [Zim]. Voraussetzung für die freie Kühlung ist eine Wärmesenke mit einer Temperatur, die zumindest zeitweise einige K unter der Raumtemperatur liegt. Als Wärmesenken kommen infrage:

- Aussenluft kann mittels freier oder mechanischer Lüftung genutzt werden (Kapitel 5.2) oder mittels Rückkühlwerken (Kapitel 6.4.3).
- Oberflächliches Erdreich dient mit einem Luft-Erdregister der Abkühlung der Aussenluft (Kapitel 5.4.12).
- Erdreich wird vorteilhaft mit Erdsonden oder Erdpfählen zur freien Kühlung genutzt (Bild 6.7). Dieses sogenannte *Geocooling* bewirkt auch eine Regeneration des Erdreichs (Kapitel 2.4.3).
- Rohr-Register in einer Betonfundamentplatte kühlt im Sommer die Fussbodenheizung.
- Grundwasser ist eine gute Wärmesenke, eine Erwärmung ist aber aus hygienischen Gründen nur beschränkt zulässig. Wegen des Risikos der Verschmutzung wird die Grundwassernutzung nur bei grösseren Anlagen bewilligt.
- Oberflächenwasser von Seen und Flüssen hat im Sommer eine eher hohe Temperatur für diese Nutzung und ist recht wartungsintensiv.
- Tiefenwasser von Seen ist bezüglich Temperatur geeignet, ist aber aufwendig und wartungsintensiv.

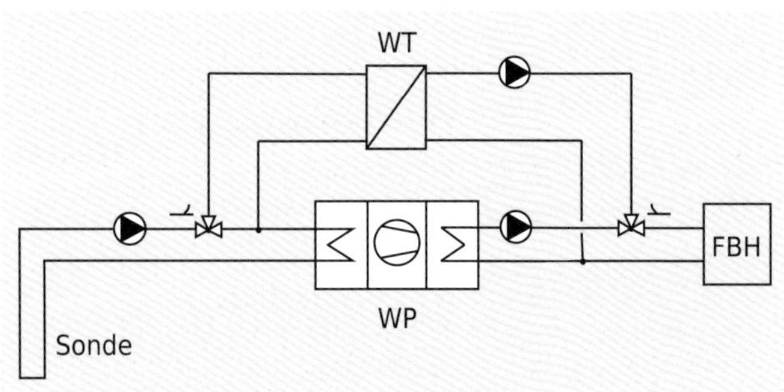

Bild 6.7 Freie Kühlung in einer Erdsonden-Wärmepumpen-Heizanlage (vereinfacht), im Kühlbetrieb wird der Sole-Wasser-Wärmeübertrager WT statt der Wärmepumpe WP durchströmt

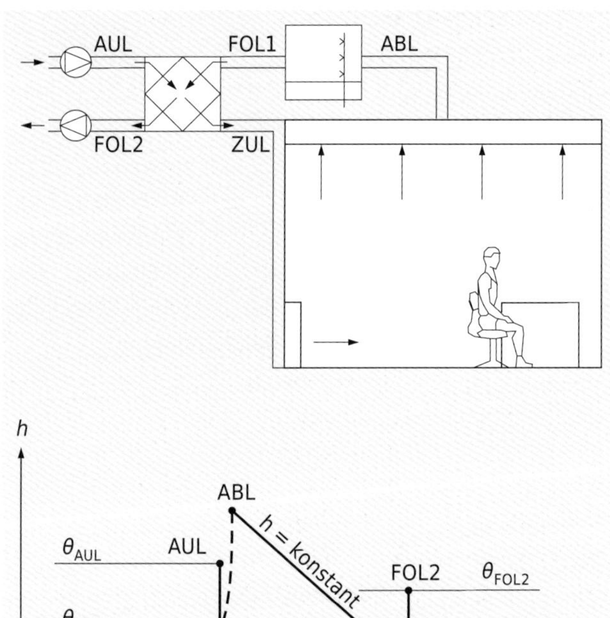

Bild 6.8 Funktionsweise der adiabatischen Kühlung

6.2.3 Verdunstungskühlsysteme

Adiabatische Kühlung

Die adiabatische Kühlung ist eine Verdunstungskühlung (adiabatisch: ohne Wärmezu- oder -abfuhr). Bild 6.8 zeigt das Prinzip. Die Abluft (ABL) wird in einem Befeuchter durch Verdunstung von zugeführtem Wasser abgekühlt (FOL1). In einem Plattenwärmeübertrager oder einem rotierenden Wärmeübertrager (ohne Feuchteübertragung) nimmt die Fortluft Wärme von der Aussenluft auf. Die Aussenluft (AUL) kühlt sich dabei ab und wird als Zuluft (ZUL) dem Raum zugeführt. Das h,x-Diagramm (Bild 6.8) zeigt auch die Grenzen der adiabatischen Kühlung. Wenn die relative Feuchte sehr hoch ist, kann durch Befeuchten die Temperatur nicht wesentlich gesenkt werden.

Sorptionsgestützte Klimatisierung

Die sorptionsgestützte Klimatisierung (desiccant cooling) ist eine Kombination von Lufttrocknung, Verdunstungskühlung und Wärmerückgewinnung. Die Lufttrocknung erfolgt durch Sorption an einem stark wasseranziehenden Sorptionsmittel wie Silikagel. Zu diesem Zweck wird in der Anlage gemäss Bild 6.8 zwischen Aussenluftkanal und Fortluftkanal ein rotierender Sorptionsregenerator (analog einem rotierenden Wärmeübertrager) eingebaut, welcher der Aussenluft möglichst viel Feuchtigkeit entzieht. Der Sorptionsprozess ist isenthalp, die Temperatur der Aussenluft nimmt also zunächst noch zu. Die Feuchtigkeit wird dann an die Fortluft abgegeben. Für diese Regeneration muss die Fortluft vor dem Regenerator auf 60 bis 100 °C erwärmt werden. Dazu kann minderwertige Energie (Abwärme, Solarwärme oder Fernwärme) genutzt werden. Die sorptionsgestützte Klimatisierung kann besonders effizient sein hinsichtlich Primärenergie, da für die Entfeuchtung keine Taupunktunterschreitung nötig ist. Allerdings führt das Verfahren zu einer komplexen Anlage, die einen professionellen Betreiber erfordert.

6.2.4 Absorptions-Kältemaschine

Anstelle eines mechanischen Kompressors (vgl. Bild 2.16) kann der Kältemitteldampf mit einem thermischen Verdichter vom Verdampfungsdruck auf den Kondensationsdruck gebracht werden. Der thermische Verdichter (grau in Bild 6.9) besteht aus:

- dem Absorber (Lösungsmittel nimmt das dampfförmige Kältemittel auf, wird angereichert),
- dem Austreiber (durch Wärmezufuhr wird das Kältemittel aus der reichen Lösung ausgetrieben),
- der Lösungspumpe (bringt die reiche Lösung auf den Kondensationsdruck)
- dem Wärmeübertrager (Vorwärmung der kalten, reichen Lösung).

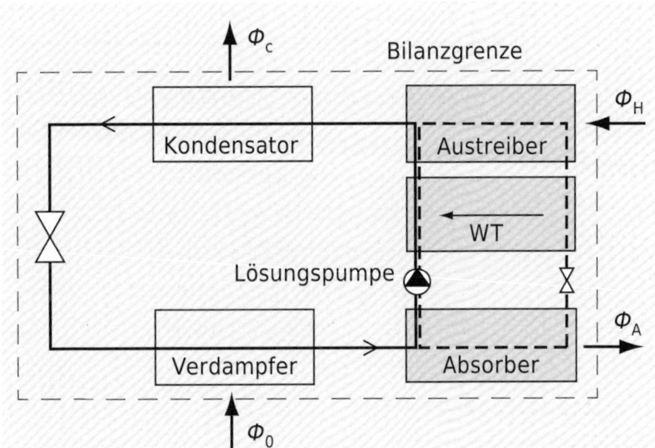

Bild 6.9 Funktionsweise der Absorptions-Kältemaschine, Kältemittelkreislauf ausgezogen, Lösungsmittelkreislauf gestrichelt

Die Nutzleistung ist die Kälteleistung Φ_0. Als Antrieb dient der Wärmestrom Φ_H mit einer Temperatur von 90 bis 180 °C. Die Kondensatorleistung Φ_c und die Absorberleistung Φ_A werden an die Umgebung abgegeben. Die kleine Lösungspumpe ist der einzige bewegte Teil. Sie ist in der Energiebilanz praktisch vernachlässigbar. Die Absorptionsmaschine arbeitet mit einem Stoffpaar, dem Kältemittel und dem Lösungsmittel:

- Wasser (Kältemittel) und Lithiumbromid (Lösungsmittel) oder
- Ammoniak (Kältemittel) und Wasser (Lösungsmittel).

Die Absorptionsmaschine weist ein *Wärmeverhältnis* Φ_0/Φ_H von 0,5 bis 0,8 auf, es ist etwa 5 mal geringer als die Leistungszahl EER einer Kompressionsmaschine. Sie kann hingegen mit minderwertiger Antriebsenergie (Industrieabwärme, konzentrierende Sonnenkollektoren, Fernwärme) arbeiten. Kühlschränke (ohne Elektroanschluss) werden mit Brenngasen betrieben. Vorteilhaft sind die Laufruhe, Betriebssicherheit und Lebensdauer der Absorptionsmaschine.

6.2.5 Adsorptions-Kältemaschine

Bei der Absorptionsmaschine (siehe oben) wird das verdampfte Kältemittel in einer Flüssigkeit absorbiert. Bei der Adsorptionsmaschine hingegen wird das verdampfte Kältemittel (z.B. Wasser) an der Oberfläche eines festen Stoffes adsorbiert. Das feste Adsorptionsmittel (z.B. Silikagel) wird in den Wärmeübertragern eingebaut. Die Maschine arbeitet diskontinuierlich in periodischem Wechsel zwischen Adsorptions- und Austreibungsvorgang. Ausser Ventilen weist die Maschine keine beweglichen Teile auf. Der Vorteil der Adsorptionsmaschine liegt im Antrieb durch Niedertemperaturwärme im Bereich von 55 °C bis 90 °C. Dafür kann Abwärme, Solarwärme oder Fernwärme eingesetzt werden. Dies ermöglicht eine grosse Primärenergieeinsparung. Wasser-Silikagel ist ein bewährtes, umweltfreundliches Arbeitsstoffpaar. Das Wärmeverhältnis liegt etwas tiefer als bei der Absorptionsmaschine.

6.2.6 Raumklimageräte

Nachstehend folgen Geräte für kleine Leistungen, geordnet nach ihrem Technisierungsgrad. Dafür gibt es Anforderungen und eine Energieetikette. Für die effizientesten Geräte siehe [Top1].

Komfortventilator

Ein Komfortventilator bezeichnet einen Ventilator, welcher einen Luftstrom erzeugt, der den Körper umfliesst zur Verminderung der empfundenen Temperatur. Decken- oder Tischventilatoren erzeugen bei feuchter Haut Verdunstungskälte. Energieeffizient.

Mobile Raumklimageräte

Diese kostengünstigen Kompaktgeräte enthalten ein Kompressionskälteaggregat. Da sie wenig effizient sind, sollten sie nur kurzfristig eingesetzt werden. Das *Ein-Schlauch-Gerät* (Bild 6.10) ist in der Handhabung am einfachsten. Der Fortluftschlauch 8 wird mit einem Adapter in den Fensterspalt geklemmt. Als Ersatz für die Fortluft tritt Aussenluft 9 durch den verbleibenden Spalt in den Raum ein. Diese warme Aussenluft vermischt sich mit der kühleren Raumluft. Ein Teil der Abwärme des Aggregats heizt den Raum. Die effektive Kühlleistung ist aus diesen Gründen nur etwa zwei Drittel der deklarierten Kälteleistung. Der Grenzwert der Leistungszahl EER (Verhältnis Kälteleistung/elektrische Leistung) beträgt, je nach Kältemittel, 2,2 bis 2,4 [EU]. Die praktische Leistungszahl eines solchen Geräts dürfte somit bloss etwa 1,5 betragen.

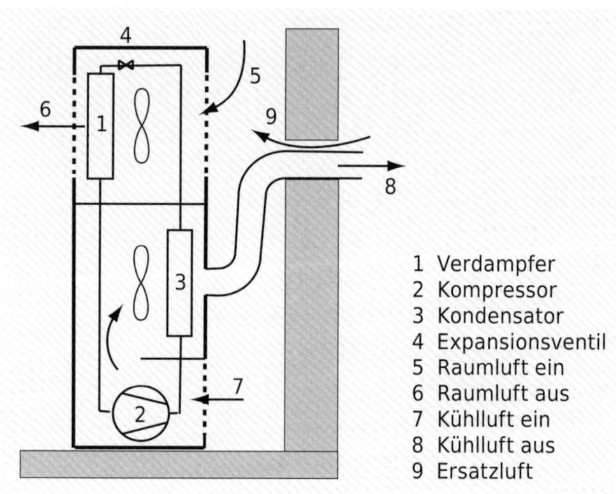

Bild 6.10 Funktionsweise eines Ein-Schlauch-Klimageräts

Das *Zwei-Schlauch-Gerät* saugt mit einem zweiten Schlauch die Kühlluft 7 für den Kondensator von aussen an. Falls man nun die beiden Schlauchdurchtritte durch abgedichtete Bohrungen führt, wird die effektive Kühlleistung um einiges näher bei der deklarierten liegen. Die Mobilität wird allerdings eingeschränkt.

Split-Raumklimageräte

Diese Geräte für feste Installation sind wesentlich effizienter und leiser als Schlauchgeräte und erlauben meistens auch einen Wärmepumpen-Heizbetrieb. Beim *Monosplitgerät* sind lediglich Verdampfer und Steuerung im Innengerät, Kondensator und Kompressor befinden sich im Aussengerät (Bild 6.11). Der Kältekreislauf wird schon im Werk mit Kältemittel gefüllt und auf der Baustelle mit Steckverbindungen durch kleine Bohrungen in der Gebäudehülle verbunden.
Beim *Multisplitgerät* können an ein Aussengerät mehrere Innengeräte angeschlossen werden. Deren Leistung ist individuell einstellbar.

Das sogenannte *Mobil-Splitgerät* stellt einen Kompromiss dar zwischen Split- und Schlauchgerät, bei dem nur der Kondensator sich im relativ leichten Aussengerät befindet. Die effektive Kühlleistung ist nur wenig geringer als die deklarierte Kälteleistung.

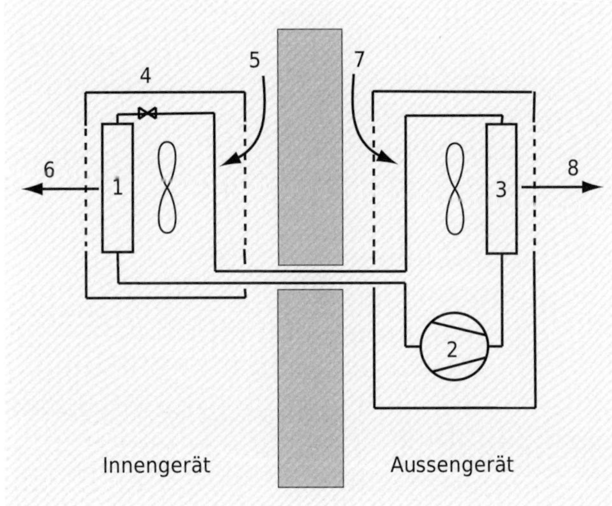

Bild 6.11 Funktionsweise eines Split-Klimageräts (Bedeutung der Zahlen wie in Bild 6.10)

6.3 Kälteabgabe

Kälte an einen Raum abzugeben bedeutet, dass einem Kälteerzeuger oder einem Zwischenmedium Wärme von einem Raum zugeführt wird. Nach den Untersuchungen in Kapitel 6.1 ist der Kühlleistungsbedarf eines Raums bekannt. Damit kann die Kälteabgabe an den Raum ausgelegt werden.

6.3.1 Luft als Wärmeträger

Bei der Raumkühlung mit Luft sollte die Temperatur der Zuluft beim Luftdurchlass wegen des Risikos kalter Luftströmungen nicht unter 16 °C (Mischlüftung) bzw. 18 °C (Quelllüftung) liegen [SIA 382/1]. Damit wird der nötige Zuluftvolumenstrom bestimmt:

$$q_{v,ZUL} = \frac{\Phi_C}{\rho \cdot c_p \cdot (\theta_{ZUL} - \theta_i)} \qquad (6.3)$$

$q_{v,ZUL}$ Zuluftvolumenstrom in m^3/h
Φ_C Kühlleistungsbedarf in W
$\rho \cdot c_p$ volumetrische Wärmekapazität, etwa 0,32 Wh/m^3K
θ_{ZUL} Zulufttemperatur in °C
θ_i Raumlufttemperatur in °C

Sollte der für die Wärmeabführung benötigte Volumenstrom grösser sein als der hygienisch notwendige, ist auch zu überlegen, ob die Wärmelast reduziert werden kann oder eine zusätzliche Kälteabgabe zweckmässig ist.

6.3.2 Wasser als Wärmeträger

Umluftkühlung

Wenn eine Lufterneuerung nicht erforderlich ist (oder nicht im Vordergrund steht), können Umluftkühlgeräte ohne aufbereitete Zuluft eingesetzt werden. Ein Ventilator fördert die warme Raumluft durch einen Luft-Wasser-Wärmeübertrager. Dieser gibt die Wärme an ein Kaltwassernetz ab. Anschliessend wird die abgekühlte Luft wieder in den Raum ausgeblasen. Umluftkühlgeräte werden angewendet, wo besonders hohe interne Lasten vorhanden sind: Rechenzentren, Serverräume, Trafostationen, Industrie. Für Räume, in denen sich Personen aufhalten und die keine zu öffnenden Fenster haben, sind reine Umluftanlagen nicht möglich. Entweder muss dann eine Lüftungsanlage die Lufterneuerung übernehmen oder es ist ein Umluftgerät einzusetzen, das auch Zuluft zuführt oder sogar aufbereitet.

Kühlung über das Heizsystem

Zuweilen lassen sich ohnehin vorhandene Heizkörper oder Fussbodenheizungen sinnvoll einbinden, vor allem bei kleinerer Kühllast oder freier Kühlung (Bild 6.7). Die Untergrenze der Vorlauftemperatur wird durch die Taupunkttemperatur der Raumluft bestimmt.

Kühldecken

Kühldecken gleichen den Heizwänden, werden jedoch an der Decke oder in Deckennähe angebracht:

- Die *geschlossene* Kühldecke ist ein grossflächiges Kühlelement, das an der Decke montiert oder abgehängt wird. Die Wärmeübertragung erfolgt mehrheitlich über Strahlung.
- Eine *offene* Kühldecke besteht aus einzelnen abgehängten Elementen, so dass die Luft alle Seiten bestreichen kann. Damit ergibt sich eine grössere Kühlleistung. Die Wärmeübertragung erfolgt mehrheitlich über Konvektion.

Oft werden Leuchten und Luftdurchlässe in Kühldecken integriert. Kühldecken werden an eine Kaltwasseranlage mit einer Vorlauftemperatur von 16 bis 18 °C angeschlossen. Die aufgenommene Wärmeleistung liegt bei einseitiger Wärmeaufnahme bei etwa 10 W/m^2 pro Kelvin mittlere Temperaturdifferenz Raumluft–Wasser. Die Untergrenze der Vorlauftemperatur wird durch die Taupunkttemperatur der Raumluft bestimmt.

Betonkern-Aktivierung

Siehe Kapitel 4.3

6.3.3 Kältemittel als Wärmeträger

Beim sogenannten *Direktverdampfer* wird das Kältemittel direkt zum Verbraucher geführt. Der Verdampfer und das Expansionsventil werden aus der Kältemaschine ausgelagert und bei der Nutzungseinrichtung eingebaut. Anstatt eines Kaltwassernetzes wird ein Kältemittelnetz benötigt. Beispielsweise kann ein Umluftkühler auch als Direktverdampfer ausgeführt werden. Bei gewerblichen Kälteanlagen wird oft in verschiedensten Verbrauchern je ein Verdampfer eingebaut:

- Kühlobjekte mit 5 bis 10 °C: Kühlräume, Kühlmöbel (Pluskühlung)
- Tiefkühlobjekte –5 bis –20 °C: Tiefkühlräume, Tiefkühlmöbel (Minuskühlung)

Der Vorteil dieser Systeme ist der Wegfall des Zwischenmediums Kaltwasser und damit des Wärmeübertragers Kältemittel–Kaltwasser. Die Kältemittelvorlaufleitung ist warm, sie braucht deshalb keine Wärmedämmung. Das Verfahren ist energieeffizient und kostensparend. Nachteilig ist die grosse Kältemittelmenge und die hohe Anforderung an die Dichtheit des Kältemittelnetzes.

6.4 Kühlanlagen

6.4.1 Kaltwasseranlage

In der Klimatechnik und der Industrie werden für grössere Kühlleistungen hauptsächlich Kaltwasseranlagen eingesetzt. Eine Kaltwasseranlage besteht aus (Bild 6.12):

- dem Kaltwassersatz (water chiller), um das Anlagewasser (oder Sole) abzukühlen,
- dem Rückkühlwerk (Wärmesenke), um die nicht nutzbare Abwärme an die Umgebungsluft abzugeben,
- die Kälteabgabe (Wärmequelle), z.B. Luftkühler, Kühldecken oder Tabs.

Verbunden sind diese drei Hauptbestandteile durch zwei hydraulische Kreise oder Netze:

- den Kühlwasserkreis und
- das Kaltwassernetz (oder Solenetz).

Der Kaltwassersatz ist eine Baueinheit hauptsächlich aus Verdampfer, Kompressor und Kondensator (Kapitel 2.4). Der Verdampfer erzeugt Kaltwasser mit einer Vorlauftemperatur von 5 bis 18 °C (Sole auch < 0 °C). Die Rücklauftemperatur ist 4 bis 8 K höher. Aus Effizienzgründen sollte eine Vorlauftemperatur von mindestens 16 °C angestrebt werden. Die Vorteile, indirekt durch Kaltwasser zu kühlen, sind:

- von der Wärmequelle getrennte Aufstellung des Kaltwassersatzes,
- es muss bei der Montage nicht in den Kältemittelkreislauf eingegriffen werden,
- kleine Kältemittelmenge,
- Hydraulik wie bei Heizungsanlagen.

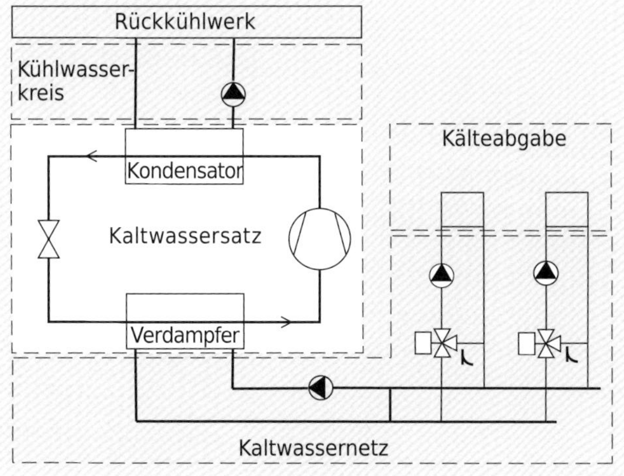

Bild 6.12 Schema einer Kaltwasseranlage

6.4.2 Kältespeicher

Aus analogen Gründen wie bei der Wärmeerzeugung werden bei der Kälteerzeugung Speicher eingesetzt.

Kaltwasserspeicher

können als Pufferspeicher im Kaltwassernetz eingesetzt werden, um kurzfristig (0,2 bis 2 Stunden) die Energie zu speichern. Sie dienen dazu, minimale Laufzeiten der Kältemaschine zu erreichen. Für Kaltwasserspeicher sind ähnliche Überlegungen wie bei Wärmespeichern hinsichtlich der hydraulischen Schaltungen und der Regelung anzustellen.

Eisspeicher

nutzen die Schmelzwärme von Wasser und speichern deshalb viel mehr Energie pro Volumeneinheit als Kaltwasserspeicher. Die Einbindung in das hydraulische Netz und die Regelung ist zwar schwieriger. Trotzdem werden Eisspeicher aus folgenden Gründen oft eingesetzt:

- geringere Investition dank kleinerer Kälteerzeugung,
- Reduktion der elektrischen Spitzenleistung,
- Ausnutzung günstiger Stromtarife,
- Überbrückung von Anlageausfällen.

Es gibt verschiedene Eisspeichersysteme. Im Folgenden wird der Eisspeicher mit Wärmeübertragerrohren besprochen, die von Sole durchströmt werden (Bild 6.13). Die Kunststoffrohre befinden sich in einem mit Wasser gefüllten Kunststoffbehälter. Das Umlenkventil (VU) wird nur im Ladebetrieb auf Umlenkung gestellt, sonst auf Durchgang. Oft erfolgt die Kälteabgabe an den Nutzer über ein Kaltwassernetz, was einen Sole-Wasser-Wärmeübertrager bedingt. Der Eisspeicher wird wie folgt bewirtschaftet:

- *Ladebetrieb:* Nachts besteht kein Kühlleistungsbedarf. Das Regelventil (VR) regelt auf eine Temperatur θ_{TC} von –1 °C. Die Sole mit einer Temperatur unter dem Gefrierpunkt lässt das Wasser gefrieren. Mit einer geschickten Konstruktion werden Beschädigungen am Speichersystem vermieden (System Calmac).
- *Beipassbetrieb:* Der Kühlleistungsbedarf wird ganztags vom Kaltwassersatz gedeckt. Das Regelventil (VR) steht so, dass der gesamte Solevolumenstrom den Eisspeicher umgeht.
- *Entladebetrieb:* Der Kühlleistungsbedarf übersteigt die Kälteleistung des Kaltwassersatzes. Das Regel-

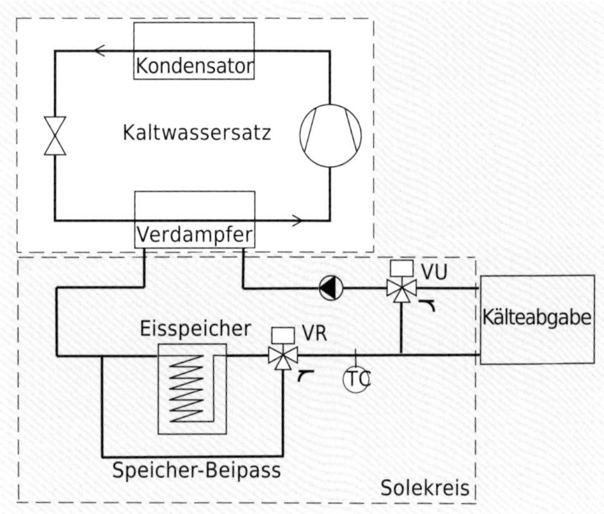

Bild 6.13 Beispiel einer Eisspeicheranlage

ventil (VR) regelt θ_{TC} auf eine Mischtemperatur von beispielsweise 10 °C, sodass die Leistungsbezüge aus dem Kaltwassersatz und dem Eisspeicher eine ähnliche Grössenordnung aufweisen.

Der Nachteil der Eisspeicherssysteme ist die für die Speicherladung benötigte tiefe Verdampfungstemperatur, welche eine vergleichsweise schlechte Arbeitszahl nach sich zieht. Es ist deshalb zu überlegen, ob die Spitzenleistung durch andere Massnahmen reduziert werden kann.

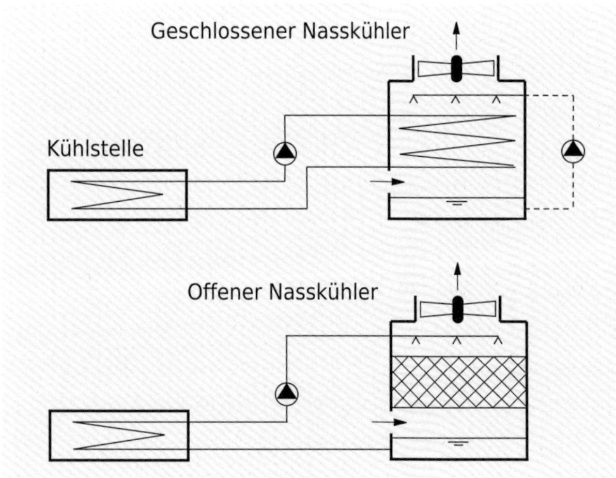

Bild 6.14 Prinzipien von Rückkühlwerken

6.4.3 Rückkühlung

Bei Kaltwassersätzen und oft auch bei freier Kühlung muss die Abwärme einer Kühlstelle an die Umgebungsluft abgegeben werden. Kühlstellen sind z.B. Kondensatoren oder Bauteilkerne. Nach einer allfälligen Abwärmenutzung wird das Kühlwasser in einem Rückkühlwerk rezykliert:

- Der *Trockenkühler* ist ein Rohrbündelwärmeübertrager Wasser–Luft (Bild 6.14 oben, jedoch ohne den gestrichelten Sekundärkreislauf). Im Idealfall kann das Wasser bis zur Lufttemperatur abgekühlt werden.
- Beim *geschlossenen Nasskühler* wird das Rohrbündel auf der Luftseite zusätzlich mit Verdunstungswasser besprüht. Durch die Verdunstung kann das Prozesswasser theoretisch bis zur *Feuchtkugeltemperatur* (Anhang 11.6) abgekühlt werden. Diese ist tiefer als die Lufttemperatur. Dieser Kühler ist für grössere Leistungen geeignet.
- Der *Hybridkühler* ist ein geschlossener Nasskühler, der sowohl nass als auch trocken betrieben wird. Die Betriebswahl erfolgt entsprechend der benötigten Leistung. Der Hybridkühler ermöglicht einen geringen Verbrauch an aufbereitetem Verdunstungswasser.
- Der *offene Nasskühler* bringt das Kühlwasser ohne Zwischenschaltung eines Wärmeübertragers direkt in Kontakt mit der Luft. Das Prozesswasser rieselt über Füllkörper, dabei verdunstet ein geringer Teil davon. Auch hier kann das Wasser im Idealfall bis zur Feuchtkugeltemperatur abgekühlt werden. Diese Rückkühlwerke sind besonders leistungsfähig. Nachteilig sind die Verunreinigung des Kühlwassers, die Dampfschwaden in der kühlen Jahreszeit und die aufwendigere Wartung.

Abwärmenutzung: Das erwärmte Kühlwasser am Austritt aus dem Kondensator soll nach Möglichkeit noch genutzt werden, etwa für eine Warmwasservorwärmung oder eine Belüftung von kalten Untergeschossen. Da oft nicht der ganze Kühlwasserstrom über eine solche Zusatzeinrichtung geleitet werden kann, wird nur ein zuschaltbarer Teilstrom abgezweigt.

6.4.4 Gekoppelte Kühl- und Heizanlage

Prinzip der Kälte-Wärme-Maschine

Bei vielen Nutzungen besteht sowohl Kälte- als auch Wärmebedarf. Anstelle getrennter Wärme- und Kälteerzeugungen werden die beiden Funktionen mit grossem energetischem Vorteil mittels einer Kältemaschine bzw. Wärmepumpe zusammengelegt. Die Kältenutzungen dienen soweit möglich als Wärmequellen der Anlage, die Wärmenutzungen soweit möglich als Wärmesenken. Eine Ungleichzeitigkeit von Wärme- und Kältebedarf im Rahmen eines Tages wird mit Wasserwärmespeichern überbrückt, eine saisonale Ungleichzeitigkeit mit Erdwärmesonden. Bei grossem Wärmebedarf wird Wärme aus der Sonde bezogen, bei grossem Kältebedarf wird Wärme an die Sonde abgegeben (Bild 6.15).

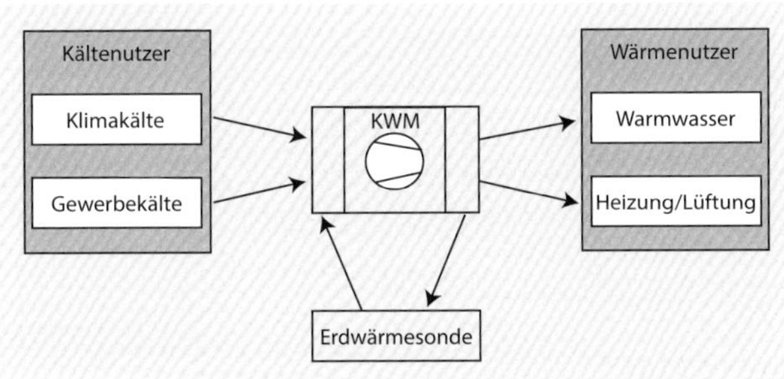

Bild 6.15 Wärmeflüsse der Kälte-Wärme-Maschine

Leistung und Gesamtleistungszahl

In Restaurants, Bäckereien, Metzgereien, Verkaufslokalen besteht ein Leistungsbedarf für alle vier Nutzungen. Die Leistungsbedarfe der verschiedenen Nutzungen hängen stark von der Aussentemperatur ab (Bild 6.16).

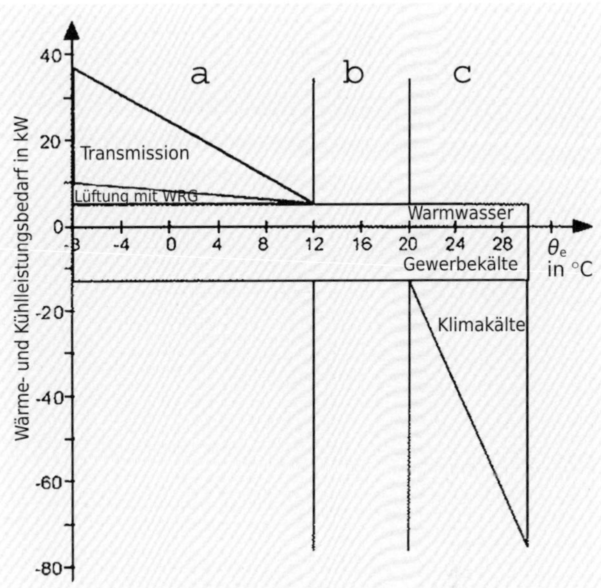

Bild 6.16 Kühlleistungs- und Wärmeleistungsbedarf (24 h-Mittelwerte) am Beispiel einer Autobahnraststätte, a: Heizleistungsbedarf vorhanden, b: weder Heiz- noch Klimakälteleistungsbedarf, c: Klimakälteleistungsbedarf vorhanden [BFE6]

Die Gesamtleistungszahl (gesamte Nutzleistung/elektrische Leistung) der Kälte-Wärme-Maschine ist abhängig vom Betriebszustand. Sie bewegt sich zwischen folgenden Eckwerten (vereinfachtes Beispiel):

- reine Kältenutzung, $\varepsilon_{KM} = 2$,
- reine Wärmenutzung, $\varepsilon_{WP} = 3$,
- optimale gekoppelte Nutzung, $\varepsilon_{KWM} = \varepsilon_{KM} + \varepsilon_{WP} = 5$.

Das Optimum wird erreicht, wenn der Heizleistungsbedarf gerade um die elektrische Leistung höher ist als der Kühlleistungsbedarf, d.h., wenn das Verhältnis Heiz- zur Kühlleistung 1,5 beträgt.

Direkt- und Indirektsysteme

Mit Direktverdampfer bzw. Direktkondensator ausgerüstete Anlagen, wie diejenige nach Bild 6.16, sind besonders energieeffizient. Sie sind aber anspruchsvoll in der Planung. Nachteilig ist der grosse Kältemittelbedarf (lange Leitungen zu den Peripheriegeräten), sodass Direktsysteme nur für kleinere Leistungen zulässig sind. Bei Indirektsystemen bedienen Zwischenkreisläufe die Peripheriegeräte. Wegen des modulareren Aufbaus können Seriemaschinen eingesetzt werden, sodass die Planung einfacher ist. Eine Klimakälte-Wärme-Anlage mit Indirektsystem wird in [BFE1] detailliert beschrieben.

7 WARMWASSERVERSORGUNG

7.1 Übersicht

7.1.1 Energetische Bedeutung

In sehr gut wärmegedämmten Wohngebäuden verursacht die Warmwasserversorgung bis über die Hälfte des gesamten Wärmeenergieverbrauchs. Der Energieaufwand hängt stark vom Benutzerverhalten sowie von Konzept und Dimensionierung der Anlage ab. Eine konzentrierte Anordnung der Entnahmestellen um den Wassererwärmer ist eine Voraussetzung für geringe Energieverluste der Warmwasserverteilung. Lassen sich weit auseinander liegende Entnahmestellen mit geringem Verbrauch nicht umgehen, so sind lokale Wassererwärmer oft zweckmässiger als eine Zentralversorgung (Bild 7.1). Selten benutzte Entnahmestellen sind zu vermeiden.

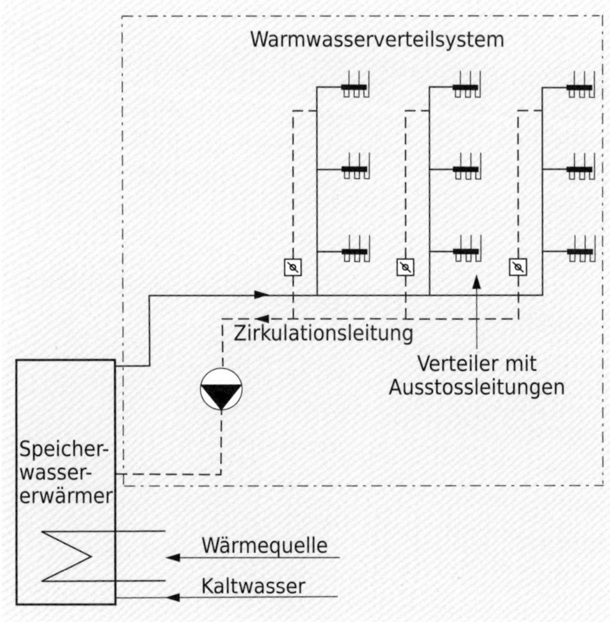

Bild 7.1 Warmwasserversorgungsanlage (Zentralversorgung eines Mehrfamilienhauses)

7.1.2 Temperatur

Je nach Verwendungszweck werden verschiedene Warmwassertemperaturen an der Entnahmestelle gewünscht:
- Körperpflege
  35 bis 45 °C
- übrige Haushaltzwecke (Geschirr spülen, reinigen)
  50 bis 60 °C

Für die Festlegung der Warmwassertemperatur sind nebst den Nutzerbedürfnissen folgende Randbedingungen von Bedeutung:
- Tiefe Temperaturen sind energetisch günstig.
- Hohe Temperaturen ergeben kleine Speichervolumen.
- Über 60 °C nimmt die Verkalkung stark zu.
- Zwischen 25 und 50 °C können sich Legionellen vermehren.

7.1.3 Legionellen-Vorbeugung

Legionellen sind Bakterien, für welche stagnierendes Wasser von 25 bis 50 °C günstige Lebensbedingungen bietet. Sie können bei geschwächten Personen, welche Aerosole (z.B. beim Duschen) einatmen, eine spezielle Lungenentzündung (Legionellose) hervorrufen. Im Jahr 2018 wurden in der Schweiz laut Bundesamt für Gesundheit 567 Legionellosefälle gemeldet, Tendenz steigend. Fünf bis zehn Prozent der Fälle enden mit dem Tod. Die genaue Ursache der Legionellose kann selten eruiert werden; neben Warmwasser stehen auch (zu warmes) Kaltwasser sowie Kühltürme im Verdacht.

Grundsätze zur Legionellen-Vorbeugung [SIA 385/1]:
- Es müssen mindestens 55 °C am Ausgang des Wassererwärmers, 55 °C in allen warm gehaltenen Leitungen und 50 °C an den Entnahmestellen erreicht werden können. Unter optimalen Voraussetzungen ist in der warmgehaltenen Verteilung eine Mindesttemperatur von 52 °C zulässig. Besondere Regeln gelten für Durchflusswassererwärmer und Warmwasserspeicher mit Mitteltemperaturzonen.
- Das Speichervolumen soll knapp ausgelegt werden.
- Behälter mit Warmwasser müssen regelmässig gereinigt bzw. entkalkt werden.
- Kaltwasserleitungen sind so zu planen und zu installieren, dass eine Erwärmung durch parallel laufende Warmwasserleitungen, Heizleitungen oder die Umgebung vermieden wird und 25 °C möglichst nicht überschritten werden.
- In Warm- und Kaltwasserverteilsystemen dürfen keine unbenutzten, mit Wasser gefüllte Leitungen vorhanden sein.
- Selten benutzte Entnahmestellen sollten regelmässig gespült werden.

7.1.4 Warmwasserbedarf

Der Warmwasserverbrauch ist sehr benutzerabhängig. Für die Planung von Neubauten und in der Regel auch von Erneuerungen werden Auslegungswerte gemäss Bild 7.2 gewählt. Ein «Normliter» bedeutet einen Liter Wasser, welcher von 10 auf 60 °C erwärmt wurde. Er entspricht einer Wärmeenergie von 210 kJ bzw. 0,058 kWh. Weicht die Temperatur von 60 °C ab, so ist die Wassermenge energetisch gleichwertig umzurechnen.
In bestehenden Bauten können stattdessen auch Verbrauchsmessungen gemacht werden. Diese gelten allerdings nur für die aktuellen Benutzer. Bei einer grossen Zahl von Bezügern gleichen sich die individuellen Unterschiede aus, womit das durchschnittliche Verbrauchsverhalten für die Gesamtheit als repräsentativ gelten kann.
Hinweis: In der Zuleitung zum Wassererwärmer gemessene Wassermengen umfassen nicht nur den Nutzwarmwasserverbrauch an der Entnahmestelle, sondern auch die Ausstossverluste der Ausstossleitungen.

Gebäudeart	Bemerkung	Einheit	Durchschnitt	Spitze
Einfamilienhaus und Eigentumswohnung	einfach	Person	40	50
	mittel		45	60
	gehoben		55	70
Mehrfamilienhaus	allgemein	Person	35	45
	gehoben		45	60
Bürogebäude	ohne Restaurant	Person	3	4
Cafeteria	mässig besetzt	Sitzplatz	20	30
	stark besetzt		30	40
Restaurant	mässig besetzt	Sitzplatz	15	25
	mittel besetzt		25	35
	stark besetzt		30	45
Restaurant	3-Gänge-Menü	Mahlzeit	10	12
Hotel (ohne Küche + Wäscherei)	einfach	Bett	40	50
	Mittelklasse		50	70
	gehobene Klasse		80	100
Altersheim (mit Küche + Wäscherei)	einfach	Bett	40	50
Alters- / Pflegeheim	einfach		50	65
Krankenhaus, Klinik	einfach	Bett	60	80
	umfangreich		120	150

Bild 7.2 Nutzwarmwasserbedarf in Normliter pro Tag (erwärmt von 10 auf 60°C, 1 Normliter entspricht 0,058 kWh), Auszug [SIA 385/2]

7.2 Wassererwärmung und Warmwasserspeicherung

7.2.1 Begriffe [SIA 385/1]

Wassererwärmer (Warmwasserbereiter): Apparat, in welchem dem Kaltwasser durch direkte und/oder indirekte Erwärmung Wärme zugeführt wird.
Speicherwassererwärmer: Wassererwärmer in Form eines Behälters mit eingebauten Heizflächen, in denen das Kaltwasser erwärmt und gespeichert wird.
Durchflusswassererwärmer: Wassererwärmer, in welchem das Kaltwasser im Zeitpunkt der Entnahme, d.h. beim Durchströmen, erwärmt wird.
Warmwasserspeicher: Behälter zum Speichern von Warmwasser ohne eingebaute Heizflächen.
Kombispeicher: Behälter (mit oder ohne eingebaute Heizflächen) mit getrennten Kammern für die gleichzeitige Speicherung von Betriebswasser (Heizungswasser) und Warmwasser.
Die Norm legt auch die Anforderungen an die *Wärmedämmung* fest.

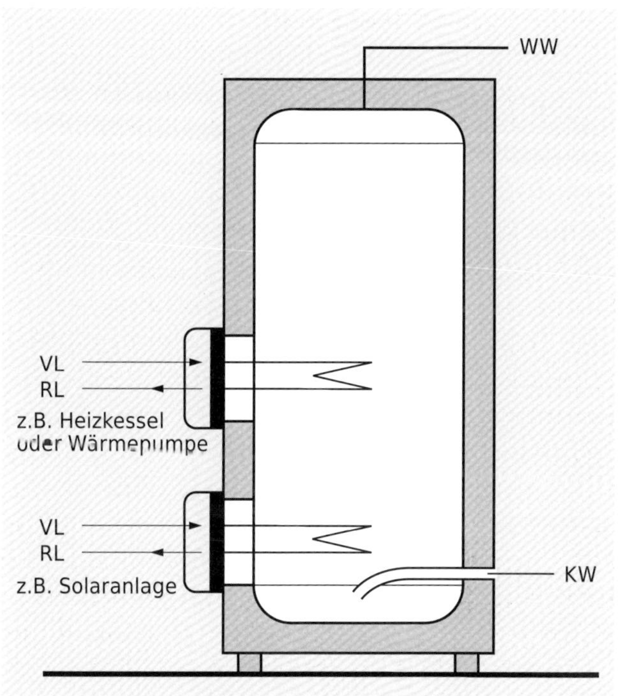

Bild 7.3 Polyvalenter Speicherwassererwärmer

7.2.2 Wassererwärmungsverfahren

Speicherwassererwärmer mit Heizelementen

Jedes Heizelement erwärmt nur den darüberliegenden Speicherteil (Bild 7.3). Beim *Schichtladungs-* oder *Magro-System* ist das Heizelement extern oder oben platziert. Die Speicherladung erfolgt mittels Pumpe schichtend von oben nach unten und erfordert eine geeignete Regelung. In Solarspeichern und Speichern zur Abwärmenutzung entstehen je nach Höhenlage des Heizelements Zonen mit verschiedenen Temperaturniveaus. Überschreitet das Trinkwasservolumen in Vorwärm- und Mitteltemperaturzonen insgesamt 30 % des täglichen Nutzwarmwasserbedarfs, sieht die Norm [SIA 385/1] spezielle Massnahmen gegen Legionellenvermehrung vor.

Wassererwärmung mit der Heizungs-Wärmepumpe

Bei Wärmepumpenheizungen soll das Warmwasser – auch im Sommer – mit der Heizungs-Wärmepumpe erwärmt werden. Sonnenkollektoren können einen grossen Anteil der Wärme liefern, erhöhen aber die Investitionskosten der Anlage wesentlich. Um die zur Legionellenvorbeugung notwendige Warmwassertemperatur erreichen zu können, ist eine Wärmepumpe erforderlich, welche eine entsprechend höhere Heizwasser-Vorlauftemperatur liefern kann.

Solare Wassererwärmung

Siehe Kapitel 2.5.

Wärmepumpen-Wassererwärmer

Darunter werden kompakte oder Split-Geräte verstanden, welche ausschliesslich der Trinkwassererwärmung dienen. Die Luft-Wasser-Wärmepumpe entzieht Wärme einem nicht zu beheizenden, grösseren Raum, der Fortluft einer Lüftungsanlage oder der Aussenluft. Dabei kondensiert ein Teil der Luftfeuchtigkeit. Entfeuchtung und Temperaturschwankungen sind in Gemüse- und Weinkellern unerwünscht. Zwecks kleinerer Aggregate und Speichervolumen arbeiten WP-Wassererwärmer in der Regel den ganzen Tag und nicht nur während der Niedertarifzeit. In der Regel ist auch ein Elektroeinsatz zur zusätzlichen Temperaturerhöhung oder Spitzendeckung vorhanden; er sollte sich nicht automatisch einschalten und nach beendeter Aufheizung möglichst ganz ausschalten («Einmal-Knopf»). Die kostengünstigen Kompaktanlagen mit direkt auf- oder angebauter WP weisen bei 20 °C Umgebungstemperatur Leistungszahlen von 3 bis 4 auf. WP-Wassererwärmer sind keine Alternative zu Wohnungs-Elektrowassererwärmern («Wärmediebstahl», Geräusch). Sie eignen sich vor allem für Gebäude mit Holzfeuerungen oder ohne zentrales Heizgerät. Sie werden mit wirklichkeitsnahen Betriebszyklen geprüft [EN 16147]. Die Unterschiede verschiedener Produkte sind beachtlich [Top1].

Kälteanlagen-Abwärmenutzung

Kühlanlagen: Die Kondensatorabwärme wird sinnvoll für die Wassererwärmung genutzt, da sowohl die Kälte als auch das Warmwasser das ganze Jahr benötigt werden. Der (Sicherheits-)Kondensator kann direkt in den Wassererwärmer eingebaut werden. Wird der Wärmeübertrager in eine Enthitzungs- und eine Verflüssigungszone aufgeteilt, ist sogar eine über der Kondensationstemperatur liegende Warmwassertemperatur erreichbar. Bei *Klima-Kälteanlagen* ist unter Umständen die jährliche Betriebszeit zu kurz für eine wirtschaftliche Abwärmenutzung.

Abwasser-Wärmerückgewinnung

Das ungetrennte Abwasser von Gebäuden ist meistens über 20 °C warm. Aus fäkalienhaltigem Abwasser hat sich in grösseren Anlagen eine Wärmerückgewinnung mittels Wärmepumpe bewährt [Fek]. Solche Anlagen gewährleisten ganzjährig die Wassererwärmung. Praktikabel sind auch Duschwannen mit einem Wärmeübertrager, in welchem das Kaltwasser während des Duschens auf etwa 20 °C vorgewärmt wird [Jou].

Dezentrale Erwärmung durch Heizsystem

Nahwärmenetze werden, entsprechend dem Heizbedarf, vorzugsweise gleitend auf möglichst tiefer Temperatur betrieben. Anstelle eines separaten Warmwassernetzes auf konstant hoher Temperatur wird das Heiznetz bei Bedarf zur gleichzeitigen Ladung der dezentralen Wassererwärmer hochgefahren (Zwangsladung). Die Heizflächen werden in dieser Zeit abgeschaltet.

7.3 Warmwasserverteilung

7.3.1 Begriffe [SIA 385/1]

Warmwasserverteilsystem: Gesamtheit der Leitungen ab Wassererwärmer bis und mit den Entnahmestellen (Bild 7.1).
Warm gehaltene Leitung: Warmwasserleitung, die mit einem Zirkulationssystem oder Warmhaltebändern zwischen den Entnahmen warm gehalten wird.
Ausstossleitung: Leitung, die sich nach jeder Wasserentnahme auskühlt.
Entnahmestelle: Entnahmearmatur oder Sanitärapparat zur Entnahme von Trinkwasser.
Verteiler: Bauteil zum Anschliessen mehrerer Ausstossleitungen.
Wärmesiphon: Rohrleitungsstück , das eine warmgehaltene mit einer nicht warmgehaltenen Komponente verbindet, wobei das warmgehaltene Ende des Rohrleitungsstücks höher platziert ist als das nicht warmgehaltene. Wärmesiphons sind geeignet, um den warm gehaltenen Teil des Warmwasserverteilsystems von den nicht warmgehaltenen Komponenten thermisch zu trennen. Sie verhindern Gegenstromzirkulation in Ausstossleitungen.
Gegenstromzirkulation: Allein durch unterschiedliche Wasserdichten verursachte Strömung in einer Leitung. Bei Warmwasserentnahmen sowie bei der Umwälzung in einem Kreislauf findet keine Gegenstromzirkulation statt.
Zirkulationsleitung: Teilstück des Warmwasserzirkulationskreises, als Rückführung zur Wassererwärmung.

7.3.2 Ausstossleitungen

Bei jeder Wasserentnahme wird zunächst das abgekühlte, in der Ausstossleitung befindliche Wasser ausgestossen und durch warmes ersetzt. Der Ausstossvorgang stellt einen Wasserverlust und einen Wärmeenergieverlust dar. Der *Ausstossverlust* ist gleich der benötigten Energie, um ein Ausstossvolumen Kaltwasser und das Rohr auf Warmwassertemperatur zu bringen. Ausstossleitungen dürfen nicht warm gehalten werden, dies ist Teil der Legionellen-Vorbeugung [SIA 385/1]. Eine Wärmedämmung wäre wenig nützlich, da sich die dünne Leitung trotzdem ziemlich rasch unter die Nutztemperatur ab-

7.3 Warmwasserverteilung

kühlen würde (ausgenommen u.U. die Ausstossleitungen zur Küche wegen der kurzen Abstände der Entnahmen). Hingegen ist eine dünne Ummantelung oder ein Schutzrohr wegen Schallschutz und Längendehnungen sinnvoll. Ausstossleitungen sollen gemäss Bild 7.4 mit einem Wärmesiphon versehen werden. Ausnahme: Bei nicht warm gehaltenem Verteiler (für wenige Abgänge) befindet sich der Wärmesiphon unmittelbar am Speicher (Bild 7.4d). Damit Wärmesiphons genügend wirksam sind, sollte die Höhe des abwärts führenden Teils mindestens 15 cm betragen.

Die *Ausstosszeit* ist die Zeit bis zum Erreichen einer Temperatur von 40 °C bei voll geöffneter Entnahmearmatur. Um die Ausstossverluste in vertretbarem Rahmen zu halten und den Komfortansprüchen zu entsprechen, sind maximale Ausstosszeiten von 15 Sekunden (ohne Warmhaltung) und 10 Sekunden (mit Warmhaltung) festgelegt. Für Verteilsysteme ohne Warmhaltung sind längere Zeiten zulässig, weil keine Warmhalteverluste anfallen. Eine einfache Berechnungsmethode sowie eine Messmethode für die Ausstosszeit sind in der Norm [SIA 385/2] beschrieben.

Es ist in der Regel nicht sinnvoll, Entnahmestellen zu verbinden, beispielsweise das Handwaschbecken an die Badebatterie anzuhängen (ausser ggf. zwei Waschbecken nebeneinander). Die Ausstosszeiten würden wegen der erforderlichen Leitungsdimensionen [SVGW W3] zu lang.

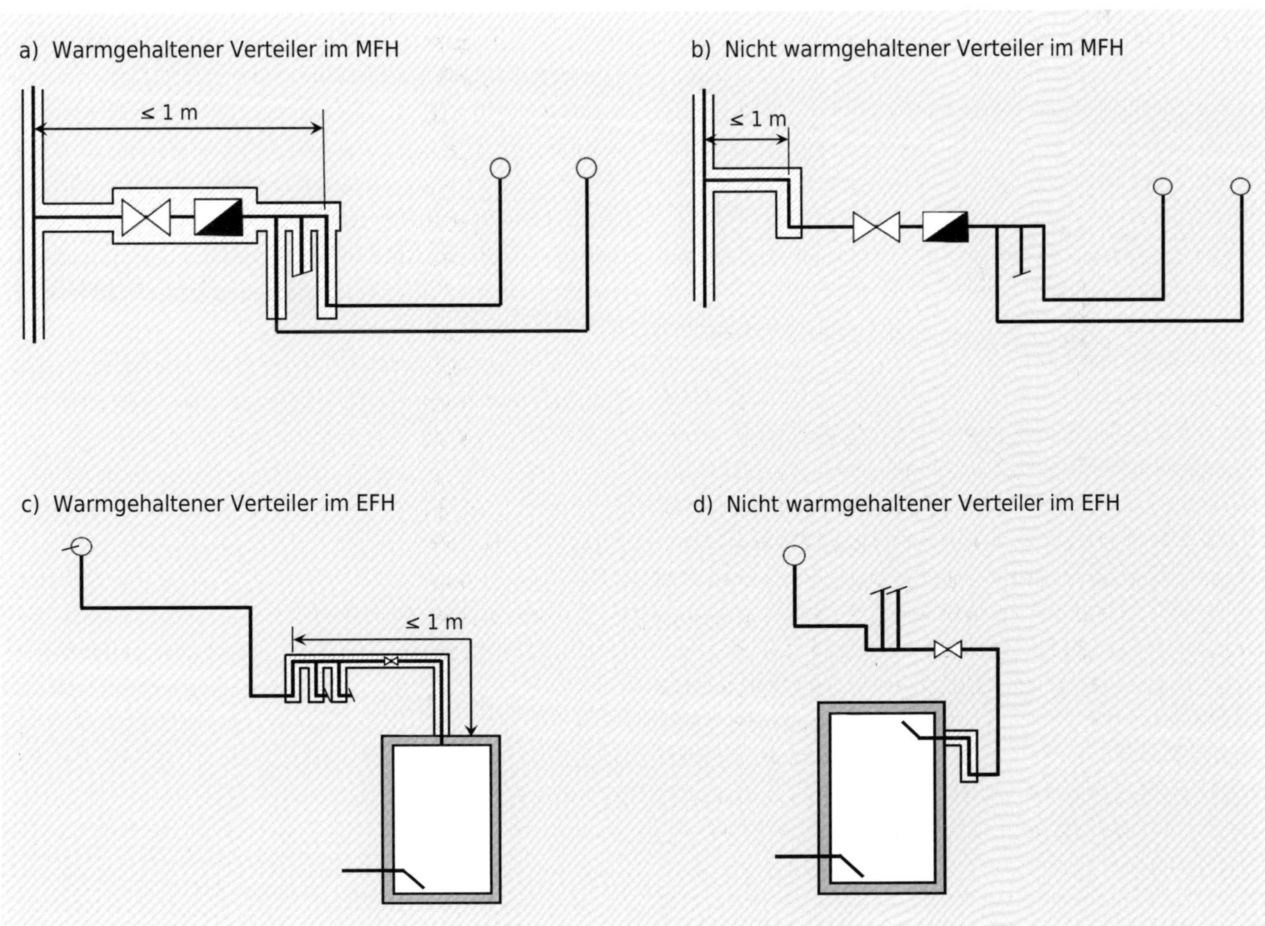

Bild 7.4 Beispiele für Wärmesiphons und Anschlüsse von Ausstossleitungen [SIA 385/1]

7.3.3 Warm gehaltene Verteilsysteme

Bei Distanzen zwischen Warmwasserspeicher und Entnahmestelle von mehr als 5 bis 10 Metern (je nach Rohrdimensionen und Druckverhältnissen) kann die geforderte Ausstosszeit von 15 Sekunden nicht mehr eingehalten werden. Somit ist ein warm gehaltenes Verteilsystem erforderlich. Warmgehaltenene, gedämmte Verteiler erleichtern die Einhaltung der Ausstosszeiten (Bild 7.4a und c). Die Ausstossleitungen müssen siphoniert werden.

Zirkulationssystem

Zirkulationssysteme (Bild 7.1) erlauben kurze Ausstossleitungen. Um die Wärmeverluste in Grenzen zu halten, müssen Leitungen und Armaturen lückenlos nach Vorschrift wärmegedämmt werden (Ausnahme: Pumpen-Motor). Zirkulationssysteme werden immer mit Umwälzpumpe gebaut, um die Temperatur zuverlässig hoch halten zu können. Eine nächtliche Abschaltung wird nicht mehr empfohlen, aus Gründen des Komforts und der Legionellen-Vorbeugung. Wegen der langsamen Auskühlung der gedämmten Leitungen wäre der Spareffekt ohnehin nur bescheiden.
Der mehr oder weniger abgekühlte Zirkulations-Rücklauf in den Speicher führt immer zu einer gewissen Störung der Schichtung. Mit hydraulischen Vorkehren wird versucht, diese Störung zu vermindern, z.B. mit sogenannten Schichtlanzen. Sehr wichtig ist auch die sorgfältige Pumpenauslegung und -einstellung, damit der Zirkulations-Volumenstrom nicht grösser als berechnet ausfällt. Da laufend Energie für die Wiedererwärmung des Zirkulationswassers benötigt wird, muss der Wassererwärmer in der Regel mehrmals täglich nachgeladen werden.
Beim *Rohr-an-Rohr-System* werden Vor- und Rücklaufleitung dicht aneinander montiert mit einer gemeinsamen, beide Rohre umschliessenden Isolation. Damit werden die Wärmeverluste gegenüber zwei separaten Leitungen vermindert und die Rücklauftemperatur wird durch Wärmeübertragung vom Vorlauf erhöht, was die Störung der Speicherschichtung vermindert. Es gibt auch «*Rohr-in-Rohr*»-Systeme (nicht zu verwechseln mit dem gleichnamigen Installationssystem im Schutzrohr), welche aber nur in senkrechten Leitungen einsetzbar sind. Wegen der erforderlichen Durchführungen der inneren Zirkulationsleitung ist die Montage sehr anspruchsvoll.

Warmhalteband

Anstelle einer Zirkulationsleitung können mit einem elektrischen Heizband die Wärmeverluste der Verteilleitung ersetzt werden. Das Heizband enthält einen halbleitenden Kunststoff, dessen Widerstand mit steigender Temperatur zunimmt. Es ist damit selbstregelnd; allerdings mit relativ flacher Regelcharakteristik. Deshalb wird bei guter Wärmedämmung die Nenn-Haltetemperatur meist deutlich überschritten. Dies kann mit einer Leistungsregelung kompensiert werden, was erhebliche Stromeinsparungen erlaubt. Beträchtliche Stromeinsparungen sind in Einfamilienhäusern mit «intelligenten» Steuerungen möglich, welche die Beheizung unterbrechen, wenn Warmwasser bezogen wird und damit die Verluste aus dem Speicher gedeckt werden. Auch hier ist eine Nacht-Abschaltung nicht zu empfehlen.
Der Energieaufwand ist kleiner als mit einer separaten Zirkulationsleitung (aber fast gleich wie bei Rohr-an-Rohr), da keine Rückleitung benötigt wird; jedoch ist es immer Elektrizität, sodass die Wertigkeit im Vergleich mit Zirkulationssystemen zu beachten ist. Der Montageaufwand ist eher grösser als bei einem Rohr-an-Rohr-System, da zusätzlich die elektrischen Anschlüsse und Verbindungen zu erstellen sind. Reparaturen defekter Warmhaltebänder können aufwendig oder gar unmöglich sein.

7.4 Planung

7.4.1 Vorgehen

Grobauslegung in der Vorprojektphase

- Bauherrschaft und Planer legen die Gebäudenutzung und den gewünschten Benutzerkomfort fest.
- Der Nutzwarmwasserbedarf wird auf der Basis der Standardnutzung und der Richtwerte von Bild 7.2 bestimmt.
- Das Volumen, die Anzahl und die Platzierung der Speicher werden grob bestimmt.
- Die Lage der Entnahmestellen im Gebäude wird bestimmt. Daraus ergeben sich die notwendigen Steigzonen für die warm gehaltenen Leitungen und die Platzierung der Verteiler. Aus den Längen der Ausstossleitungen lassen sich nun die Ausstosszeiten berechnen.

Feinplanung in der Bauprojektphase

- Die Grobplanung wird revidiert.
- Die Anschlussleistung des Wärmeerzeugers und das Speichervolumen werden ermittelt (7.4.3, 7.4.4).
- Die erforderliche Energie zur Deckung des Nutzwarmwasserbedarfs und der Verluste wird berechnet. Der Jahresnutzungsgrad von Speicher und Verteilnetz lässt sich nun ermitteln und mit den Anforderungen vergleichen (7.4.2).

7.4.2 Wärmeenergie

Die von der Warmwasserversorgungsanlage täglich benötigte Energie setzt sich zusammen aus:

a) der Energie für das Aufheizen der Nutzwarmwasser-Menge und
b) der Verlustenergie des Speichers und des Warmwasserverteilsystems.

Die Energie für die Erwärmung des Nutzwarmwassers (a) lässt sich aus den Werten von Bild 7.2 berechnen. Die Ausstossverluste gehören zu (b), entstehen aber ebenfalls aus einem erwärmten Wasservolumen. Die Norm [SIA 385/2] beschreibt die Berechnung der Verlustenergie sowie des Jahresnutzungsgrads. Für gute Anlagen in Wohnbauten (mit Zirkulation) beträgt der Jahresnutzungsgrad um 70 %. In überdimensionierten, weit verzweigten, älteren Anlagen liegt dieser Nutzungsgrad oft deutlich unter 50 %.

7.4.3 Wärmeleistungsbedarf für die Wassererwärmung

Der Wärmeleistungsbedarf eines *Durchflusswassererwärmers* ist extrem hoch und wird für das momentane Aufheizen des Spitzenvolumenstroms benötigt. Dies ist auch der Grund, weshalb in der Schweiz elektrische Durchflusswassererwärmer von den Elektrizitätswerken nur bis 3000 W (13 A) zugelassen sind. Duschen ist damit nicht möglich. Bei sogenannten *Frischwassermodulen* wird das Warmwasser zwar momentan in einem grossflächigen Wärmeübertrager erwärmt, die Leistungsspitze wird jedoch durch ein Heizwasser-Speichervolumen abgedeckt. Die effektiv benötigte Wärmeleistung berechnet sich dann analog zu Speicherwassererwärmern.

Bei einem *Speicherwassererwärmer* ist der Wärmeleistungsbedarf relativ gering. Die benötigte Leistung des Wärmeerzeugers ergibt sich aus der täglich benötigten Energie (7.4.2) und der verfügbaren Aufheizzeit. Letztere beträgt in der Regel 24 h/d, bei Wärmepumpen mit Sperrzeiten entsprechend weniger.

In grösseren Gebäuden werden oft Speicher eingesetzt mit einem Volumen von etwa einem Drittel des Tagesbedarfs. Da der WW-Bedarf in der Spitzenstunde kaum mehr als 10 % des Tagesbedarfs beträgt, sind deswegen keine grösseren Leistungen nötig. Es gibt folgende Richtwerte (bezogen auf die Energiebezugsfläche): MFH 3 W/m^2, EFH 2 W/m^2, Verwaltung 1 W/m^2.

Der Wärmeübertrager sollte so grosszügig bemessen werden, dass die minimale Wärmeerzeuger-Leistung im *Dauerbetrieb* übertragen werden kann. Bei einstufigen Heizungs-Wärmepumpen ist das im Sommer eine harte Forderung. Bei Geräten mit Drehzahlregelung muss diese zweckmässig konfiguriert werden. Auch bei Sonnenkollektoranlagen sind grosse Wärmeübertrager wichtig, um gute Kollektorwirkungsgrade zu erhalten.

7.4.4 Bemessung des Speichervolumens

Für die Festlegung des Speichervolumens und der Leistung für die Speicherladung sind folgende Grundlagen wichtig:

Wärmeerzeugung

- Verfügbarkeit (Sperrzeiten? Gleichzeitiger Bedarf für Raumheizung?)
- Mindestlaufzeit und Mindestleistung bei reinem Speicherladebetrieb
- Maximal mögliche Vorlauftemperatur (Wärmepumpen)
- Maximal zulässige Rücklauftemperatur (Fernwärme)

Warmwasserversorgung

- Grösster Stundenwert des Warmwasserverbrauchs, Tagesverlauf
- Abmessungen des Speichers und der Einbringungsöffnungen

Tagesverlauf

Auf diesen Grundlagen kann mit einem Säulen- und Summenhäufigkeitsdiagramm des Warmwasserbedarfs (inkl. Ausstossvolumen) das Speichervolumen und die benötigte Wärmeerzeugerleistung ermittelt werden (Bild 7.5 und [SIA 385/2]). Die Säulen zeigen die Stundenwerte des Warmwasserbedarfs, während die gestrichelte Linie die Summe dieser Stundenwerte ab 0 Uhr darstellt. Der Ladekurve ist Zeitpunkt und Menge des Wärmebezugs vom Wärmeerzeuger (1 Normliter entspricht 0,058 kWh) zu entnehmen. Die Annahme ist, der Speicher sei um 0 Uhr halb voll. Der Einschaltbefehl für die Speicherladung erfolge durch den oberen Speicherthermostaten, wenn der Wärmeinhalt auf 400 Normliter abgesunken ist. Der Ausschaltbefehl erfolge, wenn der Speicher voll ist durch den Thermostaten ganz unten. Der senkrechte Abstand zwischen Ladekurve und Summenhäufigkeitskurve stellt den aktuellen Wärmeinhalt des Speichers dar. Die vom Wärmeerzeuger bezogene Leistung entspricht der Steigung der Ladekurve.

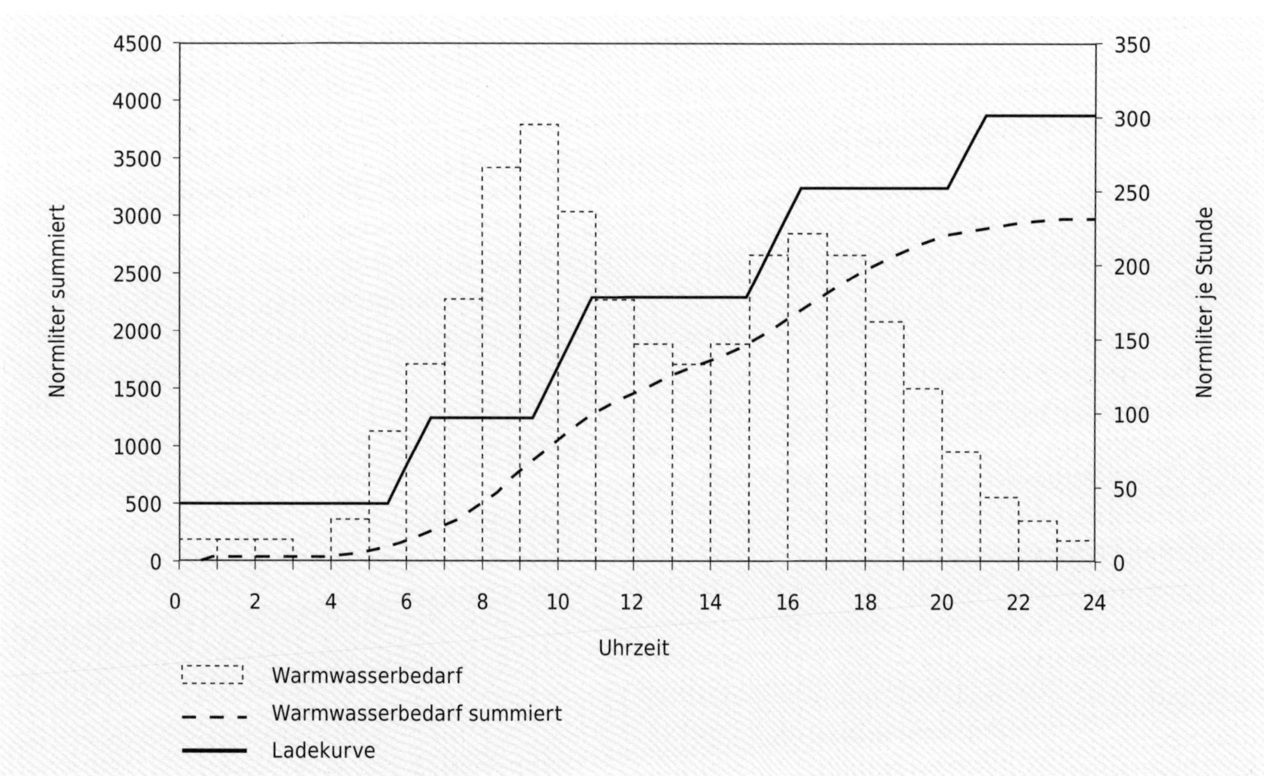

Bild 7.5 Beispiel eines Säulen- und Summenhäufigkeitsdiagramms für ein Gebäude mit einem Warmwasserbedarf (inkl. Ausstossvolumen) von 3000 Normliter pro Tag und einem Speicherinhalt von 1000 Liter

8 ELEKTRISCHE ENERGIE

8.1 Begriffe beim Wechselstrom

8.1.1 Schein-, Wirk- und Blindleistung

Motoren, Drosselspulen usw. benötigen Drahtwicklungen. Wird eine solche Spule von Wechselstrom durchflossen, so stellt sich infolge der Selbstinduktion («elektromagnetische Trägheit») eine gewisse Verspätung des Stroms gegenüber der Spannung, die *Phasenverschiebung*, ein (Bild 8.1). Bei einem solchen Gerät wird der fliessende Strom nicht vollständig zur Umwandlung in Arbeit genutzt. Der *Wirkfaktor* cos φ ist bei sinusförmigen Strömen und Spannungen das Verhältnis zwischen dem Arbeit leistenden Wirkstrom und dem in den Leitern fliessenden Gesamtstrom.

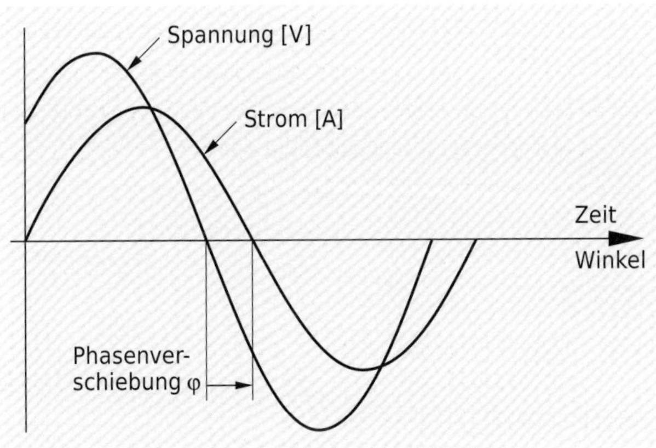

Bild 8.1 Spannung und Strom als Funktion der Zeit

Die *Scheinleistung S* ist:

- beim Einphasenwechselstrom

$$S = U \cdot I \quad (8.1)$$

S Scheinleistung in VA
U Spannung zwischen Phase und Neutralleiter, ca. 230 V
I Stromstärke in A

- beim Drehstrom (Dreiphasenwechselstrom)

$$S = U \cdot I \cdot \sqrt{3} \quad (8.2)$$

U Spannung zwischen zwei Phasen, ca. 400 V

Die Spannung *U* und die Stromstärke *I* sind Effektivwerte (quadratische Mittelwerte), wie sie von guten Messgeräten abgelesen werden (Bild 8.2). Die Einheit für die Scheinleistung wird als Volt·Ampère geschrieben.

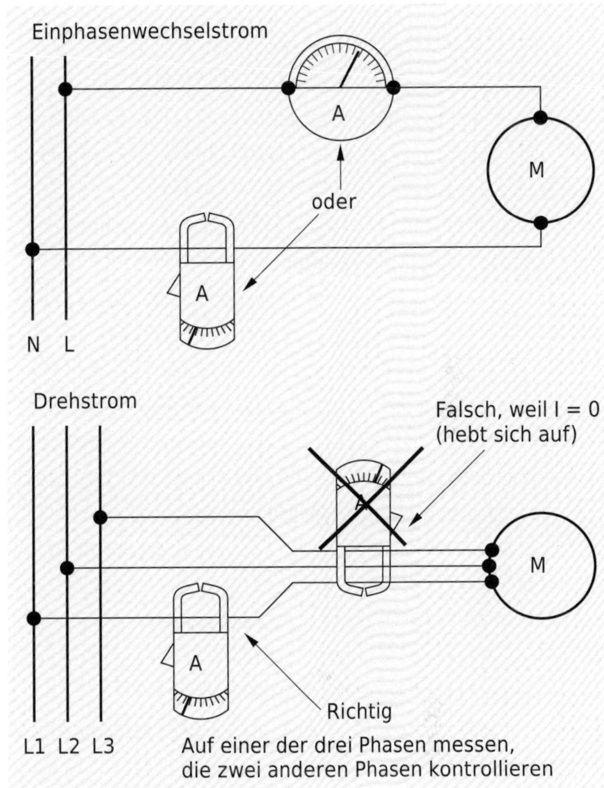

Bild 8.2 Messung des Stroms

Die *Wirkleistung P* ist in jedem Fall:

$$P = S \cdot \cos\varphi \quad (8.3)$$

P Wirkleistung in W

Die Einheit für die Wirkleistung ist Watt. Die üblichen Zähler messen die Wirkenergie in der Einheit kWh. Die Wirkenergie ist raumklimatisch eine interne Last. Der Wirkfaktor cos φ beträgt im Mittel etwa:

- bei Widerständen, Glühlampen 1;
- bei Asynchron-Motoren 0,85 bis 0,90;
- bei Fluoreszenzlampen mit konventionellen Vorschaltgeräten 0,5, mit elektronischen Vorschaltgeräten 1,0:
- bei den meisten elektronischen Geräten ungefähr 1,0.

Die *Blindleistung* ist:

$$Q = S \cdot \sin\varphi \qquad (8.4)$$

Q Blindleistung in VAr

Die Blindleistung bringt den kWh-Zähler nicht zum Drehen, sie erzeugt aber das magnetische Feld in den Spulen. Auch der Blindstrom fliesst durch das Netz und muss bei dessen Bemessung berücksichtigt werden. Er verursacht dort ohmsche Verluste. Blindenergiezähler messen in der Einheit kVArh (kilo · Volt · Ampère reaktiv · Stunde). Die beschriebene Phasenverschiebung kann durch eine Phasenverschiebung mit umgekehrtem Vorzeichen kompensiert werden. Dies erfolgt mittels entsprechend bemessener Kondensatoren. Die Blindenergie wird bei Grossbezügern gemessen und verrechnet. Da sie beachtliche Kosten verursachen kann, wird oft eine Blindstromkompensation eingebaut.

8.1.2 Leistungs- und Crest-Faktor

Viele elektronische Geräte, wie beispielsweise PCs oder LED-Lampen, benötigen Gleichstrom mit einer anderen Spannung als das Elektrizitätsnetz. Ein sogenanntes *Schaltnetzteil* wandelt nun die Eingangsspannung in eine Gleichspannung des neuen Niveaus um. Dabei wird die Netzspannung zuerst gleichgerichtet, dann in eine Wechselspannung hoher Frequenz gewandelt, transformiert und zuletzt wieder gleichgerichtet. Das umständlich scheinende Verfahren hat Vorteile hinsichtlich Effizienz und Gewicht gegenüber konventionellen Netzteilen mit 50 Hertz-Transformator.
Beim Bezug von nicht sinusförmigem Strom, insbesondere bei elektronischen Geräten mit Schaltnetzteil, wird das Verhältnis zwischen Wirkleistung und Scheinleistung als *Leistungsfaktor* λ bezeichnet. Er erfasst, zusätzlich zur Phasenverschiebung, auch die – die Sinusform verzerrenden – Oberwellen des Stroms. Für Messungen und für die Belastung der Stromversorgung ist aber vor allem der Scheitelfaktor wichtig (englisch crest factor, auch deutsch Crest-Faktor). Er ist das Verhältnis von Scheitelwert zu Effektivwert einer Wechselgrösse, hier also des fliessenden Stroms. Der stossartige Strombezug durch Gleichrichter und Glättungskondensatoren kann zu Crest-Faktoren von 5 und mehr führen (sinusförmiger Strom: 1,41). Bei hohem Crest-Faktor ist der Maximalwert des Stroms wesentlich höher, als die Wirkleistung erwarten lässt (Bild 8.3). Leitungen, Netztransformatoren, unterbrechungsfreie Stromversorgungen (USV) und Messgeräte müssen die Spitzenströme aushalten. Bei hohen Leistungen (z.B. Frequenzumrichter für Motoren) können Geräte mit Leistungsfaktorkorrektur (englisch power factor correction, PFC) den Crest-Faktor vermindern.

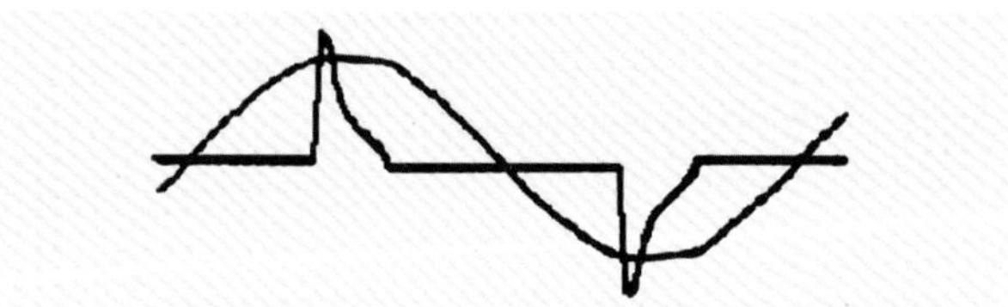

Bild 8.3 Spannung (sinus-ähnliche Kurve) und Strom (Zackenkurve) mit hohem Crest-Faktor im 230 V-Netzanschluss einer LED-Lampe (Oszilloskop-Bild Nipkow)

8.1.3 Leistung von Apparaten

Die Leistung wird auf dem Typenschild angegeben. Dieses ist oft hinten, unten oder gar innen zu finden. Bei Motoren ist die Bedeutung dieser *Nennleistung* verschieden:

- Bei kleinen Geräten, deren Motor und Arbeitsorgan eine Einheit bilden (Umwälzpumpen, Kühlschränke), ist die Nennleistung die maximale aufgenommene elektrische Leistung wie bei vielen anderen Geräten.
- Bei Antriebsmotoren von Ventilatoren, Aufzügen usw. (Norm-Motoren) bedeutet die Nennleistung die an der Welle abgegebene mechanische Leistung.

Die im normalen Betrieb auftretende Leistung ist oft wesentlich kleiner als die Nennleistung. Zur groben Leistungsermittlung genügen manchmal Schätzungen anhand des Typenschilds. Bei Ventilatoren und grösseren Umwälzpumpen liegt die tatsächlich aufgenommene elektrische Leistung meist zwischen 50 und 100 % der angegebenen Wellenleistung. Alle aktuellen Nassläufer-Umwälzpumpen (Motor und Pumpe fest zusammengebaut) und viele kleinere Ventilatoren sind mit elektronischen Leistungs- bzw. Drehzahlregelungen ausgestattet. Die effektive Leistungsaufnahme liegt deshalb oft weit unter dem Maximalwert gemäss Typenschild. Das Merkblatt [SIA 2056] liefert detaillierte Informationen zur Leistungsaufnahme von Geräten und Apparaten.

8.2 Elektroinstallation

8.2.1 Hausversorgung und -verteilung

Spannungsniveaus

In der Gebäudetechnik kommen folgende Wechselspannungen zur Anwendung:

- *Mittelspannung 1 bis etwa 30 kV:* Grossbezüger ab einigen Hundert kVA wie beispielsweise Industriebetriebe oder Spitäler werden mit Mittelspannung versorgt. Damit können allzu grosse Leitungsquerschnitte vermieden werden. Die Energiepreise sind tiefer als bei Niederspannungsbezug. Die Transformation auf die übliche Niederspannung ist dann allerdings Sache des Bezügers.
- *Niederspannung 50 bis 1000 V:* Dazu gehören die Hausinstallationen mit Einphasenwechselspannung 230 V und Dreiphasenwechselspannung 400 V. Bei einem Niederspannungsbezüger setzt das Elektrizitätswerk den sogenannten Hausanschlusskasten und daran anschliessend den Elektrizitätszähler. Ab Zählerausgang ist dann der Bezüger zuständig.
- *Kleinspannung unter 50 V:* Dient der Kommunikations-, Steuerungs-, Informations- und Sicherheitstechnik. Dieses Spannungsniveau ist für den Menschen in der Regel nicht gefährlich.

Hausverteilung

In der Hausverteilung sind folgende Leiter anzutreffen:

- *Aussenleiter L, L1, L2, L3:* Die auch Polleiter oder Phasen genannten Leiter stehen im Normalbetrieb unter Spannung und führen Strom (Bild 8.2). Kennfarben: braun, schwarz, grau.
- *Neutralleiter N:* Er kann Strom führen und im Fehlerfall unter Spannung stehen (Bild 8.2). Kennfarbe blau.
- *Schutzleiter PE:* Er führt ausschliesslich im Fehlerfall Strom. Zum Schutz vor elektrischem Schlag stellt er eine dauernde Verbindung her zwischen berührbaren Gehäusen und der Erde. Kennfarbe grün/gelb.

8.2.2 Elektrizitätsverrechnung und -messung

Die Elektrizitätstarife enthalten meist mehrere der nachstehenden Elemente:

- *Grundpreis:* Deckung der Fixkosten des Versorgungsunternehmens.
- *Arbeitspreis:* auf die kWh bezogene Kosten für die Energiebeschaffung.
- *Netznutzung:* Entschädigung für die Nutzung der Verteilnetze. Sie wird für Kleinbezüger wie der Arbeitspreis pro kWh verrechnet, bei Grossbezügern wird meist zusätzlich die maximale Leistung (15-Minutenspitze) berücksichtigt.
- *Abgaben:* Nationale Abgaben für Systemdienstleistungen, Einspeisevergütung, Mehrwertsteuer sowie allfällige kantonale Abgaben (z.B. Förder-, Lenkungsabgaben) werden pro kWh erhoben.
- *Leistungspreis:* Bei Grossbezügern wird die Beanspruchung des Netzes durch Leistungsspitzen mit dem Leistungspreis berücksichtigt. Der Leistungspreis bezieht sich meist auf die mittlere Leistung während der leistungsstärksten Viertelstunde innerhalb eines Monats, oft nur in der Hochtarifzeit Diese «Höchstleistung» wird oft auch im Netznutzungstarif berücksichtigt.
- *Blindenergiepreis:* auf die kVArh bezogene Kosten.

Die Messung des Elektrizitätsverbrauchs erfolgt mittels eines *elektromechanischen* Zählers (mit drehender Alu-Scheibe), seit einiger Zeit zunehmend mittels *elektronischer* Zähler:

- *Direktzählung:* Bei kleineren Strömen wird die Stromspule des Zählers in Serie angeschlossen. Beispiel: Ein Zähler ist mit 20 (80) A angeschrieben. Das heisst, dass er für 20 A geeicht ist, jedoch bis 80 A messen kann.
- *Stromwandlerzähler:* Für Stromstärken über ca. 100 A werden die Stromspulen des Zählers an einen Stromwandler (SW) angeschlossen (Bild 8.4). Die Zählerablesung ist mit einer Ablesekonstanten entsprechend der Stromwandlerübersetzung zu multiplizieren.

Die über einen Elektrizitätszähler laufende *momentane Wirkleistung* lässt sich bei elektromechanischen Zählern auf einfache Weise ermitteln. Die Anzahl der Ankerumdrehungen pro kWh ist auf dem Zähler angeschrieben. Nun wird die Zeit für eine bestimmte Anzahl Umdrehungen gestoppt und daraus die Leistung berechnet. Elektronische Zähler haben einen LED-Datenausgang, der u.U. auch die momentane Leistung übermitteln kann (Elektrizitätswerk anfragen).

Zur Messung von momentanen Leistungen sind auch Zangen-Leistungsmessgeräte verfügbar, welche Schein- und Wirkleistung direkt anzeigen. Bei Drehstrom ist dabei auf richtigen Spannungsanschluss zu achten; das Ergebnis gilt nur für symmetrische Last aller drei Phasen.

Bei den zunehmend eingebauten *elektronischen* Elektrizitätszählern mit Datenausgang und zusätzlichen Funktionen (Smart Meters) dürfen die Elektrizitätsversorger wegen des Datenschutzes nur begrenzt auf die Daten zugreifen. Aus dem Leistungsverlauf von Strombezügern lassen sich u.U. Hinweise auf das Nutzungsverhalten und den Gerätepark ableiten.

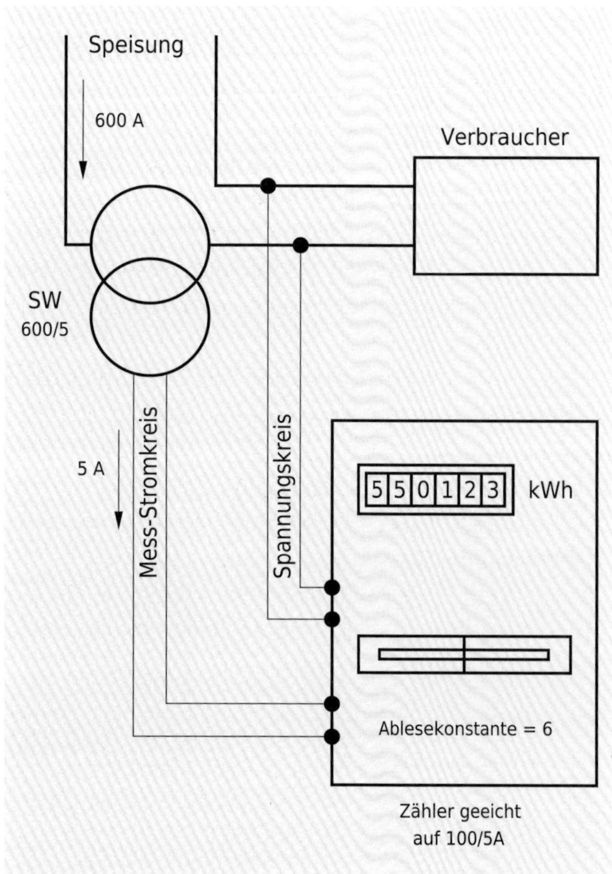

Bild 8.4 Stromwandlerzähler

8.2.3 Sicherheitseinrichtungen

Normaler Wechselstrom hat bei einem Stromdurchfluss von Hand zu Hand die folgenden Wirkungen:

- bei 3–5 mA Elektrisieren des Arms;
- bei 10–15 mA Verkrampfung, so dass man die Elektrode nicht loslassen kann;
- bei 50–100 mA Bewusstlosigkeit, verkrampfte Atmung, nach einigen Sekunden Herzkammerflimmern;
- bei >200 mA Herzkammerflimmern nach Sekundenbruchteilen und Verbrennungen.

Diese Ströme liegen weit unter denjenigen, die durch übliche Apparate fliessen. *Schmelzsicherungen* oder *Leitungsschutzschalter* schützen somit hauptsächlich die elektrischen Installationen, nur bedingt aber den Menschen.

Fehlerstromschutzschalter (FI-Schutzschalter) funktionieren nach dem Prinzip des im Bild 8.2 falsch angeschlossenen Zangenampèremeters. Führen sämtliche Leiter durch den Stromwandler, sind der resultierende Strom sowie auch der induzierte Signalstrom null. Dieses Gleichgewicht wird gestört, wenn eine Isolation defekt ist oder ein stromführender Leiter berührt wird. Fliesst verbraucherseitig des FI-Schalters ein kleiner Fehlerstrom gegen Erde, so wird ein Signalstrom induziert, der den fraglichen Stromkreis innert Sekundenbruchteilen abschaltet. Der Nennauslösestrom beträgt für den Personenschutz 10 oder 30 mA, für den Sachschutz auch mehr. Für Feuchträume in Wohnbauten verlangen die Installationsnormen den Einbau von FI-Schaltern. FI-Schalter sollten periodisch mit der Prüftaste überprüft werden.

Vorsicht ist geboten bei Messungen an offenen Leitern oder in Schaltschränken, auch mit Stromzangen. Grundsätzlich dürfen nur Personen mit entsprechender Ausbildung und Schutzausrüstung solche Manipulationen vornehmen. Aus Gründen der Haftpflicht soll Fachpersonal des Betriebes oder des Elektrizitätswerks damit beauftragt werden.

8.3 Bedarfsanalyse und Verbrauchskontrolle

8.3.1 Analyse nach [SIA 2056]

Das Merkblatt SIA 2056 «Elektrizität in Gebäuden – Energie- und Leistungsbedarf» ist auf die Phase Vorprojekt gemäss [SIA 112] ausgerichtet. Es werden keine Grenz- und Zielwerte gefordert, das Merkblatt enthält jedoch in den Hinweisen und Tabellen umfangreiche Informationen zu aktuellen Werten und dient damit der Effizienzoptimierung des Elektrizitätsverbrauchs. Das Zielpublikum sind die Fachingenieure der Gebäudetechnik, in erster Linie Elektroplaner.

Es werden folgende Themen neu bzw. neuartig behandelt:

- *Geräte:* Elektrische Geräte werden nicht als einzelne Gerätekategorien behandelt, sondern als Gerätekombinationen funktioneller Art zusammengefasst, womit eine Quantifizierung in der Vorprojektphase besser möglich wird. Beispiele von Gerätekombination sind: «Gastro 1»: eine Teeküche mit Kühlschrank und Geschirrspüler. «Gastro 2»: Gastro 1 plus Backofen, Grill etc., aber noch nicht ein Restaurant. «Büro sporadisch» und «Büro normal» sind kleine bzw. normal ausgestattete Büroarbeitsplätze. Für alle Gerätekombinationen werden Energie- und Leistungsbedarf je nach Ausstattung und Nutzung angegeben.
- *Prozessanlagen:* Es werden nur einige häufig vorkommende Anlagen wie z.B. gewerbliche Kühl- und Tiefkühlmöbel oder Grossküchengeräte behandelt. Industrielle Prozessanlagen können wegen deren Vielfalt nach wie vor nicht behandelt werden.
- *Beleuchtung:* SIA 2056 enthält eine vereinfachte Berechnungsmethode, basierend auf der Norm [SIA 387/4], damit diese nicht unbedingt für die Elektrizitätsberechnungen in der Vorprojektphase benötigt wird.
- *Allgemeine Gebäudetechnik:* Unter diesem Begriff gibt es viele neue Anwendungen mit teils nicht unerheblichem Elektrizitätsbedarf, von Inhouse-Mobilfunk über Videoüberwachung bis Zutrittskontrolle. Für 26 Unterkategorien enthält SIA 2056 Angaben zu Energie- und Leistungsbedarf (Bild 8.5).
- *Wärme:* SIA 2056 gibt knappe Angaben, wie der elektrische Leistungs- und Energiebedarf von Wärmepumpenheizungen, basierend auf [SIA 384/3], von Hilfsenergie für Heizung/Warmwasser und von elektrischen Heizbändern zu berechnen sind.
- *Lüftung/Klimatisierung:* SIA 2056 ermittelt den Leistungs- und Energiebedarf von Lüftungsanlagen anhand der Nutzfläche, der spezifischen Ventilatorleistung oder der Druckdifferenz. Die Anlagenplanung, welche die Basisdaten hierfür liefert, muss auf der Grundlage von [SIA 382/1] erfolgen.
- *Elektrizitätsbedarf von Wohnbauten:* Anhand eines einfachen Rechenmodells können der Leistungs- und Energiebedarf von Wohnbauten ermittelt werden, basierend entweder auf der Personenzahl oder der Wohnungsfläche.
- *Elektrizitätserzeugung:* Für gebäudeeigene Fotovoltaikanlagen und Wärmekraftkopplung liefert SIA 2056 einfache Berechnungsmodelle für deren Beitrag zur Elektrizitätsbilanz. Auch Batteriespeicher (mit PV) werden berücksichtigt. Die berechneten Werte dienen nur der Abschätzung in der frühen Projektphase; für die Projektierung ist nach den einschlägigen Normen und Methoden zu rechnen.

Der ermittelte Elektrizitätsbedarf für elektrische Geräte, Anlagen und Beleuchtung bildet auch eine Grundlage für die Bestimmung der internen Wärmeeinträge Elektrizität bei der Optimierung des Heizwärmebedarfs nach Kapitel 1.4.

Das Merkblatt [SIA 2024] «Raumnutzungsdaten für die Energie- und Gebäudetechnik» kann neben dem thermischen Bedarf auch eine Abschätzung des elektrischen Leistungs- und Energiebedarfs von Gebäuden liefern, allerdings nur auf Basis der Nettogeschossflächen pro Raum und ohne Berücksichtigung der allgemeinen Gebäudetechnik. Die Ergebnisse aus SIA 2056 sind deshalb umfassender und genauer.

Hinweise zur Vorgeschichte: Das Merkblatt SIA 2056 ersetzt Teile der ausser Kraft gesetzten Norm SIA 380/4 «Elektrische Energie im Hochbau». Das Thema «Lüftung» wird neu in [SIA 382/1], «Beleuchtung» in [SIA 387/4] behandelt. Der frühere Begriff «Betriebseinrichtungen» wird nicht mehr verwendet.

6	Allgemeine Gebäudetechnik	6.14	Rauch- und Wärmeabzugsanlage
6.1	Notlichtanlage	6.15	Audioanlage und elektroakustisches Notfallwarnsystem
6.2	Beschattungsanlage	6.16	Einbruchmeldeanlage
6.3	Schrankenanlage	6.17	Zutrittskontrolle
6.4	Zentrale Parkuhr	6.18	Videoüberwachungsanlage
6.5	Dreh- und Karusselltür	6.19	Transformator
6.6	Schiebetür	6.20	Schaltgerätekombination
6.7	Drehkreuz und -sperre	6.21	USV-Anlage
6.8	Dachrinnenheizung	6.22	Dieselelektrische Netzersatzanlage
6.9	Satellitenempfänger	6.23	Aufzug
6.10	Allgemeine elektrische Widerstandsheizungen im Freien	6.24	Fahrtreppe und Fahrsteig
6.11	Inhouse-Mobilfunkanlage	6.25	Elektrofahrzeug
6.12	Gebäudeautomation	6.26	Kleinstverbraucher
6.13	Brandvermeidungsanlage		

Bild 8.5 Inhalt «Allgemeine Gebäudetechnik» [SIA 2056]

8.3.2 Verbrauchs- und Erfolgskontrolle

Nutzen der Verbrauchsmessung

Aus verschiedenen Gründen und zu verschiedenen Zeiten ist der Elektrizitätsverbrauch interessant:

- Funktions- und Erfolgskontrolle bei Neubauten oder nach Erneuerungen bzw. Effizienzmassnahmen;
- Abrechnung von Energiekosten nach effektivem Verbrauch (z.B. Gemeinschafts-Waschküche in MFH oder zentrale Dienste in Nichtwohnbauten);
- Zustandsaufnahme vor Sanierungen bzw. Erneuerungen;
- für Eigenverbrauchsgemeinschaften mit Eigenstrom-Erzeugungsanlagen (z.B. PV, vgl. Kapitel 8.5) liefert die Verbrauchsmessung der einzelnen Bezüger die Grundlage für die Stromkosten-Verrechnung.

Messkonzept

Oft ist nur ein einziger Elektrizitätszähler pro Gebäude installiert. Er dient in erster Linie der Verrechnung durch das Elektrizitätswerk. Eine feinere Aufgliederung des Verbrauchs wird durch die Installation sogenannter *Privatzähler* für wichtige Verbrauchergruppen, wie beispielsweise Heizzentralen, erreicht. Zu diesem Zweck werden elektronische Energiemessgeräte ins Verteiltableau eingebaut. Solche nicht eichfähigen Messgeräte kosten etwa 100.– (einphasig) bis 400.– CHF (dreiphasig). Das kann sich sogar nachträglich lohnen. Voraussetzung für die Erfassung sinnvoller Verbrauchergruppen ist eine zweckmässig aufgebaute Elektroverteilung. Geeignete Sektoren sind z.B. Beleuchtung, Wärmeversorgung, allgemeine Gebäudetechnik, Steckdosen/Geräte. *Steckbare Energie- und Leistungsmessgeräte* lassen sich zwischen Verbraucher und Steckdose einstecken und zeigen Verbrauch, Leistung und z.T. weitere Daten wie den Leistungsfaktor an. Es gibt heute sehr kostengünstige und recht genaue Energiemessgeräte [Top1]. Wenn die Werte als Verlauf über einen gewissen Zeitraum gewünscht werden, sind teurere, registrierende Messgeräte erforderlich.

Für die temporäre bzw. nachträgliche Messung fest installierter Geräte oder Anlagen sind oft dreiphasig messende Geräte und eine Installation durch Fachpersonal erforderlich. Die Einrichtung der Messung sollte einwandfrei dokumentiert werden, damit die Ergebnisse nachvollziehbar und vertrauenswürdig sind.

Energiebuchhaltung

Viele Gebäudeautomations- (GA-) oder «Smart-Home»-Systeme können – entsprechende Energiezähler oder Sensoren vorausgesetzt – eine Energiebuchhaltung liefern. Es ist darauf zu achten, dass diese Funktionen auch aktiviert und konfiguriert werden. Der erhoffte Nutzen ergibt sich natürlich nur, wenn die Ergebnisse geeignet dargestellt und analysiert werden.

Auch ohne GA kann eine Energiebuchhaltung mit althergebrachten Mitteln etabliert werden: Zählerstände regelmässig, z.B. monatlich erfassen und in (elektronische) Tabellenformulare eintragen, welche die Auswertung erleichtern.

Damit lassen sich betriebliche Unregelmässigkeiten erkennen und der Erfolg stromsparender Massnahmen kann laufend kontrolliert werden.

8.4 Geräte

8.4.1 Übersicht

Unter dem Titel «Geräte» werden im folgenden *Haushaltgeräte* und *Bürogeräte* behandelt. Elektrische Haushaltgeräte, ohne Heizung, Warmwasser, Elektronik und mobile Beleuchtung, beanspruchen knapp 10 % des schweizerischen Elektrizitätsverbrauches. Elektronische Bürogeräte (ohne Rechenzentren) und Unterhaltungselektronik machten 2017 je rund 1,5 % des Gesamtverbrauchs aus. Bei all diesen Gerätekategorien verminderte sich der Elektrizitätsverbrauch sowohl pro Gerät wie gesamthaft in den letzten Jahren deutlich. Die elektrischen Wassererwärmer machen etwa 4 % des Verbrauches aus.

Alle diese Geräte sind nicht nur mehr oder weniger effiziente Nutzer von Elektrizität, sie liefern auch entsprechende Abwärme. Diese ist bei Kühlungsbedarf jedoch eine höchst unerwünschte *interne Wärmelast,* welche in ähnlicher Grössenordnung Strom zur zusätzlichen Kühlung erfordert. Stromsparmassnahmen bei Geräten können durch die Reduktion der internen Wärmelast besonders interessant werden.

Vom Elektrizitätsverbrauch innerhalb einer Wohnung (ohne Wassererwärmung) entfällt mindestens die Hälfte auf fest installierte Apparate (Bild 8.6). Durch energiebewusste Planung bei Neubauten und beim Apparate-Ersatz kann daher der Verbrauch entscheidend beeinflusst werden [Top1]. Ein einfaches Online-Programm erlaubt eine Beurteilung des vorhandenen Geräteparks und erstellt Massnahmenvorschläge [Ene]. Moderne Geräte machen es dem Benutzer einfach, Energie zu sparen mittels geeigneter Programmwahl, automatischer Wassermengendosierung bei Waschmaschinen etc. Vorzeitiger Ersatz funktionstüchtiger Apparate aus Energiespargründen ist in der Regel nicht sinnvoll (Umtriebe, graue Energie). Bei defekten Apparaten muss jedoch Ersatz gegen Reparatur abgewogen werden. Nach der Hälfte der erwarteten Gebrauchsdauer sind für eine Reparatur höchstens noch 30 bis 40 % des Neupreises gerechtfertigt.

15 %	Kochen/Backen/Kaffeemaschine
11 %	Geschirrspüler
11 %	Kühlschrank
12 %	Beleuchtung
12 %	Unterhaltungselektronik
10 %	Heimbüro, Komforttelefon
11 %	Div. Pflege- und Kleingeräte, Luftbefeuchter
9 %	Waschmaschine
9 %	Trocknen (2/3 der Wäsche mit Tumbler)

Bild 8.6 Aufteilung des Stromverbrauchs eines typischen 2-Personen-Haushalts von 2015 kWh pro Jahr (ohne Allgemeinstromverbrauch) nach electrosuisse 2019

Die Auswahl energetisch guter Geräte wird durch die *Energie-Etikette* erleichtert. Es gibt sie z.B. für Kühl- und Gefriergeräte, Geschirrspüler, Waschmaschinen, Wäschetrockner (Tumbler), Backöfen, Lampen (Leuchtmittel), Fernseher, Kaffeemaschinen, Staubsauger, Dunstabzughauben und Klein-Klimageräte. Die Etiketten müssen in den Verkaufsstellen an den Geräten angebracht sein und auch in Onlineshops aufgeführt werden (Bild 8.7). Sie enthalten immer sieben, mit Buchstaben bezeichnete Effizienzklassen mit farbigen Balken, die von rot (niedrige Effizienz) bis dunkelgrün (hohe Effizienz) reichen. Weil die Klassierungen A bis G teilweise recht alt sind und zum Teil nie aufdatiert wurden, sind für einzelne Gerätekategorien die Klassen A+ bis A+++ aufgestockt worden, was leider die Verständlichkeit der Energie-Etikette nicht verbessert hat. Alle Energie-Etiketten werden in den nächsten Jahren wieder auf die ursprüngliche Skalierung A bis G zurückgeführt,

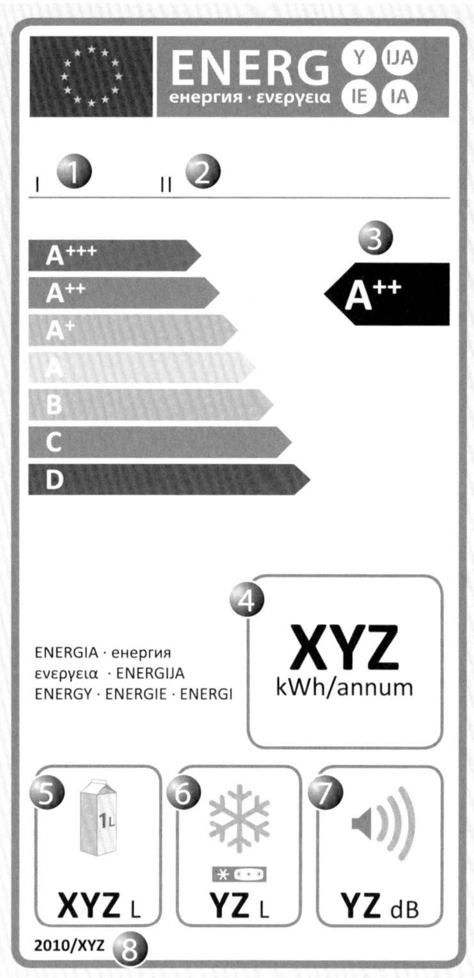

Bild 8.7 Energie-Etikette für Kühl- und Gefriergeräte. Die Energie-Etiketten für Waschmaschinen, Wäschetrockner und Geschirrspüler haben dieselben Klassen; andere Geräte haben Klassen A bis G (wie zukünftig alle Geräte). 1 Hersteller, 2 Typ, 3 Effizienzklasse, 4 Jahresenergieverbrauch unter Standardbedingungen, 5f Zusatzinformationen

8.4.2 Kochen

Für die Zubereitung warmer Speisen und Getränke sind im Hinblick auf die Effizienz folgende Techniken hervorzuheben:

- *Induktions-Kochfelder* sind 25 bis 35 % sparsamer als herkömmliche Glaskeramikfelder. Im Gastgewerbe wird besonders die kleinere Abwärmebelastung geschätzt. Das Kochfeld schaltet ohne Topf automatisch aus.
- *Steckbare Wasserkocher* sparen gegenüber der Erwärmung auf dem Herd bis 50 %.
- Beim *Gasherd* bieten Piezozündung und Zündsicherung guten Komfort und hohe Sicherheit. Erdgas ist ein weniger hochwertiger Energieträger als die universell verwendbare Elektrizität und v.a. im gewerblichen Bereich kostengünstiger (Leistungspreis bei der Elektrizität!). *Flüssiggas* kann eine Alternative für das Kochen sein, vor allem, wenn es bereits für andere Zwecke vorhanden ist. Bei Gasküchen ist eine gute *Dunstabsaugung* wichtig (Wasserdampfentwicklung aus der Gasverbrennung, Stickoxidemission).
- Eine wesentliche Verbesserung ist im Übrigen durch Isoliertöpfe und ein energiebewusstes Benutzerverhalten zu erreichen.

8.4.3 Kühl- und Gefriergeräte

Kühl- und Gefriergeräte mit Klasse A+++ sind gegenüber der Klasse A etwa 60 % sparsamer. In der Schweiz dürfen nur noch Geräte der Klassen A+++ und A++ verkauft werden [EnEV]. Bei Ausschreibungen sollen grundsätzlich die effizientesten Geräte vorgeschrieben werden.

Kühlgeräte ohne Gefrierfach (Sternefach) brauchen deutlich weniger elektrische Energie, kommen aber meist nur infrage, wenn sowieso zusätzliche Gefriergeräte vorhanden sind. Die Grösse von Tiefkühlfächern oder -abteilen sollte nicht zu knapp gewählt werden, damit möglichst keine zusätzlichen Mieter-Tiefkühlgeräte angeschafft werden. Zusätzliche Tiefkühler im Keller oder Estrich sollten nicht am Allgemeinstrom laufen.

Der Verbrauch ist zu messen oder gemäss Warendeklaration in Rechnung zu stellen.
Kühlgeräte sollen nicht neben Heizkörpern platziert werden. Eine Bodenheizung ist unter den Geräten auszusparen. Für Einbaugeräte sind ausreichend dimensionierte Lüftungsöffnungen vorzusehen. In Hotelzimmern (Minibar) und Einzimmerwohnungen wurden oft geräuschlose Absorptionskühlgeräte eingesetzt, welche zwei- bis dreimal mehr elektrische Energie brauchen als solche mit Kompressor. Es gibt heute verschiedene, effiziente Minibars. Als Minibar-Alternative werden Getränkeautomaten auf der Etage empfohlen, womit auch die im Sommer problematische Erwärmung der Zimmer entfällt.

8.4.4 Geschirrspüler

Wird das Warmwasser zentral und grossenteils mit erneuerbarer Energie (Holz, Sonnenkollektoren, Wärmepumpen, u.U. Fernwärme) erwärmt, so können Geschirrspüler am Warmwasser angeschlossen werden, da sonst hochwertige Elektrizität, meist zum Hochtarif, für das Aufheizen verwendet wird. Da Geschirrspüler nur einen einzigen Wasseranschluss haben, laufen unnötigerweise auch die mittleren Spülgänge warm ab. Der dadurch verursachte Mehrverbrauch ist jedoch gering, weil das Geschirr nach dem Spülen nicht wieder aufgeheizt werden muss.

8.4.5 Waschen und Trocknen [Top2]

Waschen und Trocknen können zusammen mehr als die Hälfte des Allgemein-Stromverbrauchs im Mehrfamilienhaus ausmachen. Das Trocknen von Wäsche im (A++)-Tumbler benötigt bis zweimal mehr elektrische Energie als das Waschen mit 60 °C.

Waschmaschinen

Waschmaschinen mit *Warm- und Kaltwasseranschluss* sind bei Wassererwärmung mit erneuerbaren Energien und bei kurzen Warmwasser-Ausstossleitungen («kalter Zapfen» bis etwa 2 Liter) sinnvoll. Je nach Programm und Steuerung werden bis über 70 % des Elektrizitätsverbrauchs substituiert.

Trocknungsmethoden

Seit 2015 entsprechen neu beschaffte *Wäschetrockner* in der Schweiz mindestens Effizienzklasse A+. Diese Klasse ist nur mit einer Wärmepumpe erreichbar und bedeutet gegenüber konventionellen Wäschetrocknern mit Widerstandsheizung mindestens 50 % Einsparung (Bild 8.8). Auf der Etikette ist als Zusatzinformation auch die mit A bis G gekennzeichnete Kondensations-Effizienz angegeben. Diese ist ein Mass für die Wasserdampfabgabe an den Raum. Tumbler (Trommeltrockner) und Trockenschränke mit Wärmepumpe weisen ähnliche Energieverbrauchswerte auf.

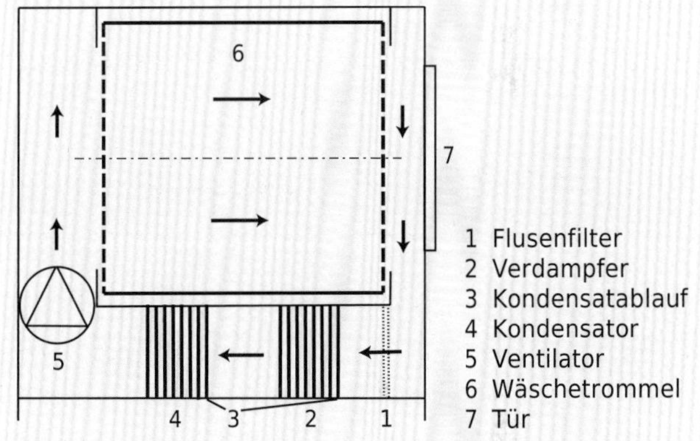

Bild 8.8 Funktionsprinzip des Wärmepumpen-Tumblers

Raumluft-Wäschetrockner arbeiten ebenfalls mit einer Wärmepumpe, erreichen aber nicht die Effizienzwerte neuer Tumbler (Bild 8.10). Beim Trocknungsprozess müssen Fenster und Türen geschlossen bleiben. Bei der Planung von Einrichtungen zum Waschen und Trocknen ist zu beachten, dass in jedem Fall Möglichkeiten zum Aufhängen von Wäsche anzubieten sind, weil sich nicht alle Wäsche für den Tumbler eignet. Da in modernen oder erneuerten Bauten kaum Abwärme verfügbar ist, sollten für das Trocknen aufgehängter Wäsche am ehesten Raumluft-Wäschetrockner eingesetzt werden.

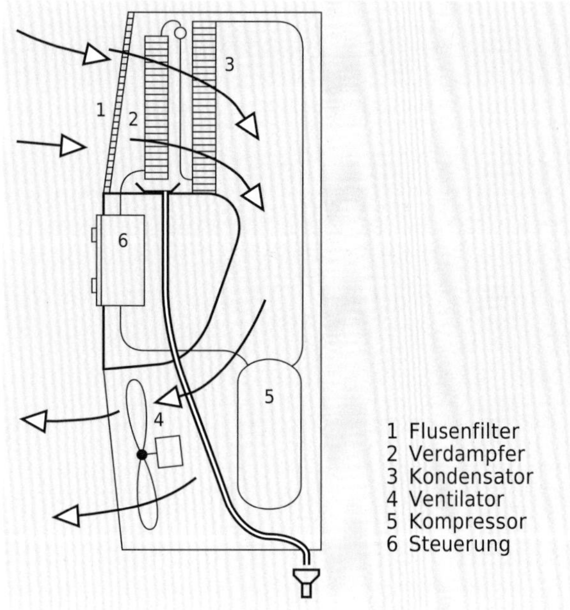

Bild 8.9 Funktionsprinzip des Raumluft-Wäschetrockners

Andere Trocknungssysteme benötigen viel mehr Energie. Sie können sinnvoll sein, wenn Abwärme oder Heizwärme aus erneuerbarer Energie zur Verfügung steht.
Für den *wärmegedämmten Trocknungsraum mit gesteuerter Ventilation und Heizung* werden keine konfektionierten Systeme angeboten (Bild 8.10). Mit Abwärme oder Heizwärme aus erneuerbarer Energie ist das System sinnvoll. Der Anschluss eines Trocknungsraums an eine Komfortlüftung ergibt nur im Einfamilienhaus eine ausreichende Trocknungsleistung und nur wenn im Sommer im Freien getrocknet werden kann.
Das *Trocknen im Freien* sollte gefördert werden durch komfortable Hängevorrichtungen (Zugang, befestigter Boden, geschützt, evtl. überdacht). Trocknen auf dem Balkon sollte nicht verboten werden. Hingegen kann bei schlecht wärmegedämmten Bauten im Winter das Trocknen grösserer Wäschemengen in der Wohnung zu Bauschäden führen und wird oft von Verwaltungen untersagt.

Verbrauchsabhängige Abrechnung

Im Mehrfamilienhaus lassen sich mit der verbrauchsabhängigen Abrechnung des Waschens und Trocknens grosse Einsparungen erreichen. Messungen an Tumblern haben ergeben, dass der Stromverbrauch mit Verbrauchsabrechnung um rund einen Drittel tiefer liegt als ohne. Die Benutzenden füllen die Maschinen besser. Auch der Wäschetrockner muss nach Verbrauch abgerechnet werden, da seine Betriebskosten höher sind als jene der Waschmaschine. Das Waschwasser (mit Abwasser) kostet oft mehr als die elektrische Energie, es sollte nach Möglichkeit mitberücksichtigt werden.
Zur Verbrauchsabrechnung werden zunehmend Chipkarten-Systeme eingesetzt. Jeder angeschlossene Apparat benötigt ein Kartenlesegerät (eingebaut oder separat), welches programmierbare laufzeit- und stromstärkeabhängige Beträge von der Karte abbucht. Pro Anlage wird ein Karten-Aufladegerät benötigt; zukünftig können wohl übliche Zahlungs-/Kreditkarten eingesetzt werden. Beim Zähler-Umschaltsystem (nur bei zentral angeordneten Wohnungszählern möglich) werden die angeschlossenen Apparate durch Einstecken einer Codekarte auf den individuellen Wohnungs-Stromzähler umgeschaltet. Der Installationsaufwand ist erheblich und Wasser- oder andere Kostenanteile werden nicht berücksichtigt.

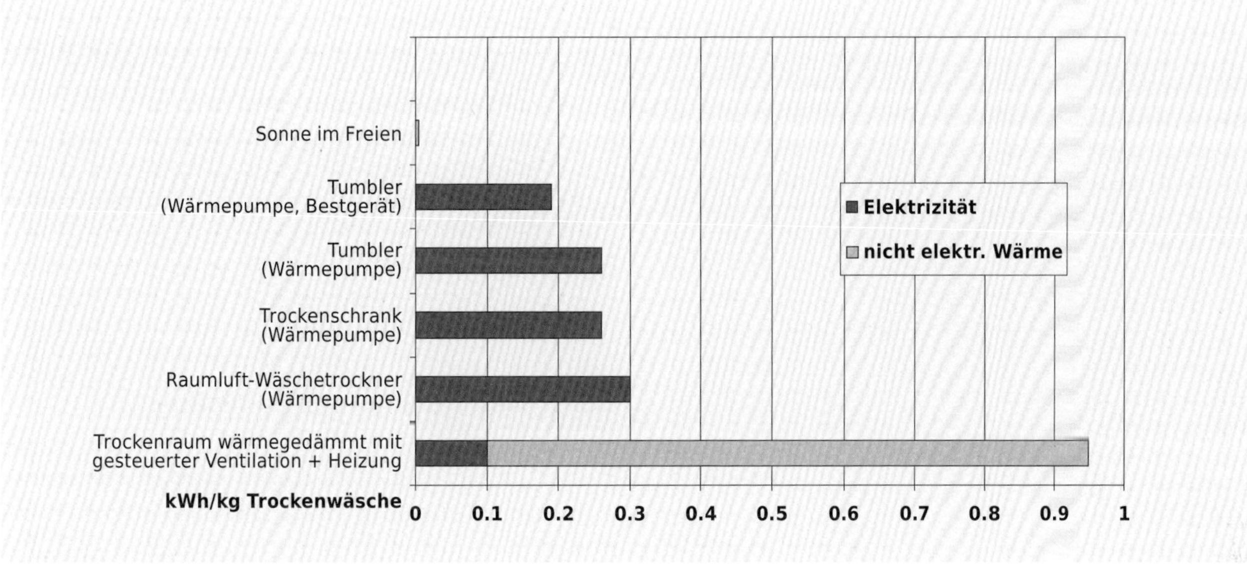

Bild 8.10 Spezifischer Energieverbrauch für die Wäschetrocknung bei der Norm-Restfeuchte von 0,6 kg Wasser/kg Trockenwäsche, Werte gemäss Warendeklaration bzw. eigenen Messungen für Trockenraum

8.4.6 Elektronische Bürogeräte

Die Effizienz von Bürogeräten, insbesondere Computern und Monitoren, wurde markant verbessert. Auch der Standby-Verbrauch vieler Geräte ist nicht zuletzt dank Vorschriften stark reduziert worden. Andererseits haben die Leistungssteigerung sowie grössere Geräte (z.B. Monitore) zu einer Erhöhung des Stromverbrauchs geführt. Alles in allem liegt jedoch der Verbrauch pro Büroarbeitsplatz bei Ausstattung mit Bestgeräten 2018 deutlich tiefer als 10 Jahre vorher.

Bei der Gerätebeschaffung sollten das Kriterium Energieverbrauch und weitere ökologische Kriterien, z.B. das TCO-Label (Emissionen), mitberücksichtigt werden. Eine effizienzorientierte Geräte-Bestenliste findet sich unter [Top1], ein Ratgeber zur professionellen Beschaffung unter [Top3].

Bei elektronischen Bürogeräten ist der effektive Stromverbrauch stark von der Konfiguration der Energiesparfunktionen sowie von der effektiven Nutzung abhängig. Das Grundprinzip lautet: Alle Geräte abschalten oder in einen stromsparenden Zustand zurückfahren, wenn sie nicht gebraucht werden. In PC-Netzwerken sind die stromsparenden Energieoptionen oft deaktiviert oder nicht zulässig. Mit geeigneten Tools lässt sich die Energieeffizienz enorm verbessern.

Richtwerte für den Elektrizitätsverbrauch von Büro-Arbeitsplätzen finden sich in [SIA 2056], vgl. auch 8.3.1.

8.5 Fotovoltaik

8.5.1 Energetische Bedeutung

Fotovoltaik (PV) hat sich von einer hochsubventionierten zu einer konkurrenzfähigen Stromquelle entwickelt. In den meisten äquatornahen Ländern ist PV heute die günstigste Stromproduktionstechnologie. PV dürfte mittelfristig nach der Wasserkraft zur wichtigsten Stromquelle der Schweiz werden. Das Dächerpotenzial (rund 50 TWh Stromproduktion) und das Fassadenpotenzial (17 TWh Stromproduktion) könnten den Schweizer Strombedarf in der Jahresbilanz decken. Die stromproduzierende Gebäudehülle wird somit bei Neubauten genauso wie die Wärmedämmung zur Selbstverständlichkeit. Mit PV alleine wird sich allerdings die Stromlücke insbesondere im Winter nicht schliessen lassen.

8.5.2 Dimensionierungsüberlegungen

Die Dimensionierung von PV-Anlagen unterscheidet sich grundsätzlich von der Dimensionierung einer Heizung oder einer Solarthermieanlage. Sie richtet sich weniger nach dem Bedarf im Gebäude, sondern stärker nach dem Potenzial des Gebäudes. Der Transport von Strom ist so effizient, dass es technisch gesehen keine grosse Rolle spielt, ob er im eigenen Gebäude oder im Nachbargebäude produziert wird.

Finanziell betrachtet ist die Dimensionierung etwas komplizierter. Eigenverbrauchter Solarstrom ist in fast allen Projekten profitabel, während die Einspeisung von Solarstrom meist noch ein Verlustgeschäft ist. Es gilt also, einen Mittelweg zu finden: Ist die PV-Anlage zu gross dimensioniert, nimmt der Eigenverbrauchsanteil ab, ist sie zu klein, werden die Fixkosten und damit die Stromgestehungskosten unattraktiv hoch (Bild 8.11). Oft ist das Optimum jedoch recht breit. Insbesondere beeinträchtigt eine nach dem Eigenverbrauch überdimensionierte PV-Anlage die Wirtschaftlichkeit kaum, da die zusätzlichen PV-Module die Anlage nur unwesentlich teurer machen. Damit ist es in den wenigsten Fällen sinnvoll, eine besonders kleine Anlage zu bauen.

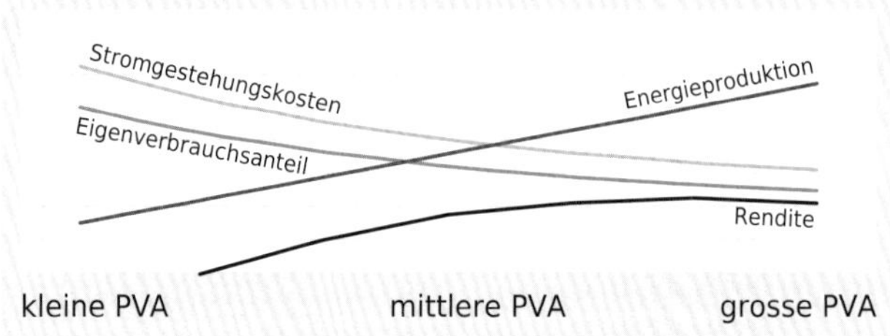

Bild 8.11 Renditeoptimierung einer PV-Anlage

8.5.3 Ausrichtung der PV-Module

Früher wurden die Module zur Ertragsoptimierung meist nach Süden ausgerichtet. Weil die Module heute so günstig geworden sind, lohnt sich dieser Aufwand meist nicht mehr. Es wird deshalb empfohlen, die Module gestalterisch möglichst optimal dem Gebäude anzupassen. In Bild 8.12 kann abgelesen werden, wie eine nicht optimale Ausrichtung der Module den Energieertrag beeinflusst.

Mit einer Modulneigung von mindestens etwa 10° wird eine genügende Selbstreinigung bei Regen erreicht. Heute werden oft eine Ost-West-Ausrichtung (teils Ost, teils West) und eine Neigung von 10° verwendet. Dies erlaubt, eine Flachdachfläche optimal auszunutzen. Bei wesentlich grösserer Modulneigung, z. B. auf einem Satteldach, kann mit einer Ost-West-Anlage ein gleichmässigerer Energieertrag über den Tag erreicht werden. Hingegen haben nach Süden geneigte PV-Module einen deutlich höheren Winterstromertrag als quasihorizontale oder solche mit Ost-West-Ausrichtung.

An schneereichen Lagen und bei auf Winterertrag optimierten Anlagen ist es wichtig, dass der Schnee gut abrutschen kann.

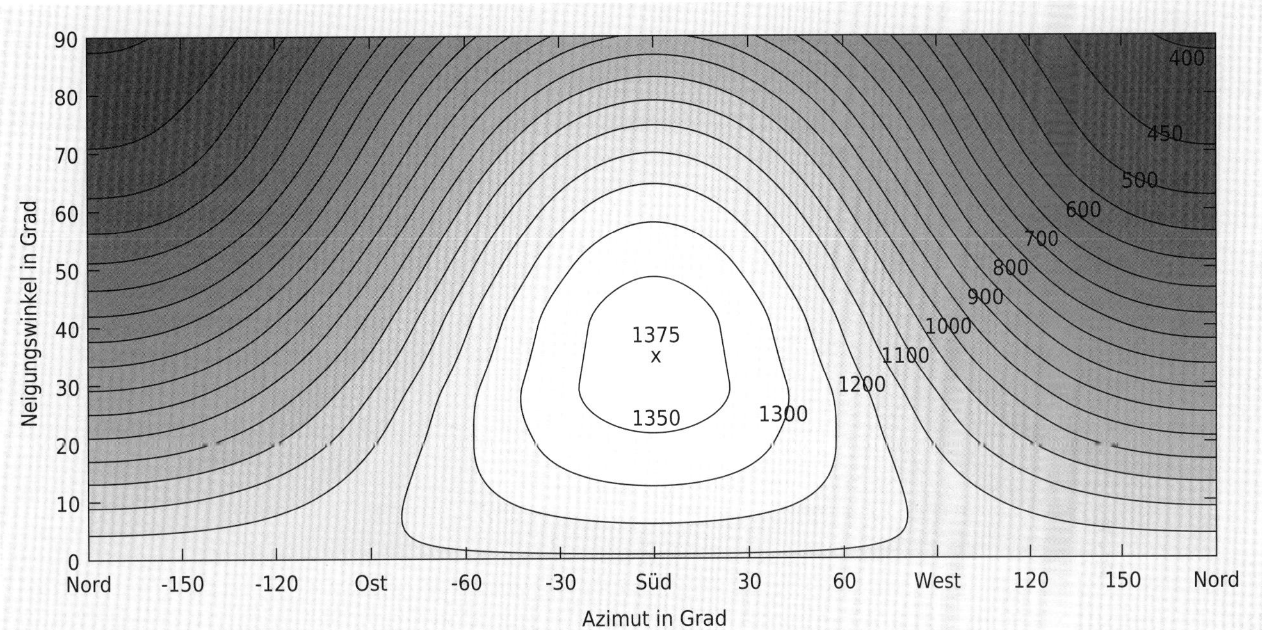

Bild 8.12 Jährliche hemisphärische Einstrahlung Q_G auf geneigte Fläche für Bern (1991–2010) in kWh/m^2 (Datenquelle: Meteonorm, Grafik: Christof Bucher)

8.5.4 Abschätzung des Energieertrags

Die Momentanleistung und der jährliche Energieertrag einer PV-Anlage sind in erster Näherung linear abhängig von der Sonneneinstrahlung. Diese variiert von Tag zu Tag sehr stark, ist aber über die Jahre mit einer Standardabweichung von rund 5 % deutlich konstanter als z.B. die Variation der Niederschläge, welche bei rund 15 % liegt.
Der Ertrag einer PV-Anlage kann wie folgt abgeschätzt werden:

$$E = A \cdot \eta_{mod} \cdot Q_G \cdot f_{PR} \qquad (8.5)$$

E jährlicher Elektrizitätsertrag in kWh

A Modulfläche in m^2

η_{mod} Modulwirkungsgrad unter Standardbedingungen

Q_G jährliche hemisphärische Einstrahlung auf die geneigte Fläche in kWh/m^2

f_{PR} Korrekturfaktor (Performance Ratio)

Die normierte DC-Leistung P_{STC} wird unter Standard-Testbedingungen (STC) ermittelt, d. h. bei einer Einstrahlung von 1000 W/m^2, einer Zelltemperatur von 25 °C und einer Air Mass von 1,5.

$$P_{STC} = A \cdot \eta_{mod} \cdot 1000\ \text{W/m}^2 \qquad (8.6)$$

P_{STC} normierte DC-Leistung in W (oft fälschlicherweise als Watt-Peak Wp bezeichnet)

Daraus ergibt sich die einfache Energieertragsformel

$$E = \frac{P_{STC}}{(1000\ \text{W/m}^2)} \cdot Q_G \cdot f_{PR} \qquad (8.7)$$

Der Korrekturfaktor f_{PR}, genannt Performance Ratio, ist in erster Näherung standortunabhängig und bewegt sich bei einer neuen Anlage im Bereich von 80 % bis 85 %. Im Verlauf der Lebensdauer der Anlage nimmt die Performance Ratio um rund fünf Prozentpunkte ab. Die Einstrahlung Q_G für das Schweizer Mittelland kann in Bild 8.12 abgelesen werden. Simulationen mit dem kostenlosen Solarrechner [Sol] erlauben auch, monatliche Erträge zu ermitteln.

8.5.5 PV-Module

PV-Module als Massenprodukt gehören heute mit Grosshandelspreisen von unter 50 CHF/m^2 zu den günstigen Materialien in der Baubranche. Die Wirkungsgrade sind in der Vergangenheit kontinuierlich gestiegen und liegen heute typischerweise im Bereich von 18 % bis 20 %. Die Module lassen sich in folgende Kategorien einteilen:

- *Standardmodule:* Massenware, meist aus asiatischer Produktion. Tiefe Kosten bei guter Qualität. Abmessungen ungefähr 1 m x 1,65 m. Farbe schwarz oder bläulich. Mit Aluminiumrahmen oder rahmenlos. Für Fassaden nur bedingt geeignet.
- *Semi-Standardmodule:* Meist aus europäischer Produktion und für eine bestimmte Anwendung optimiert (z.B. Gebäudeintegration). Werden oft als Gesamtsystem inkl. Montagestruktur angeboten. 2 bis 3 mal teurer als Standardmodule.
- *Sondermodule:* Massangefertigte Module, meist aus europäischer Produktion. Form und Farbe frei wählbar. Produkte werden individuell für ein Projekt angefertigt. 5 bis10 mal teurer als Standardmodule.

Auf Flachdächern und ästhetisch weniger anspruchsvollen Schrägdächern werden meist Standardmodule eingesetzt. Für die Gebäudeintegration in Schrägdächer und Fassaden kommen vorzugsweise Semi-Standardmodule zum Einsatz, während die Sondermodule speziellen Bauten vorbehalten sind. Aluminiumrahmen vereinfachen den Transport und die Installation, zudem bieten sie dem Modul im Betrieb einen gewissen Schutz vor mechanischen Einflüssen. Die Rahmung hat jedoch ästhetische Nachteile und reduziert den Selbstreinigungseffekt, da sich am Modulrahmen eine Schmutzkante bilden kann. Für ästhetisch anspruchsvolle Anlagen (Gebäudeintegration) sowie gering geneigte Anlagen (weniger als 10° Neigungswinkel) werden deshalb vorzugsweise ungerahmte Module, auch Laminate genannt, verwendet.

8.5.6 Wechselrichter

Oft wird die Wechselrichterleistung deutlich geringer gewählt als die DC-Leistung, da die Leistungsspitzen einer PV-Anlage energetisch nicht relevant sind. Über 97 % des Energieertrags werden unterhalb von 70 % der DC-Leistung produziert. Mit einer geringeren Wechselrichterleistung können auch die Zuleitungskabel, die Sicherungen und die Hausanschlussleistung geringer dimensioniert werden. Das Bild 8.13 zeigt den Ertragsverlust bei reduzierter Wechselrichterleistung.

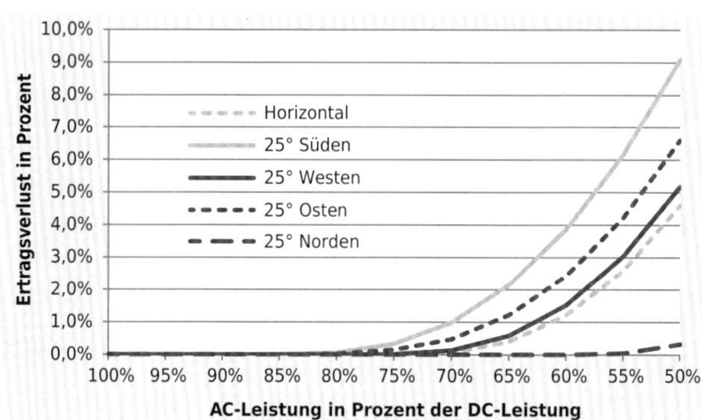

Bild 8.13 Ertragsverlust in Abhängigkeit des Nennleistungsverhältnisses AC/DC (Datenquelle: Meteonorm, Berechnung und Grafik: Basler & Hofmann AG)

Verschiedene Wechselrichter unterscheiden sich hinsichtlich Funktionalität nur wenig. Ein Wechselrichter übernimmt typischerweise folgende Funktionen:

- Er betreibt die PV-Module im maximalen Leistungspunkt (MPP) resp. ausserhalb des MPP, wenn die Wirkleistung abgeregelt werden soll.
- Er wandelt den Gleichstrom der PV-Module in netzkonformen Wechselstrom um.
- Er schützt und stützt das Netz: Diverse Funktionalitäten sind vorgeschrieben [EN 50549-1] und standardmässig im Wechselrichter enthalten.
- Er bietet diverse Kommunikationsschnittstellen. Die meisten Wechselrichter können entweder direkt oder mit einem zusätzlichen Kommunikationsmodul am Internet und an anderen Kommunikationssystemen angeschlossen werden.

Die Wechselrichter betreiben die PV-Module in ihrem maximalen Leistungspunkt (Maximum Power Point, MPP). Dieser unterscheidet sich innerhalb eines Modulfelds in Abhängigkeit von Ausrichtung sowie Beschattungssituation der Module. Bei der Wahl des Wechselrichters soll deshalb beachtet werden, dass Module, welche unterschiedlichen Einstrahlungen ausgesetzt sind, möglichst an unterschiedliche MPP-Tracker angeschlossen werden. Die meisten Wechselrichter verfügen über ein bis drei MPP-Tracker.

8.5.7 Systemaufbau und elektrischer Anschluss

Ein typisches Übersichtsschema ist in Bild 8.14 gegeben. Für die Elektroinstallationen ist die Niederspannungs-Installationsnorm (NIN) zu beachten. Einige Besonderheiten für PV-Anlagen werden im Folgenden beschrieben:

Gleichstromkabel (DC-Kabel)

Weil von DC-Kabeln zwischen PV-Modulen und Wechselrichter eine höhere Gefährdung ausgeht als von Wechselstromkabeln, ist deren Qualität und Installation ein besonderes Augenmerk zu schenken. Es sollen grundsätzlich doppelt isolierte Einzelleiter verwendet werden, und die Kabelverlegung soll mit einem erhöhten Schutz vor mechanischen Einflüssen erfolgen.

Generatoranschlusskasten (GAK)

Oft können die DC-Kabel direkt am Wechselrichter angeschlossen werden. Wenn aber z.B. die Kabel beim Gebäudeeintritt mit einem Überspannungsableiter (SPD) geschützt werden sollen, wird ein GAK benötigt. Dieser beinhaltet typischerweise die Überspannungsableiter und einen DC-Schalter. Oft werden im GAK die einzelnen Strangleiter parallelgeschaltet und als DC-Hauptleitung zum Wechselrichter geführt.

Blitzschutzsystem und Potenzialausgleich

Parallel zu den DC-Leitungen ist jeweils ein Potenzialausgleichsleiter von mindestens 10 mm^2 zu führen. Ist ein Gebäude mit einem Blitzschutz versehen, so ist die PV-Anlage in dieses einzubinden. Das heisst, dass das Montagesystem mit dem äusseren und meist auch mit dem inneren Blitzschutz verbunden wird (kein getrenntes System) und dass beim Gebäudeeintritt Überspannungsableiter installiert werden müssen. Falls kein Blitzschutzsystem vorhanden ist und die Leitungen kürzer als 30 m sind (in der Südschweiz mit höherer Gewitterwahrscheinlichkeit 20 m), kann auf Überspannungsableiter verzichtet werden. Details dazu sind in der NIN beschrieben.

Wechselstrominstallation (AC-Installation)

Die AC-Installation unterscheidet sich nicht wesentlich von der AC-Installation eines Verbrauchers gleicher Leistung wie der Wechselrichter. Dass der Leistungsfluss in die umgekehrte Richtung verläuft, hat keinen Einfluss auf die Installation. Der Wechselrichter trägt kaum zur Kurzschlussleistung bei. Die Dimensionierung von Schalter und Sicherungen erfolgt nach den gleichen Regeln wie bei Verbrauchern derselben Leistung.

Trenner und Schalter

Der Wechselrichter muss sowohl auf der AC- wie auch auf der DC-Seite mit einem Schalter freigeschaltet werden können. Dabei ist der DC-seitige Schalter meistens in den Wechselrichter integriert, während der AC-Schalter extern angebracht werden muss. Sogenannte «Feuerwehrschalter» (fernauslösbare DC-Schalter) sind nicht vorgeschrieben und nur in wenigen Fällen zweckmässig.

Netz-Anlageschutz (NA-Schutz)

Bei Stromausfall oder grossen Frequenz- oder Spannungsabweichungen müssen sich Wechselrichter vom Netz trennen. Die entsprechenden Funktionen müssen in jedem Wechselrichter vorhanden sein. Einige Netzbetreiber verlangen für grössere Anlagen, dass Spannung und Frequenz zentral gemessen werden und die PV-Anlage bei Grenzwertverletzungen mit einem zusätzlichen Schalter vom Netz getrennt wird.

Messeinrichtungen

Die Stromproduktion muss gemessen werden. Bei PV-Anlagen mit weniger als 30 kVA Wechselrichterleistung ist es jedoch ausreichend, nur die Überschussproduktion zu messen. Auf einen Produktionszähler kann somit verzichtet werden. Bei mehr als 30 kVA müssen die Ertragsdaten monatlich an Swissgrid gesendet werden (Herkunftsnachweisverordnung), was einen elektronischen Zähler mit Lastgangerfassung für die PV-Anlage erforderlich macht.

Weil heute praktisch alle PV-Anlagen als Eigenverbrauchsanlagen realisiert werden, erfolgt die Einspeisung meistens auf das gemessene Haus- oder Arealnetz. Der vorliegende Bezügerzähler muss entsprechend bidirektional sein, damit er die Rückspeisung ins Stromnetz erfassen kann. Die jeweils gültigen Anforderungen an die Messeinrichtungen sind mit dem zuständigen Verteilnetzbetreiber zu klären.

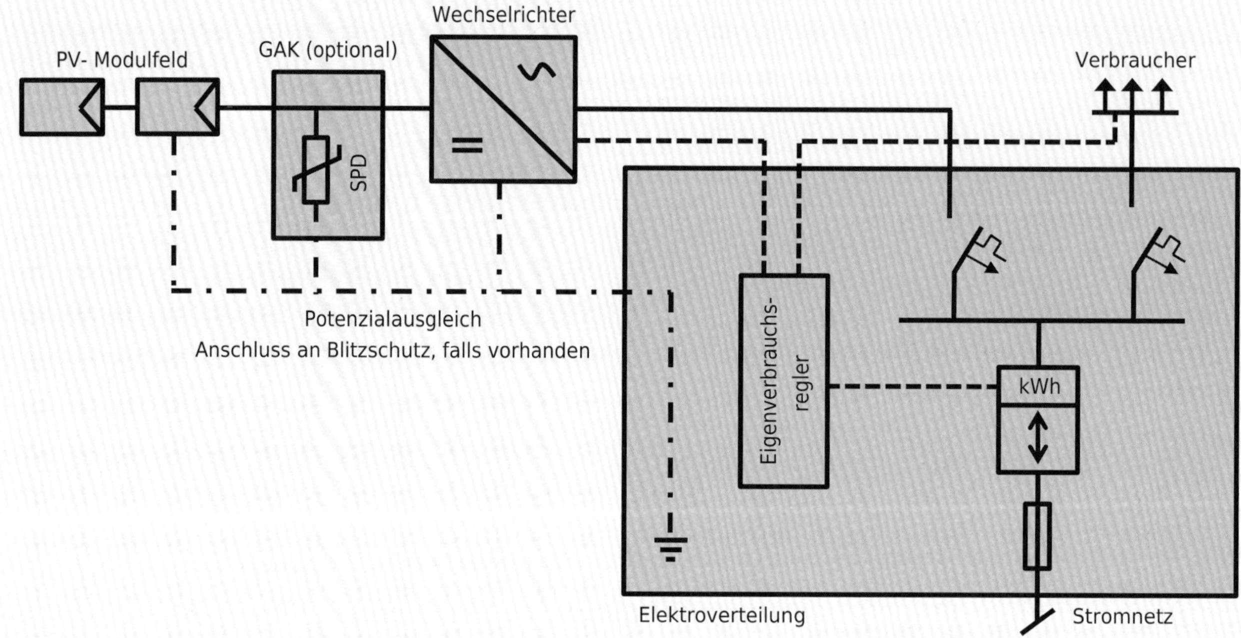

Bild 8.14 Vereinfachtes Elektro-Übersichtsschema einer PV-Anlage mit Eigenverbrauchsregler

Anschlusspunkt

Die PV-Anlage kann an verschiedenen Orten im Gebäude ans Netz angeschlossen werden. Gerade bei grösseren Bauten lohnt es sich, den Anschluss- oder Einspeisepunkt sorgfältig zu wählen. Folgende Anschlusspunkte sind möglich:

- *Unterverteilung:* Technisch und wirtschaftlich ist dies oft der ideale Anschlusspunkt, da weniger Kabel verlegt werden müssen. Nachteilig kann die Energiemessung sein, welche dann ebenfalls dezentral erfolgen muss. Ebenfalls nachteilig ist die unübersichtliche Elektroinstallation. In der Hauptverteilung lässt sich die PV-Anlage nur gemeinsam mit der ganzen Unterverteilung ausschalten.
- *Hauptverteilung:* Dies ist der am häufigsten verwendete Einspeisepunkt. Oft führt er zu langen und parallelen Kabelwegen, dafür ist das Elektroschema übersichtlicher. Eine spätere Anpassung des Anschlusses (z.B. Einspeisung auf eine andere Verbrauchergruppe) ist relativ einfach möglich.
- *Extern:* Diese Variante wurde früher teilweise gewählt, um die Energie einer PV-Anlage auf einem Areal in das externe Stromnetz einspeisen und verkaufen zu können. Mit zunehmenden Eigenverbrauchsschemen sowie flexiblen Smart-Metern und virtuellen Zählpunkten wird dieser Anschlusspunkt heute jedoch kaum mehr gewählt.

8.5.8 Planungshinweise

Die Planung einer PV-Anlage ist ein interdisziplinärer Prozess. Der PV-Planer muss sich mit den anderen Gewerken absprechen und gleichzeitig diverse administrative Abläufe initiieren und begleiten. Dabei ist es ein wesentlicher Unterschied, ob eine PV-Anlage in einem grösseren Gesamtprojekt mit Architekt und Fachplaner realisiert wird oder ob es sich um einen reinen PV-Anlagenbau ohne Architekt und Fachplaner handelt.

Dachlayout und Absturzsicherung

Die Anordnung der PV-Module ist von allerlei Randbedingungen geprägt:

- Das Dachlayout soll ästhetisch ansprechend sein. Es soll beispielsweise eine gewisse Regelmässigkeit aufweisen.
- Die PV-Module sollen weder sich gegenseitig beschatten noch von anderen Objekten beschattet werden. Beschattungen haben immer einen überproportionalen Einfluss auf den Energieertrag.
- Objekte, welche kontrolliert werden müssen, sollen zugänglich bleiben (bei Flachdächern insbesondere der Dachrand und die Abläufe). Bei Steildächern wird eine eingeschränkte Zugänglichkeit des Dachs meist hingenommen, da für Reparaturen am Dach ohnehin Baustelleninstallationen notwendig sind.

Auf Dächern wird grundsätzlich eine Absturzsicherung benötigt. Oft wird diese in Form von einem umlaufenden Seil in 2,5 Metern Abstand zum Dachrand, bei Steildächern auch mit Einzelanschlagspunkten gebaut. Diese Massnahmen sind jedoch in der Bedienung recht aufwendig und werden deshalb, trotz Vorschrift, vom Wartungspersonal oft nicht eingesetzt. Es gehört deshalb zur guten Planung, eine PV- Anlage so zu bauen, dass man sich zu Wartungszwecken gar nicht erst in besonders absturzgefährliche Bereiche begeben muss. Detaillierte Informationen hierzu stellt die SUVA zur Verfügung.

Gründach

Ökologisch ist die Kombination von PV und Gründach wertvoll. Beim Bau und Betrieb sind jedoch einige Punkte zu beachten:

- PV-Module auf einem Gründach beschatten das Gründach und reduzieren das Austrocknen des Dachs. Dadurch werden die Biodiversität und das Pflanzenwachstum gefördert. Nachteilig ist, dass damit auch der Unterhaltsaufwand (Zurückschneiden des Grünbewuchses) steigt. Die PV-Module sollten deshalb immer einen angemessenen Abstand zum Dachsubstrat aufweisen (ca. 40 cm). Alle Dachbereiche sollen zu Unterhaltszwecken gut zugänglich sein.
- Sowohl im Bau als auch im Betrieb sind PV-Anlagen auf Gründächern rund 5–10 % teurer als PV-Anlagen auf Kiesdächern.

PV-Fassaden

Die Planung von PV-Anlagen in der Fassade weist gegenüber einer Dachanlage eine deutlich höhere Komplexität auf, insbesondere:

- Hohe ästhetische Anforderungen bei einem deutlich geringeren Modulangebot.
- Einschränkungen bei Sonderanfertigungen (kleiner Markt, hohe Kosten, je nach Hersteller unterschiedliche technische Limitierungen).
- Höhere statische Anforderungen an das Gesamtsystem.
- Kabelführung in der Fassade.
- Zugänglichkeit resp. Austauschbarkeit von defekten Modulen im Betrieb.
- Diverse Details wie Randabschlüsse, Kleintierschutz, Hinterlüftung, Wärmebrücken, Beschattung.

Eigenverbrauch

In einer Vorstudie oder im Vorprojekt zu einer PV-Anlage soll der erwartete Eigenverbrauchsanteil abgeschätzt werden. Meistens sind die dafür benötigten Informationen jedoch unvollständig. Gut zu wissen ist deshalb, dass sich der Eigenverbrauchsanteil bei vielen Verbrauchern in einem recht engen Band bewegt. Sind Abschätzungen für den Energieertrag der PV-Anlage sowie für den Energiebedarf des Gebäudes verfügbar, so kann mithilfe von Bild 8.15 eine erste Abschätzung für den Eigenverbrauchsanteil gemacht werden. Interessant ist dabei, dass der Solarstromanteil (d.h., die Jahresproduktion dividiert durch den Jahresverbrauch) die wichtigste Grösse für die Eigenverbrauchsberechnung ist. Das Verbraucherprofil spielt eine geringere Rolle.

In vielen Projekten soll der Eigenverbrauchsanteil optimiert werden. Dies ist finanziell meistens jedoch nur dann interessant, wenn diese Optimierung günstig gemacht werden kann. Batteriespeicher sind z.B. meist zu teuer. Für die Eigenverbrauchsoptimierung kommen darum insbesondere folgende Massnahmen infrage:

- Solaroptimierte Ansteuerung von Wärme- und Kälteerzeugern. Bei PV-Anlagen, welche im Verhältnis zu den Verbrauchern grosszügig dimensioniert sind, kann sich hierzu eine Vergrösserung des Wärmespeichervolumens lohnen.
- Solaroptimiertes Laden von Elektrofahrzeugen.

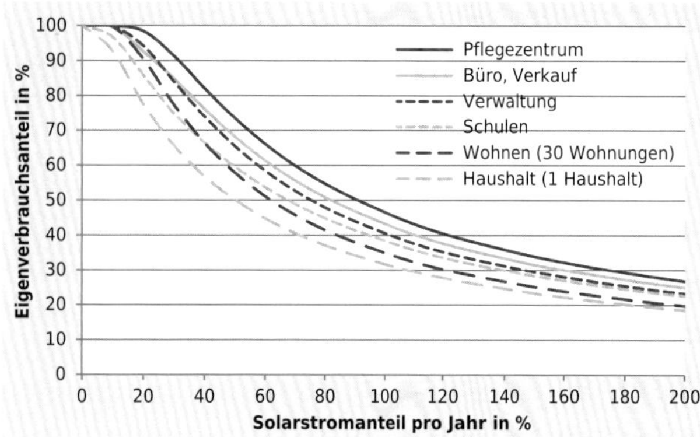

Bild 8.15 Eigenverbrauchsanteil für verschiedene Verbraucher (Quelle: Basler & Hofmann AG)

Die Eigenverbrauchsoptimierung kann in eingeschränkter Form über standardmässig im Wechselrichter integrierte Relais, über Eigenverbrauchsregler oder über ein Gebäudeleitsystem gelöst werden. Bild 8.14 zeigt hierzu eine typische Anordnung.
Falls elektrische Speicher in Zukunft noch deutlich günstiger installiert werden können und falls auch kleinere Endverbraucher Leistungstarife für den Strom bezahlen müssen, wird der Einsatz von Batterien interessant. Mit einem Batteriespeicher lässt sich der Eigenverbrauchsanteil erhöhen, z.B. im Wohnbereich von 30 % auf 60 %.

9 LICHTTECHNIK

9.1 Lichttechnische Grundlagen

9.1.1 Lichtkomfort

Licht ermöglicht die visuelle Wahrnehmung unserer Umwelt. Dies wird durch einen schmalen Bereich von Strahlung ermöglicht. Strahlung ist Energieübertragung in Form elektromagnetischer Wellen. Kürzere Wellenlängen als Licht haben Ultraviolett- (UV-), Röntgen-, Gamma- und kosmische Strahlung. Grössere Wellenlängen haben Infrarot- (IR-), Radar-, Fernseh- und Radiowellen. Die *sichtbare Strahlung* liegt im Wellenlängenbereich zwischen 380 und 780 Nanometer. Da die Empfindlichkeit des menschlichen Auges im Bereich der sichtbaren Strahlung nicht konstant ist, sondern von der Wellenlänge abhängt (Bild 9.1), sind spezielle Grössen und Einheiten erforderlich, um Licht bewerten zu können. Ob eine Beleuchtung als gut oder schlecht empfunden wird, hängt jedoch nicht nur davon ab, was gemessen wird, sondern wesentlich von der wahrnehmungspsychologischen Bewertung. Diese basiert unter anderem auf:

- der Leuchtdichtenverteilung (9.1.2) und
- der Beleuchtungsgüte.

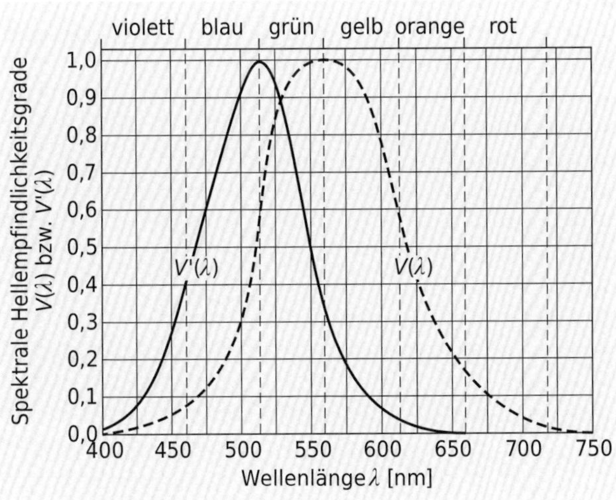

Bild 9.1 Spektrale Hellempfindlichkeitsfunktionen des menschlichen Auges in Abhängigkeit der Wellenlänge [SLG]:
- $V(\lambda)$ helladaptiertes Auge (Tagessehen)
- $V'(\lambda)$ dunkeladaptiertes Auge (Nachtsehen)

Für Arbeitsräume heisst *Beleuchtungsgüte*, Lichtverhältnisse zu schaffen, wie sie tagsüber im Freien anzutreffen sind. Hierfür ist der menschliche Sehsinn optimiert. Folgende Gütemerkmale gelten für die Beleuchtung von Arbeitsräumen (etwa in der Reihenfolge ihrer Bedeutung):

- Schutz vor störendem Glanz und Reflexblendung
- Schutz vor Direktblendung
- angemessene Beleuchtungsstärke
- stabiles Licht (flickerfrei)
- harmonische Leuchtdichteverteilung
- natürliche Schattigkeit
- geeignete Lichtfarbe
- befriedigende Farbwiedergabe
- zirkadiane Lichtverhältnisse (biologischer Rhythmus)

Wenn diese Kriterien bei der Planung von Beleuchtungsanlagen berücksichtigt werden, findet der Lichtanwender befriedigende Lichtverhältnisse vor. Sie erlauben ihm, seine Arbeit schnell, sicher und fehlerfrei zu leisten. Er wird sich dann wohl fühlen und auch nicht vorzeitig und übermässig ermüden – ein Gewinn für jedes Unternehmen.

9.1.2 Fotometrische Grössen

Die Messung lichttechnischer Grössen bezeichnet man als Fotometrie (Bild 9.2, siehe auch Lichttechnische Grundbegriffe [Zür]).

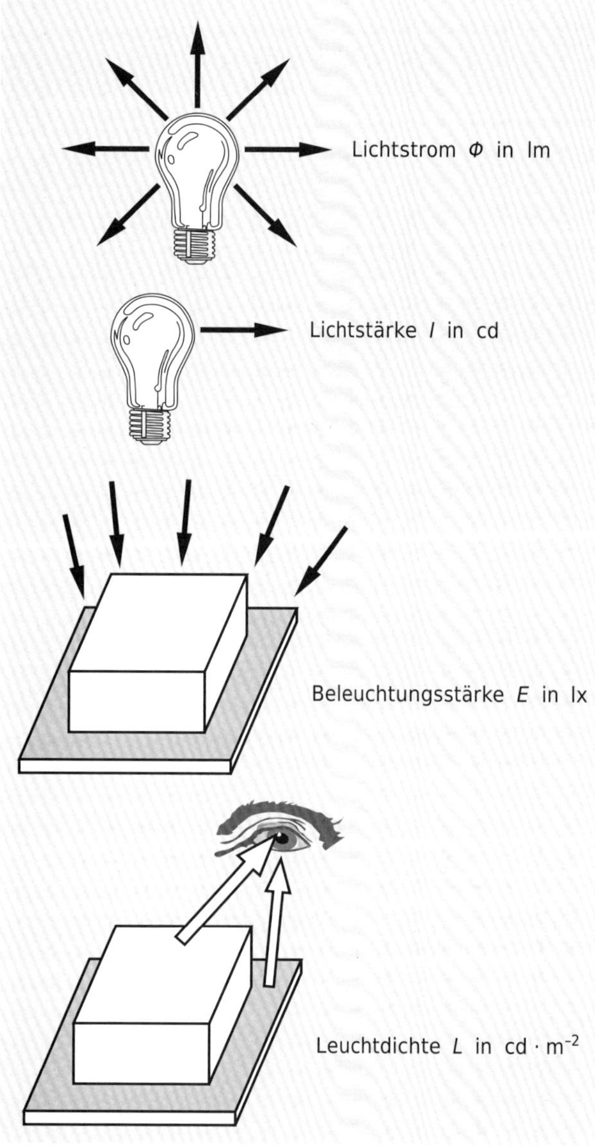

Bild 9.2 Fotometrische Grössen

Lichtstrom

Der Lichtstrom ist ein Mass für die von einer Lichtquelle abgegebene Strahlungsleistung (bewertet mit der Hellempfindlichkeit $V(\lambda)$):

- Symbol: Φ (Phi)
- Einheit: Lumen (lm)

Lichtströme gebräuchlicher Lichtquellen:

– LED	50 W	6'000 lm
– Leuchtstofflampe	49 W	4'950 lm
– Halogen-Metalldampflampe	70 W	6'900 lm
– Natriumdampf-Hochdrucklampe1	150W	17'500 lm

Die *Lichtausbeute* in Lumen pro Watt (lm/W) dient als Mass für den Wirkungsgrad einer Lichtquelle. Sie gibt an, wie viel Lichtstrom die Lichtquelle aus 1 Watt zugeführter elektrischer Leistung erzeugt. Das fotometrische Strahlungsäquivalent für Tagessehen ist die theoretisch grösstmögliche Lichtausbeute. Sie beträgt 683 lm/W. Dazu müsste die gesamte zugeführte elektrische Energie in Strahlung der Wellenlänge 555 nm umgewandelt werden. Das Licht einer solchen Lichtquelle wäre dann einfarbig gelbgrün (monochromatisch), für allgemeine Beleuchtungszwecke also unbrauchbar. Bei dem üblichen, aus vielen Wellenlängen zusammengesetzten, weissen Licht liegt die theoretische Maximallichtausbeute bei etwa 240 lm/W.

Lichtstärke

Die Lichtstärke gibt an, welcher Lichtstrom in eine bestimmte Richtung ausgestrahlt wird (pro Raumwinkeleinheit):

- Symbol: I
- Einheit: Candela (cd)

Es gilt die Einheitengleichung cd = lm/sr (ein Raumwinkel von 1 sr entspricht einer Fläche von 1 m^2 auf einer Kugel mit Radius 1 m)

Die *Lichtstärkeverteilungskurve (LVK)* ist die grafische Darstellung der einzelnen Lichtstärken einer Lampe oder Leuchte in verschiedenen Richtungen. Man verwendet hierzu meist eine Polarkoordinaten-Darstellung (Bild 9.3). Bei Spots wird häufig anstelle einer LVK der *Ausstrahlungswinkel* angegeben. Er beschreibt den Lichtkegel, an dessen Rand die Lichtstärke 50 % des Maximalwertes beträgt (Bild 9.4).

9.1 Lichttechnische Grundlagen

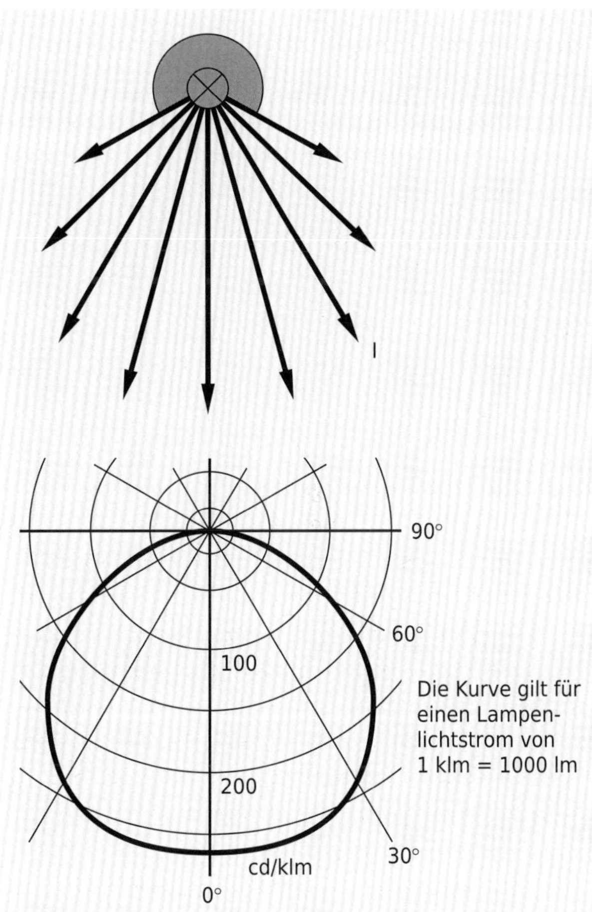

Bild 9.3 Ermittlung einer Lichtstärkeverteilungskurve

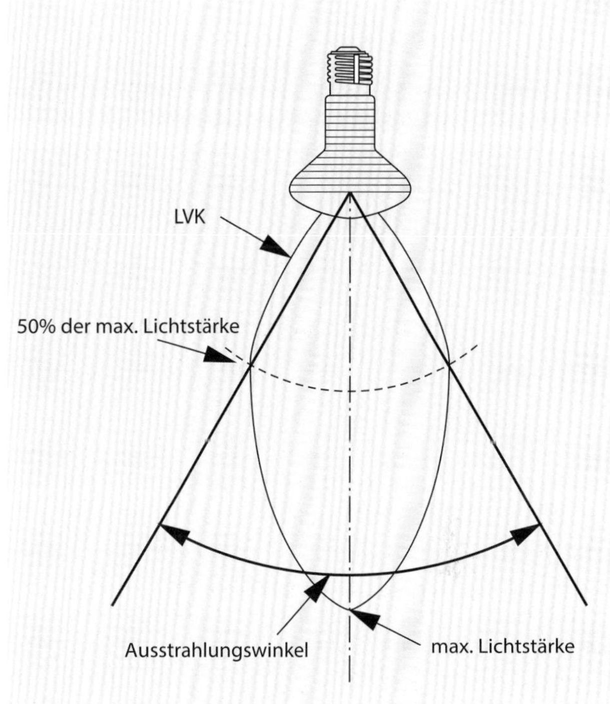

Bild 9.4 Ausstrahlungswinkel

Beleuchtungsstärke

Die Beleuchtungsstärke gibt an, welcher Lichtstrom auf einer Fläche auftrifft:

- Symbol: *E*
- Einheit: Lux (lx)

Es gilt die Einheitengleichung $lx = lm/m^2$

Die Beleuchtungsstärke auf horizontalen Büroarbeitsflächen beträgt üblicherweise 300 bis 1000 lx (Nennbeleuchtungsstärke).

Die Beleuchtungsstärke ist kein direktes Mass für den Helligkeitseindruck, da die Reflexion nicht berücksichtigt wird. Die Hauptbeleuchtungsnorm für Innenräume [EN 12464-1] gibt den *Wartungswert der Beleuchtungsstärke* vor. Dies ist der Mittelwert auf der Arbeitsebene unter Berücksichtigung einer mittleren Alterung und Verschmutzung der Anlage. Der Anlagenneuwert liegt dementsprechend höher (*Wartungsfaktor*). Die Beleuchtungsstärkeverteilung im Raum hilft, die zu erwartende Beleuchtungsharmonie zu beurteilen. Dabei sollte eine logarithmische Abstufung gewählt werden, da dies der Empfindung des Auges nahe kommt.

Leuchtdichte

Die Leuchtdichte ist die Lichtstärke je Flächeneinheit:
- Symbol: *L*
- Einheit: Candela pro m^2 (cd/m^2)

Die massgebende Fläche ist die Projektion der strahlenden Fläche in Richtung des Beobachters. Diese Fläche kann eine Lichtquelle oder eine reflektierende Fläche sein. Die Leuchtdichte beschreibt den Helligkeitseindruck. Sie ist deshalb das wichtigste Mass in der Lichttechnik. Die Leuchtdichte ist proportional zur Beleuchtungsstärke, wenn die beleuchtete Fläche vollständig diffus reflektiert. Bei gerichteter Reflexion hängt die Leuchtdichte vom Reflexionsgrad der beleuchteten Fläche ab, von Form und Grösse der Lichtquelle sowie von der Lichteinfallsrichtung und der Beobachtungsrichtung. Die *Adaptationsleuchtdichte* ist diejenige Leuchtdichte, an die sich das Auge anpasst. Im Allgemeinen ist dies die mittlere Leuchtdichte im Gesichtsfeld des Beobachters.

9.1.3 Verhalten beleuchteter Körper

Reflexion

Es gibt zwei Grundarten der Reflexion:
- *Vollständig gestreute (diffuse) Reflexion.* Das auftreffende Licht wird unabhängig von der Einfallsrichtung in alle Richtungen reflektiert. Beispiele sind Schreib- und Zeichenpapier, Gipsplatten, raue Textilien.
- *Vollständig gerichtete oder spiegelnde Reflexion.* Beispiele sind Spiegel, Glas und polierte Metallteile.

Die meisten Oberflächen liegen zwischen diesen beiden Extremen, z.B. lackierte Flächen, Glanzpapier, Kunststoffe. Der *Reflexionsgrad* ρ ist der Anteil des auftreffenden Lichtes, den die Fläche reflektiert (Bild 9.5).

Absorption, Transmission

Der *Transmissionsgrad* τ ist der Anteil des auftreffenden Lichtes, welcher durchgelassen wird. Sein Wert liegt zwischen 0 und 1. Das auf einen Körper fallende oder diesen durchdringende Licht wird je nach *Absorptionsgrad* α ganz oder teilweise absorbiert und in Wärme umgesetzt. Die Summe von Absorptionsgrad, Transmissionsgrad und Reflexionsgrad ergibt stets 1.

Farbe/Material	ρ
weiss	0,7–0,85
steingrau	0,4–0,5
schwarz	0,03–0,09
creme, hellgelb	0,5–0,75
Marmor, weiss	0,6–0,7
Holz, hell	0,3–0,5
Holz, dunkel	0,1–0,25

Bild 9.5 Reflexionsgrade von Farben und Materialien [Ris]

9.1.4 Lichtfarbe und Farbwiedergabe

Die *Lichtfarbe* beschreibt den «Wärmeeindruck» von weissem Licht. Als Mass dafür dient die *Farbtemperatur.* Die Farbtemperatur gibt an, wie hoch ein schwarzer Körper erhitzt werden müsste, damit er die gleiche Lichtfarbe hat wie das Licht einer so gekennzeichneten Lichtquelle. Für den praktischen Gebrauch unterteilt man die «weissen» Lichtfarben in 3 Gruppen:
- warmweiss (ww, bis 3300 K)
- neutralweiss (nw, um 4000 K)
- tageslichtweiss (tw, ab 5000 K)

Farbige Lichtquellen (grün, blau etc.) können nicht durch eine Farbtemperatur charakterisiert werden. Solche Lichtquellen werden durch ihre spektrale Energieverteilung gekennzeichnet oder durch ihre Koordinaten im CIE-Normfarbsystem [CIE 15].

Der *allgemeine Farbwiedergabeindex* einer Lichtquelle ist ein Mass für die Qualität der Wiedergabe von Objektfarben im Vergleich zu einem Temperaturstrahler ähnlichster Farbtemperatur. Der allgemeine Farbwiedergabeindex R_a wird auch als Color Rendering Index (CRI) bezeichnet. Die Farbwiedergabe-Eigenschaften werden in Stufen eingeteilt (Bild 9.6). Glühlampen und Tageslicht weisen den Maximalwert $R_a = 100$ auf, obwohl die Farbtemperaturen beider Lichtquellen weit auseinanderliegen und deshalb Objektfarben unter diesen Lichtquellen sehr unterschiedlich aussehen. Für die *subjektive Bewertung der Farbwiedergabe* ist der Farbwiedergabeindex weniger geeignet. In der Regel empfindet man die Farbwiedergabe bei warmweisser Lichtfarbe angenehmer als bei neutral- oder gar tageslichtweissem Licht, selbst wenn der Farbwiedergabeindex schlechter ist.

Ein neues System für die Einstufung der Farbwiedergabequalität wurde 2015 von der Illumination Engineering Society of America (IES) entwickelt (Technical Memorandum TM30-15). Diese Systematik ist (noch) nicht im europäischen Normsystem verankert.

R_a	Anwendungsgebiet
90–100	Farbkontrolle, Museum
80–89	Speiseräume, Büro
70–79	Verkauf
60–69	Instandhaltung
40–59	Korridore, Parkgarage
20–39	Strassen

Bild 9.6 Allgemeiner Farbwiedergabeindex R_a und sinnvolle Anwendungsgebiete [SLG]

9.1.5 Sehen

Licht ist unser wichtigster Informationsträger: Mehr als 80 % aller Sinneseindrücke werden über das Auge wahrgenommen. Der Mensch benötigt Licht nicht nur zum Sehen, sondern auch zur körperlichen Aktivierung. Gutes Licht hebt das Wohlbefinden und baut Stress ab. Deshalb wächst mit gutem Licht auch die Toleranz gegenüber Störungen aus der Umwelt (z.B. Lärm, Klima und Hektik).

Auge

Die *Hornhaut* schliesst das Auge nach aussen ab. Sie bewirkt durch ihre Krümmung den grössten Teil der Brechkraft, mit welcher auf der Netzhaut ein Bild der Umwelt erzeugt wird. Die Regenbogenhaut (Iris) bildet die *Pupille,* deren Durchmesser sich in Abhängigkeit vom Lichteinfall von etwa 2 mm bis 8 mm ändern kann. Dies entspricht einer Variation der Lichteintrittsfläche von 1:16. Die *Linse* ergänzt die Brechkraft der Hornhaut. Der Ciliarmuskel, der sie hält, kann ihre Krümmung und damit die Brechkraft verändern und somit der jeweiligen Sehdistanz anpassen *(Akkommodation).* Mit zunehmendem Lebensalter verhärtet sich die Linse, sodass die Entfernungsanpassung schwerer fällt (Altersweitsichtigkeit). Mit hohen Beleuchtungsstärken lässt sich dieser Mangel z.T. kompensieren, weil die dann verminderte Pupillenöffnung die Schärfentiefe vergrössert (ähnlich wie beim Fotoapparat bei reduzierter Blendenöffnung).

Die *Netzhaut* (Retina) enthält die lichtempfindlichen Empfänger: Zapfen und Stäbchen. Die *Zapfen* sind farbentüchtig und nur bei hohen Leuchtdichten (ab etwa 30 cd/m^2) wirksam. Jeder Zapfen ist durch eine individuelle Nervenfaser mit dem Sehzentrum im Gehirn verbunden, so dass beim Zapfensehen die grösste Informationsvielfalt aufgenommen werden kann. In der Sehgrube (Fovea Centralis) befinden sich ausschliesslich Zapfen, sehr dicht zusammengefasst. Dies ist deshalb der Ort der grössten Sehschärfe und der besten Farbwahrnehmung. Gegen den Netzhautrand hin nimmt die Zapfenkonzentration stark ab und damit auch die Sehschärfe und das Farbunterscheidungsvermögen. Mit den *Stäbchen* sehen wir bei schlechten Lichtverhältnissen und bei Nacht. Die Sehschärfe ist viel geringer als beim Zapfensehen. Stäbchen sind nur hell-dunkel-empfindlich, Farberkennung ist nicht möglich.

Die *Adaptation* ist die Fähigkeit des Auges, sich an sehr unterschiedliche Leuchtdichteniveaus anzupassen. Deshalb kann man sowohl in einer Neumondnacht als auch bei strahlendem Sonnenschein sehen. Diese Spanne entspricht einem Leuchtdichteverhältnis von ca. 1:100 Milliarden. Die Adaptation erfolgt sowohl durch Änderung des Pupillendurchmessers als auch durch Änderung der Netzhautempfindlichkeit durch chemische Vorgänge. Während des Adaptationsvorganges sind die Sehfunktionen herabgesetzt. Dies kann jedoch bei Leuchtdichteverhältnissen unterhalb von 3:1 bis 5:1 im Allgemeinen vernachlässigt werden, weil sich das Auge dann innerhalb von Millisekunden anpasst. Deshalb sollten in Arbeitsräumen die Leuchtdichteverhältnisse im Hauptblickfeld diese Werte möglichst nicht überschreiten.

Die *Sehschärfe* beschreibt die Fähigkeit des Auges, zwei eng benachbarte Linien oder Punkte getrennt wahrzunehmen. Die Sehschärfe steigt mit wachsendem Beleuchtungsniveau. Ihren Maximalwert erreicht sie erst bei Beleuchtungsstärken wie tagsüber im Freien (mehrere Tausend Lux). Die Sehschärfe ist auch vom Kontrast des Sehobjektes abhängig: Je mehr sich das Sehobjekt vom Hintergrund abhebt, desto schärfer wird es gesehen. Bei gleichem Kontrast und gleichen Leuchtdichten erscheint helle Schrift auf dunklem Untergrund grösser und besser lesbar als dunkle Schrift auf hellem Grund.

Kontrast

Entsprechend der Fähigkeit unseres Auges, Helligkeits- und Farbunterschiede wahrzunehmen, unterscheidet man zwei Arten von Kontrasten; den Leuchtdichte-(Helligkeits-)Kontrast und den Farbkontrast. Der *Leuchtdichte-Kontrast* beschreibt den Leuchtdichte-Unterschied zwischen einem Sehobjekt und seiner unmittelbaren Umgebung bzw. seinem Hintergrund. Die gebräuchlichste Definition ist:

$$C = \frac{L_O - L_U}{L_U} \tag{9.1}$$

L_O Leuchtdichte des Objektes in cd/m^2

L_U Leuchtdichte der unmittelbaren Umgebung in cd/m^2

Der Leuchtdichte-Kontrast kann positiv und negativ sein. Schwarze Druckschrift auf weissem Papier hat einen Negativkontrast.

Farbkontraste ermöglichen das Erkennen eines Sehobjektes auch dann, wenn kein Leuchtdichte-Unterschied besteht. Deshalb ist es oft zweckmässig, Sehobjekte auch farblich von ihrer Umgebung abzuheben. Dabei ist aber zu beachten, dass das Auge für blaues Licht kurzsichtiger ist, so dass es blaue Sehobjekte nicht so scharf sieht wie z.B. gelbe und grüne. Blau ist deshalb eine gute Hintergrundfarbe.

Blendung

Man unterscheidet zwei Arten, die physiologische Blendung und die psychologische Blendung. Die Blendempfindlichkeit steigt mit zunehmendem Alter, weil sich der Glaskörper durch Verunreinigungen trübt und deshalb mehr Streulicht entsteht. Die *physiologische Blendung* tritt auf, wenn die Leuchtdichte-Unterschiede im Gesichtsfeld zu gross werden. Die Blendlichtquelle erzeugt dann im Glaskörper des Auges Streulicht, das sich wie ein Schleier auf die Netzhaut legt. Typisches Beispiel: Wenn bei Nacht auf unbeleuchteter Strasse ein Auto mit aufgeblendeten Scheinwerfern entgegenkommt, kann man unmittelbar daneben kaum noch etwas erkennen. Im Innenraum kann physiologische Blendung z.B. dann auftreten, wenn ein Bildschirm vor einem Fenster aufgestellt wird [SUVA]. Empfindet man Blendlichtquellen als störend, ohne dass die Sehleistung beeinträchtigt wird, spricht man von psychologischer oder *Unbehaglichkeitsblendung*. Sie stört das allgemeine Wohlbefinden, lenkt ab und führt zu rascherer Ermüdung.

9.2 Lichterzeugung

9.2.1 Übersicht

Die Lichtquellen werden nach der Art der Erzeugung der Strahlung eingeteilt (Bild 9.7):

- Bei *Temperaturstrahlern* (Sonne, Kerze, Glühlampe) wird Materie so stark erhitzt, dass sie zu glühen beginnt und somit sichtbare Strahlung aussendet. Intensität und Farbe des Lichtes sind abhängig von der Temperatur des Materials.
- Bei den *Lumineszenzstrahlern* (Entladungsstrahler) hängen Farbe und Intensität des Lichtes in erster Linie von der Art des emittierenden Materials (bei Gasentladungen auch vom Gasdruck) ab:
  - Gasentladungs-Lumineszenz: Gasatome werden durch Elektronen angeregt und geben UV-Strahlung ab (Beispiel: Leuchtstoffröhren)
  - Elektro-Lumineszenz: Feste Materie wird durch Stromdurchgang angeregt und gibt sichtbare Strahlung ab (Beispiel: Kinderzimmer-Lichtstecker, LCD-Bildschirm, Leuchtdioden)
  - Bio- und Chemolumineszenz: In der Raumbeleuchtung spielt diese Art der Lichterzeugung noch keine wesentliche Rolle. Dies dürfte sich aufgrund der Ressourcenknappheit bereits in naher Zukunft ändern.

Wichtige *Bewertungskriterien* für Lampen sind:

- Lichtstrom
- Lichtausbeute (Bild 9.8)
- Lichtstromabnahme durch Alterung
- Lichtfarbe und Farbtemperaturkonstanz
- Farbwiedergabe
- Leistung
- Lebensdauer und Ausfallrate
- Betriebsverhalten (z.B. Zündung)
- Anschaffungs- und Betriebskosten

Die *elektrische Energie* wird umgewandelt in:

- sichtbare Strahlung,
- Wärmestrahlung (am beleuchteten Objekt fühlbar),
- Wärme, welche durch Konvektion und Wärmeleitung an die Lampenumgebung abgegeben wird.

Bei Lampen mit niedriger Kolbentemperatur (Leuchtstofflampen, LEDs) wird vorwiegend Wärme an die unmittelbare Lampenumgebung abgegeben. Leuchtdioden geben nahezu keine Wärmestrahlung ab (Bild 9.9).

9.2 Lichterzeugung

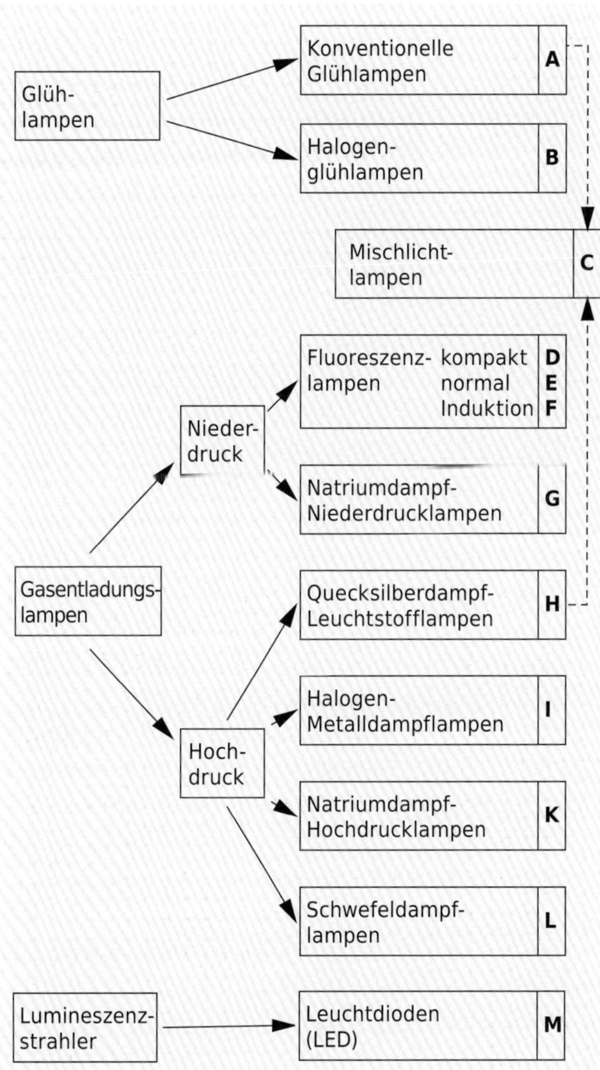

Bild 9.7 Lampentypen

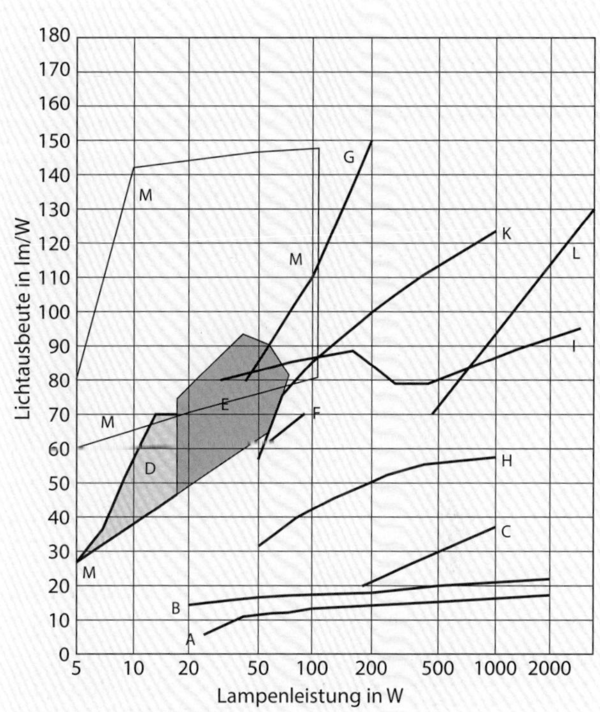

Bild 9.8 Lichtausbeute und Leistung verschiedener Lampen inkl. Vorschaltgerät effizienten Typs

Bei der *Lebensdauer* von Lampen sind zu unterscheiden:

- die individuelle Lebensdauer der einzelnen Lampe
- die mittlere Lebensdauer (Zeitpunkt, zu dem 50 % aller Lampen ausgefallen sind)
- die garantierte Lebensdauer (Zeitpunkt, bis zu dem Ersatz geleistet wird)
- die wirtschaftliche Lebensdauer (Zeitpunkt, zu dem wegen Lichtstromrückgangs infolge Alterung und Verschmutzung oder aus betrieblichen Gründen ein Lampenwechsel ratsam wird)

Bei Gasentladungslampen ist die Lebensdauer abhängig von der Schalthäufigkeit. Deshalb wird diese Angabe auf eine Mindestbetriebszeit pro Schaltung bezogen: bei Leuchtstofflampen 3 h, bei Hochdruck-Entladungslampen 5 bis 10 h.

Der Begriff Lebensdauer wird bei den Leuchtdioden grundsätzlich anders als bei anderen Lampen definiert, da diese Elektronikteile darstellen (siehe Kapitel 9.2.7).

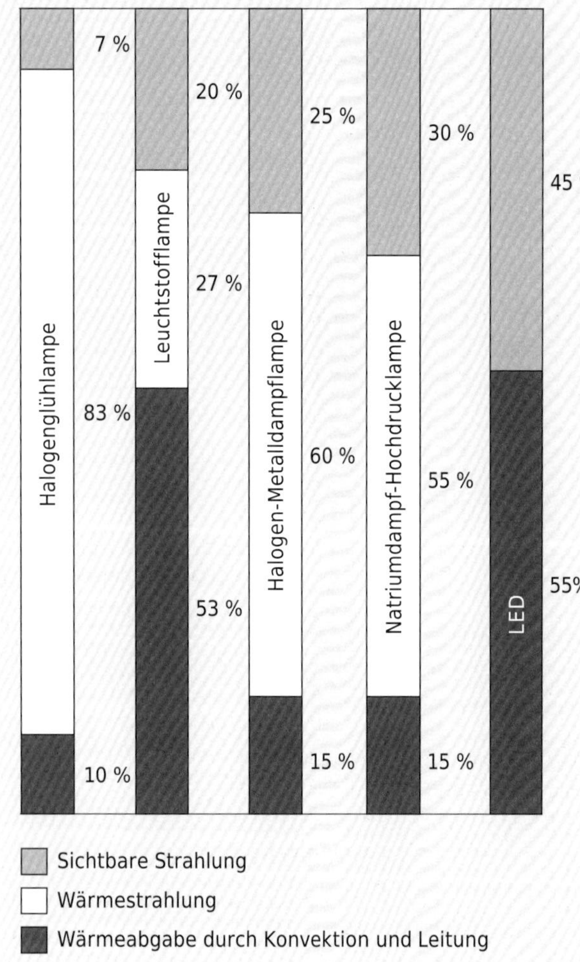

Bild 9.9 Energiebilanz verschiedener Lampen

9.2.2 Glühlampen

Bei Glühlampen wird ein gewendelter Wolframdraht von Strom durchflossen. Damit der Draht nicht verbrennt, wird der Glaskolben evakuiert oder mit einem inerten (nicht reagierenden) Gas gefüllt. Glühlampen weisen eine warmweisse Lichtfarbe auf. Ihre Lebensdauer ist niedrig (im Mittel 1000 h). Aufgrund der europäischen Gesetzgebung ist dieser Lampentyp nicht mehr zur allgemeinen Raumbeleuchtung zugelassen.

9.2.3 Halogenglühlampen

Diesen Lampen wird neben dem Füllgas noch ein Halogen (Jod, Brom oder Fluor) zugesetzt. Das Wolfram, das während des Betriebs von der Wendel abdampft, geht mit dem Halogen eine chemische Verbindung ein, sodass es sich nicht mehr am Lampenkolben niederschlägt. In der unmittelbaren Umgebung der Wendel aber zerfällt die Verbindung wegen der dort sehr hohen Temperatur. Das frei werdende Wolfram lagert sich wieder auf dem Glühdraht ab. Da dieser Kreisprozess nur ablaufen kann, wenn auch die Temperatur an der Kolbenwand relativ hoch ist, muss der Kolben sehr kompakt und aus Quarzglas sein (daher die alte Bezeichnung Quarzlampe).
Für wärmeempfindliche Objekte gibt es Reflektorlampen mit *Kaltlichtreflektor,* bei denen die Infrarotstrahlung im Lichtbündel auf ca. 30 % reduziert ist. Ein Teil der Wärmestrahlung wird nach hinten, d.h. in die Leuchte gelenkt. Die Farbtemperatur des Lichtbündels ist etwas höher als bei normalen Halogenglühlampen.

9.2.4 Leuchtstofflampen

In der Schweiz wird die Leuchtstofflampe häufig Fluoreszenzlampe genannt. Die Bezeichnung «Neonröhre» hingegen ist, obschon gebräuchlich, fachlich falsch. In einem mit Quecksilberdampf gefüllten Glasrohr werden bei Stromdurchgang die Quecksilberatome durch Elektronenstösse angeregt und senden UV-Strahlung aus. Diese Strahlung trifft an der Rohrwand auf eine Leuchtstoffschicht. Der Leuchtstoff absorbiert die UV-Strahlung und wandelt sie um in sichtbare Strahlung. Die spektrale Zusammensetzung des Lichtes, also Lichtfarbe und Farbwiedergabe, hängt ab von der Zusammensetzung des Leuchtstoffes und kann in weiten Grenzen variiert werden, ohne dass sich die Lichtausbeute dadurch wesentlich vermindert. Neben dem Vorschaltgerät zur Strombegrenzung ist zum Zünden der Lampe noch ein Starter oder eine spezielle Schaltung erforderlich, da die Zündspannung über der normalen Netzspannung liegt.

Leuchtstofflampen weisen folgende Eigenschaften auf:
- grosse Auswahl an Lichtfarben
- hohe Lebensdauer, im Mittel 10'000 bis 16'000 h, in Sonderausführung bis 80'000 h
- niedrige Oberflächentemperatur
- geringe Spannungsabhängigkeit
- eingeschränkte Bündelungsfähigkeit
- Lichtausbeute von Umgebungstemperatur abhängig

9.2.5 Kompaktleuchtstofflampen

Sie sind Leuchtstofflampen. Das Entladungsrohr ist ein- oder mehrmals gebogen, und beide Enden sind auf den gleichen Sockel geführt. Für Treppenhäuser oder Garagen mit Kurzzeitbetrieb sollten nur Lampen mit elektronischem Vorschaltgerät für Warmstart verwendet werden. Die wichtigsten Eigenschaften von Kompaktleuchtstofflampen sind:
- kleine Abmessungen (ähnlich Glühlampen)
- hohe Lichtausbeute (50 bis 80 lm/W)
- lange Lebensdauer (etwa 8'000 h)
- sehr gute Farbwiedergabe
- Bündelungsfähigkeit besser als bei stabförmigen Leuchtstofflampen, aber schlechter als bei Halogenglühlampen oder LED, daher für Akzentlicht nur bedingt geeignet
- keine wirtschaftlichen und energetischen Vorteile im Vergleich zu stabförmigen Leuchtstofflampen
- von der Umgebungstemperatur und Brennlage abhängiger Lichtstrom (spezielle Typen für kalte Umgebung)

9.2.6 Hochdruckentladungslampen

Bei diesen Lampen wird der Dampfdruck im Entladungsrohr so stark erhöht, dass die Atome bei Anregung durch die Elektronen ihre Energie als Strahlung vorwiegend im sichtbaren Bereich abgeben. Eine Strahlungsumwandlung durch Leuchtstoffe ist deshalb nicht nötig oder dient nur dazu, Lücken im Emissionsspektrum aufzufüllen. Grundsätzlich gilt für alle Hochdruckentladungslampen:
- kompakte Bauform
- hohe Lichtstromkonzentration pro Volumen
- gute bis sehr gute Bündelungsfähigkeit
- Lebensdauer, im Mittel 12'000 h
- Anlaufzeit nach dem Zünden mehrere Minuten, bis der volle Lichtstrom abgegeben wird
- nach Stromunterbruch oder Spannungsabsenkung Wiederzündung erst, wenn die Lampe genügend abgekühlt ist (bis zu mehreren Minuten); Sofortwiederzündung aufwendig
- eingeschränkte Auswahl an Lichtfarben
- Vorschaltgeräte und z.T. auch Zündgeräte erforderlich

Quecksilberdampf-Lampen

Die exakte Bezeichnung dieser Lampen ist: Quecksilberdampf-Hochdrucklampen mit Leuchtstoff. Die sichtbare Strahlung der Entladung liegt hier überwiegend im blauen und gelbgrünen Bereich des Spektrums. Daneben entsteht noch UV-Strahlung. Um die Farbwiedergabe zu verbessern, wird dieser UV-Anteil durch eine Leuchtstoffschicht auf der Innenseite des Aussenkolbens in rotes Licht umgewandelt, das das Spektrum der Primärstrahlung auffüllt. Die Lichtausbeute von Quecksilberdampflampen ist sehr gering. Diese Lichtquellenart ist deshalb für allgemeine Beleuchtungszwecke nicht mehr interessant. Sie wird nur noch für Pflanzenbeleuchtung und gestalterische Effekte eingesetzt.

Halogen-Metalldampflampen

Diese Lampen sind eine Weiterentwicklung der Quecksilberdampf-Lampen. Zusätzlich zum Quecksilberdampf enthält der Entladungsraum noch Zusätze von Halogenverbindungen mit seltenen Erden (Thallium, Thulium, Holmium, Indium, Dysprosium). Dadurch wird das Spektrum weitgehend aufgefüllt, sodass Klarglaslampen verwendet werden können. Neue Lichtquellen kleiner Leistung haben einen Entladungsraum aus Aluminium-Oxyd. Damit wird in erster Linie eine höhere Lichtfarbenstabilität erreicht. Eigenschaften:
- Lichtfarbe von tageslichtweiss bis warmweiss
- gute bis sehr gute Farbwiedergabe
- Lichtfarbe hängt von der Betriebsspannung ab

Natriumdampf-Hochdrucklampen

Das Entladungsrohr ist bei diesen Lampen mit Natriumdampf gefüllt, dessen Atome bei Anregung vorwiegend im gelborangen Bereich Strahlung aussenden. Es besteht aus durchsichtigem Aluminium-Oxyd, das gegen das sehr aggressive Natrium resistent ist. Das Spektrum wird um so breiter und damit die Farbwiedergabe um so besser, je höher der Dampfdruck im Entladungsrohr ist; dies senkt jedoch die Lichtausbeute. Eigenschaften:

- geringer Lichtstromrückgang durch Alterung
- Lichtfarbe stark gelbbetont
- mässige Farbwiedergabe (die jedoch subjektiv oft noch als angenehm empfunden wird)
- Lampen mit verbesserter Farbwiedergabe haben schlechtere Lichtausbeute

9.2.7 Leuchtdioden (LED)

Die Licht emittierenden Dioden werden mit Kleinspannung betrieben und können nahezu unbegrenzt mit sofortiger hundertprozentiger Lichtabstrahlung ein- und ausgeschaltet werden. Sie lassen sich auf einen Lichtstrom von nahezu null herunterdimmen, was jedoch nur ein kleiner Teil der Betriebsgeräte auch ermöglicht. Sie können theoretisch jede Farbe im Spektrum erzeugen. Ihre Licht emittierende Fläche ist mit weniger als 1 mm² sehr klein und ermöglicht daher integrierte Präzisionsoptiken und so eine sehr exakte Lichtstärkeverteilung.
Der Begriff *Lebensdauer* wird bei der Leuchtdiode grundsätzlich anders definiert als bei anderen Lampen. Grundsätzlich leben blaue und weisse Leuchtdioden wesentlich weniger lang als rote und grüne. Das vom deutschen [ZVEI] herausgegebene Bemessungssystem hat sich in der Praxis im Wesentlichen durchgesetzt. Darin werden drei Faktoren (Lx, By, Cz) zur Beurteilung der sinnvollen Nutzdauer von LEDs in der Beleuchtung aufgeführt:

Bemessungslebensdauer Lx

Die Bemessungslebensdauer gibt die Zeitdauer an, bei welcher der Lichtstrom einer LED auf den Wert x gesunken ist. So bedeutet ein Wert L80 50'000 h, dass nach 50'000 h noch 80 % des Neuwertes des Lichtstromes vorhanden sind.

Gradueller Ausfall By

Da LEDs in grösserer Stückzahl in einer Leuchte verbaut sind, ist bei der Betrachtung der Leuchtenlebensdauer der Ausfall resp. raschere Lichtstromrückgang einzelner LEDs zu berücksichtigen. By gibt an, wie viele LEDs bei der angegebenen Bemessungslebensdauer Lx den Lichtstrom x unterschreiten. Dabei ist nicht festgehalten, wie viel tiefer der Lichtstrom dieser LED-Menge ist. Dieser kann möglicherweise nur noch 10 % betragen, nicht aber null. L70 B20 50'000 h bedeutet dementsprechend, dass nach 50'000 h der Lichtstrom der LEDs grundsätzlich noch 70 % des Neuwertes beträgt, wobei 20 % aller LEDs diesen Wert noch unterschreiten. Wird für das Facility Management eine Worst-Case-Betrachtung vorgenommen (also 20 % der LEDs mit nur noch 10 % des Lichtstrom-Neuwertes), so bedeutet dies, dass nach 50'000 h nur noch 58 % des Lichtstroms zu Beginn vorhanden ist. Dies ist in der Regel zu dunkel und bedeutet einen vollständigen Ersatz der Beleuchtungsanlage.
Gibt der Leuchtenhersteller für sein Produkt keinen Wert By an, so gilt nach [ZVEI] die Einstufung B50.

Abrupter Ausfall Cz

Damit werden die Totalausfälle von LEDs angegeben, d.h. die Anzahl LEDs, welche bei der angegebenen Lebensdauer gar kein Licht mehr abgeben.
Dies bedeutet also, dass bei einer Angabe von L70 B20 C10 50'000 h, neben den oben beschriebenen Werten zusätzlich 10 % der LEDs gar kein Licht abgeben. Im beschriebenen Worst-Case-Fall wären demnach nur noch 51 % des Lichtstrom-Neuwertes vorhanden, d.h. nur noch die Hälfte der Helligkeit wie zu Beginn.

Die LxByCz-Betrachtung

ist bei der Planung von LED-Anlagen dringend angeraten. Wenn auf dem Markt Leuchten mit L60 B50 C20 50'000 h angeboten werden, kann dies bedeuten, dass bereits nach 20'000 h die gesamte Anlage auszutauschen ist, da sie zu wenig Licht abgibt. Dies entspricht der Lebensdauer von Leuchtstofflampen. Diese können jedoch gewechselt werden, während bei LED davon auszugehen ist, dass die gesamte Leuchte ersetzt werden muss und diese zudem mit hoher Wahrscheinlichkeit nicht mehr lieferbar ist. Die Unterhaltskosten sind entsprechend hoch. Für rein dekorative Anwendungen kann auch ein Lichtstrom unter 70 % noch akzeptabel sein. Für Arbeitsplätze ist vor allem der *Wartungsfaktor* äusserst sorgfältig zu wählen.
Leuchtdioden sind vergleichsweise «kühle» Lichtquellen. So produziert zum Beispiel eine Glühlampe einen hohen Anteil an Wärmestrahlung, die LED hingegen marginal wenig. High-Power-Leuchtdioden können trotzdem leicht eine Eigentemperatur von über 150 °C erreichen. Im Allgemeinen gilt, je kühler die LED-Umgebungstemperatur, desto höher ist der abgegebene Lichtstrom. Das heisst,

bei hoher Umgebungstemperatur sinkt der abgegebene Lichtstrom. Bei roten Leuchtdioden ist der Rückgang vergleichsweise gering (ca. 2 % pro 10 °C), bei weissen hingegen hoch (ca. 12 % pro 10 °C). Die Betriebstemperatur des Halbleiters ist hoch (60 bis 80 °C). Die Kühlung des Leuchtengehäuses ist deshalb eines der wichtigsten Konstruktionskriterien. Da normalerweise der Leuchtdioden- oder Leuchtdiodensystem-Hersteller keine Kenntnis des Einbauortes hat, liegt es am Leuchtenhersteller und am Planer, die optimale Betriebstemperatur zu gewährleisten. Eine zu hohe Betriebstemperatur kann die Lebensdauer einer LED drastisch verkürzen [Kha].
Neben den – eigentlich anorganischen – LED gibt es auch sogenannte organische Leuchtdioden (OLED). OLED bestehen aus elektrisch leitenden Kunststoffen. Deren elektrische Stromdichte und damit auch die zu erzeugende Leuchtdichte sind geringer als bei LED. Im Gegensatz zu diesen lassen sie sich dafür kostengünstig in dünnsten Schichten herstellen. OLED werden für grosse, folienartige Leuchtflächen wie Bildschirme oder Flächenleuchten eingesetzt.

9.2.8 Spezielle Lampentypen

Mischlichtlampen

Dieser Lampentyp kann als einzige Entladungslampe ohne separates Vorschaltgerät betrieben werden. Das Entladungsrohr ist in Serie mit einer Glühlampenwendel geschaltet, und beide sind im gleichen Glaskolben eingebaut. Die Gesamtlichtausbeute ist sehr gering. Die Lampe ist kaum noch anzutreffen.

Leuchtröhren

Hochspannungsröhren werden meist aus Klarglas gefertigt und mit verschiedenen Leuchtgasen gefüllt (Neon, Helium, Xenon), oder sie enthalten wie normale Leuchtstofflampen Quecksilberdampf, wobei das Licht dann mithilfe von Leuchtstoffen auf der Innenseite des Glasrohres erzeugt wird. Die Fertigung geschieht auf handwerklicher Basis. Deshalb ist praktisch jede beliebige Form möglich. Die Hauptanwendungen sind die Reklame- und Werbebeleuchtung, aber auch Konturenbeleuchtung und dekorative Lichtlinien. Diese Lampenart hat durch LED-Lichtlinien starke Konkurrenz bekommen und wird in erster Linie noch im Bereich der Kunst verwendet.

Induktionslampen

sind Leuchtstofflampen, bei denen Quecksilber-Atome durch hochfrequente elektromagnetische Induktion angeregt werden. Die Induktionsspannung wird in einem HF-Generator erzeugt. Die angeregten Quecksilber-Atome emittieren dann wie bei der konventionellen Leuchtstofflampe kurzwelliges UV, das von der Leuchtstoffschicht auf der Innenseite des Glaskolbens in sichtbare Strahlung umgewandelt wird. Die Betriebsfrequenz liegt bei etwa 2,6 MHz, sodass das Licht als flimmerfrei gilt. Die mittlere Lebensdauer liegt bei etwa 60'000 Stunden. Um Störungen durch die Hochfrequenzstrahlung zu vermeiden, sind Abschirmmassnahmen am Leuchtengehäuse erforderlich. Da die Lebensdauer der Betriebsgeräte sich als Problem erwiesen hat, sind diese Lampentypen kaum mehr erhältlich.

Schwefeldampflampen

Bei der Schwefeldampflampe wird eine kleine gasgefüllte Glaskugel mit Mikrowellen bestrahlt. Dadurch wird eine hohe Lichtausbeute erreicht bei gleichzeitig sehr guter Farbwiedergabe. Da zurzeit nur sehr hohe Leistungen zur Verfügung stehen, wird in der Regel ein Lichtverteilsystem (z.B. Lichtrohr) benötigt, um die Lichtmenge sinnvoll zu nutzen. Diese Lichtquellen sind frei von Quecksilber. Da der Betrieb des Mikrowellengenerators einige Probleme mit sich bringt, ist dieser Lampentyp nur noch selten anzutreffen.

9.2.9 Betriebsgeräte

Fast alle *Gasentladungslampen* benötigen eine Zündhilfe und zum stabilen Betrieb einen Strombegrenzer.

Elektronische Vorschaltgeräte (EVG) betreiben Leuchtstofflampen mit Frequenzen um 30 kHz. Daraus resultieren Vorteile (gegenüber konventionellen Vorschaltgeräten):

- Durch die hohe Betriebsfrequenz steigt die Lichtausbeute der Lampen, und das Elektrodenflimmern, das bei unabgeschirmten Lampen manchmal stört, entfällt.
- Wenn die Elektroden vor dem Zünden vorgeheizt werden, verlängert sich die Lebensdauer der Lampen gegenüber Glimmstarter-Betrieb stark.

- Die Geräteverluste sind sehr niedrig, und damit auch die Erwärmung.
- Je nach Gerät ist eine einfache Lichtstromregulierung möglich.
- Bei Röhren mit 16 mm Durchmesser muss zusätzlich etwa 10 % Verlustleistung für das EVG eingerechnet werden.

Betriebsgeräte für LEDs werden Driver, Konverter oder Trafo genannt. Die Hauptaufgabe eines Drivers ist – nebst der Spannungstransformierung – den Betriebsstrom der LED konstant zu halten. Da bereits geringe Abweichungen des Stroms grossen Einfluss auf das Betriebsverhalten von LEDs haben können, ist das Zusammenpassen von Driver und LED besonders wichtig.
Dabei wird zwischen Betriebsgeräten und Steuergeräten unterschieden. Letztere erlauben das Dimmen und oft auch das Programmieren zeitlich unterschiedlicher Funktionen. Da bei den Steuergeräten verschiedene Datenprotokolle (z.B. DALI) und Technologien (z.B. Bluetooth, Zigbee, NFC) eingesetzt werden können, ist es sehr wichtig, dass diese Schnittstelle zwischen Leuchten und Elektrotechnik resp. Ansteuerung frühzeitig im Bauprozess geklärt und festgelegt wird [Bae].
Werden Glüh- oder Halogenglühlampen gedimmt, verändert sich die Lichtfarbe. Sie wird wärmer, je geringer die Helligkeit ist. Beim Regulieren von LEDs ändert sich die Lichtfarbe prinzipiell nicht. Dies wird aufgrund der Gewohnheit, vor allem im Hotel- und Wohnbereich, als störend empfunden. Neuere Technologien bieten seit Kürzerem auch bei LEDs ein sogenanntes «Dim to warm».
Im Bürobereich wird verstärkt versucht, das in der Natur vorkommende Lichtverhalten auf die künstliche Beleuchtung zu übertragen resp. zu programmieren. Dies bedeutet, vereinfacht ausgedrückt, dass morgens eine warme Beleuchtung gegeben ist, während sie über die Mittagszeit kälter und etwas heller wird. Diese Funktion wird als HCL (Human Centric Lighting), aber auch als zirkadianes oder chronobiologisches Licht angeboten.

9.2.10 Lampenentsorgung

Halogenglühlampen bestehen im Wesentlichen aus Glas und geringen Anteilen von Wolfram, Molybdän, Nickel, Kupfer und Aluminium. Sie können mit dem Kehricht entsorgt werden.
Entladungslampen enthalten daneben auch noch geringe Mengen von Quecksilber und Blei sowie von Alkali- und Erdalkali-Metallen und seltenen Erden (Yttrium). Menge und Zusammensetzung sind abhängig vom Lampentyp und vom Herstellungsverfahren. Die prozentualen Anteile der Lampen-Bestandteile am Gesamtverbrauch dieser Materialien sind sehr gering (kleiner als 0,5 %, ausgenommen Yttrium). Entladungslampen sind Sondermüll. Sie dürfen nicht mit dem Kehricht entsorgt werden, sondern sind dem Recycling zuzuführen [BAFU3]. Dasselbe gilt für LED-Leuchtmittel. Kleinere Mengen werden z.B. von den Elektrizitätswerken entgegengenommen. Grosse Chargen können direkt einem Entsorgungsbetrieb geliefert werden.

9.3 Leuchten

9.3.1 Allgemeines

Als Leuchte gelten das Gehäuse um eine Lampe, deren Halterung sowie die lichtlenkenden Teile. Die Aufgaben einer Leuchte sind der Schutz der Lampe vor mechanischen und Witterungseinflüssen, die räumliche Verteilung des Lichtes und der Blendschutz. Zur Lichtlenkung werden Reflektoren, Raster oder transparente Abdeckungen verwendet. Bei kleinen Lichtquellen (vor allem LEDs) kommen meist optische Linsen zum Einsatz.

Reflektoren

Bei den Reflektoren unterscheidet man solche mit matten und solche mit spiegelnden Oberflächen. Der Reflexionsgrad ist bei beiden Arten etwa gleich. Matte Reflektoren ergeben eine diffuse Lichtverteilung, die weitgehend unabhängig ist von der Reflektorform. Ihre Leuchtdichte (Helligkeit) ist immer niedriger als die der Lampen und proportional zur Beleuchtungsstärke auf ihrer Oberfläche. Bei Spiegelreflektoren hängt die Lichtverteilung in erster Linie von der Reflektorform ab. Eine ausgeprägte Lichtbündelung und Lichtlenkung ist nur mit Spiegelreflektoren möglich. Im Ausstrahlungsbereich ist ihre Leuchtdichte praktisch gleich hoch wie die Lampenleuchtdichte.

Abdeckungen

Für Abdeckungen werden meist Klarglas (oft auch mit optischer Struktur), Mattglas und Trübglas (Opalglas) verwendet. Klarglas ermöglicht einen hohen Wirkungsgrad (da hoher Transmissionsgrad). Eine strukturierte Oberfläche (Rillen, Prismen) bewirkt eine gezielte Brechung (Refraktion) des Lichtes und beeinflusst dadurch die Lichtverteilung und die Blendungsbegrenzung. Mattglas streut das Licht nur unvollkommen, sodass die Lichtquelle auch bei grösserem Abstand vom Glas sichtbar bleibt. Der Transmissionsgrad ist etwas höher, wenn die matte Seite gegen die Lichtquelle gerichtet ist. Trübglas verteilt das Licht diffus. Seine Leuchtdichte ist praktisch unabhängig von der Ausstrahlungsrichtung und proportional zum auftreffenden Lichtstrom. Bei gegebenem Lampenlichtstrom ist die Leuchtdichte des Trübglases um so niedriger, je grossflächiger es ist.

Raster

Raster bewirken eine gerichtete Lichtverteilung. Ihre Hauptaufgabe ist die Entblendung. Im Allgemeinen schirmen sie bei Ausstrahlungswinkeln über 60° (vom Lot aus) die Lichtquelle für die normale horizontale Blickrichtung völlig ab und schützen somit gut vor Direktblendung.

Betriebstechnische Auswahlkriterien

Neben den lichttechnischen Merkmalen sind bei der Auswahl von Leuchten auch deren betriebstechnische Eigenschaften zu prüfen:

- Montagefreundlichkeit
- Wärmebeständigkeit
- Korrosionsbeständigkeit
- Formstabilität
- Erschütterungsfestigkeit
- Wartungsfreundlichkeit
- Vandalensicherheit
- Schutzart und Schutzklasse
- Möglichkeit Lampenaustausch bei LED

9.3.2 Lichttechnische Kenngrössen

Lichtstärkeverteilungskurve

Aufgrund ihrer Lichtstärkeverteilungskurve (LVK) lassen sich Leuchten wie folgt einteilen (Bild 9.10):

- tiefstrahlend (auch engstrahlend), z.B. Spiegelrasterleuchten, Scheinwerfer
- tief-breitstrahlend, z.B. Spiegelrasterleuchten (mit Batwing-LVK), Flutlichtstrahler, Strassenleuchten
- breitstrahlend, z.B. Wannenleuchten mit leuchtenden Seitenteilen
- freistrahlend, z.B. Glaskugelleuchten, unabgeschirmte Leuchtstofflampen
- hochstrahlend, z.B. Indirektleuchten
- direkt-indirektstrahlend, z.B. Pendelleuchten
- schrägstrahlend, auch asymmetrischstrahlend

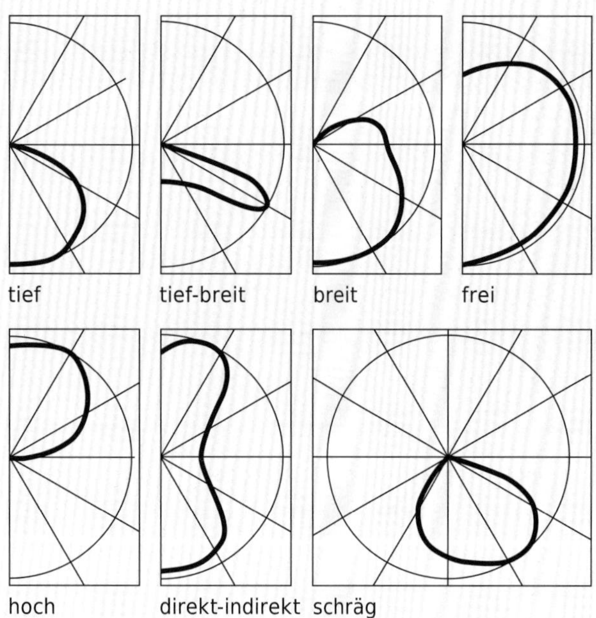

Bild 9.10 Lichtstärkeverteilungskurven verschiedener Leuchtentypen

Blendungsbewertung

Bei der Bewertung der Direktblendung nach dem sogenannten Söllner-Verfahren (Bild 9.11) interessiert vor allem die Verteilung der mittleren Leuchten-Leuchtdichte. Die mittlere Leuchten-Leuchtdichte in einer bestimmten Richtung lässt sich berechnen, indem die Lichtstärke durch die in gleicher Richtung gesehene leuchtende Fläche dividiert wird. Aus dem vom Hersteller angegebenen Söllner-Diagramm lässt sich die jeweilige «Blendungsgefahr» einer Leuchte herauslesen. Der Bereich links der Grenzkurven ist jeweils zulässig, derjenige rechts davon unzulässig. Die Grenzkurven werden den Beleuchtungsstärken und den Blendungsgüteklassen zugeordnet. Obschon die aktuellen Normen nicht mehr Bezug nehmen auf das Söllner-Diagramm, ist dieses nach wie vor eine einfache Beurteilungsmethode möglicher Blendungsgefahr.

In den aktuellen Normen wird als Blendungsbewertung der maximal zulässige *UGR-Wert* (Unified Glare Rating) aufgeführt. Das UGR-Verfahren bewertet –

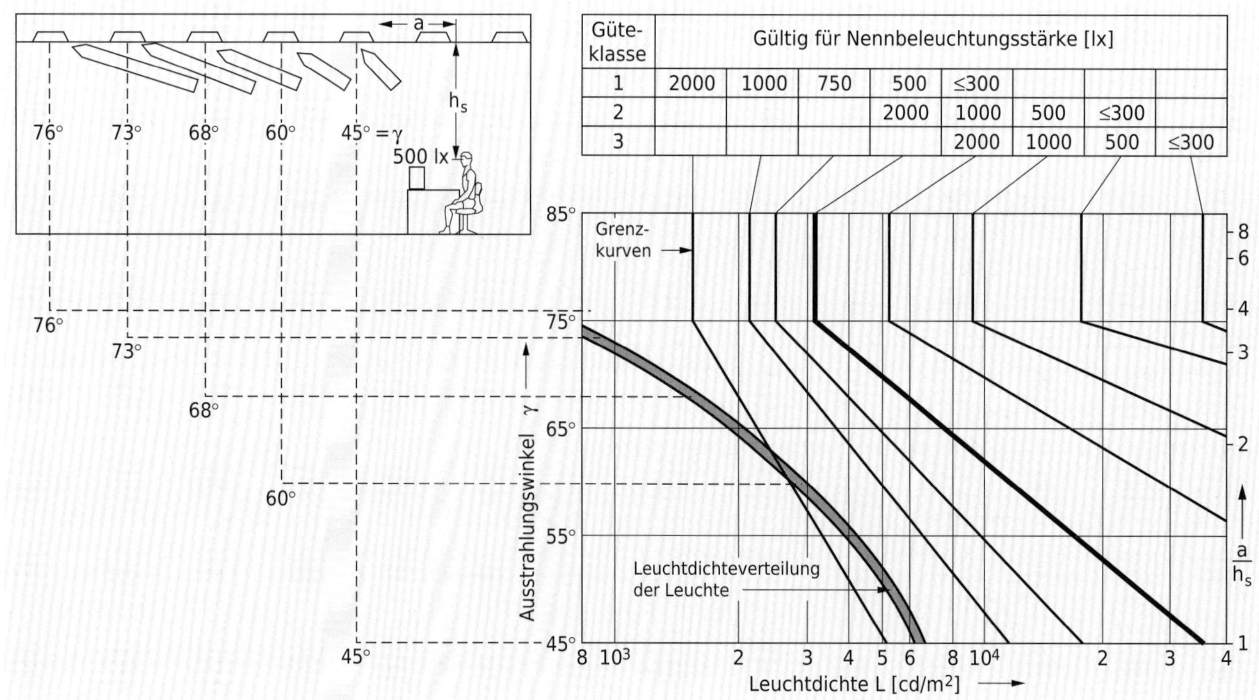

Bild 9.11 Blendungsbewertung nach Söllner, die Grenzkurven gelten für langgestreckte, parallel zur Blickrichtung angeordnete Leuchten

bezogen auf eine bestimmte Beobachterposition im Raum – die verschiedenen Leuchtdichte-Verhältnisse von Leuchten zu Flächen resp. Flächen zu anderen Flächen. Mittels Berechnung oder Messung ergibt sich so ein einheitenloser UGR-Wert, welcher in der Praxis zwischen 16 und 28 liegt. Je kleiner der Wert, umso geringer ist das Risiko, geblendet zu werden.

In der Norm [EN 12464-1] wird der maximal zulässige UGR-Wert für jeweilige Raumnutzungen vorgegeben.
- Verkehrsflächen und Flure UGR 28
- Treppen und Garderoben UGR 25
- Kassentheken, Küchen UGR 22
- Sitzungszimmer, Büros, Bibliotheken, Unterrichtsräume UGR 19
- Flugsicherung, Farbkontrolle UGR 16

Das UGR-Verfahren kann nicht angewendet werden bei Aussenräumen, da keine Deckenfläche vorhanden ist. Das UGR-Verfahren wird zudem zu ungenau (und ist deshalb auch nicht anwendbar), wenn:
- der Indirektanteil des Lichtes (an die Decke gestrahlt) grösser als 65 % ist und/oder
- die Leuchte grösser als etwa 1 m^2 ist.

In diesen Fällen ist von einer maximalen Decken- oder Leuchtenleuchtdichte von etwa 360 cd/m^2 in grossen Räumen und 770 cd/m^2 in kleinen Räumen auszugehen.

Flicker

Flicker ist nicht dasselbe wie Lichtflimmern. Letzteres ist in der Regel vom Aufbau der Lichtquelle abhängig, während Flickern auf die Art oder Qualität der Stromversorgung der Lampe zurückzuführen ist. Flickern ist mit der massenhaften Verbreitung von LEDs ein ernst zu nehmendes Thema geworden, da es eine unnatürliche Belastung des Nervensystems darstellt und sogar Epilepsie auslösen kann. Grundsätzlich können LEDs völlig flickerfrei betrieben werden, die dafür nötige Elektronik ist jedoch etwas teurer als der heute weitverbreitete Standard. Ab September 2021 müssen LEDs festgelegte Grenzwerte einhalten [EU1].

Leuchtenbetriebswirkungsgrad

Der *Leuchtenbetriebswirkungsgrad* η_{LB} ist das Verhältnis zwischen dem Lichtstrom, der bei einer festgesetzten Umgebungstemperatur aus der Leuchte austritt – wobei sich diese in der Gebrauchslage befinden muss –, und der Summe der Nennlichtströme der Lampen. Bewertung des Leuchtenbetriebswirkungsgrades η_{LB}:
- sehr hoch: > 0,8
- hoch: 0,7–0,8
- mittel: 0,6–0,7
- mässig: 0,5–0,6
- gering: < 0,5

9.4 Lichtberechnung

9.4.1 Faustregel

Will man zunächst überschlägig abschätzen, wie viele Lampen für einen bestimmten Raum benötigt werden, so kann man für durchschnittlich grosse Räume mit heller Farbgebung von maximal 2,8 W/m² pro 100 Lux ausgehen (Lampen-Nennleistung).
Für Büroräume gilt:

- kleine Zellenbüros ca. 2,5 W/m² pro 100 Lux
- Mehrpersonenbüros ca. 2,3 W/m² pro 100 Lux
- Gruppen- und Grossraumbüros ca. 2,1 W/m² pro 100 Lux

9.4.2 Wirkungsgradmethode

Im Allgemeinen versteht man darunter die Berechnung der mittleren Beleuchtungsstärke in einem Raum oder einer Raumzone auf der Bewertungsfläche. Die mittlere Beleuchtungsstärke ist der Quotient aus dem Lichtstrom, der auf die Nutzfläche fällt (Nutzlichtstrom), und der Grösse der Nutzfläche:

$$\bar{E} = \frac{\Phi_N}{A} \qquad (9.2)$$

$\bar{E}$ mittlere Beleuchtungsstärke in lx
Φ_N Nutzlichtstrom in lm
A Nutzfläche in m²

Der Nutzlichtstrom Φ_N errechnet sich wie folgt aus dem Lichtstrom Φ_{Le}, der von den Leuchten ausgestrahlt wird:

$$\Phi_N = \eta_R \cdot \Phi_{Le} \qquad (9.3)$$

Der Proportionalitätsfaktor η_R heisst *Raumwirkungsgrad* und hängt von den Raumproportionen (ausgedrückt durch den Raumindex k), den Reflexionsgraden der Raumbegrenzungsflächen und der Lichtstärkeverteilung der Leuchten ab (dabei wird von einer gleichmässigen Leuchtenverteilung im Raum ausgegangen).

$$k = \frac{l \cdot b}{h \cdot (l + b)} \qquad (9.4)$$

l, b Raumlänge und -breite
h Leuchtenhöhe über Nutzebene im Normalfall (Leuchtentypen A, B, C nach Anhang 11.7) bzw. Deckenhöhe über Nutzebene bei vorwiegend indirekt strahlenden Leuchtentypen (D, E)

Der Raumwirkungsgrad kann mithilfe von Anhang 11.7 bestimmt werden. Für alle Tabellen gelten Voraussetzungen, die im konkreten Fall meist nicht vollständig erfüllt sind. Deshalb ist die Berechnung des Raumwirkungsgrades mit einer Unsicherheit behaftet, die meist mehr als 10 % beträgt. Der Leuchtenlichtstrom Φ_{Le} lässt sich mit dem Leuchtenbetriebswirkungsgrad η_{LB} aus der Summe der Nennlichtströme $\Sigma\Phi_0$ der Lampen errechnen:

$$\Phi_{Le} = \eta_{LB} \cdot \sum \Phi_0 \qquad (9.5)$$

Somit ergibt sich die mittlere Beleuchtungsstärke:

$$\bar{E} = \eta_R \cdot \eta_{LB} \cdot \frac{\Sigma\ \Phi_0}{A} \qquad (9.6)$$

η_R Raumwirkungsgrad, Anhang 11.7
η_{LB} Leuchtenbetriebswirkungsgrad, Anhang 11.7
Φ_0 Nennlichtstrom einer Lampe (Neuzustand) in lm

Das Produkt aus Raumwirkungsgrad η_R und Leuchtenbetriebswirkungsgrad η_{LB} heisst *Beleuchtungswirkungsgrad* η_B. In Leuchtenkatalogen wird oft für jeden Leuchtentyp die zugehörige Wirkungsgradtabelle angegeben. Diese bezieht sich dann meist auf den Beleuchtungswirkungsgrad. In der Regel interessiert nicht der Neuwert der Beleuchtungsstärke, sondern der *Wartungswert*. Das ist der Wert, unter den die mittlere Beleuchtungsstärke nicht absinken darf. Der Neuwert muss deshalb noch mit dem Wartungsfaktor multipliziert werden:

$$E_n = f_v \cdot \bar{E} \quad (9.7)$$

E_n Nennbeleuchtungsstärke (Wartungswert) in lx
f_v Wartungsfaktor, i.d.R. 0,6 bis 0,9
$\bar{E}$ mittlere Beleuchtungsstärke (Neuzustand) in lx

Da der Lichtstrom stark von der Verschmutzung und den Wartungsintervallen abhängt, muss für jede Anlage ein Wartungsplan erstellt werden. Aus diesem geht der zu verwendende Wartungsfaktor hervor [CIE 97]. Werden in einer Anlage Lampen gleichen Typs und gleichen Lichtstroms verwendet, so kann die Nennbeleuchtungsstärke aus dem Nennlichtstrom Φ_0 der einzelnen Lampen und der *Lampenzahl n* ermittelt werden:

$$E_n = \frac{f_v \cdot \eta_R \cdot \eta_{LB} \cdot n \cdot \Phi_0}{A} \quad (9.8)$$

Ist umgekehrt eine bestimmte Nennbeleuchtungsstärke verlangt, so liefert die Gleichung die notwendige Lampenzahl.

9.4.3 Computerberechnung

Heute werden Berechnungen meist mit dem Computer gemacht. Dabei entstehen oft eindrucksvolle Raumdarstellungen (Visualisierungen). Diese sind jedoch mit äusserster Vorsicht zu «geniessen». Die Ausgabemedien sind noch weit davon entfernt, die tatsächliche Lichtqualität abbilden zu können.
Um sich einen Überblick über die erforderlichen Lichtinstallationen zu verschaffen, genügt es im Allgemeinen, mithilfe des Wirkungsgradverfahrens (in den meisten Berechnungsprogrammen als Schnellmethode vorhanden) die erreichbare mittlere Beleuchtungsstärke zu berechnen oder – bei gegebener Beleuchtungsstärke – die erforderliche Lampenzahl.

9.4.4 Energiesparmassnahmen

Der Elektrizitätsverbrauch für die Beleuchtung hängt von der Lichttechnik, den Tageslichtverhältnissen, der Steuerung und dem Nutzerverhalten ab. Er kann nach [SIA 2056] abgeschätzt werden. Da Einsparungen beim Licht sehr oft zulasten der Beleuchtungsgüte gehen und damit leistungsmindernd wirken können, müssen bei jeder Massnahme Vor- und Nachteile sorgfältig gegeneinander abgewogen werden. Verschiedene Programme und Zertifizierungen, wie z.B. MINERGIE, LEED, DGNB, haben auch in Sachen Beleuchtung zum Ziel, dass elektrische Energie sinnvoll eingesetzt wird.

Lampen erhöhter Lichtausbeute

Sofern sich dadurch die Leuchtdichte der Lampen erhöht, wie z.B. bei Leuchtstofflampen mit vermindertem Durchmesser oder Leuchtdioden, kann vermehrt Blendung auftreten. Dies gilt insbesondere bei Leuchten mit Spiegelreflektoren, Spiegelrastern und direkt strahlenden Optiken.

Zeitweises Abschalten

Diese Massnahme ist oft ohne zusätzliche Investitionen möglich. Ist die Lampenlebensdauer von der Schalthäufigkeit abhängig, muss geprüft werden, wie lange eine Betriebspause mindestens dauern muss, damit die Stromersparnis die Lampenmehrkosten wegen verkürzter Lebensdauer kompensiert. Das Ausschalten der Beleuchtung in einem vorübergehend unbenutzten Raum durch Bewegungs- oder Anwesenheitssensoren ist oft zweckmässig.

Tageslichtabhängiges Schalten bzw. Regeln

Hiermit lassen sich beträchtliche Energieeinsparungen erzielen. Besonders wirksam ist diese Massnahme in Mehrpersonenbüros und dann, wenn die Arbeitszeit bei fehlendem oder ungenügendem Tageslicht beginnt. Einsparungen bis 30 % sind keine Seltenheit. Bei unterschiedlicher Verbauung der Räume oder Geschosse (z.B. durch Bäume oder gegenüberliegende Bauten) ist der geeigneten Positionierung der Sensoren besondere Beachtung zu schenken. Da die Bedürfnisse meist sehr unterschiedlich sind, sollte die Beleuchtung jederzeit individuell wieder eingeschaltet werden können. Kunstlicht sollte grundsätzlich als Ergänzung des Tageslichtes und nicht als dessen Ersatz angesehen – und auch so eingesetzt – werden. Zur Tageslichtnutzung siehe Band Bauphysik [Zür].

Erhöhter Beleuchtungswirkungsgrad

Obwohl es naheliegend ist, bei der Planung einen möglichst hohen Beleuchtungswirkungsgrad (also hohen Raumwirkungsgrad und hohen Leuchtenbetriebswirkungsgrad) anzustreben, ist hierbei die Gefahr gross, massive Einbussen an Beleuchtungsgüte zu erleiden. Die höchsten Beleuchtungswirkungsgrade werden mit tiefstrahlenden Leuchten erreicht, die bezüglich Beleuchtungsqualität speziell im Bürobereich sehr problematisch sind. Deshalb sollten bei der Planung alle möglichen Nebenwirkungen berücksichtigt werden, z.B. mithilfe einer Nutzwertanalyse.

Reduktion der Beleuchtungsstärke

Eine generelle Reduktion ist nur dann zulässig, wenn die Anlage überdotiert ist. Ansonsten besteht die Gefahr, dass die Leistungsfähigkeit sinkt und das Konzentrationsvermögen nachlässt, auch wenn die Sehobjekte noch gut erkennbar sind. Weniger problematisch ist es, das Beleuchtungsniveau zonenweise dort zu reduzieren, wo der Lichtbedarf ohnehin geringer ist, z.B. in Verkehrs- und Pausenzonen.

Leuchtenanordnung

Ein grosses Sparpotenzial liegt beim Ersatz der reinen Allgemeinbeleuchtung durch eine verstärkt arbeitsplatzorientierte Beleuchtung.

Internet

Der Trend zu IoT (Internet of Things) ist auch in der Beleuchtung angekommen. So kommen vermehrt verschiedenste Sensoren zur Anwendung, deren Daten nicht nur für eine möglichst ökonomische Anlagensteuerung verwendet werden, sondern auch mit anderen Datensystemen verknüpft werden. So kann zum Beispiel die Anwesenheitssensorik von Büro-Stehleuchten dazu benutzt werden, den Mitarbeitern im Desk Sharing per Handy mitzuteilen, welcher Arbeitsplatz frei ist. In der Stadtraum-Beleuchtung ist der IoT-Trend besonders stark und wird in erster Linie unter dem Begriff «Smart City» umgesetzt.

10 GEBÄUDEAUTOMATION

10.1 Aufgaben der Gebäudeautomation

Unter Gebäudeautomation (GA) versteht man die Gesamtheit der Mess-, Steuer-, Regel-, Optimierungs- und Überwachungseinrichtungen in Gebäuden. Sie wird deshalb auch als MSR-Technik bezeichnet.

10.1.1 Komfort und Energieeffizienz

In der Gebäudetechnik sind folgende Tendenzen festzustellen.

Zunehmende Anforderungen

- Steigende Komfortansprüche der Nutzer
- Höhere Energieeffizienz
- Rasche Störungsbehebung

War noch vor wenigen Jahren die Heizungsregelung die wichtigste Funktion, so stehen heute zunehmend die Kühlung der Räume und die Regelung der Elektroverbraucher im Vordergrund.

Bei der Steigerung der Energieeffizienz kann die Gebäudeautomation einen wesentlichen Beitrag leisten. Dies jedoch nur, wenn bei der Planung die Funktionen präzis beschrieben werden.

Die Gebäudeautomation sorgt dafür, dass die Anlagen nur dann laufen, wenn ein Bedarf vorhanden ist. Deutlich wird dies am Beispiel einer Beleuchtung mit Tageslichtnutzung und einer Regelung, die nur so viel Kunstlicht einsetzt wie notwendig.

Qualität in Technik und Planung

Die Qualität der Regelung bei der Wärme- und Kälteerzeugung spielt für die Energieeffizienz eine entscheidende Rolle. Ob eine Kaltwassertemperatur auf beispielsweise 16 °C anstatt 10 °C betrieben wird, kann 20 % weniger Primärenergie bedeuten. Gerade solche «kleinen» Unterschiede von Heiz- und Kaltwassertemperaturen verlangen eine seriöse Planung der Regelung, der hydraulischen Schaltung und der Wärmeübertragungsflächen.

10.1.2 Genauigkeit der Temperaturregelung

Genauigkeit ist zentral

Der Mensch reagiert sensibel auf Temperaturunterschiede (hingegen kann er die Luftfeuchtigkeit weit weniger verlässlich bestimmen). Daher ist eine genauere Regelung von Raumtemperaturen wichtig: Waren bisher 2 K Toleranzwert zulässig, so bedeutete dies bei einem Sollwert von 21,5 °C, dass der Regler in einem Bereich von 20,5 °C bis 22,5 °C regelt. Dies entspricht dem optimalen Temperaturbereich gemäss [EN ISO 7730], Kategorie A. Diese Toleranz kann dazu führen, dass die momentan empfundene Temperatur nicht behagt und der Nutzer den Sollwert manuell nach oben schiebt – mit Folgen für den Energiebedarf. Eine dauernd um 1 K erhöhte Temperatur bedeutet einen um 6 % höheren Energieverbrauch, 1 K tiefere Kühlung erfordert sogar 8 % mehr Energie. Die Genauigkeit der Temperaturregler ist deshalb entscheidend für eine Reduktion des Energieverbrauchs.

Toleranzbereich

Wenn im Toleranzbereich die Zufriedenheit gross ist, dann spricht alles dafür, aus energetischen Gründen an die untere Grenze zu gehen und diese auch möglichst exakt einzuhalten. Ungenaue Regler verpulvern mit dem Über- und Unterschwingen des Sollwerts zu viel Energie. Aus diesen Gründen hat die EU die in der [EN 15500] geforderte minimale Regelgenauigkeit von 2 K auf 1,4 K reduziert. Gute Einzelraumregler erreichen heute Toleranzwerte für Heizen von 0,5 K und Kühlen von 0,3 K. Bild 10.1 veranschaulicht, dass dies eine anspruchsvolle Aufgabe geworden ist.

10.1.3 GA-Effizienzklassen

Die [EN 15232] klassiert die verschiedenen Funktionen einer Gebäudeautomation und bewertet diese in Bezug auf die Energieeffizienz. Das Bild 10.2 zeigt die vorhandenen Funktionen in den Klassen A bis D. Als besonders energieeffizient gelten die bedarfsabhängigen und vernetzten Funktionen im GA-System. Jedoch führt die Klasse A nicht in jedem Fall zu einem Niedrigenergiehaus mit hohem Nutzerkomfort. Die Klassierung soll deshalb bei der Planung zwischen Besteller, Nutzer, Elektro- und HLK-Planer besprochen und auf ihre Zweckmässigkeit beurteilt werden.

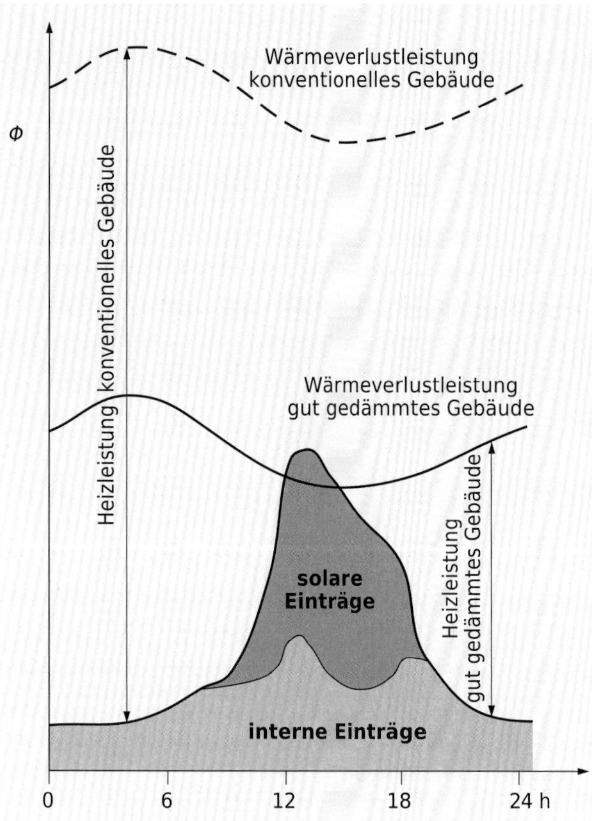

Bild 10.1 Tagesgang der Wärmeströme in einem Wohngebäude im Winter

10.1.4 Mitwirkung in der Projektierung

Komfort und Konsequenzen

Die Behaglichkeit des Einzelnen sollte zunächst mit einer persönlichen Regelung angestrebt werden wie beispielsweise durch Anpassen der Bekleidung. Der Hauptwunsch vieler Benutzer liegt dann bei der Verstellmöglichkeit. Der «Sollwertknopf» wird gar für jeden Arbeitsplatz gefordert. Diese Forderung zu erfüllen, bedeutet aber eine komplexe Anlagentechnik. Wichtig wird damit das Engagement der Bauherrschaft in der Planung.

Beziehung Bauherrschaft – Nutzer – Betreiber

Die Bauherrschaft sollte sich zu Beginn der Planung Gedanken machen über die Beziehung der Betreiber (Hauswart, technischer Dienst) und der Nutzer (Bewohner, Belegschaft). Diese Beziehung, oder ihr Fehlen, beeinflusst das Anlage- und Regelkonzept. Die Bauherrschaft überlegt sich, wie sie die Nutzer informieren und aktiv in den Betrieb des Gebäudes einbeziehen will. Für den Betreiber sind das Kennen und Verstehen der Anlage wichtig. Dann kann er bei Reklamationen erklären, wie die Anlage läuft. Die Nutzer werden so auch mehr Verständnis bei Energiesparmassnahmen aufbringen. Das Vor-

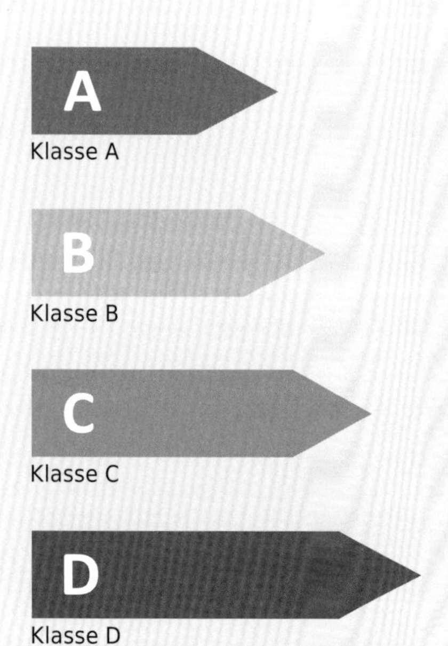

Hoch energieeffizientes Gebäudeautomationssystem
- vernetzte Raumautomation mit automatischer Bedarfserfassung
- regelmässige Wartung
- monatliches Energiemonitoring
- systematische Energieoptimierung durch ausgebildete Fachkräfte

Weiterentwickeltes Gebäudeautomationssystem
- vernetzte Raumautomation ohne automatische Bedarfserfassung
- jährliches Energiemonitoring

Standard Gebäudeautomationssystem
- vernetzte Gebäudeautomation der Primäranlagen
- keine elektronische Raumautomation, Thermostatventile an Heizkörpern
- kein Energiemonitoring

Gebäudeautomationssystem schlechter Energieeffizienz
- keine vernetzten Gebäudeautomationsfunktionen
- keine elektronische Raumautomation
- kein Energiemonitoring

Bild 10.2 GA-Effizienzklassen [EN 15232]

handensein einer bestimmten Anlage verpflichtet den Eigentümer oder die Verwaltung aber auch, Betriebspersonal in genügender Anzahl und Qualifikation einzusetzen. In dieser Hinsicht bestehen vielerorts Probleme. Das Berufsbild des Hauswarts – um ein Beispiel zu nennen – bedarf dringend einer Aufwertung.

Nutzer nimmt Einfluss

Wo der Nutzer Einfluss nehmen will, sind die Eingriffsmöglichkeiten zu schaffen und bedienungsfreundlich zu gestalten. Beispiele:
- Einzelraumregelung mittels Thermostatventilen oder programmierbarer Regelgeräte
- automatisches Abschalten bei Nichtbenötigung von elektrischen Verbrauchern, automatisches Wiedereinschalten
- manuelles Einschalten bei Bedarf, automatisches Ausschalten

Der Nutzer kann zum Eingreifen gezwungen werden, indem man ihm den gewünschten Komfort nur für eine begrenzte Zeit gewährt. Nach deren Ablauf muss er erneut eingreifen, wenn er den Komfort beibehalten will. Beispiel: obligatorische Komfort-Vorwahl der nächsten Lektion in jedem Zimmer eines Schulhauses. Bei Unterlassung fällt das System automatisch in den Absenkzustand zurück. Bezüglich Energieeinsparung ist das Einschalten bei Bedarf dem Abschalten bei Nichtbenötigen vorzuziehen. Eine Analyse der psychologischen Gegebenheiten und der Schadenrisiken wird im Einzelfall zeigen, wo die Grenzen eines solchen Konzepts liegen.

Projektierung GA

Die Planung der Gebäudeautomation wird oft vernachlässigt. Der Bauherr oder der Architekt verlässt sich oft auf die Planer der Gewerke HLK, Sanitär oder Elektro, dass diese die richtigen Systeme der Gebäudeautomation evaluieren. Dabei wird verkannt, dass die Gebäudeautomation eine Integration *aller* Systeme ins Gebäude bezweckt.

Bei grösseren oder komplexeren Bauten soll ein GA-Planer beauftragt werden (Bild 10.3). Dieser analysiert die Funktionen aller vorgesehenen Anlagen und erstellt daraus ein GA-Konzept [SWKI BA101-01]:
- Systemaufbau (Vernetzung der verschiedenen Automatisierungsebenen)
- Bedienkonzept (Was kann wo bedient werden)
- Alarmkonzept (Wo werden die Alarme und Störmeldungen angezeigt)
- Datenpunktkonzept (Funktionen der digitalen und analogen Meldungen)
- Mengengerüst (Übersicht aller Datenpunkte im Gebäude)
- Managementfunktionen (Visualisierung, Energiemonitoring usw.)
- Kostenvoranschlag
- Realisierungskonzept

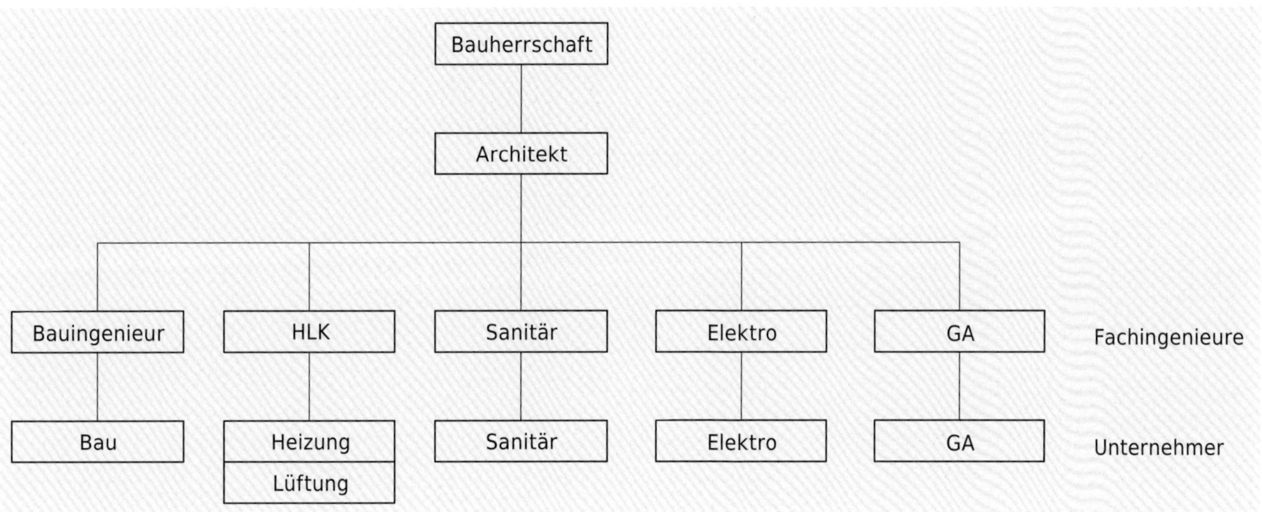

Bild 10.3 Organigramm Planungsteam

10.2 Grundlagen Messen, Steuern, Regeln

10.2.1 Begriffe

Messen

Messungen genügender Genauigkeit sind die Grundlage für Berechnung, Überwachung und Abrechnung von technischen Anlagen. Die Regelung benötigt Messungen der Istwerte. Der Betreiber benötigt Messanzeigen für Optimierung und Unterhalt der Anlagen. Messwerte helfen, Fehler und Störungen zu finden und zu beheben. Korrektes Messen ist allerdings eine sehr anspruchsvolle Aufgabe. Eine Messeinrichtung kann als schwarzer Kasten aufgefasst werden, dessen innere Wirkungsweise hier unwichtig ist (Bild 10.4). Er hat als Eingangssignal die Messgrösse und als Ausgangssignal den Messwert als Abbild der Messgrösse.

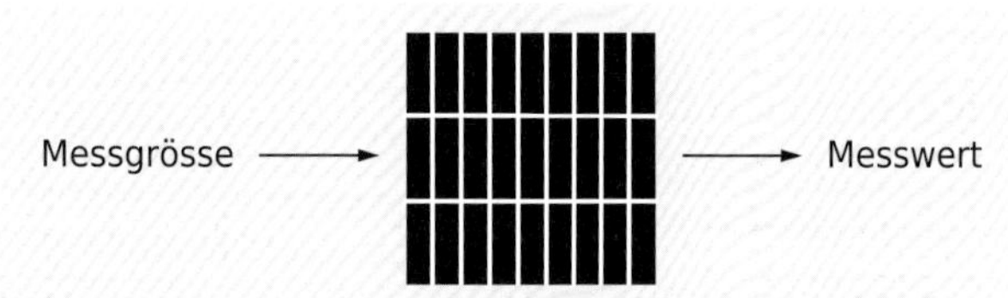

Bild 10.4 Messeinrichtung als Black box

Es gibt allerdings keine Messung, welche nicht von Fremdeinflüssen gestört wird. Wenn beispielsweise ein Fernthermometer abgelesen wird, so braucht die Anzeige noch lange nicht die effektiv herrschende Temperatur zu sein. Einige Einflussgrössen, welche Messungen verfälschen können:

- Temperatur, Wärmestrahlung
- Feuchte
- Luftbewegung, Luftdruck
- Lage
- Beschleunigungen (Erschütterungen, Stösse)
- Störfelder, Störspannungen
- Hilfsenergie (Netzspannung, Netzfrequenz)
- thermische Übergangswiderstände

Steuern

Bild 10.5 zeigt ein Beispiel einer automatischen Steuerung der Raumtemperatur. Abhängig von der Aussentemperatur beeinflusst die Steuereinrichtung, über eine vorgegebene Kennlinie, die Ventilstellung. Die Steuerung ist durch eine *offene Steuerkette* gekennzeichnet: Aussenfühler–Steuergerät–Stellantrieb–Stellorgan–Heizkörper–Raum. Offensichtlich wird die Raumtemperatur nicht nur von der Steuereinrichtung (= Aussenfühler + Steuergerät + Stellantrieb) beeinflusst, sondern auch von der Sonneneinstrahlung. Eine Rückmeldung der Ausgangsgrösse x_a an die Steuereinrichtung findet trotz Störung nicht statt. Je stärker die Störgrössen, desto weniger wird es möglich sein, eine befriedigende Ausgangsgrösse zu erhalten. Dies ist das Merkmal der Steuerung.

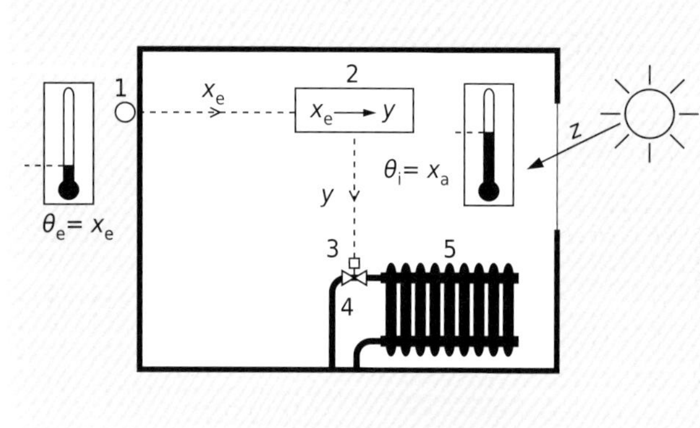

x_e Eingangsgrösse (Aussentemperatur)
x_a Ausgangsgrösse (Raumtemperatur)
y Stellgrösse (Ventilhub)
z Störgrösse (Sonneneinstrahlung)
1 Witterungsfühler
2 Steuergerät
3 Stellantrieb (erzeugt Ventilhub)
4 Stellorgan
5 Heizkörper

Bild 10.5 Beispiel einer Steuerung der Raumtemperatur

Regeln

Bei der Regelung wird die zu regelnde Grösse (Regelgrösse x) fortlaufend gemessen, mit einer Führungsgrösse w verglichen und an die Führungsgrösse angeglichen. Durch Störgrössen z von aussen hervorgerufene Veränderungen der Regelgrösse werden so fortlaufend korrigiert. Ist die Führungsgrösse konstant, nennt man sie Sollwert.

Bild 10.6 zeigt ein Beispiel einer automatischen Regelung der Raumtemperatur. Die Raumlufttemperatur ist infolge von Störgrössen (Sonne, Aussentemperatur) momentan 24 °C. Dem Regelgerät kann der Wert der Führungsgrösse *w* eingegeben werden, gegenwärtig 20 °C. Der Fühler misst $x = 24$ °C und meldet dies dem Regler. Der Regler vergleicht *x* mit *w* und stellt eine Regelabweichung $x_w = x - w$ fest. Er meldet deshalb dem Stellantrieb eine neue Stellgrösse *y*, worauf der Antrieb diesen Hub einstellt. Als Folge davon sinkt die Wärmeabgabe des Heizkörpers, und die Regelgrösse *x* fällt. Natürlich wird die Regelgrösse *x* auch von der Störgrösse *z* beeinflusst. Der Regler vergleicht fortlaufend *x* mit *w* und gibt entsprechende Korrekturbefehle an den Stellantrieb. Er regelt damit die Raumtemperatur.

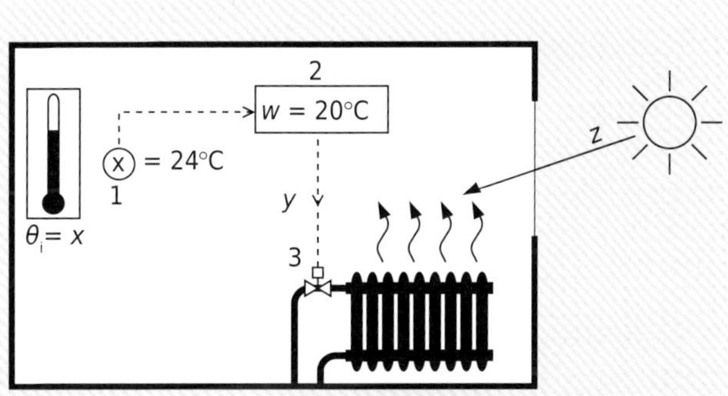

x Regelgrösse (Raumtemperatur)
w Führungsgrösse (Sollwert 20 °C)
y Stellgrösse (Ventilhub)
z Störgrösse (Sonneneinstrahlung)
1 Raumtemperaturfühler
2 Regelgerät
3 Stellantrieb

Bild 10.6 Beispiel einer Regelung der Raumtemperatur

Die Regelung ist durch einen *geschlossenen Regelkreis* gekennzeichnet: Raumfühler–Regelgerät– Stellantrieb–Stellorgan–Heizkörper–Raum–Raumfühler. Die neue Regelgrösse wird dem Regler rückgemeldet, und dies wird verwertet. Dies ist das Merkmal der Regelung.

10.2.2 Regelstrecke

Abgrenzung

Die Regelstrecke beginnt am Stellort (Ort, wo die Stellgrösse in den Massen- oder Energiestrom eingreift) und endet am Messort. Das Stellorgan gehört zur Regelstrecke (nicht aber der Stellantrieb). Der Messfühler gehört ebenfalls zur Regelstrecke.

Zeitverhalten von Regelstrecken

Es stellen sich zwei Fragen, die beide experimentell beantwortet werden:

- Wie reagiert die Regelgrösse auf eine plötzliche Änderung der Stellgrösse? Dazu wird die Stellgrösse *y* sprunghaft geändert (z = konstant) und die Reaktion der Regelgrösse *x* beobachtet. Die Stellgrössen-Sprungantwort charakterisiert das sogenannte *Führungsverhalten.*
- Wie reagiert die Regelgrösse auf eine plötzliche Änderung einer Störgrösse? Dazu wird eine Störgrösse *z* sprunghaft geändert (y = konstant) und *x* beobachtet. Die Störgrössen-Sprungantwort charakterisiert das sogenannte *Störverhalten.*

Wenn die Regelgrösse nach jeder Änderung einen Beharrungszustand erreicht, spricht man von einer *Regelstrecke mit Ausgleich.* Praktisch alle Regelstrecken der Gebäudetechnik sind von diesem Typ.
Bild 10.7 zeigt das Zeitverhalten eines Wasserspeichers nach dem Einschalten des Stroms. Bestimmend sind die Leistung der Heizung, die Wassermenge und die Wärmeverluste.

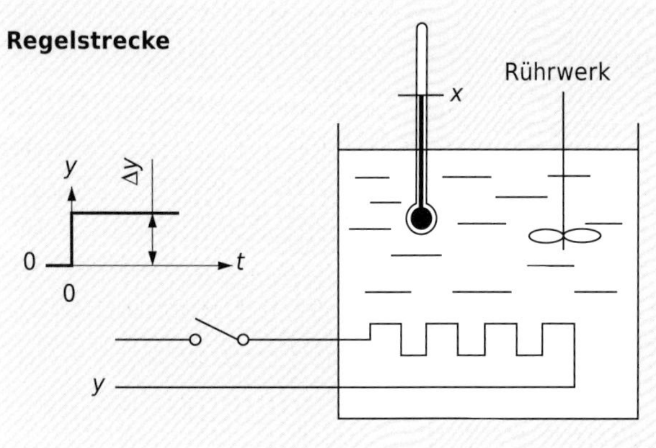

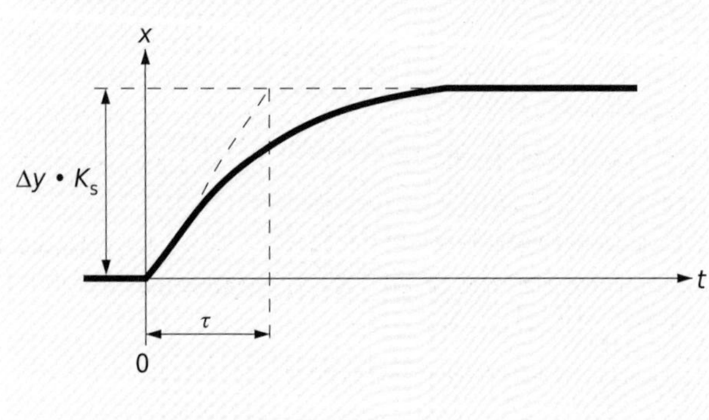

Bild 10.7 Sprungantwort einer Regelstrecke mit einem Speicher (sogenanntes PT1-Glied)

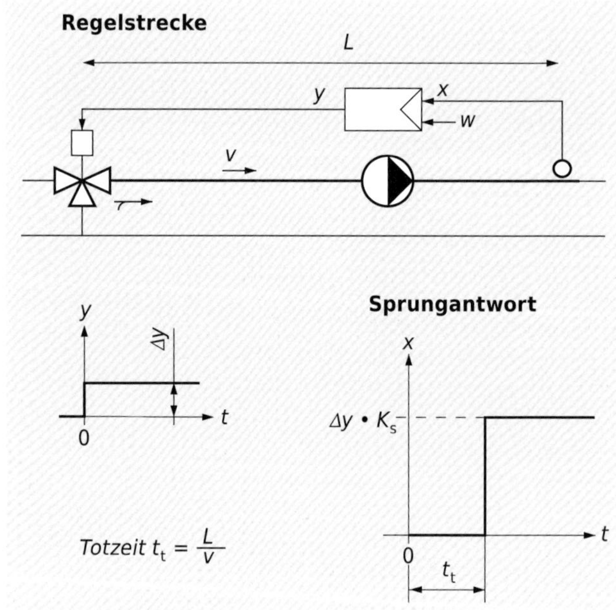

Bild 10.8 Sprungantwort der Regelstrecke einer Beimischschaltung bei masselosem Rohr und Fühler (sogenanntes Totzeitglied)

Bild 10.8 zeigt das Verhalten des Temperaturfühlers einer Beimischschaltung nach dem Verstellen des Ventilhubs. Bei der Fühlerplatzierung ist grundsätzlich auf eine geringe Totzeit zu achten (L klein). Wenn allerdings die Pumpe im Rücklauf eingebaut ist, entfällt deren Mischwirkung. Dann muss $L/D > 25$ sein oder ein statischer Mischer eingebaut werden. In Wirklichkeit sind weder Rohr noch Fühler trägheitslos, so dass der Anstieg der Regelgrösse nach der Totzeit nicht sprunghaft, sondern ähnlich Bild 10.7 erfolgt. Der Übertragungsbeiwert der Regelstrecke $K_s = \Delta x \,/\, \Delta y$ ist beim Speicher praktisch unabhängig von y (sogenannte P-Regelstrecke), während dies bei der Beimischschaltung meist nicht der Fall ist.

Schwierigkeitsgrad der Regelstrecke

Das Zeitverhalten einer beliebigen Regelstrecke lässt sich mit der Verzugszeit t_u, der Ausgleichszeit t_g und dem Übertragungsbeiwert K_s beschreiben. Bild 10.9 zeigt die Störgrössen-Sprungantworten von zwei verschiedenen Regelstrecken:

- Die obere Sprungantwort weist im Verhältnis zur Ausgleichszeit t_g eine kleine Verzugszeit t_u auf. Eine Störung ist für den Regler bereits nach kurzer Zeit erkennbar, und er kann entsprechend schnell darauf reagieren.
- Die untere Sprungantwort hat bei gleicher Ausgleichszeit t_g eine wesentlich längere Verzugszeit t_u. Der Regler kann eine Störung erst spät erkennen. Er wird deshalb Mühe haben, korrigierend einzugreifen.

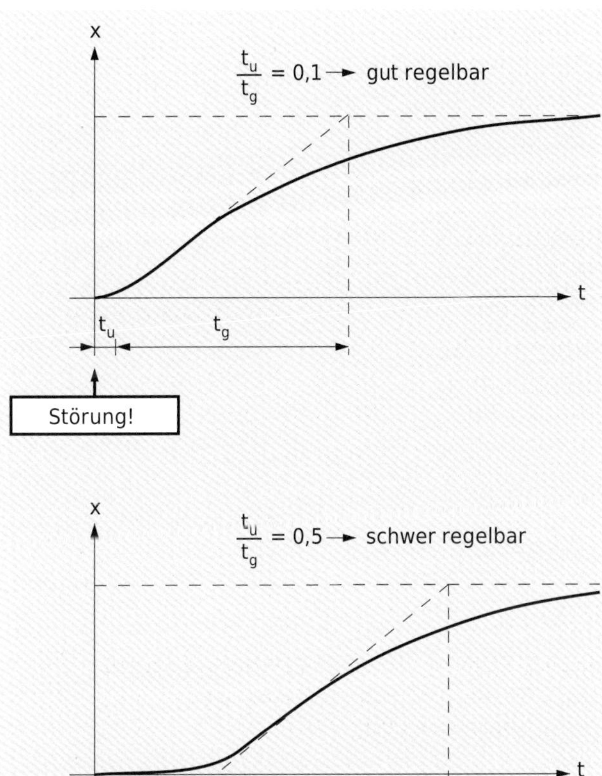

Bild 10.9 Störgrössen-Sprungantworten einer einfachen und einer schwierigen Regelstrecke

Daraus ist ersichtlich, dass das Verhältnis von Verzugszeit zu Ausgleichszeit den Schwierigkeitsgrad *S* der Regelstrecke bestimmt.

$$S = \frac{t_u}{t_g} \qquad (10.1)$$

Typische Regelstrecken der Heizungstechnik weisen eher kleine, solche der Lüftungstechnik eher grosse Schwierigkeitsgrade auf.

10.2.3 Regeleinrichtung

Abgrenzung

Zur Regeleinrichtung gehören diejenigen Geräte, die unmittelbar für die Beeinflussung der Regelstrecke benötigt werden. Die Regeleinrichtung enthält mindestens eine Einrichtung

- zum Erfassen der Regelgrösse x,
- zum Vergleich mit der Führungsgrösse w und
- zum Bilden der Stellgrösse y.

Reglerarten

Das Zeitverhalten einer Regelstrecke kann vom Regelungstechniker kaum beeinflusst werden. Deshalb ist es notwendig, den Regler möglichst gut an die Eigenschaften der Regelstrecke anzupassen. Dazu stehen folgende Reglerarten zur Verfügung:

- *Stetige Regler* können die Stellgrösse stufenlos und mit praktisch beliebiger Geschwindigkeit ändern, z.B. P-, PI-, PID-Regler.
- *Unstetige Regler* können die Stellgrösse nur sprunghaft in zwei oder mehreren Stufen verstellen, z.B. Zweipunktregler Ein-Aus (Thermostaten).
- *Stetigähnliche Regler,* z.B. Dreipunktregler (Auf-Stillstand-Zu), wirken auf einen Stellmotor.

P-Regler

Der Proportional-Regler verändert die Stellgrösse proportional zur Regelabweichung. P-Regler sind sehr verbreitet, z.B. Regler ohne Hilfsenergie (Thermostatventile, Überströmventile). Bild 10.10 zeigt die Wirkungsweise. Der Schieber 1 lässt sich um den Stellbereich Y_h bewegen. Das Verhältnis a/b des Hebelarms bestimmt den Bereich, um den der Wasserstand sinken bzw. steigen muss, bis der Schieber offen bzw. geschlossen ist. Dieser sogenannte P-Bereich X_p beträgt hier 30 cm. Der Sollwerteinsteller ist so eingestellt, dass bei einem Wasserstand von 200 cm das Stellorgan 50 % geöffnet ist. Eine Störung wird automatisch über die Zuflussmenge ausgeregelt. Nun fällt auf, dass für eine bestimmte Korrektur zuerst eine bestimmte Abweichung vom Sollwert auftreten muss. Der P-Regler hat eine lastabhängige bleibende Regelabweichung (P-Abweichung). Wie gross diese ist, hängt von der Einstellung und vom P-Bereich ab:

- Wenn der Regler, wie gezeichnet, auf 50 % Last eingestellt ist, tritt die grösste bleibende Regelabweichung

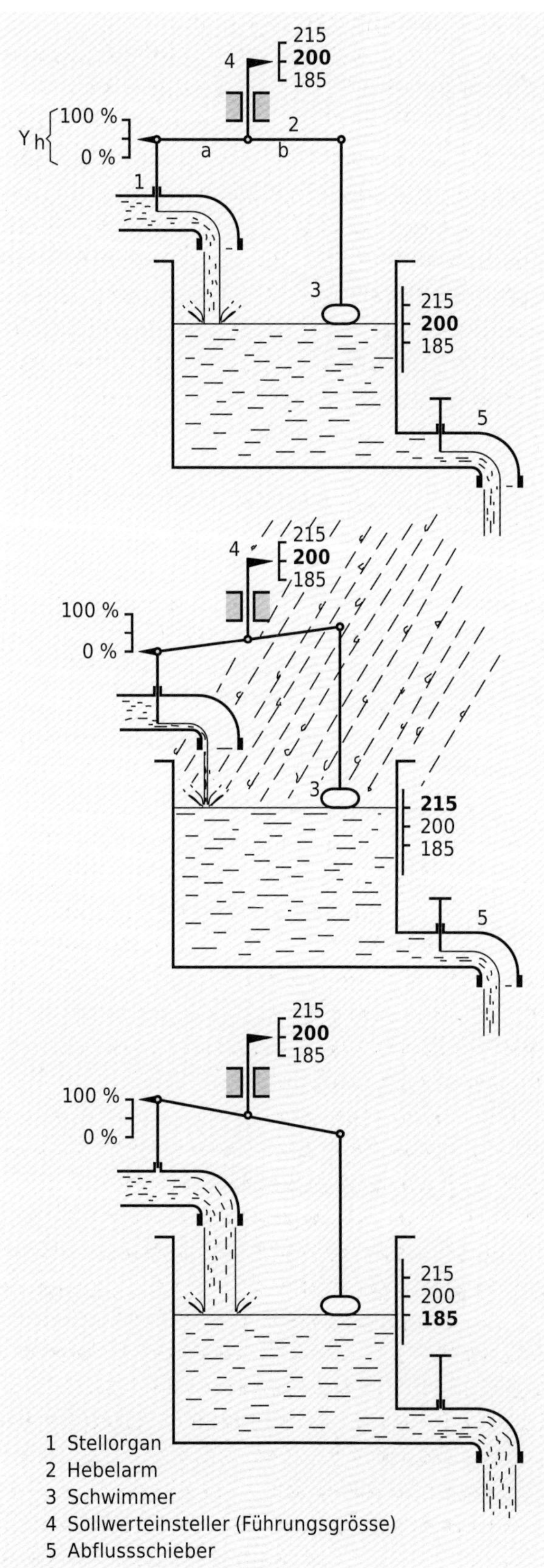

Bild 10.10 Wasserstandsregelung mit P-Regler

bei Volllast und bei Nulllast auf und beträgt die Hälfte des P-Bereichs.

- Bei Einstellung auf Nulllast (bzw. Volllast) tritt die grösste bleibende Regelabweichung bei Volllast (bzw. Nulllast) auf und entspricht dem ganzen P-Bereich.

Am zweckmässigsten ist es, den Regler auf den häufigsten Arbeitspunkt einzustellen. Dann treten nur unter extremen Bedingungen grössere Abweichungen auf. Es ist möglich, den P-Bereich zu verkleinern, indem das Verhältnis *a*/*b* vergrössert wird. Leider wird dabei der Regler empfindlicher, z.B. auf Wellen. Damit steigt die Gefahr einer instabilen Regelung, d.h., dass die Regelgrösse zu schwingen beginnt. Die Wahl des P-Bereichs ist immer ein Kompromiss zwischen Stabilität und Genauigkeit.

I-Regler

Der Integral-Regler verändert die Stellgrösse um so schneller, je grösser die Regelabweichung ist. Er verändert die Stellgrösse so lange, bis die Regelabweichung null wird. Der I-Regler ist jedoch sehr langsam und wird deshalb kaum eingesetzt.

PI-Regler

Der P-Regler ist schnell, aber ungenau, der I-Regler langsam, aber genau. Der Proportional-Integral-Regler ist die Kombination der beiden: schnell und genau. Er wird sehr oft eingesetzt.

PD-Regler

Je grösser die Änderungsgeschwindigkeit der Regelabweichung ist, desto grösser wird voraussichtlich die notwendige Stellgrössenkorrektur. Durch Kombination des P-Reglers mit einem sogenannten D-Glied ist es möglich, diesen noch schneller zu machen. Der PD-Regler hat ebenfalls eine bleibende Regelabweichung. Er wird kaum eingesetzt.

PID-Regler

Der Proportional-Integral-Differential-Regler stellt die Kombination der positiven Eigenschaften obiger Regler dar. Er ist sehr schnell und genau und damit auch für schwierige Regelstrecken geeignet. Er wird sehr oft eingesetzt.

10.3 Regelkonzepte

10.3.1 Raumtemperaturregelung nach Referenzraum

Die Wärmeabgabe an das Gebäude wird aufgrund der Temperatur eines einzelnen Raums, des Referenzraums, geregelt. Das Konzept wird angewendet, wo sich ein Referenzraum finden lässt, dessen Temperaturverhalten auch den andern Räumen als Massstab dienen kann:

- Einfamilienhaus, meist Wohnzimmer = Referenzraum
- Hauptraum mit untergeordneten Nebenräumen, z.B. Läden, Restaurants, Turnhallen

Ausführungen mit zunehmender Regelqualität:

- Raumthermostat (Zweipunktregler) direkt auf den Brenner wirkend. Der Wärmeerzeuger wird gleitend betrieben.
- Stetiger Raumtemperaturregler auf das Mischventil wirkend. Nachteil: Schwankungen der Kesseltemperatur werden schlecht ausgeregelt (grosse Verzugszeit t_u).
- Kaskadenregler. Der Hauptregler erfasst die Raumtemperatur und erzeugt die Führungsgrösse (Soll-Vorlauftemperatur) für einen Hilfsregler. Letzterer regelt die Vorlauftemperatur nach der Führungsgrösse. Nebst dem Raumfühler wird ein Vorlauffühler benötigt.

Der Raumtemperaturfühler sollte ca. 1,5 m ab Boden montiert werden (Bild 10.11). Das zum Fühler führende Elektrorohr muss abgedichtet werden, um Luftströmungen zu unterbinden, die den Fühler beeinflussen könnten. Im Weiteren dürfen im Referenzraum keine Thermostatventile aktiv sein.

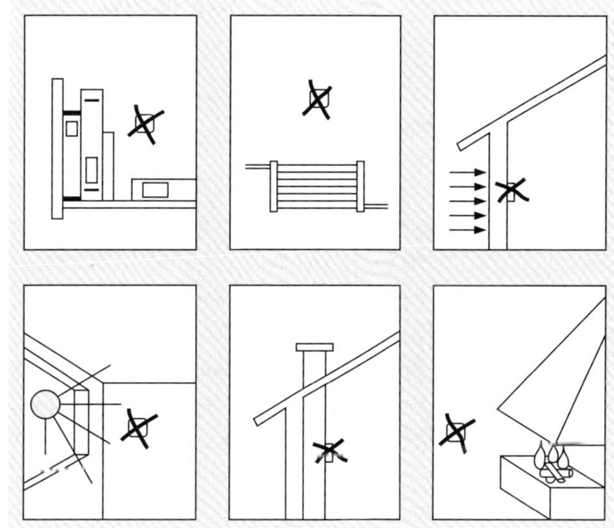

Bild 10.11 Montage Raumtemperaturfühler

10.3.2 Witterungsgeführte Vorlauftemperaturregelung

Diese Regelung ist am weitesten verbreitet (Bild 10.12). Der Witterungsfühler erfasst die Aussentemperatur als Hauptstörgrösse und in geringerem Masse auch Wind und Sonne (je nach Platzierung). Witterung und Raumtemperatur werden über die Vorlauftemperatur verknüpft. Welche Vorlauftemperatur bei welcher Aussentemperatur nötig ist, wird durch die *Heizkurve* festgelegt (Bild 4.4). Die Heizkurve wird eingestellt:

- durch Angabe eines Punktes und der Steilheit oder
- durch Angabe von zwei Punkten.

Regelgrösse ist die Vorlauftemperatur, sodass hier ein Fühler erforderlich ist. Dieses Konzept stellt nur bezüglich Vorlauftemperatur eine Regelung dar, *bezüglich Raumtemperatur ist es eine Steuerung*. Die Raumtemperatur wird gar nicht erfasst. Dies hat zur Folge, dass die anteilmässig immer wichtigeren Störgrössen innere Wärme und Sonneneinstrahlung nicht berücksichtigt werden. Nach Abschaltungen und Absenkungen ist die Raumtemperatur zu tief. Wenn nun zur Korrektur die Heizkurve höher gestellt wird, erfolgt später ein Überheizen. Das Nichterfassen der Raumtemperatur verunmöglicht somit Einsparungen weitgehend. Lösungsmöglichkeiten:

- Thermostatventile drosseln die Wärmeabgabe in jedem Raum.

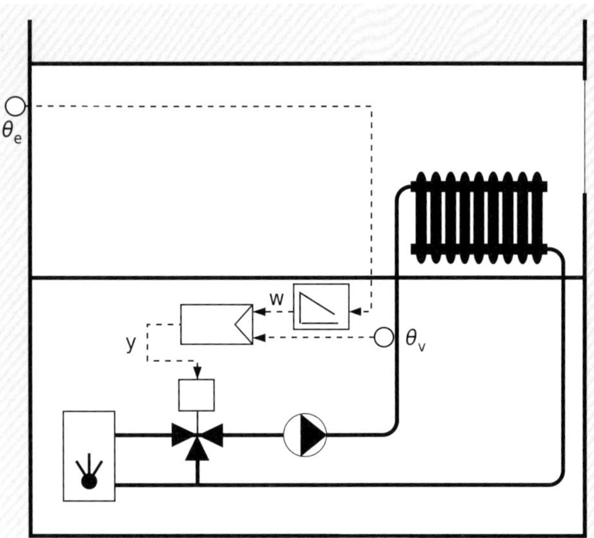

Bild 10.12 Witterungsgeführte Vorlauftemperaturregelung

- Störgrössenaufschaltung: Sonnenfühler zur Kompensation der Störgrösse Sonne. Raumtemperaturfühler im Referenzraum zur Kompensation der Störgrösse innere Wärme (Raumtemperaturkompensation). Die Aufschaltungen verschieben die Heizkurve. Voraussetzung ist, dass die Störgrössen in den Räumen gleichermassen wirken.

Der Witterungsfühler sollte wie folgt montiert werden:
- zugänglich ohne Akrobatik
- dem Wind ausgesetzt in halber Fassadenhöhe, jedoch mindestens 2,5 m ab Boden
- N- bis NW-Wand, falls die Haupträume verschieden orientiert sind (Thermostatventile einsetzen)
- an der Aussenwand der Haupträume, falls alle Haupträume gleich orientiert sind

Vermeiden bei der Fühlerplatzierung:
- erwärmte Wandstellen (Kamin)
- warme Luftströmungen (nahe Türen, Fenstern, Fortluftöffnungen; Elektrorohr abdichten)

Am frühen Morgen der Sonne ausgesetzte Fühler verzögern das Aufheizen.

10.3.3 Selbstlernende Regelung

Selbstlernende Heizungsregler sind witterungsgeführte Vorlauftemperaturregler mit erhöhter Automatisierung. Sie sind vor allem geeignet für Bauten mit langen Absenkperioden.

Sie weisen zwei Selbstlernfunktionen auf:
- Heizkurven-Adaption zur automatischen Einstellung der Heizkurve
- Absenk-Optimierung

Die Absenk-Optimierung (Bild 10.13) beinhaltet:
- Stopp-Optimierung: frühestmögliche Absenkzeit
- Schnellabsenkung: Abschalten, bis tiefstzulässige Raumtemperatur erreicht ist
- Schnellaufheizung: max. WE-Leistung
- Start-Optimierung: gewünschte Raumtemperatur genau zur richtigen Zeit erreichen

Für beide Selbstlernfunktionen wird eine repräsentative Referenzraumtemperatur mit entsprechendem Fühler benötigt. Es dürfen dort keine Thermostatventile und keine untypischen Fremdwärmen vorhanden sein. Es ist hingegen möglich, die Referenzraumtemperatur als Mittelwert verschiedener Räume zu ermitteln.

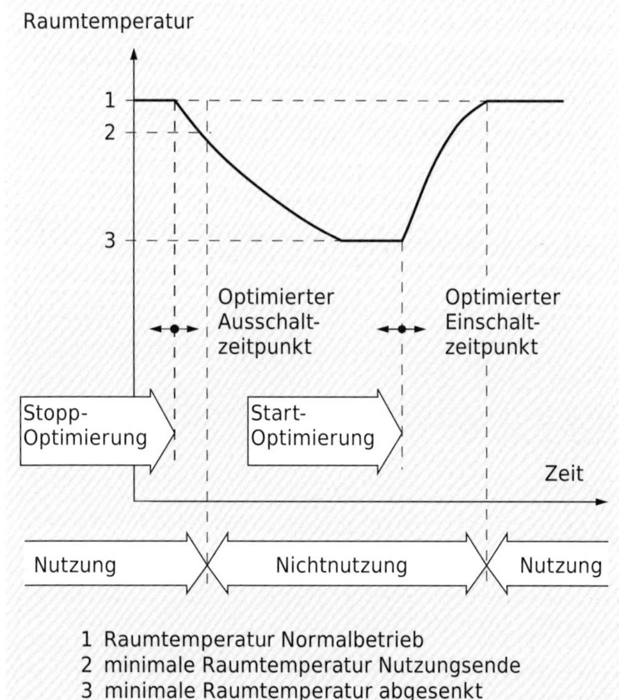

Bild 10.13 Absenk-Optimierung

10.3.4 Einzelraumregelung

Eine Einzelraumregelung erlaubt, die Raumtemperaturen nicht nur örtlich, sondern auch zeitlich beliebig einzustellen. Sie ist vor allem geeignet für Mehrfamilienhäuser und Bauten mit sehr verschiedener Raumnutzung. Das Konzept der witterungsgeführten Regelung mit Thermostatventilen ist zur Einzelraumregelung ausbaubar. Es gibt folgende Möglichkeiten mit wachsendem Aufwand:

- Raumgruppen werden zusätzlich über einen zeitprogrammierbaren Raumthermostaten mit zugehörigem Zonenventil beeinflusst. Dies erlaubt beispielsweise in einem MFH eine Nachtabschaltung pro Raumgruppe.
- Thermostatventile mit Absenkwiderstand, die an ein Zentralgerät angeschlossen werden, können pro Raum zeitlich programmiert werden.

Ein digitales Einzelraumregel- und Abrechnungssystem mit fester Software stellt die aufwendigste Lösung dar. Die Regelung der Vorlauftemperatur erfolgt hier nicht witterungsabhängig, sondern aufgrund der verlangten Ventilstellungen. Jedes Zimmer hat einen Temperaturfühler und ein Stellventil. Beide sind mit einem Wohnungsgerät verbunden, welches seinerseits mit der Zentraleinheit kommuniziert. Es ergeben sich damit für den Benutzer folgende Eigenschaften:

- eigener Sollwert und Zeitprogramm pro Raum
- individuelle Heizkostenabrechnung aufgrund der bestellten oder der effektiven Raumtemperatur
- genauer, da keine P-Regler

10.3.5 Komplexere Regelkonzepte

Die Frage, ob ein Regelkonzept sich ins Gesamtkonzept sinnvoll einordnet, ist zu beurteilen nach der Energieeffizienz. Der Festlegung der Regelkonzepte muss eine Diskussion mit dem HLK-Planer vorangehen. Gute Regelkonzepte berücksichtigen die Energiespeicherung aus Sonnenenergie und Abwärmenutzung vor Ort.

Beispiele moderner Regelkonzepte:

- Nutzung der Wettervorhersage für die Speicherladung Heizung und Kälte
- Fotovoltaik-Inselanlage mit Batteriesteuerung und belastungsorientierter Zu-/Abschaltung von Elektroverbrauchern
- Thermische Solaranlage mit Speicherung in einem Erdwärmesonden-Feld (Bild 10.14). Im Sommer wird die Überschusswärme der thermischen Kollektoren oder der Hybridkollektoren (kombiniert thermisch+fotovoltaisch) im Erdreich eingelagert. Die Speicherladung erfolgt wegen der Verluste vor allem durch die Sonden in Feldmitte. Günstigenfalls kann im Herbst ein Teil der Wärme direkt genutzt werden, andernfalls mit guter Effizienz über die Wärmepumpe. Die Speicherentladung erfolgt umgekehrt, von aussen nach innen. Nachteilig ist, dass die Sonden für eine Kühlung nicht verfügbar sind.

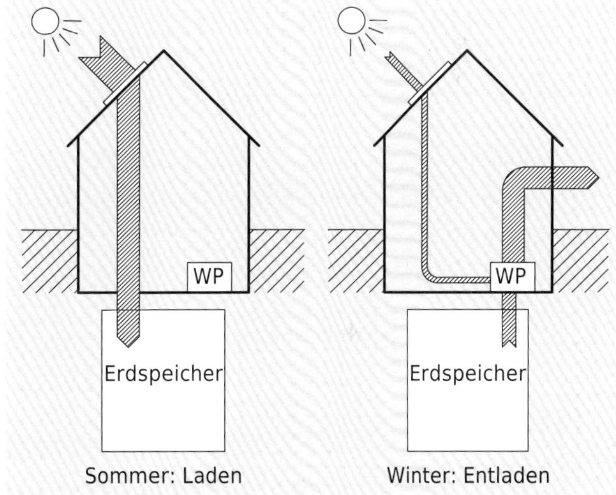

Bild 10.14 Erdspeicher-Management eines grossen Bürogebäudes oder einer Wohnüberbauung

10.4 Leittechnik

Die Leittechnik umfasst die selbstständigen Regelgeräte in den technischen Anlagen und deren übergeordnete Leitzentrale, die eigentliche Bedienungsstelle. Mit ihr werden die Anlagen u.a. optimal überwacht. Dabei funktionieren die einzelnen Anlagen nach wie vor selbstständig. Der Anwendungsbereich erstreckt sich vom einzelnen grösseren Gebäude bis zu Gebäudekomplexen. An die Leittechnik können alle haustechnischen Anlagen angeschlossen werden, von der Beleuchtung bis zur Storensteuerung.

Durch die kostengünstige Web-Anbindung wird eine Leittechnik für jede Anlage, ja sogar für eine kleine Steuerung möglich. Damit können Leittechnikfunktionen und vor allem eine Fernüberwachung durch die Anlageersteller/Unternehmer realisiert werden. Für die Betriebsführung komplexer Gebäude ist es vorteilhaft, den Betrieb aller Anlagen zentral überwachen zu können.

10.4.1 Autonome Steuerung und Regelung

Bild 10.15 zeigt verbindungsprogrammierte Steuerung und analoge Regelung. Die Aufgaben der Betriebsführung, wie Koordination zu anderen Anlagen, Energiemanagement, Service- und Unterhaltsorganisation und die Störungslokalisierung, werden mit Rundgängen sichergestellt.

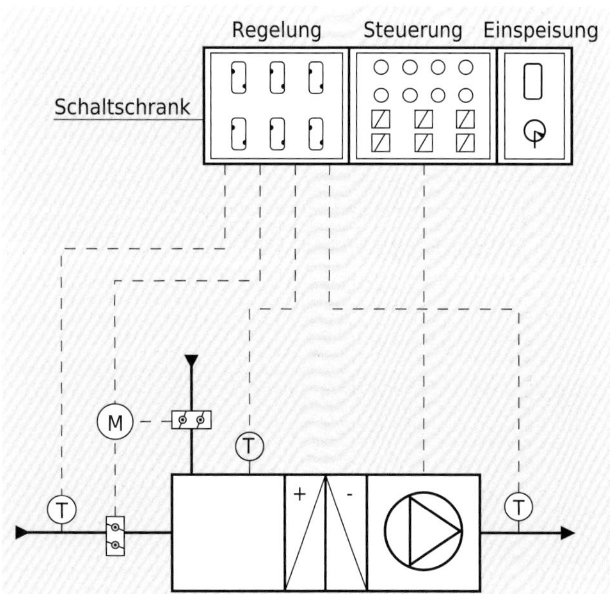

Bild 10.15 Konventionelle Anlage mit personalintensiver Überwachung

10.4.2 Gebäudeautomation mit Leittechnik

Hier sind Steuerung, Regelung und Leittechnik voll integriert gemäss Bild 10.16. Dabei werden häufig schon im Regelsystem Optimierungsfunktionen realisiert, die früher Gegenstand der Leittechnik waren. Die Tendenz zur Verlagerung der Rechnerintelligenz von der Zentrale in die Unterstation ist unverkennbar. Der Vorteil des integrierten Regel- und Leitsystems besteht darin, dass die Regelung zusätzlich die Datenakquisition für die Leittechnik und die Betriebsüberwachung übernimmt. Für komplexe Anlagen können Energiemanagementaufgaben sowie verflochtene Regel- und Steuerstrategien durchgeführt werden, die mit autonomen Systemen kaum zu bewältigen sind.

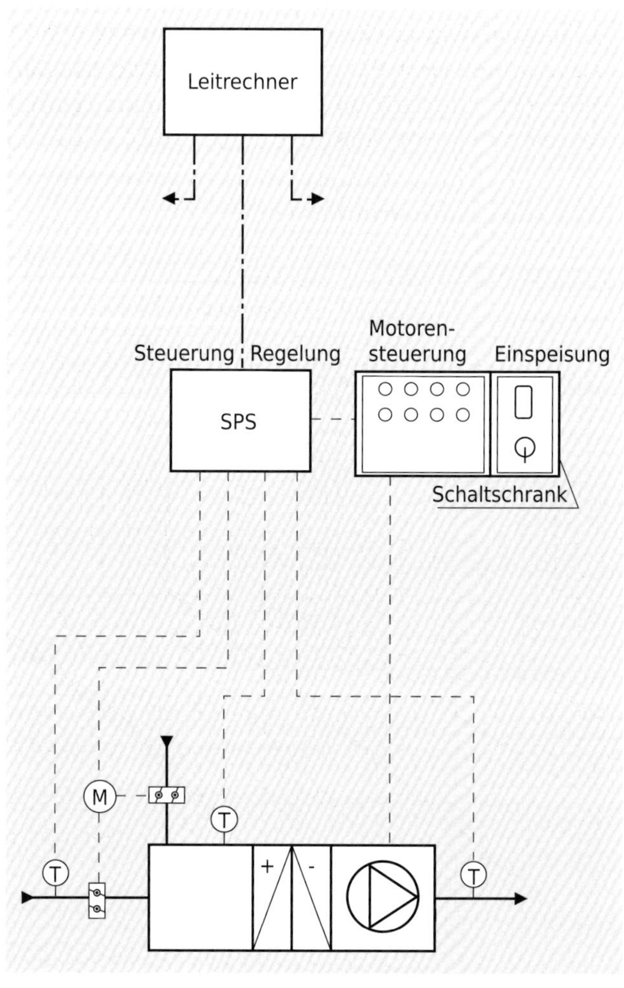

Bild 10.16 Integriertes Regel- und Leitsystem

10.4.3 Aufbau der Gebäudeautomation

Der Aufbau ist hierarchisch. Folgende *Systemebenen* sind zu unterscheiden (Bild 10.17):

- Die *Feldebene* umfasst die Gesamtheit der Sensoren, mit denen Daten erfasst werden (Fühler, Bewegungsmelder, Lichtschalter usw.), und der Aktoren, mit denen in die Prozesse eingegriffen wird (Ventile, Motoren, Klappen usw.).
- Auf der *Automationsebene* werden die von den Sensoren erfassten Informationen verarbeitet. Die Istwerte werden mit den fest eingestellten oder nach ökonomischen und ökologischen Kriterien optimierten Sollwerten verglichen. Daraus ergeben sich die Befehle, um die Sollwerte zu erreichen.
- Die *Managementebene* dient der Betriebsführung. Sie gibt für die Prozesse Sollwerte bzw. zugehörige Kriterien (Zeitprogramme usw.) vor. Sie dient der Überwachung und löst Alarm aus beim Überschreiten von Grenzwerten, die nicht schon durch die untergeordneten Ebenen behandelt werden konnten. Es werden die Prozesse benutzergerecht dargestellt, statistische Auswertungen gemacht, der Betriebsverlauf dokumentiert und Abrechnungen erstellt.

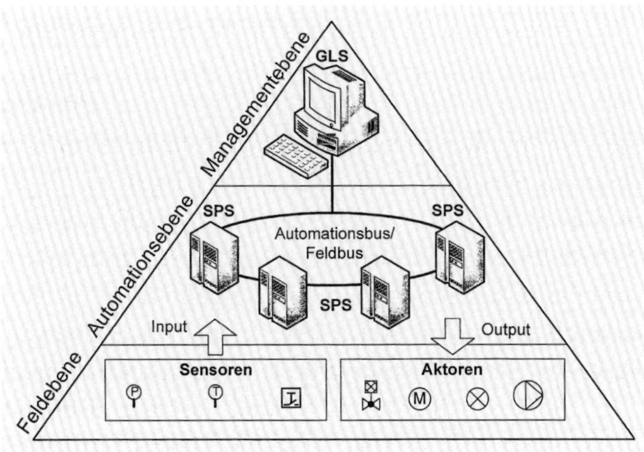

Bild 10.17 Funktionale Ebenen der Gebäudeautomation

Entsprechend den Systemebenen werden auch hierarchische *Kommunikationsebenen* unterschieden, über die der Datenaustausch abgewickelt wird:

- Feldbussysteme, wie z.B. KNX oder LON,
- Automationsbussysteme, wie z.B. BACnet,
- Netzwerke auf der Managementebene mit TCP/IP.

10.4.4 Bussysteme in der Gebäudeautomation

Die Bussysteme dienen der Signalübertragung im ganzen Gebäude. Es ist gleichgültig, an welchem Ort einzelne Komponenten auf den Bus geschaltet werden. Die Bussysteme sind installationsmässig einfacher als die konventionelle Technik. Sie ermöglichen damit, wesentlich komplexere Aufgaben zu lösen. Die Software wird in der Regel durch den Gerätehersteller entwickelt. Zur Software gehört auch ein klarer Anforderungskatalog (kann nicht einfach an den Softwareersteller delegiert werden). Funktionsänderungen sind frei programmierbar ohne Verdrahtungsänderungen (Achtung, dass sich keine Fehler einschleichen!). In einfacheren Fällen wird Standardsoftware eingesetzt.
Nachstehend einige wichtige heute verwendete Bussysteme:
KNX ist der wichtigste Feldbus der Gebäudeautomation und wird im Wohnbereich wie auch im komplexen Zweckbau eingesetzt. KNX ist eine Weiterentwicklung des EIB und ist auch mit diesem kompatibel. In einem KNX-Bussystem ist es möglich, eine bedarfsabhängige Steuerung und Regelung zu realisieren und Beleuchtung, Heizung, Kühlung, Lüftung, Storen usw. energieeffizient zu vernetzen.
LON: «Local Operating Network» ist ein Feldbus-Standard für höhere Anforderungen. Gegenüber dem KNX ist LON schneller und kann somit für eine stetige Regelung eingesetzt werden. Das Prinzip LON basiert auf einer direkten Sensor-Aktor-Kommunikation, was zu einer Entlastung in der Bus-Kommunikation führt.
Enocean: Drahtlose Datenübertragung auf der Basis von Piezo-Technologie. Erlaubt die Platzierung von Temperaturfühlern und Bedientastern auf Glas.
BACnet: «Building Automation and Control Networks» steht in der GA für die Einbindung von Anlageteilen wie Kältemaschinen, Heizkessel usw. Die Kommunikation ist relativ schnell und robust.
MP-Bus: Der MP-Bus (Belimo AG, Hinwil) hat das Ziel, den Verdrahtungsaufwand in der HLK-Anlage zu reduzieren. Obwohl kein offizieller Standard, hat sich der

 MP-Bus in der Schweiz für eine energieoptimale Volumenstromregelung (VAV) oder Temperaturregelung etabliert.

M-Bus: Der «Meter-Bus» ist ein Feldbus für die Verbrauchsdatenerfassung. Die Übertragung erfolgt mit einer Zweidrahtleitung von einem Slave (Messeinrichtung) zu einem Master (Datenauswertung). Der M-Bus hat sich von einem Wärmezählerbus zu einem universellen Feldbussystem entwickelt, bei dem auch Temperaturen und Volumenströme zu Regelzwecken übertragen werden können.

DALI: «Digital Addressable Lighting Interface» ist der Standard für Beleuchtungssteuerungen. Beliebt ist DALI für die Realisierung von «Szenen» oder «Licht-Stimmungen», bei denen der einzelne Beleuchtungskörper eine vordefinierte Leuchtstärke einnimmt. An eine DALI-Insellösung können bis zu 64 Geräte (Leuchtkörper) angeschlossen werden.

DigitalStrom ist aus einem Spinoff der ETH Zürich entstanden, mit dem Ziel, über die bestehende elektrische Installation im Gebäude intelligente Funktionen zu realisieren. Die Kernfunktionen sind Beleuchtung, Storen, Gerätesteuerung und Verbrauchsmessung. Die Verbreitung ist vorläufig auf die Schweiz konzentriert.

11 ANHANG

11.1 Literatur

11.1.1 Normenwesen

Das Normenwesen ist europaweit im Umbruch. Laufend ist eine Vielzahl von europäischen Normen mit den nationalen Normen zu verbinden. Die europäischen Normen haben das Ziel, die nationalen Normen, soweit zweckmässig, zu vereinheitlichen. In den neueren europäischen Normen gibt ein *normativer Anhang A* den nationalen Normenorganisationen einen leeren Raster vor, in dem diese gewisse Zahlenwerte festlegen und das EN-Verfahren anpassen können. Die nationalen Organisationen können einen nach dem gleichen Raster ausgefüllten, *informativen Anhang B* unverändert übernehmen oder frei abändern. Dieser Freiraum ist zuweilen so gross, dass die Resultate für dasselbe Objekt in verschiedenen Ländern stark voneinander abweichen können. Beispielsweise machen die nationalen Anhänge SIA, DIN, ÖNORM der Heizlastnorm [EN 12831-1] drei verschiedene Festlegungen, wie die Auslegungstemperaturen und die Bauteilabmessungen festzulegen sind.

Es gilt, eine klare, gemeinsame Fachsprache herauszuschälen, sowohl im gleichen Sprachraum als auch zwischen verschiedenen Sprachräumen. In [SIA 2025, Zür] sind Zusammenstellungen von einigen Fachbegriffen in verschiedenen Sprachen (d, f, i, e) zu finden.

Man unterscheidet zwei Typen von Normen, Richtlinien und Empfehlungen: «Verfahrensnormen» und «technische Normen».

Verfahrensnormen

Sie bestimmen die Rechte und Pflichten der Parteien, sofern sie als Vertragsbestandteil (z.B. des Werkvertrages) erklärt wurden:

[SIA 108]	Ordnung für Leistungen und Honorare der Ingenieurinnen und Ingenieure der Bereiche Gebäudetechnik, Maschinenbau und Elektrotechnik, 2020
[SIA 112]	Modell Bauplanung, 2014 (Projektablauf für Auftraggeber und Beauftragte)
[SIA 118/380]	Allgemeine Bedingungen für Gebäudetechnik, 2007

Technische Normen

Technische Normen sind Dokumente, welche technische Regeln enthalten. Solche Dokumente können als Norm, Richtlinie, Empfehlung oder ähnlich bezeichnet sein. Technische Normen spielen eine rechtliche Rolle nicht etwa aufgrund ihrer Bezeichnung (als Norm usw.), sondern weil sie (meistens) in der Fachwelt allgemein anerkannte technische Regeln enthalten. Technische Normen erlangen in der Schweiz rechtliche Bedeutung in folgenden vier Fällen [Rec2]:

- wenn ein Gesetz oder eine Verordnung darauf verweist,
- wenn ihre Beachtung ein Vertragsbestandteil ist,
- wenn sie in einer vertrags- oder haftpflichtrechtlichen Auseinandersetzung als Massstab für die einzuhaltende Sorgfalt dienen,
- wenn sie im Strafrecht als anerkannte Fachregeln beigezogen werden.

In der Schweiz werden technische Normen hauptsächlich von den Fachverbänden erarbeitet, wie etwa dem Schweizerischen Ingenieur- und Architekten-Verein (SIA), dem Schweizerischen Verein von Gebäudetechnik-Ingenieuren (SWKI), dem Schweizerischen Verein des Gas- und Wasserfachs (SVGW) und dem Verband für Elektro-, Energie- und Informationstechnik Electrosuisse (SEV).

11.1.2 Technische Normen und Quellen

[Bae] Baer Roland et al.: Beleuchtungstechnik, Huss-Medien GmbH, 2020

[BAFU1] Emissionsmessung bei Feuerungen für Öl, Gas und Holz – Messempfehlungen Feuerungen, Bundesamt für Umwelt, 2018, www.bafu.admin.ch/uv-1319-d

[BAFU2] Mindesthöhe von Kaminen über Dach, Bundesamt für Umwelt , 2018, www.bafu.admin.ch/uv-1318-d

[BAFU3] Abfallwegweiser Energiesparlampen, Bundesamt für Umwelt

[BAFU4] Anlagen mit Kältemitteln: vom Konzept bis zum Inverkehrbringen, Bundesamt für Umwelt, 2020, www.bafu.admin.ch/uv-1726-d

[Bar] Barp Stefan/Fraefel Rudolf/Huber Heinrich: Luftbewegungen in frei durchströmten Wohnräumen, Energieforschungsprojekt Schlussbericht 2009

[Bau] Baumgartner Thomas et al.:
- Architektur und Energiekonzept, Schweizer Ingenieur und Architekt Nr. 49/1993, S. 927–933
- Büro- und Gewerbebau Schwerzenbacherhof – Ersatzluftanlage mit Erdregister, Schweizer Energiefachbuch 1992, S. 16–17

11.1 Literatur

[BFE1] Brunner, Kriegers, Prochaska, Tillenkamp: Klimakälte heute – Kluge Lösungen für ein angenehmes Raumklima, Faktor Verlag, 2019, www.bfe.admin.ch

[BFE2] Handbuch der Holzheizung, von Bühler Ruedi et al., Bundesamt für Energie 1986

[BFE3] Handbuch Wärmepumpen, Planung, Optimierung, Betrieb, Wartung, von Dott Ralf et al., Bundesamt für Energie, Faktor Verlag, 5. Aufl. 2018, www.bfe.admin.ch

[BFE4] Von Euw, Alimpic, Hildebrand: Gebäudetechnik – Systeme integral planen, Bundesamt für Energie, Faktor Verlag, 2012, www.bfe.admin.ch

[BFE5] Komfortlüftungen – Technische Ergänzungen für den Lüftungsplaner, EnergieSchweiz, Merkblatt ca. 2001, EDMZ-Bestellnummer 805.282.3d

[BFE6] Gekoppelte Kälte- und Wärmeerzeugung mit Erdwärmesonden, Handbuch zum Planungsvorgehen, von Good J., Huber A. et al., Bundesamt für Energie 2001, www.hetag.ch

[CIE 15] CIE 15:2004 Colorimetry

[CIE 97] Leitfaden zur Wartung von elektrischen Beleuchtungsanlagen im Innenraum, Commission Internationale de l'Eclairage, 2005

[Dek] Deklaration Lüftungsgeräte bis 1'000 m^3/h, Reglement für die technische Prüfung, 01.01.2017, www.energie-cluster.ch

[EG] Verordnung (EG) Nr. 641/2009 der Kommission, Nassläufer-Umwälzpumpen, vom 22. Juli 2009

[EN 442] Radiatoren und Konvektoren, Teile 1–3, 2003–2014, SIA 384.501ff

[EN 1861] Kälteanlagen und Wärmepumpen – Systemfliessbilder und Rohrleitungs- und Instrumentenfliessbilder – Gestaltung und Symbole, 1998

[EN 12464] Licht und Beleuchtung – Beleuchtung von Arbeitsstätten – Teil 1: Arbeitsstätten in Innenräumen, 2011

[EN 12792] Lüftung von Gebäuden – Symbole, Terminologie und graphische Symbole, 2003, SIA 382.103

[EN 12831-1] Energetische Bewertung von Gebäuden – Verfahren zur Berechnung der Norm-Heizlast – Teil 1: Raumheizlast, Modul M3-3, 2017; EN mit nationalem Anhang Schweiz = SN EN 12831-1 = SIA 384.201, mit Korrigenda C1

[EN 14511] Luftkonditionierer, Flüssigkeitskühlsätze und Wärmepumpen mit elektrisch angetriebenen Verdichtern für die Raumbeheizung und Kühlung, Teile 1–4, 2013

[EN 14825] Luftkonditionierer, Flüssigkeitskühlsätze und Wärmepumpen mit elektrisch angetriebenen Verdichtern zur Raumbeheizung und -kühlung – Prüfung und Leistungsbemessung unter Teillastbedingungen und Berechnung der saisonalen Arbeitszahl, 2016

[EN 15232-1] Energieeffizienz von Gebäuden – Einfluss von Gebäudeautomation und Gebäudemanagement, 2017, SIA 386.111

[EN 15316-4-1] Energetische Bewertung von Gebäuden – Verfahren zur Berechnung der Energieanforderungen und Nutzungsgrade der Anlagen – Teil 4-1: Wärmeerzeugung für die Raumheizung und Trinkwassererwärmung, Verbrennungssysteme (Heizungskessel, Biomasse), Modul M3-8-1, M8-8-1, 2017, SIA 384.341

[EN 15500-1] Energieeffizienz von Gebäuden – Automation von HLK-Anwendungen – Elektronische Regel- und Steuereinrichtungen für einzelne Räume oder Zonen, 2017, SIA 386.203

[EN 16147] Wärmepumpen mit elektrisch angetriebenen Verdichtern – Prüfungen, Leistungsbemessung und Anforderungen an die Kennzeichnung von Geräten zum Erwärmen von Brauchwarmwasser, 2017

[EN 50549-1] Anforderungen für zum Parallelbetrieb mit einem Verteilnetz vorgesehene Erzeugungsanlagen – Teil 1: Anschluss an das Niederspannungsverteilnetz, 2019

[Ene] Energybox – Energieeffizienz im Haushalt, Online-Test, Ratgeber, 2018, S.A.F.E, www.energybox.ch

[EnEV] Energieeffizienzverordnung, Schweizerische Eidgenossenschaft, 2017

[EnFK] Merkblatt Fenster, Konferenz kantonaler Energiefachstellen 2016, www.endk.ch

[EN ISO 7730] Ergonomie der thermischen Umgebung – Analytische Bestimmung und Interpretation der thermischen Behaglichkeit durch Berechnung des PMV- und des PPD- Indexes und Kriterien der lokalen thermischen Behaglichkeit, 2006

11 ANHANG

11.1 Literatur

[EN ISO 11855] Umweltgerechte Gebäudeplanung – Planung, Auslegung, Installation und Steuerung flächenintegrierter Strahlheizungs- und -kühlsysteme – Teile 1–5, 2015, SIA 384.351 ff.

[EN ISO 13370] Wärmetechnisches Verhalten von Gebäuden – Wärmeübertragung über das Erdreich – Berechnungsverfahren, 2017, SIA 380.103

[EN ISO 16890] Luftfilter für die allgemeine Raumlufttechnik, Teile 1–4, 2017

[EU] Verordnung (EU) Nr. 206/2012 der Kommission, Raumklimageräte und Komfortventilatoren, vom 6. März 2012

[EU1] Verordnung Nr. 2019/2020 der EU-Kommission vom 1. Okt. 2019 zur Festlegung von Ökodesign-Anforderungen an Lichtquellen und Betriebsgeräte

[Eur] Eurovent, zertifiziert Leistungsangaben der Luft- und Kältetechnik, www.eurovent-certification.com

[Fek] FEKA – Schulungsunterlagen Energie aus Abwasser, 2016, www.feka.ch

[Fil] Filleux Charles/Gütermann Andreas: Solare Luftheizsysteme – Konzepte, Systemtechnik, Planung; Ökobuch Verlag Staufen 2005

[FWS] Fachvereinigung Wärmepumpen Schweiz, Dienstleistungen, Lärmschutznachweis, www.fws.ch

[Gpm] Deutsche Gesellschaft für Projektmanagement e.V., Prozessbeschreibungen von Norbert Hillebrand, download www.gpm-hochschulen.de, insbesondere: Brainstorming, Entscheidungsbaum, Kosten-Nutzen-Analyse, Nutzwertanalyse

[Jou] Joulia AG Biel, Wärmerückgewinnungs-Duschwanne, www.joulia.com

[KBOB 2009/1] Ökobilanzdaten im Baubereich, Koordinationskonferenz der Bau- und Liegenschaftsorgane der öffentlichen Bauherren, 2016, https://www.kbob.admin.ch/kbob/de/home/publikationen/nachhaltiges-bauen/oekobilanzdaten_baubereich.html

[Kha] Tran Quoc Khanh et al.: Color Quality of Semiconductor and Conventional Light Sources, Wiley-VCH, 2017

[Koe] Koebel Manfred: Emissionswertminderung und Entsorgungsproblematik des Kondensats bei Brennwertheizgeräten, Kursunterlagen «Schadstoffemissionen bei Feuerungen und Umweltschutzmassnahmen», ZTL 1987

[Kos] Koschenz Markus/Lehmann Beat: Thermoaktive Bauteilsysteme tabs, Verlag EMPA-Akademie 2000

[Kri1] Kriesi Ruedi: «Null-Heizenergie»-Konzept in einer Siedlung in Wädenswil, Schweizer Ingenieur und Architekt Nr. 45/1989, S. 1215–1220

[Kri2] Kriesi Ruedi: Die Auslegung von Steinspeichern in Luftkollektorsystemen, Sonnenenergie 3/1988

[KSB] Auslegung von Kreiselpumpen, Klein, Schanzlin & Becker AG, Frankenthal,1990

[Lan] Langer Ivan/Schmid Christoph: Küchen- und Grossküchen-Ventilation mit Abluftthauben und Blasluftsystem Inductair, Schweizer Ingenieur und Architekt Nr. 13/1990, S. 339–342

[LRV] Luftreinhalte-Verordnung, Schweizerische Eidgenossenschaft, 2020

[ÖNORM H 5195-1] Verhütung von Schäden durch Korrosion und Steinbildung in geschlossenen Warmwasser-Heizungsanlagen, 2016

[Opt] Optimierung von Erdwärmesonden, ZHAW IFM 2010, www.erdsondenoptimierung.ch

[Rec1] Recknagel/Sprenger/Albers: Taschenbuch für Heizung + Klimatechnik, InnoTech Medien GmbH, 79. Aufl., periodisch aktualisiert, Druckversion oder eBook

[Rec2] Rechsteiner Peter: Eurocodes – einige Überlegungen aus rechtlicher Sicht, Schweizer Ingenieur und Architekt Nr. 16–17/1993, S. 282–285

[Ris] Ris Hans R.: Beleuchtungstechnik für Praktiker, VDE Verlag 2019

[Rot] Rota Aldo: Mit Abwasser heizen, Tec 21 36/2010, S. 24–26

[Rup] Ruppert P./Gutersohn P.: Fabrik als Energiespeicher, Schweizer Ingenieur und Architekt Nr. 9/1990 S. 214–217 und Ruppert Paul: Meteolabor Betriebsgebäude, Schlussbericht BFE 1990

[Rut] Rutschmann Christoph: Wirtschaftlichkeit automatischer Holzfeuerungen, Supplement zu Spektrum GT 5/1998

[Sch] Schmid Christoph: Software Kwen (Energienachweis), Helas (Norm-Heizlast), Fbh (Heizflächen), DeltaP (Druckverlust- und Netzberechnung), Rowa (Rohrwärmeübertrager in Speicher), www.enerprog.ch

[SIA 180] Wärmeschutz, Feuchteschutz und Raumklima in Gebäuden, 2014

[SIA 181] Schallschutz im Hochbau, 2006

[SIA 380] Grundlagen für energetische Berechnungen von Gebäuden, 2015

[SIA 380/1] Heizwärmebedarf, 2016

[SIA 382/1] Lüftungs und Klimaanlagen – Allgemeine Grundlagen und Anforderungen, 2014

[SIA 382/2] Klimatisierte Gebäude – Leistungs- und Energiebedarf, 2011

[SIA 382/5] Lüftung in Wohnbauten, 2018, Entwurf

[SIA 384/1] Heizungsanlagen in Gebäuden – Grundlagen und Anforderungen, 2009

[SIA 384/2] Heizungsanlagen in Gebäuden – Leistungsbedarf (Zusammenfassung von SN EN 12831-1 = SIA 384.201), 2020

[SIA 384/3] Heizungsanlagen in Gebäuden – Energiebedarf, 2013

[SIA 384/6] Erdwärmesonden, 2010

[SIA 384/7] Grundwasserwärmenutzung, 2015

[SIA 385/1] Anlagen für Trinkwarmwasser in Gebäuden – Grundlagen und Anforderungen, Entwurf 2020

[SIA 385/2] Anlagen für Trinkwarmwasseranlagen in Gebäuden – Warmwasserbedarf, Gesamtanforderungen und Auslegung, 2015

[SIA 387/4] Elektrizität in Gebäuden – Beleuchtung: Berechnung und Anforderungen, 2017

[SIA 410] Kennzeichnung von Installationen in Gebäuden – Sinnbilder für die Haustechnik, 1986

[SIA 2024] Raumnutzungsdaten für Energie- und Gebäudetechnik, 2015

[SIA 2025] Begriffe in Bauphysik, Energie- und Gebäudetechnik, 2012

[SIA 2028] Klimadaten für Bauphysik, Energie- und Gebäudetechnik, 2010

[SIA 2032] Graue Energie von Gebäuden, 2010

[SIA 2044] Klimatisierte Gebäude – Standard-Berechnungsverfahren für den Leistungs- und Energiebedarf, 2019

[SIA 2051] Building Information Modelling (BIM) – Grundlagen zur Anwendung der BIM-Methode, 2017

[SIA 2056] Elektrizität in Gebäuden – Energie und Leistungsbedarf, 2019

[SIA D0179] Energie aus dem Untergrund – Erdreichspeicher für moderne Gebäudetechnik, Dokumentation, 2003

[SIA D0190] Nutzung der Erdwärme mit Fundationspfählen und anderen erdberührenden Betonbauteilen – Leitfaden zu Planung, Bau und Betrieb, Dokumentation, 2005

[SLG] Schweizer Licht Gesellschaft: Handbuch für Beleuchtung, ecomed

[Sol] Solarrechner, Online-Tool für Solarwärme und Photovoltaik (kostenlos), www.energieschweiz.ch und www.solar-toolbox.ch

[SPF1] Testberichte Kollektoren, Institut für Solartechnik, Hochschule für Technik Rapperswil, www.spf.ch

[SPF2] Polysun, Software für Solaranlagen-Simulation, www.velasolaris.com

[Ste] Steinemann U./Mayer H./Fregnan F.: Lufterdregister in trockenem Untergrund (LERT), Erfahrungen beim Bürogebäude «Stahlrain» Brugg (Metron), Pilot- und Demonstrationsprojekt BFE, 1997

[Sui] Suissetec: Lüftung von grossen Räumen – Handbuch für Planer, 1998

[SUVA] Schweiz. Unfallversicherungsanstalt:
- Arbeiten am Bildschirm, 2017
- Grenzwerte am Arbeitsplatz, 2019

[SVGW G1] Richtlinie für die Erdgasinstallation in Gebäuden (Gasleitsätze), 2017

[SVGW W3] Richtlinie für Trinkwasserinstallationen, 2018

[SWKI 93-1] Sicherheitstechnische Einrichtungen für Heizungsanlagen, Richtlinie 2003

[SWKI BA101-01] Leistungen der Fachingenieure für Gebäudeautomation, Richtlinie 2010

[SWKI BT102-01] Wasserbeschaffenheit für Gebäudetechnik-Anlagen, Richtlinie 2012

[SWKI VA 103-01] Lüftungsanlagen für Parkhäuser (Mittel- und Grossgaragen), Richtlinie 2017

[SWKI VA104-1] Raumlufttechnik – Luftqualität – Teil 1: Hygieneanforderungen an raumlufttechnische Anlagen und Geräte, Richtlinie 2019, entspricht VDI 6022

[Top1] Topten GmbH: Produktewahl-Hilfe zu Haushalt, Haus, Beleuchtung, Büro, TV, Mobilität, Freizeit, Ökoenergie, Gastro, www.topten.ch

[Top2] Effizient waschen und trocknen im Mehrfamilienhaus, Empfehlungen für Bauherrschaften, Liegenschaftsverwaltungen und Planende, Topten-Dokumentation 2012, www.topten.ch
[Top3] Professionelle Beschaffung – Einkaufsrichtlinien für Unternehmen und öffentliche Einkäufer, www.topten.ch/business/page/pro
[Top4] Luftförderung in Gebäuden und bei industriellen Anlagen, Topmotors Merkblatt 24, 2012, www.topmotors.ch
[VDI 2035] Vermeidung von Schäden in Warmwasser-Heizungsanlagen: Blatt 1 Steinbildung in Trinkwassererwärmungs- und Warmwasser-Heizungsanlagen, 2005/06; Blatt 2 Wasserseitige Korrosion, 2009; Verein Deutscher Ingenieure
[Ver] Verbundlüftung-Unterlagen: www.erichkeller.com
[Wei] Weiersmüller René: Zur Leistungsberechnung von Ersatzkesseln für Wohnbauten auf der Basis des langjährigen Brennstoffverbrauchs, HeizungKlima Nr. 5/1993, rene.weiersmueller.com
[WPe] Berechnungsprogramm WPesti zur Ermittlung der JAZ von Wärmepumpen (kostenlos), www.endk.ch
[WPZ] Wärmepumpen-Testzentrum, Interstaatliche Hochschule für Technik NTB, 9471 Buchs, Bulletin aktuell; download www.wpz.ch
[Zim] Zimmermann Mark et al.: Handbuch der passiven Kühlung, EMPA-BFE 1999
[Zür] Zürcher Christoph, Frank Thomas: Bauphysik – Bau und Energie, vdf Hochschulverlag AG an der ETH Zürich 2018
[ZVEI] Planungssicherheit in der LED-Beleuchtung, Leitfaden, 3. Ausgabe, März 2020, Zentralverband Elektrotechnik und Elektronikindustrie-Fachverband Licht, www.zvei.org

11.2 Formelzeichen und Abkürzungen

Lateinische Buchstaben

A	Fläche
C	Wärmekapazität, Konzentration, Koeffizient
D	Durchmesser
E	Energie, Beleuchtungsstärke
H_i	Heizwert (i: inferior)
H_s	Brennwert (s: superior)
I	Lichtstärke, Stromstärke
L	Länge, Leuchtdichte
P	mechanische, elektrische, chemische Leistung
P_v	Ventilautorität
Q	Wärmeenergie, Blindleistung
R	Wärmedurchlasswiderstand, längenbezogener Druckverlust
S	Scheinleistung
T	absolute Temperatur
U	Wärmedurchgangskoeffizient, Spannung
V	Volumen
W	Arbeit
a	Wärmeübertragerkennwert
c	spezifische Wärmekapazität
c_p	spezifische Wärmekapazität von Gas bei konstantem Druck
d	Dicke, Durchmesser
f	Faktor
g	Erdbeschleunigung, Gesamtenergiedurchlassgrad
h	spezifische Enthalpie, Wärmeübergangskoeffizient, Höhe
k_v	Durchflusskennwert
k_{vs}	Durchflusskennwert offenes Ventil
m	Masse
n	Anzahl, Luftwechselzahl, Drehzahl, Heizkörperexponent
n_{50}	Luftwechselzahl bei 50 Pa Druckdifferenz
p	Absolutdruck
p_e	Überdruck (e: excess)
q	Wärmestromdichte
q_m	Massenstrom
q_v	Volumenstrom
r	spezifische Verdampfungswärme
s	Entropie
t	Zeit
v	Geschwindigkeit
w	Führungsgrösse

x	Wasserdampfgehalt, Regelgrösse
x, y, z	Koordinaten (Länge, Breite/Tiefe, Höhe)
y	Stellgrösse
z	Störgrösse

Griechische Buchstaben

Φ	Wärmeleistung, Lichtstrom
Ψ	längenbezogener Wärmedurchgangskoeffizient
α	Azimutwinkel, Absorptionsgrad
β	Arbeitszahl
ε	Emissionsgrad, Leistungszahl
η	Wirkungsgrad, Ausnutzungsgrad
θ	Celsius-Temperatur
λ	Wärmeleitfähigkeit, Luftverhältnis, Wellenlänge
ρ	Dichte, Reflexionsgrad
τ	Transmissionsgrad, Zeitkonstante
φ	relative Luftfeuchte

Indizes

A	Abgas-…
B	Bereitschafts-…
C	Carnot-…
F	Feuerung, chemisch, Fussboden
H	Heiz-...
R	Rücklauf, Raum-…
S	Strahlungs-…
T	Transmissions-…
V	Vorlauf, Lüftungs-…
W	Warmwasser-...
a	Jahres-…, Luft-…
c	Kondensations-…, Kondensator-…
e	aussen (external)
g	Gewinne, Glas
gen	Wärmeerzeuger (generator)
h	horizontal
i	innen
m	mittlere
n	Nenn-…, Norm-…
s	Siede-…, Sättigungs-…
sc	Quelle (source)
v	Wasserdampf (vapour)
w	Fenster (window), Wasser
0	geschlossen, Nulllast-…, Verdampfungs-…
100	offen, Volllast-…, Auslegungs-…,

Mathematische Symbole

Δ	Differenz
Σ	Summe
$>$	grösser als
$<$	kleiner als
$\approx$	ungefähr gleich

Abkürzungen

AC	Wechselstrom (alternating current)
AWN	Abwärmenutzung
COP	Leistungszahl Wärmepumpe (coefficient of performance)
DC	Gleichstrom (direct current)
DN	Durchmesser nominal, gerundet innen
EBF	Energiebezugsfläche
EER	Leistungszahl Kältemaschine (energy efficiency ratio)
EFH	Einfamilienhaus
GA	Gebäudeautomation
MFH	Mehrfamilienhaus
PMV	vorausgesagtes mittleres Votum (predicted mean vote)
PPD	erwarteter Prozentsatz Unzufriedener (predicted percentage of dissatisfied)
ppm	Teilchen pro Million Teilchen (parts per million)
WA	Wärmeabgabe
WE	Wärmeerzeuger
WP	Wärmepumpe
WRG	Wärmerückgewinnung
WW	Warmwasser

11.3 Symbole für Installationen [SIA 410, EN 1861, EN 12792]

Symbol	Bezeichnung
	Flüssiger Brennstoff
	Gasförmiger Brennstoff
	Fester Brennstoff
	Elektrischer Strom
	Sonnenenergie
	Heizkessel für flüssigen Brennstoff
	Wasser/Wasser-Wärmepumpe, Kaltwassersatz
	Luft/Wasser-Wärmepumpe
	Wassererwärmer mit Register und Elektro-Heizeinsatz

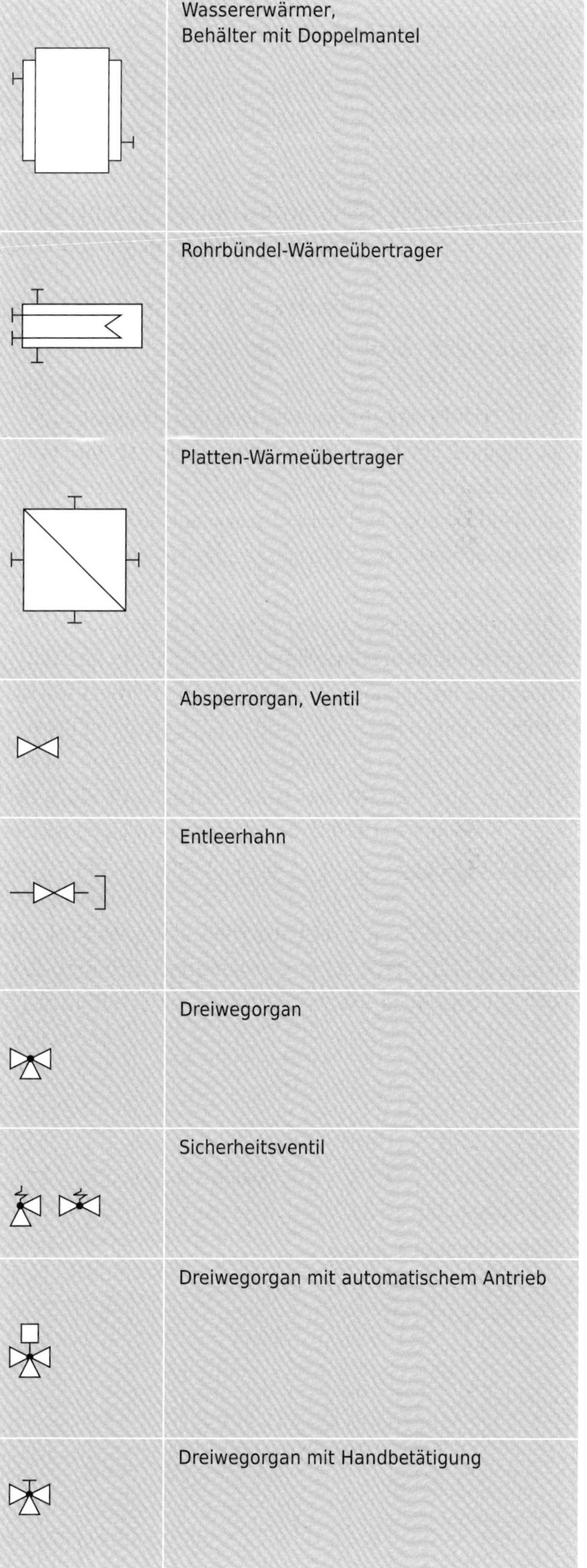

Symbol	Bezeichnung
	Wassererwärmer, Behälter mit Doppelmantel
	Rohrbündel-Wärmeübertrager
	Platten-Wärmeübertrager
	Absperrorgan, Ventil
	Entleerhahn
	Dreiwegorgan
	Sicherheitsventil
	Dreiwegorgan mit automatischem Antrieb
	Dreiwegorgan mit Handbetätigung

11.3 Symbole für Installationen [SIA 410, EN 1861, EN 12792]

Symbol	Bezeichnung
	Drosselklappe
	Rückschlagklappe
	Rückschlagventil
	Druckreduzierventil
	Umwälzpumpe
	Ventilator
	Verdichter, Ventilator
M	Motor
	Filter
+	Lufterhitzer
–	Luftkühler
	Regenerativ-Wärmerückgewinner
	Rekuperativ-Wärmerückgewinner (Platten- oder Röhrenwärmeübertrager)

Symbol	Bezeichnung
	Luftwascher
	Vorlauf Heizung
	Rücklauf Heizung
	Kreuzung von Leitungen ohne Verbindung
	Kreuzung von Leitungen mit Verbindung
	Fliessrichtung
	Automatischer Be- und Entlüfter
	Lufthahn
	Heizkörperventil
	Thermostatisches Heizkörperventil
	Siphon
	Trichter
	Abscheider

Symbol	Bezeichnung
	Filter (Schmutzfänger)
	Schalldämpfer
	Membran-Expansionsgefäss
	Membran-Expansionsgefäss mit Luftkompressor
XX	**Instrumente mit Kennbuchstaben (xx)** - Erstbuchstabe E... Elektrische Grössen mit Angabe der Art F Durchfluss L Niveau M Feuchte P, PD Druck, Druckdifferenz T, TD Temperatur, Temperaturdifferenz - Folgebuchstabe ...A Alarm ...C Regelung, Steuerung ...I Anzeige ...S Schalter ...T Transmitter Beispiel: TI = Thermometer
	Signallampe
	Regler
	Volumenzähler
	Wärmezähler

11.4 Temperaturhäufigkeitsdiagramme

Den Temperaturhäufigkeitsdiagrammen [SIA 2028] kann die Zeit entnommen werden, während welcher die Aussenlufttemperatur in den Nacht- und Tagstunden einen bestimmten Wert über- bzw. unterschreitet. Wenn das Ganztagesmittel interessiert, ist eine mittlere Kurve m hineinzuzeichnen und der abgelesene Stundenwert zu verdoppeln (Bild 11.1).

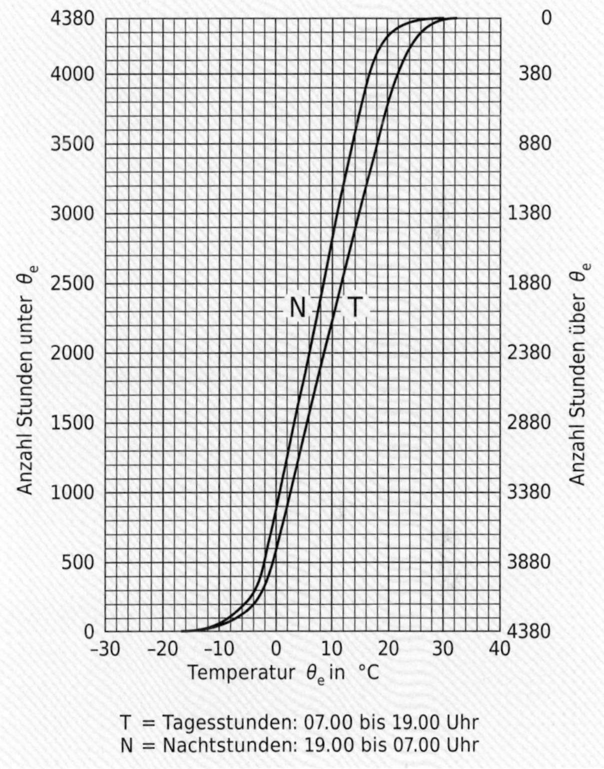

Bild 11.1 Summenhäufigkeitskurven der Temperatur, schweizerisches Mittelland

Beispiel 1:
Wie viele Stunden im Jahr liegt die Aussenlufttemperatur unter 12 °C (Heiztage)?

Lösung:
5600 h = 233 d

Temperaturdifferenzen im Diagramm entsprechen Leistungen. Flächen entsprechen Energien. Wärmegewinne reduzieren aber den Heizwärmebedarf und den Heizleistungsbedarf. Um den Einfluss der Wärmegewinne zu berücksichtigen, wird die *Energielufttemperatur* eingeführt. Darunter verstehen wir diejenige Aussenlufttemperatur, bei welcher das Gebäude *ohne* Gewinn denselben Wärme- bzw. Leistungsbedarf hätte wie bei der effektiven Temperatur *mit* Gewinn. Die nutzbaren Wärmegewinne können beispielsweise mit Monatsenergiebilanzen [SIA 380/1] ermittelt und durch die Kurve g dargestellt werden (Bild 11.2). Aus den Kurven g und m ergibt sich die Kurve q (Energielufttemperatur).

Beispiel 2:
Der Wärmeerzeuger WE1 soll ein Gebäude bei Aussenlufttemperaturen von 2 bis 12 °C beheizen, WE2 bei tieferen Temperaturen. Welcher Anteil des Heizwärmebedarfs wird durch WE1 gedeckt?

Lösung:
Die Fläche ABCD entspricht dem Heizwärmebedarf (Bild 11.2). Der Anteil von WE1 am Heizwärmebedarf ist somit 29'000/67'000 = 43 %. Die Temperaturdifferenz EF entspricht der Leistung von WE1 bei einer Aussenlufttemperatur von 2 °C und durchschnittlicher Witterung.

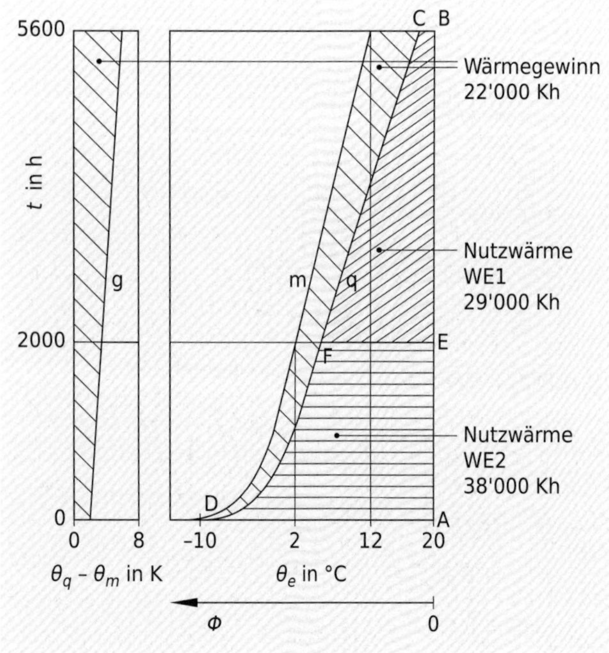

Bild 11.2 Wärmeerzeuger Beispiel 2

Das Bild 11.2 kann verwendet werden, um die *End*energieaufnahme der Wärmeerzeuger zu ermitteln. Dazu wird die Zeitachse in mehrere Teile (sogenannte Bins) unterteilt. Den entstehenden Nutzwärme-Teilflächen werden die mittleren Leistungen und die mittleren Aussentemperaturen entnommen. Letzteren können die Vorlauftemperaturen zugeordnet werden. Mit den zugehörigen Leistungszahlen oder Wirkungsgraden kann nun für jede Nutzwärme-Teilfläche die Endenergie bestimmt werden.
Die hier für eine Abschätzung von Hand beschriebene Bin-Methode wird in der Norm [SIA 384/3] für eine informatisierte Anwendung verfeinert. Die Methode wird insbesondere für die Berechnung der Jahresarbeitszahl von Wärmepumpen eingesetzt [WPe].

11.5 p,h-Diagramme von Kältemitteln

Was ist Enthalpie?

Druck und Enthalpie charakterisieren den Zustand eines Kältemittels eindeutig. Mit diesen beiden Grössen lassen sich die Vorgänge in Wärmepumpen und Kältemaschinen veranschaulichen.
Die spezifische Enthalpie h ist die pro Kilogramm des Mediums zugeführte Wärme bei konstantem Druck (ab einem festgelegten Nullpunkt). Wenn einer Flüssigkeit Wärme zugeführt wird, dann steigt die Temperatur der Flüssigkeit, bis die Siedetemperatur erreicht ist. Die spezifische Enthalpie h ist hier somit

$$h = h_0 + c \cdot \theta \qquad (11.1)$$

h_0 Enthalpie der Flüssigkeit bei 0 °C, Konvention, z.B. Wasser: 0 kJ/kg

c spezifische Wärmekapazität der Flüssigkeit, Wasser: 4,19 kJ/kgK

θ Temperatur in °C

Die Gerade O-A1 (Bild 11.3) stellt diesen Zusammenhang dar. Die Siedetemperatur hängt stark vom Druck ab (Punkt A1 bzw. B1). Bei weiterer Wärmezufuhr bleibt die Temperatur konstant, die Flüssigkeit verdampft. Sukzessive geht immer mehr siedende Flüssigkeit über in Sattdampf (flüssigkeitsfreier Dampf auf Siedetemperatur). Es entsteht Nassdampf, umfassend sowohl Flüssigkeit als auch Gas. Nach vollständiger Verdampfung (Punkt A2 bzw. B2) existiert nur noch Sattdampf mit der Enthalpie

$$h'' = h' + r \qquad (11.2)$$

h' spezifische Enthalpie siedender Flüssigkeit in kJ/kg

r spezifische Verdampfungswärme, z.B. Wasser (bei 1 bar): 2260 kJ/kg

Wird dieser trockene, gesättigte Dampf durch eine beheizte Rohrschlange geleitet, so steigt die Temperatur wieder, es erfolgt eine Überhitzung des Dampfs (Punkt A3 bzw. B3). Die Enthalpie ist im Überhitzungsgebiet:

$$h = h'' + c_p \cdot (\theta - \theta_s) \qquad (11.3)$$

c_p spezifische Wärmekapazität des Gases bei konstantem Druck, z.B. Wasserdampf 1,9 kJ/kgK

θ_s Siede- oder Sättigungstemperatur in °C

Die Änderung des Aggregatszustands flüssig–gasförmig ist umkehrbar. Dabei müssen die besprochenen Energien wieder abgeführt werden (Kondensation).

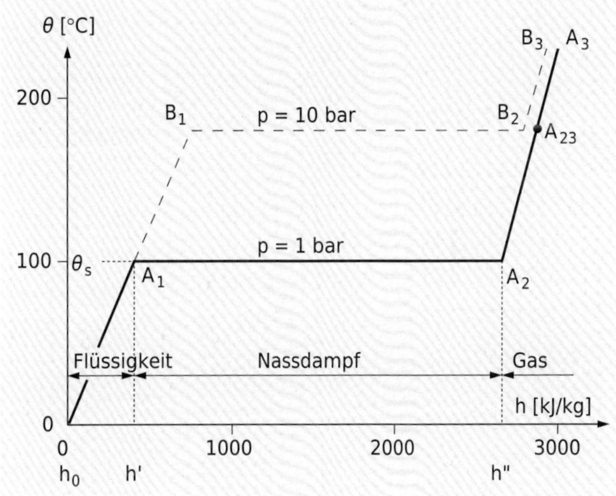

Bild 11.3 Erwärmung von Wasser im θ,h-Diagramm

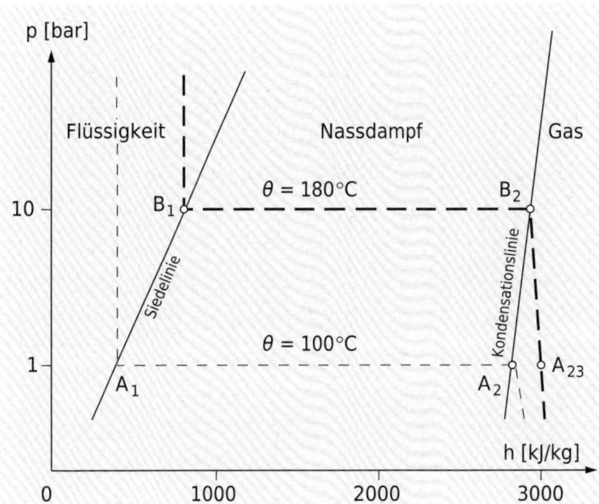

Bild 11.4 Aufbau des p,h-Diagramms (Wasser)

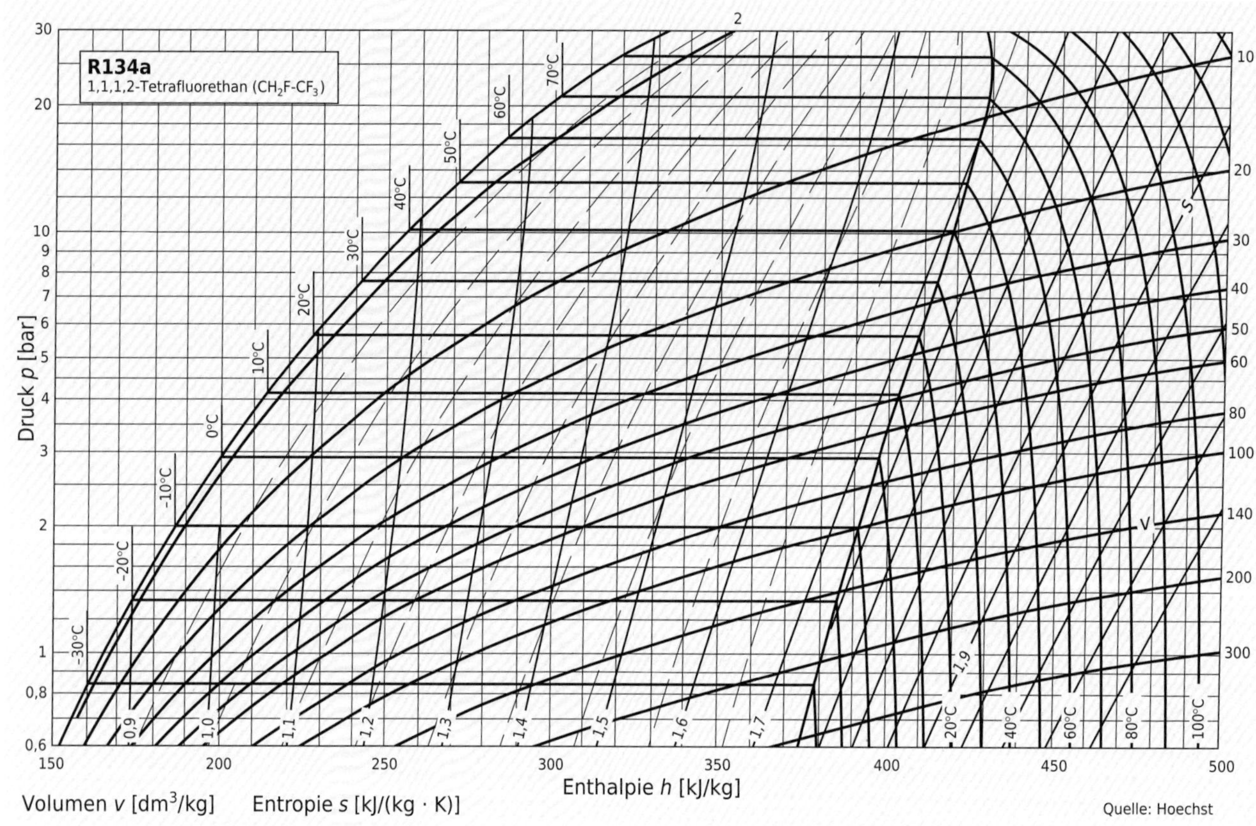

Bild 11.5 p,h-Diagramm von R134a

Das p,h-Diagramm

Aus dem θ,h-Diagramm lässt sich nun das p,h-Diagramm aufbauen (Bild 11.4). Unter dem Druck p ist immer der Absolutdruck zu verstehen. Der Verlauf der *Isothermen* (Linien konstanter Temperatur) weist zwei Knicke auf. Im Flüssigkeitsgebiet links der Siedelinie verlaufen die Isothermen vertikal, da bei Flüssigkeiten die Enthalpie nicht vom Druck abhängt. Im Überhitzungsgebiet rechts der Kondensationslinie verlaufen die Isothermen steil nach unten; dort ist die Enthalpie nur wenig druckabhängig. Die nachstehenden p,h-Diagramme weisen im weiteren *Isentropen* (Linien konstanter Entropie s) auf. Bei einer reibungsfreien Zustandsänderung ohne Wärmezufuhr oder -abfuhr bleibt die Entropie konstant. Das Kältemittel R134a ist, wie Wasser, ein reiner Stoff. Es verdampft deshalb bei konstanter Temperatur (Bild 11.5). R407C ist ein Stoffgemisch, bei der Verdampfung (bei konstantem Druck) steigt die Temperatur leicht an (Bild 11.6). Die Differenz zwischen Siede- und Kondensationstemperatur wird als Temperaturgleit (Glide) bezeichnet.

11.5 p,h-Diagramme von Kältemitteln

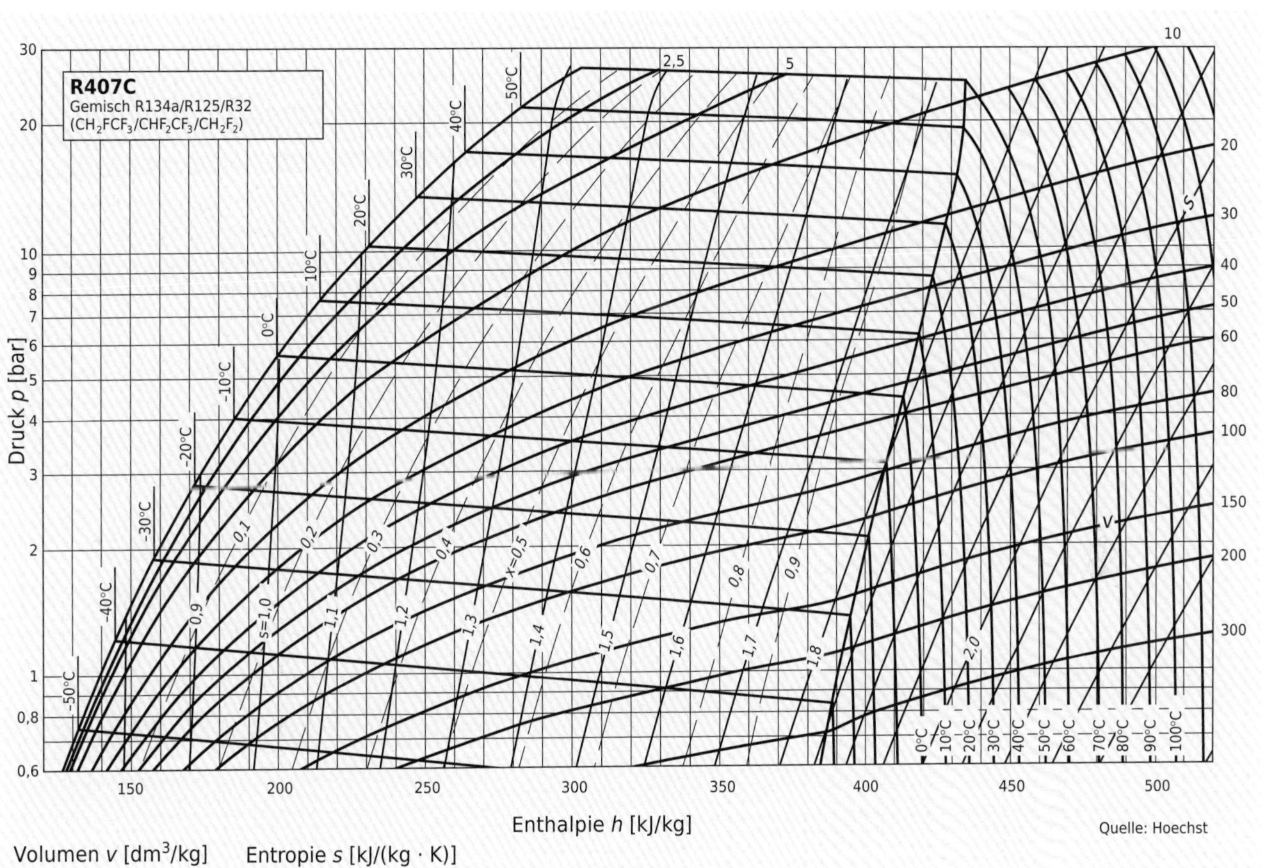

Bild 11.6 p,h-Diagramm von R407C

11.6 h,x-Diagramm für feuchte Luft

Für die Lüftungs- und Klimatechnik müssen die verschiedene Zustände der feuchten Luft in einem Diagramm veranschaulicht werden können. Die feuchte Luft kann als Zweistoffgemisch von trockener Luft und Wasserdampf aufgefasst werden.

Enthalpie der feuchten Luft

Nach dem Gesetz von Dalton verhalten sich die Komponenten eines Gasgemischs unabhängig voneinander. Die spezifische Enthalpie der trockenen Luft ist (Nullpunkt der Enthalpie per Konvention bei 0 °C):

$$h_a = c_{p,a} \cdot \theta \qquad (11.4)$$

Die spezifische Enthalpie des Wasserdampfs (Nullpunkt per Konvention: Flüssigkeit bei 0 °C):

$$h_v = r + c_{p,v} \cdot \theta \qquad (11.5)$$

Die feuchte Luft setze sich zusammen aus 1 kg trockener Luft und x kg Wasserdampf. Die Enthalpie von (1+x) kg feuchter Luft ist somit:

$$h = c_{p,a} \cdot \theta + x \cdot (r + c_{p,v} \cdot \theta) \qquad (11.6)$$

- h_a spezifische Enthalpie der trockenen Luft in kJ/kg
- h_v spezifische Enthalpie des Wasserdampfs in kJ/kg
- h spezifische Enthalpie der feuchten Luft in kJ pro (1+x) kg feuchte Luft bzw. kJ pro kg trockene Luft
- $c_{p,a}$ spezifische Wärmekapazität der trockenen Luft 1,0 kJ/kgK
- $c_{p,v}$ spezifische Wärmekapazität des Wasserdampfs 1,9 kJ/kgK
- θ Temperatur der feuchten Luft in °C
- r spezifische Verdampfungswärme des Wassers bei 0 °C: 2500 kJ/kg
- x Wasserdampfgehalt in kg pro kg trockene Luft

Bei konstanter Temperatur (Parameter) ergeben sich Geraden gemäss Bild 11.7.

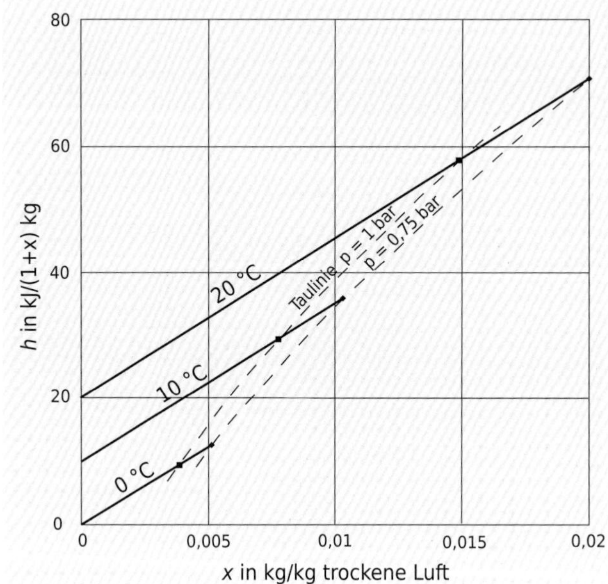

Bild 11.7 Darstellung der Funktion h = f(x)

Relative Feuchte und Wasserdampfgehalt

Zwischen der relativen Feuchte und dem Wasserdampfgehalt besteht folgender Zusammenhang:

$$x = \frac{0,622}{\frac{p}{\varphi\, p_s} - 1} \qquad (11.7)$$

- p Gesamtdruck der feuchten Luft (Atmosphärendruck) in Pa
- φ relative Feuchte
- p_s Sättigungsdampfdruck bei der gegebenen Temperatur in Pa, z.B. bei 20 °C: 2340 Pa

Setzt man für die relative Feuchte $\varphi = 1$, so erhält man den Wasserdampfgehalt bei Sättigung, d.h. den maximalen Wasserdampfgehalt, ohne dass sich Flüssigkeit ausscheidet. In Bild 11.7 sind Taulinien für Gesamtdrücke von 1 bar und 0,75 bar (entsprechend etwa 2500 m ü.M.) eingezeichnet.

Mollier-Diagramm

Das obige Diagramm ist unpraktisch, da die Isothermen im ungesättigen Gebiet steil verlaufen. Deshalb wird das h,x-Diagramm im schiefwinkligen Koordinatensystem gezeichnet, sodass die Isotherme 0 °C horizontal zu liegen kommt (Bild 11.8).

11.6 h,x-Diagramm für feuchte Luft

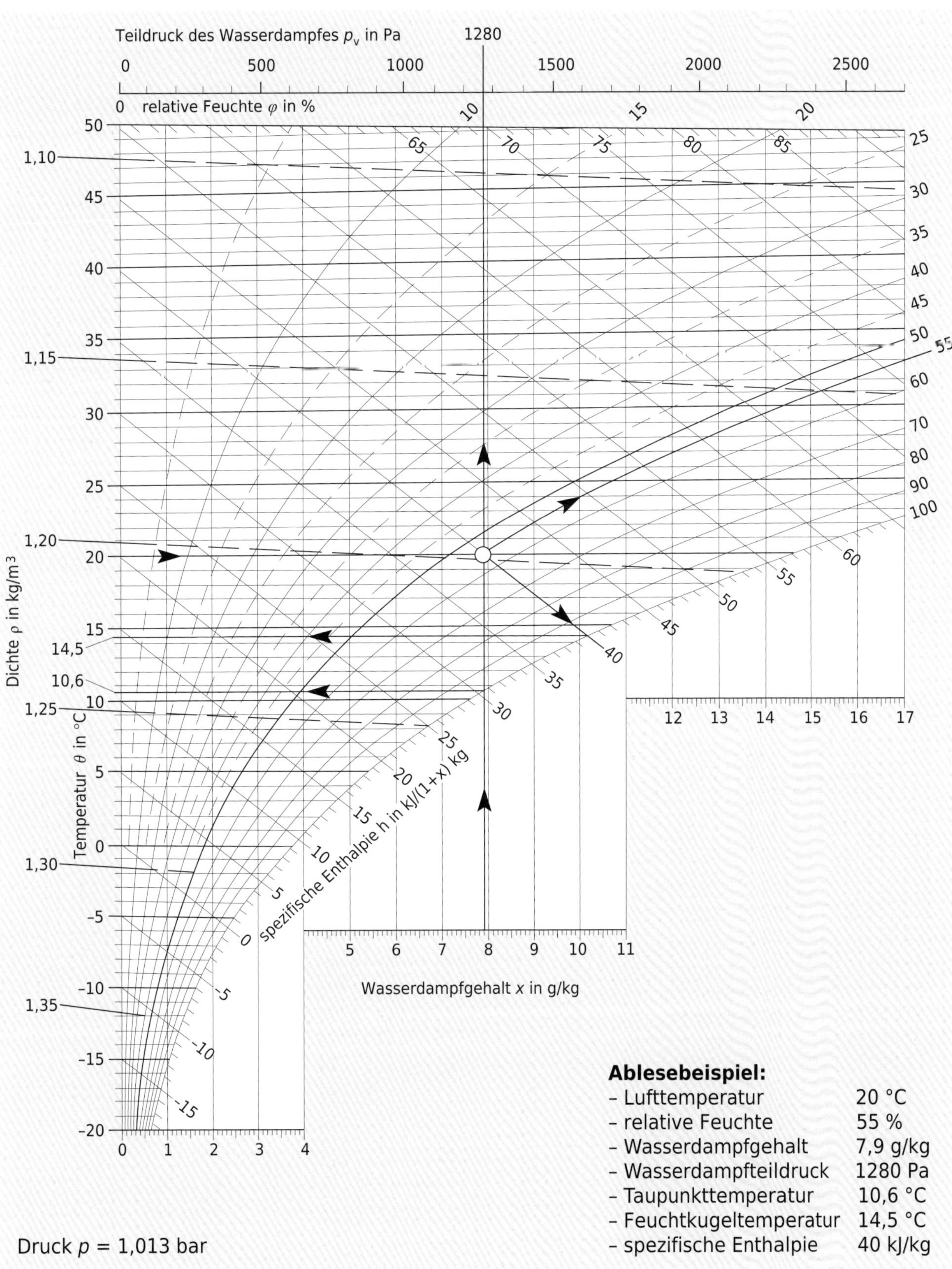

Ablesebeispiel:

- Lufttemperatur	20 °C
- relative Feuchte	55 %
- Wasserdampfgehalt	7,9 g/kg
- Wasserdampfteildruck	1280 Pa
- Taupunkttemperatur	10,6 °C
- Feuchtkugeltemperatur	14,5 °C
- spezifische Enthalpie	40 kJ/kg

Bild 11.8 h,x-Diagramm für feuchte Luft

11.7 Leuchtenbetriebswirkungsgrad und Raumwirkungsgrad

Nr.	Typ	Ausführung	η_{LB}	Reflexionsgrad											
				Decke	0,7	0,8	0,8	0,5	0,5	0,8	0,8	0,8	0,5	0,5	0,3
				Wände	0,5	0,5	0,3	0,5	0,3	0,8	0,5	0,3	0,5	0,3	0,3
				Boden	0,2	0,3	0,3	0,3	0,3	0,1	0,1	0,1	0,1	0,1	0,1
	Typ	Ausführung	η_{LB}	k	η_R Raumwirkungsgrad [%]										
1		Reflektor	0,5...0,7	0,6	70	72	66	70	65	83	69	64	68	64	63
		– stark tiefstrahlend		0,8	78	81	74	78	72	88	76	71	75	70	70
	A			1,0	84	88	81	84	79	92	82	77	80	76	75
				1,5	93	100	93	94	89	98	90	86	88	85	84
				2,0	97	104	98	97	93	100	93	89	91	88	87
				3,0	103	112	107	104	100	103	98	96	95	93	92
				4,0	105	116	111	106	103	104	100	98	97	95	94
2		Parabolraster hochglanz	0,3...0,6	0,6	63	64	57	62	56	77	61	55	60	55	55
		– tiefstrahlend		0,8	72	75	67	72	65	85	70	64	68	63	63
				1,0	79	83	75	70	73	89	77	72	75	71	70
	A	Reflektorleuchte	0,7...0,8	1,5	91	97	90	91	86	97	88	84	86	82	81
		– mässig tiefstrahlend		2,0	96	103	96	96	91	100	92	88	89	86	85
		– tief breitstrahlend		3,0	103	112	107	103	100	103	98	95	95	93	92
				4,0	105	116	111	106	103	104	100	98	97	95	94
3		Parabolraster matt	0,5...0,7	0,6	57	59	51	57	50	74	56	50	55	49	49
		– tiefstrahlend		0,8	68	71	63	68	61	82	66	60	65	59	59
				1,0	75	79	71	75	69	87	74	68	71	66	66
	A	Abschlussglas klar-prismatisch	0,6...0,7	1,5	89	95	88	89	84	96	86	81	84	80	79
		– tiefstrahlend		2,0	95	102	96	95	91	99	91	87	89	86	84
		Reflektor verspiegelt	0,8	3,0	103	112	107	104	100	103	98	95	95	93	92
		– stark tiefstrahlend		4,0	105	116	111	106	103	104	100	98	97	95	94
4		Raster weiss diffus	0,5...0,6	0,6	48	50	42	48	41	68	48	41	46	40	40
				0,8	59	62	53	59	51	77	58	51	56	50	49
	A			1,0	68	71	62	67	60	83	66	59	64	58	57
				1,5	82	88	79	82	76	92	80	74	77	72	70
				2,0	89	96	88	89	83	96	86	81	83	79	76
				3,0	99	107	101	99	94	101	94	90	91	88	85
				4,0	103	113	107	103	99	103	97	94	94	92	88
5		Parabolraster	0,5...0,7	0,6	44	46	37	44	36	66	44	36	42	35	35
		– tiefbreitstrahlend		0,8	55	57	47	54	46	74	54	45	51	44	44
				1,0	62	66	56	62	54	80	61	53	59	52	51
	A	Lamellen, weiss diffus	0,6	1,5	77	82	73	76	69	89	75	67	72	66	65
		Abschlussglas, weiss diffus	0,4...0,5	2,0	84	91	82	84	78	94	82	75	78	73	72
		klar prismatisch	0,5...0,7	3,0	94	103	96	95	90	99	90	86	87	83	82
		Reflektor weiss diffus	0,8	4,0	99	109	103	100	95	101	94	91	91	88	86
6		Reflektor	0,7...0,8	0,6	43	44	35	42	34	65	42	34	41	33	33
		– stark tiefbreitstrahlend ($I_{max.}$ bei ca. 55 °)		0,8	53	55	45	52	44	73	52	44	50	42	42
				1,0	61	64	54	60	52	79	60	51	57	50	49
	A			1,5	75	81	71	75	68	88	73	66	70	64	63
				2,0	83	90	81	83	77	93	81	74	77	72	71
				3,0	93	102	95	94	88	99	90	85	86	82	81
				4,0	99	109	103	99	95	101	94	90	90	87	86

11.7 Leuchtenbetriebswirkungsgrad und Raumwirkungsgrad

				Reflexionsgrad											
				Decke	0,7	0,8	0,8	0,5	0,5	0,8	0,8	0,8	0,5	0,5	0,3
				Wände	0,5	0,5	0,3	0,5	0,3	0,8	0,5	0,3	0,5	0,3	0,3
				Boden	0,2	0,3	0,3	0,3	0,3	0,1	0,1	0,1	0,1	0,1	0,1
	Typ	Ausführung	η_{LB}	k	η_R Raumwirkungsgrad [%]										
7		Reflektor weiss diffus mit Längsschlitzen für Lichtaustritt nach oben	0,8	0,6	47	49	40	45	38	67	47	39	44	38	36
				0,8	57	60	51	55	48	85	57	49	53	47	45
				1,0	65	69	60	63	57	81	64	57	60	55	53
B				1,5	80	86	77	78	71	90	78	72	73	68	66
				2,0	86	94	86	85	79	94	84	79	79	75	72
				3,0	95	105	99	93	89	99	92	88	86	83	80
				4,0	99	110	105	98	94	101	95	92	89	87	84
8		Lichtleiste 2- u. mehrflammig	0,8...0,9	0,6	38	41	32	36	29	61	39	31	35	29	27
		Lampen unter dem Gehäuse		0,8	47	51	42	45	37	69	48	40	43	36	34
				1,0	55	60	50	52	44	74	55	47	49	43	40
B		mit Abschlusswanne klar	0,7...0,8	1,5	68	75	65	64	57	83	68	60	60	55	51
				2,0	75	84	75	72	65	88	75	68	67	62	57
		mit Abschlusswanne – klar prismatisch	0,7	3,0	85	95	88	81	76	93	84	78	75	71	66
		– weiss diffus	0,6	4,0	90	102	95	86	82	96	88	83	78	75	70
9		Lichtleiste 1-flammig	0,9	0,6	34	37	28	31	24	57	35	27	30	23	21
				0,8	42	46	36	38	31	65	44	35	37	30	26
				1,0	49	54	44	45	37	70	50	42	42	36	32
B				1,5	61	68	58	56	49	79	62	54	52	46	41
				2,0	68	77	68	63	56	84	69	62	58	53	47
				3,0	78	89	81	72	67	89	78	72	66	62	56
				4,0	83	96	88	77	72	92	83	77	70	67	60
10		Lichtleiste 2-flammig	0,9	0,6	34	38	29	31	24	57	36	28	30	24	21
		Lampen seitlich		0,8	43	48	38	38	31	65	45	37	36	30	26
C				1,0	50	55	46	44	37	70	51	43	42	36	31
		Pendelleuchte	0,8	1,5	62	69	60	55	48	79	63	56	52	46	40
		tiefhochstrahlend		2,0	69	78	69	62	56	83	70	63	57	52	46
				3,0	78	90	82	70	65	88	78	73	64	61	53
				4,0	83	96	89	75	70	91	83	78	68	65	57
11		Pendelleuchte	0,6	0,6	31	35	27	25	20	54	34	26	24	19	14
		– vorwiegend indirekt		0,8	39	45	36	32	26	61	42	34	30	25	18
				1,0	45	52	43	37	31	66	49	41	35	30	23
D				1,5	56	66	57	46	40	74	60	53	43	39	30
				2,0	63	74	66	52	47	79	66	60	48	44	34
				3,0	71	85	78	59	55	84	74	69	54	51	40
				4,0	75	91	85	63	59	86	79	74	57	55	42
12		Pendelleuchte	0,7...0,8	0,6	29	35	28	21	17	51	33	27	20	16	10
		– indirektstrahlend		0,8	37	44	36	26	22	58	41	35	25	21	11
				1,0	42	51	43	30	26	63	48	41	29	25	15
E		Ständer- oder Tischleuchte – indirektstrahlend	0,7...0,8	1,5	52	64	56	37	33	70	58	52	35	32	19
				2,0	58	71	64	41	38	74	64	59	38	36	21
				3,0	65	81	75	46	43	78	71	67	42	40	24
				4,0	68	86	81	49	47	80	74	71	45	43	25

Der Kennbuchstabe verschlüsselt den Anteil der indirekten Strahlung (A: < 10 %; C: 40–60 %; E: > 90 %).
Details zu dieser Tabelle in [SLG].

11.8 Grössen und Einheiten

11.8.1 Was ist eine physikalische Grösse?

Eine physikalische Grösse ist das Produkt aus einem Zahlenwert und einer Einheit [SIA 2025]:

$$\text{Grösse} = \text{Zahlenwert} \cdot \text{Einheit} \qquad (11.8)$$

Wählt man eine xmal so grosse Einheit, so verkleinert sich der Zahlenwert auf den xten Teil. Das Produkt aus Zahlenwert und Einheit bleibt unverändert.

Beispiel:
Länge $L = 30$ cm $= 0{,}3$ m

Einheiten des internationalen Masssystems (SI)

Grösse	SI-Einheit		Name
Länge	m		Meter
Masse	kg		Kilogramm
Zeit	s		Sekunde
elektr. Stromstärke	A		Ampère
Temperatur	K		Kelvin
Lichtstärke	cd		Candela
Stoffmenge	mol		Mol
Kraft	N	$= \text{kg}\cdot\text{m/s}^2$	Newton
Druck	Pa	$= \text{N/m}^2$	Pascal
Energie, Arbeit	J	= N·m	Joule
Leistung	W	= J/s	Watt
elektr. Spannung	V	= W/A	Volt
elektr. Widerstand	Ω	= V/A	Ohm
elektr. Leitwert	S	= 1/Ω	Siemens

11.8.2 Grössengleichungen

- Jedes Formelzeichen bedeutet eine physikalische Grösse.
- Grössengleichungen gelten unabhängig von den gewählten Einheiten.
- Bei der Auswertung ist für das Formelzeichen das Produkt aus Zahlenwert *und* Einheit einzusetzen.
- Einheiten können beliebig gekürzt und ersetzt werden (siehe Einheitengleichungen).
- Als Resultat ergeben sich ein Zahlenwert *und* eine Einheit.

Hinweis: Demgegenüber sind Zahlenwertgleichungen noch weit verbreitet. Bei Zahlenwertgleichungen werden unter den Formelzeichen nur Zahlenwerte verstanden, welche bestimmte Masseinheiten zwingend voraussetzen.

Beispiel:
Berechnung des (thermisch wirksamen) Volumenstroms und des Lüftungswärmeleistungsbedarfs gemäss Bild 1.24.
Gegeben: $n = 0{,}3\ \text{h}^{-1}$, $V_i = 50\ \text{m}^3$, $\rho \cdot c_p = 0{,}32\ \text{Wh/m}^3\,\text{K})$, $\theta_i = 20\ °\text{C}$, $\theta_e = -8\ °\text{C}$

$$q_V = n \cdot V_i = 0{,}3\,\text{h}^{-1} \cdot 50\,\text{m}^3 = 15\,\text{m}^3\text{h}^{-1} \qquad (11.9)$$

$$\Phi_V = q_V \cdot \rho \cdot c_p \cdot (\theta_i - \theta_e) = 15\,\frac{\text{m}^3}{\text{h}} \cdot 0{,}32\,\frac{\text{Wh}}{\text{m}^3\,\text{K}} \cdot 28\,\text{K} = 134\,\text{W} \qquad (11.10)$$

11.8.3 Einheitengleichungen

geben Beziehungen zwischen verschiedenen Einheiten an.

Beispiele:

Einheit	Umrechnung	
1 in	= 0,0254 m	Abkürzung für inch (Zoll)
1 min	= 60 s	
1 h	= 60 min = 3600 s	
1 d	= 24 h = 86400 s	
1 a	≈ 365 d	
1 bar	= 100'000 Pa	
1 Wh	= 3600 J = 3,6 kJ	1 kJ = 0,278 Wh
1 kWh	$= 3{,}6 \cdot 10^6$ J = 3600 kJ = 3,6 MJ	1 MJ = 0,278 kWh
1 kcal	= 4190 J = 1,16 Wh	
1 kcal/h	= 1,16 W	
1 PS	= 735 W	

11.8 Grössen und Einheiten

Vorsätze zu Einheiten

p = Piko	= 0,000'000'000'001	= 10^{-12}
n = Nano	= 0,000'000'001	= 10^{-9}
µ = Mikro	= 0,000'001	= 10^{-6}
m = Milli	= 0,001	= 10^{-3}
c = Zenti	= 0,01	= 10^{-2}
d = Dezi	= 0,1	= 10^{-1}
da = Deka	= 10	= 10^{1}
h = Hekto	= 100	= 10^{2}
k = Kilo	= 1'000	= 10^{3}
M = Mega	= 1'000'000	= 10^{6}
G = Giga	= 1'000'000'000	= 10^{9}
T = Tera	= 1'000'000'000'000	= 10^{12}
P = Peta	= 1'000'000'000'000'000	= 10^{15}

11.8.4 Ergänzende Hinweise

Druck

Der Druck wird manchmal durch die Höhe einer entsprechenden Flüssigkeitssäule dargestellt.

Beispiele:
1 mm Wassersäule (WS) bei 4 °C ≙ 9,81 Pa
1 mm Quecksilber (Hg) bei 0 °C ≙ 133,3 Pa

Die üblichen Manometer zeigen immer einen *Überdruck* (gegenüber Atmosphäre) an. Der *Absolutdruck* p ist also:

$$p = p_{\text{amb}} + p_{\text{e}} \tag{11.11}$$

p_{amb} Atmosphärendruck (amb = ambient), im Mittel auf Meereshöhe 1,01 bar, auf 1000 m Höhe 0,89 bar

p_{e} Überdruck (e = excess)

Temperatur

Der Nullpunkt der Celsiusskala hat eine absolute Temperatur von 273,15 K. Für Temperaturdifferenzen sind °C und K gleichwertig.

Beispiel:

θ_1 = 5 °C	θ_2 = 15 °C	→	$\Delta\theta$ = 10 °C
T_1 = 278 K	T_2 = 288 K	→	ΔT = 10 K

Normkubikmeter

Ein DIN-Normkubikmeter [m_n^3] ist diejenige Gasmenge, welche bei Normbedingungen (p = 1,013 bar und θ = 0 °C) ein Volumen von 1 m^3 einnimmt.

Prozent

Das Prozentzeichen (%) steht für den Faktor 10^{-2}.

Beispiel:
Kesselwirkungsgrad gemäss Gleichung (2.13)

$$\eta_{\text{gen}} = \Phi_{\text{gen,out}} / P_{\text{gen,in}} = 17\,\text{kW}/20\,\text{kW} = 0,85 = 85\,\% \tag{11.12}$$

11.8.5 Übungsaufgaben zu Energie und Leistung

Wie viel *Energie* wird benötigt, um 200 Liter Wasser von 10 °C auf 50 °C zu erwärmen (etwa Tagesbedarf Warmwasser von 4 Personen)?
Lösung: 33,5 MJ = 9,3 kWh
Anderes Resultat? Konsultieren Sie z.B. die Gleichungen (2.23/2.24)

Wie gross ist die im Mittel erforderliche *Leistung*, um 200 Liter Wasser innert 24 Stunden von 10 °C auf 50 °C zu erwärmen?
Lösung: 0,39 kW
Anderes Resultat? Konsultieren Sie z.B. Gleichung (2.12).

11.9 Stichwortverzeichnis

A
Abbrand, oberer 39
Abbrand, unterer 39
Abgasanlage 56
Abgasleitung 57
Abgasverlust 33
Abgleich, hydraulischer 68, 73, 80, 86
Ablaufsicherung, thermische 62
Abluft 94, 116
Abluft-Wärmepumpen 111
Absenkoptimierung 178
Absorptions-Kältemaschine 117
Abwärmenutzung 93, 122, 128
Abwasser-Wärmerückgewinnung 128
Adaptation 155
Adsorptions-Kältemaschine 118
Ähnlichkeitsgesetz 68
Akkommodation 155
Anergie 11
Anlagekennlinie 65
Arbeitszahl 44
Aufheizleistung 26, 29
Ausdehnungsgefäss 61
Ausgleichszeit 174
Auslastung 35, 64
Aussenleiter 135
Ausstossleitung 128
Ausstosszeit 129
Ausstrahlungswinkel 152

B
Beimischschaltung 71
Beleuchtungsgüte 151
Beleuchtungsleistung 114
Beleuchtungsstärke 153
Beleuchtungswirkungsgrad 166
Bereitschaftsverlust 34
Beschattungseinrichtung 114
Betonkern-Aktivierung 90
Betrieb, gleitender 36
Betriebsoptimierung 18, 24
Betriebspunkt 68
Bilanzgrenze 8
BIM 18
Bin-Methode 192
bivalent-alternativ 47
bivalent-parallel 47
Blendung 156
Blindleistung 134
Blockheizkraftwerk 54
Brandschutzklappen 100
Brenner 34
Brennstoffdaten 32
Brennstoffverbrauch 30
Brennwert 32
Brennzeit 29
Bruttoertrag, solarer 52
Bussysteme 181

C
Candela 152
Carnot 44, 188
Cheminées 38
clo 13
CO_2-Gehalt 32, 34, 93
Crest-Faktor 134

D
Deckenstrahlplatte 87
Deckungsgrad, solarer 52
desiccant cooling 117
Diffusstrahlung 51
Digitale Bauwerksmodellierung (BIM) 18
Dimensionierungsfaktor 29
Direktschaltung 71
Direktstrahlung 51
Druckdifferenz, anliegende 68
Durchflusskennwert 65
Durchmesser, nominaler 65

E
Einrohrsystem 78
Ein-Schlauch-Gerät 118
Einspritzschaltung 76
Einzelraumregelung 179
Eisspeicher 121
Elektrizitätstarife 135
Endenergie 7
Energiebezugsfläche 24, 8
Energiebilanz 23, 158
Energiebuchhaltung 138
Energieeffizienzindex 67
Energie-Etikette 139
Energie, graue 11
Energieholzsortiment 37
Energiekennzahl 24
Energielufttemperatur 192
Energie, netto gelieferte 7
Enthalpie 102, 193, 196, 33
Entkopplung, hydraulische 76
Entropie 194
Erdreich-Regeneration 46
Exergie 11
Expansionsgefäss 61

F
Farbtemperatur 154
Farbwiedergabe 154
Fehlerstromschutzschalter 136
Fehlzirkulation 70
Fensterlüftung 95
Fenster-U-Wert 15
Fernfühler 86
Feuchtkugeltemperatur 122
Feuerungsleistung 33
Feuerung und Wohnungslüftung 112
Filter 100
Flachkollektor 51
Flicker 165
Fluidstrahlen 98
Förderkennlinie 66
Fotometrie 151
Fotovoltaik 144
Frequenzumrichter 104
Führungsgrösse 172
Fussbodenheizung 87

G
GA-Effizienzklasse 169
Gasfeuerung 32
Gegenstromzirkulation 59, 128

11.9 Stichwortverzeichnis

Gesamtdruckdifferenz 67, 104
Gesamtenergiedurchlassgrad 114
Glas-U-Wert 15
Glide 194
Globalstrahlung 52
Graue Energie 11
Gütegrad 44

H
Haushaltgeräte 139
Heizkörper 83
Heizkostenabrechnung 78
Heizkostenverteiler 79
Heizkurve 85, 177
Heizleistungsbedarf 24
Heizraum 56
Heizwärmebedarf 23
Heizwert 32
hemisphärisch 51
Holzfeuchte 37
Holzfeuerung 37
h,x-Diagramm 116
Hybridkühler 122

I
Induktion 98

J
Jahresarbeitszahl 44, 64
Jahresnutzungsgrad 35, 29, 64

K
Kachelofen 39
Kälteanlagen-Abwärmenutzung 128
Kältemaschinen 115
Kältemittel 41
Kälte-Wärme-Maschine 123
Kaltluftabfall 15
Kaltwassersatz 121
Kaltwasserspeicher 121
Kaskadenlüftung 110
Kavitation 70
Kesselleistung 31
Kesselnennleistung 35
Kesselwirkungsgrad 31, 34
Klimaanlage 113
Kochherde 112
Kohlendioxid 7, 32, 92
Kollektorwirkungsgrad 52
Kombispeicher 127
Kondensationskessel 36
Kontrast 156
Konvektor 83
Korrosion 56, 63. 61
Kreislaufverbund 107
Kühldecken 120
Kühlleistungsbedarf 113
Kühlung
- adiabatische 116
- freie 95, 116
- passive 116
kv-Wert 65

L
laminar 66
Latentwärmespeicher 57
Leckluft-Volumenströme 97
Legionellen 125
Leistungsfaktor 134
Leistungskennlinie 31
Leistungszahl 42, 118
Leuchtdichte 154
Leuchtdioden (LED) 160
Leuchte 163
Leuchtenbetriebs-
wirkungsgrad 198, 165
Leuchtstofflampen 158
Lichtausbeute 152, 157
Lichterzeugung 156
Lichtfarbe 154
Lichtkomfort 151
Lichtstärke 152
Lichtstärkeverteilungskurve 163
Lichtstrom 152
Luft-Abgas-System 57
Luftbefeuchter 102
Luftdurchlässe 120
Luft-Erdregister 116
Lufterhitzer 101
Lufterwärmung durch Ventilator 96
Luftheizung 90
Luftkollektor 50
Luftkühler 102
Luftqualität 92
Lüftung 113
Luftverhältnis 32
Luftverunreinigungen 91
Luftwechselzahl 93
Lumineszenz 156

M
MAK 92
Managementebene 181
Messkonzept 138
Messungen 31, 172
Messwertvergleich 24
met 12
Mischungslüftung 98
Modulation 46
monovalent 47
Multisplitgerät 118

N
Nachtabschaltung 179
Nachtabschaltung, -absenkung 86
Nassläufer 67
Netzkennlinie 65
Neutralleiter 135
Norm-Aussentemperatur 25
Norm-Heizlast 27
Normkubikmeter 201
Normnutzungsgrad 35
NPSH 70
Nullenergiehaus 50
Nutzenergie 23, 7
Nutzerverhalten 8
Nutzungsgrad 23, 33

O
Oberflächentemperaturen 102
Ölfeuerung 61
Ölvorwärmung 36

P
P-Abweichung 86, 175
Pellets 37
Phasenverschiebung 133
p,h-Diagramm 193, 41

Planung, integrale 17
Planungsablauf 17
Planung, serielle 16
PMV-Index 13
PPD-Index 13
P-Regler 85, 175
Primärenergie 7, 169
Primärenergiefaktor 9
Primärluft 38
Privatzähler 138
Projektmanagement 22
Pufferspeicher 57
Pumpe 43

Q
Quelllüftung 119

R
Radon 91
Randzone 89
Raumklimageräte 118
Raumlufttemperatur 14
Raumtemperatur 110
Raumtemperaturregelung 177
Raumwirkungsgrad 166
Reflexion 154
Regelgrösse 172
Regelkonzepte 177
Regelpfad 71
Regelstrecke 173
Regelung 172
Regenerator 117
Reglerarten 175
Reibungsdruckverlust 65
Reinigung 97
Rekuperatoren 106
Rohr-an-Rohr-System 129
Rohre 65
Rückfeuchtzahl 107
Rückkühlung 122
Rückwärmzahl 107
R-Wert 65, 70

S
Saisonspeicher 57
Sauerstoffdiffusion 89
Säulen- und Summenhäufigkeits-
diagramm 131
Schadstoffe 91
Schalldämpfer 105
Schallleistungspegel 48
Schaltnetzteil 134
Schaltung, hydraulische 71
Scheinleistung 133
Schichtung 129
Schnitzelfeuerung 39
Schutzleiter 135
Schwerkraftsystem 77
Selbstregeleffekt 90
Sicherheitsventil 62
Solarsysteme 49
Sole 45
Sollwert 172
Sonnenschutz 113
Speicher, technischer 57
Speicherwirkungsgrad 58
Split-Raumklimageräte 118
Stahlrohre 66
Standard-Druckdifferenz 65
Staudruck 65
Stellgrösse 175
Stellorgan 71, 175
Steuerung 172
stöchiometrisch 32
Störgrösse 172, 178
Strahlung, hemisphärische 51
Strahlungsanteil 83
Strahlungsasymmetrie 15
Strahlungsverlust 34
Strecke, mengenvariable 71
Strömung, turbulent/laminar 65, 66
Stromwandlerzähler 135
Stückholzkessel 39
Summenhäufigkeit 132, 191
Systemnachweis 24

T
Tabs 90
Taupunkt 32
Teillastnutzungsgrad 35
Telefonieschalldämpfer 105
Temperaturdifferenz, mittlere 79
Temperatur, empfundene 14
Temperatur, operative 14
Temperaturstrahler 156
Thermosiphonanlage 49
Thermostatventil 68, 85
Totvolumen 60
Transportenergie 96
Treibhausgase 7
Treibhausgasemissionskoeffizient 9
Tumbler 139
turbulent 65

U
Überspannungsableiter 147
Überströmdurchlass 111
Umluft 94
Umluftkühlung 119
Umweltbelastung 9
U-Wert 25, 52, 78

V
Ventilator 103, 118
Ventilautorität 75
Verbrennung 32
Verbrennungsluft-Öffnung 56
Verbrennungssysteme 10
Verbundlüftung 111
Verdrängungslüftung 99
Verteiler 73
Vollentsalzung 63
Volllastzeit 29, 30, 31
Voreinstellung 80
Vorlauftemperaturregelung 85, 177
Vorschaltgeräte 133

W
Wärmebrücken 25, 58
Wärmedurchgangskoeffizient 25
Wärmeeinträge 23
Wärmeerzeugerleistung 29
Wärmegewinn 23, 26, 96
Wärmekapazität 57
Wärmelast 23
Wärmepumpen 10, 41, 29
Wärmepumpen-
Wassererwärmer 127

11.9 Stichwortverzeichnis

Wärmequellen 45
Wärmerückgewinnung 93, 117
Wärmesiphon 128
Wärmespeicher 57
Wärmeübertragerkennwert 83
Wärmeübertrager, rotierender 106
Wärmeverbrauchserfassung 78
Wärmeverhältnis 117
Wärmezähler 79
Warmhalteband 130
Warmwasserbedarf 126
Wartungsfaktor 167
Wäschetrockner 139
Wasser 34, 38
Wasseraufbereitung 62
Wasserdampfgehalt 107, 196
Wasserfalleffekt 59
Wassergehalt 37
Wechselrichter 146, 147
Wertigkeit 11
Wirkfaktor 133
Wirkleistung 133
Wirkungsgrad, feuerungstechnischer 34
Wirkungsgradmethode 166
Witterungsfühler 177

Z

Zahlenwertgleichung 200
Zeitkonstante 58
Zirkulationssystem 129
Zweirohrsystem 77

Weitere Baufachpublikationen

Basics für Architekten, Bauingenieure und Planer

Marco Ragonesi et al.

Bautechnik der Gebäudehülle

Das Basiswissen zu den heute gängigen Bauweisen der Gebäudehülle, die in der Praxis sehr vielfältig sind. Buch als Website auf enbau-online.ch

Mit dem vorliegenden Band wird die Reihe „Bau & Energie" um ein weiteres Standardwerk in vollständiger Neuüberarbeitung erweitert. Es kommen u.a. Komponenten wie Behaglichkeit, Wärmeschutz, Schallschutz, Raumakustik, Feuchte, Luftdichtheit, Licht und Brandschutz zur Sprache, aber auch Dachkonstruktionen, Fenster, Türen, Treppe/Lift, Wand- und Bodenkonstruktionen. Energiefragen, insbesondere die Sonnenenergienutzung, erhalten einen grossen Stellenwert. Auch Instandhaltung und Renovation werden thematisiert. Objektbeispiele sowie ein umfangreiches Glossar runden den Inhalt ab.

Der Band eignet sich als Lehrmittel für die Ausbildung von Baufachleuten auf verschiedenen Stufen – von der Hochbauzeichner-Ausbildung bis zum Architekturstudium an Fachhochschulen und Hochschulen – sowie für die Weiterbildung von Baufachleuten in Planung und Ausführung. Ebenso dient er als Nachschlagewerk für den Baupraktiker in Planung und Ausführung.

2. Aufl. 2016, 448 S., zahlr. Abb., farbig, broschiert
ISBN 978-3-7281-3634-2

Markus Hubbuch, Stefan Jäschke Brülhart

Energiemanagement

Begriffe, Anwendungen, grundlegende physikalische Zusammenhänge, Checklisten. Buch als Website auf enbau-online.ch

Das Gelingen der Energiewende hängt nicht zuletzt davon ab, wie das Management des Gebäudebetriebs in Unternehmen umgesetzt werden kann. Derzeit wird die grösste Energiemenge im Gebäudebereich verbraucht: Mittels Energiemanagement können wesentliche Einsparpotenziale nutzbar gemacht werden, dies in relativ kurzer Zeit und mit vergleichsweise wenig Investitionen.

Dieses Buch vermittelt die wichtigsten Grundlagen, Methoden, Zusammenhänge und Möglichkeiten des Energiemanagements. Es werden wichtige Begriffe, Anwendungen und Hilfsmittel erklärt. Grundlegende physikalische Zusammenhänge ermöglichen einfache Berechnungen und Vergleiche. Checklisten helfen bei der Umsetzung und erleichtern es, wichtige Entscheidungen im Hinblick auf Planung und Betrieb zu fällen.

Der Band richtet sich an alle, die mit dem Bau und Unterhalt von Gebäuden zu tun haben, insbesondere Facility Manager und Betreiber von Gebäuden, aber auch Planer, Architekten und Bauherren. Das Buch fokussiert vor allem auf Themen des Managements und der Betriebsoptimierung, um ein systematisches Vorgehen und einen nachhaltigen Erfolg des Energiemanagements zu ermöglichen.

2014, 148 S., zahlr. Abb., durchg. farbig, broschiert
ISBN 978-3-7281-3531-5

auch auf Französisch erhältlich

vdf Hochschulverlag AG an der ETH Zürich, Voltastrasse 24, VOB D, CH-8092 Zürich
Tel. +41 (0)44 632 42 42, Fax +41 (0)44 632 12 32, verlag@vdf.ethz.ch, www.vdf.ethz.ch

Christoph Zürcher, Thomas Frank

Bauphysik

Eine aktuelle, ganzheitliche und kompakte Darstellung der Bauphysik. Buch als Website auf enbau-online.ch

Nachhaltiges Bauen setzt einen integralen Planungsprozess voraus, gilt es doch Energieeffizienz, Raumklima (Temperatur, Luftqualität, Licht und Akustik), Ressourceneinsatz und Dauerhaftigkeit zu optimieren. Um diese Herausforderungen meistern zu können, müssen die bauphysikalischen Gesetzmässigkeiten in und um ein Gebäude verstanden und angewendet werden, wobei häufig mit Näherungslösungen gearbeitet wird. Ein optimaler Einsatz unserer Ressourcen bei minimalem Energieverbrauch und minimaler Umweltbelastung, um bestmögliche Behaglichkeit und maximale Sicherheit des Bewohners bzw. Benutzers von Bauwerken zu erreichen – das ist eine der Aufgaben unserer Zeit.

Dieses Buch befasst sich mit den Wechselwirkungen zwischen Bauwerk und Wärme, Feuchte, Luftströmungen, Licht und Schall. Folgende Themen werden u.a. behandelt: Aussenklima, Raumklima, Sonnenschutz, Wärmebrücken, Oberflächenkondensat und Schimmelpilzbildung, Feuchtetransport, Luftwechsel und Dichtigkeit, natürliche Beleuchtung in Innenräumen, Energieverbrauch und Heiz- bzw. Kühlleistung, Schallausbreitung im Gebäude und im Freien, baulicher Brandschutz.

Die fünfte Auflage berücksichtigt alle baurelevanten Normen (EN, ISO, SIA), insbesondere im Zusammenhang mit der EU-Richtlinie über die Gesamtenergieeffizienz von Gebäuden.

5., Aufl. 2018, 404 S., Abb. und Tab., 2-farbig, broschiert
ISBN 978-3-7281-3887-3

auch auf Französisch erhältlich

Bruno Keller, Stefan Rutz

Pinpoint – Fakten der Bauphysik zu nachhaltigem Bauen

Unter „nachhaltigem Bauen" versteht man heute die Planung und die Herstellung von Bauten, welche sowohl für die Benutzer eine sehr hohe Behaglichkeit und grosse Dauerhaftigkeit aufweisen als auch für den Betrieb einen nur minimalen Aufwand an Energie verlangen.

Dies bedingt:

- eine hohe thermische Behaglichkeit,
- eine gute Versorgung mit Tageslicht,
- einen guten Lärmschutz sowohl gegenüber äusseren als auch inneren Lärmquellen,
- eine gute Raumakustik,
- die Vermeidung jeglicher Kondensations- und Schimmelpilzprobleme,
- einen derart niedrigen Energiebedarf, dass besonders sanfte und effiziente Methoden zur Deckung des Restbedarfs eingesetzt werden können.

Alle diese Forderungen zu erfüllen erscheint auf den ersten Blick schwierig. Sowohl die diversen Lehrbücher der Bauphysik und der Haustechnik als auch die Vielzahl der inzwischen entstandenen EN- und SIA-Normen wirken in ihrer Vollständigkeit für Praktiker eher verwirrend als nützlich.

Dieses Handbuch geht einen anderen Weg: Es stellt die wichtigsten Zusammenhänge für alle wesentlichen Aspekte nachhaltigen Bauens in knapper und übersichtlicher Form dar, macht sie mit Hilfe von Rezepten, grafischen und tabellarischen Hilfsmitteln umsetzbar, illustriert sie mit Beispielen und ergänzt sie mit praktischen Hinweisen.

2., Aufl. 2011, 276 S., Abb. und Tab., farbig, Skinflex
ISBN 978-3-7281-3389-2

vdf Hochschulverlag AG an der ETH Zürich, Voltastrasse 24, VOB D, CH-8092 Zürich
Tel. +41 (0)44 632 42 42, Fax +41 (0)44 632 12 32, verlag@vdf.ethz.ch, www.vdf.ethz.ch

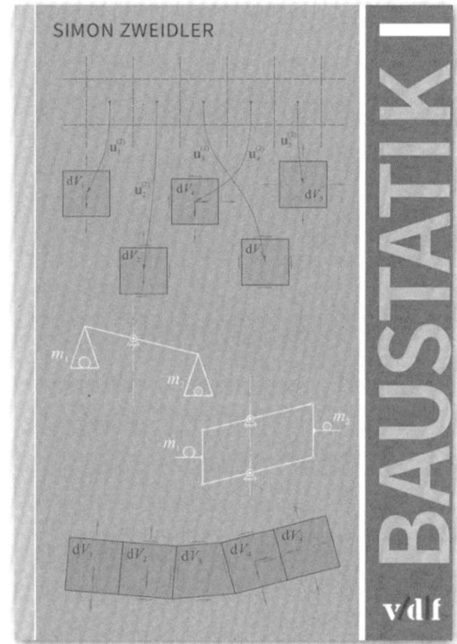

Simon Zweidler

Baustatik I

Das Ziel dieser Einführung besteht in der Vermittlung eines vertieften Verständnisses für die baustatischen Zusammenhänge auf Grundlage der weit ausgebauten Kontinuums- bzw. Strukturmechanik, ohne dabei hinsichtlich der Modellbildung die für Bauingenieurinnen und Bauingenieure essenziellen Vorteile einer pragmatischen Vereinfachung aus den Augen zu verlieren.

Die Einführung erhebt den zeitgemässen Anspruch an einen axiomatischen Aufbau, ausgehend von den beiden Axiomen der Impuls- und Drallerhaltung. Die Kombination aus einem statisch zulässigen Spannungszustand mit einem dazu nicht zwingend verträglichen kinematisch zulässigen Verformungszustand führt für ein vorgegebenes statisches System auf das Prinzip der virtuellen Arbeiten. Es stellt das zentrale Element dieser Einführung dar, von welchem sich alle baustatischen Verfahren wie beispielsweise der Arbeitssatz, die Energiesätze oder die Sätze nach Castigliano bzw. Engesser ableiten lassen.

Das Denken in diesen zulässigen Zuständen und die damit vollzogene Auftrennung in Statik und Kinematik lässt die Bauingenieurin bzw. den Bauingenieur den Fokus auf das essenzielle Gleichgewicht richten, wie es in der Tradition der Zürcher Schule steht.

2016, 164 S., zahlr. Grafiken, farbig, broschiert
ISBN 978-3-7281-3785-2

Simon Zweidler

Baustatik II

Das Ziel dieser Einführung besteht in der Vermittlung eines vertieften Verständnisses für die baustatischen Zusammenhänge auf Grundlage der weit ausgebauten Kontinuums- bzw. Strukturmechanik, ohne dabei hinsichtlich der Modellbildung die für Bauingenieurinnen und Bauingenieure essenziellen Vorteile einer pragmatischen Vereinfachung aus den Augen zu verlieren.

Die Einführung Baustatik II erhebt den zeitgemässen Anspruch an einen axiomatischen Aufbau; sie führt die mit der Einführung Baustatik I aufbereiteten Grundlagen mit dem Prinzip der virtuellen Arbeiten als zentrales Element weiter. Dabei werden die folgenden Themen behandelt: Verformungsmethode, Einflusslinien an statisch unbestimmten Tragwerken, elastisch-plastische Systeme, eine Einführung in die Plastizitätstheorie, Traglastverfahren sowie Stabilitätsprobleme.

Die Herleitung der für die Traglastverfahren notwendigen Grenzwertsätze basiert auf dem Prinzip der virtuellen Leistungen. Dabei kommt wiederum die Eigenschaft von nicht zwingend zueinander verträglichen Zuständen zum Tragen, welche bereits bei der Herleitung des Prinzips der virtuellen Arbeiten in der Einführung Baustatik I ausführlich diskutiert wird und sich beim Arbeitssatz auf exemplarische Weise zeigt. Das Denken in diesen zulässigen Zuständen und die damit vollzogene Auftrennung in Statik und Kinematik lässt die Bauingenieurin/den Bauingenieur den Fokus auf das essenzielle Gleichgewicht richten, wie es in der Tradition der Zürcher Schule steht.

2017, 120 S., zahlr. Grafiken, farbig, broschiert
ISBN 978-3-7281-3807-1